RESEARCH ON THE BACKGROUND OF THE SELECTION QUESTIONS OF
THE CHINESE MATHEMATICAL OLYMPIAD NATIONAL TRAINING TEAM

中国数学奥林匹克国家集训队
选拔试题背景研究

● 刘培杰数学工作室 编

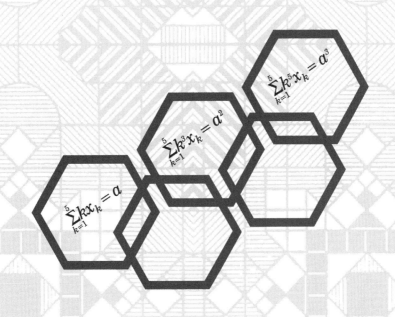

哈尔滨工业大学出版社
HARBIN INSTITUTE OF TECHNOLOGY PRESS

内 容 简 介

本书汇集了自 1986—2019 年中国数学奥林匹克国家集训队的选拔试题及解答,其中一些试题给出了多种解法,具有一题多解、解法多样的特点,且注重了初等数学与高等数学的联系. 本书可归结出四个特点,即收集全、解法多、观点高、结论强. 能够使感兴趣的读者在读本书的过程中发散思维,更好地理解题目,同时更好地掌握相应的知识点.

本书适合参加数学奥林匹克竞赛的学生备考使用,也可供高中数学教师及数学爱好者参考阅读.

图书在版编目(CIP)数据

中国数学奥林匹克国家集训队选拔试题背景研究 / 刘培杰数学工作室编. —哈尔滨:哈尔滨工业大学出版社,2024.10. —ISBN 978-7-5767-1699-3

Ⅰ.G634.603

中国国家版本馆 CIP 数据核字第 2024QV5917 号

ZHONGGUO SHUXUE AOLINPIKE GUOJIA JIXUNDUI XUANBA SHITI BEIJING YANJIU

策划编辑	刘培杰 张永芹
责任编辑	刘春雷
封面设计	孙茵艾
出版发行	哈尔滨工业大学出版社
社　　址	哈尔滨市南岗区复华四道街 10 号　邮编 150006
传　　真	0451-86414749
网　　址	http://hitpress.hit.edu.cn
印　　刷	辽宁新华印务有限公司
开　　本	787 mm×1 092 mm　1/16　印张 17.5　字数 395 千字
版　　次	2024 年 10 月第 1 版　2024 年 10 月第 1 次印刷
书　　号	ISBN 978-7-5767-1699-3
定　　价	78.00 元

(如因印装质量问题影响阅读,我社负责调换)

目录

1986 年第一届中国数学奥林匹克国家集训队选拔试题及解答 …………………………（1）

1987 年第二届中国数学奥林匹克国家集训队选拔试题及解答 …………………………（7）

1988 年第三届中国数学奥林匹克国家集训队选拔试题及解答 …………………………（14）

1989 年第四届中国数学奥林匹克国家集训队选拔试题及解答 …………………………（21）

1990 年第五届中国数学奥林匹克国家集训队选拔试题及解答 …………………………（30）

1991 年第六届中国数学奥林匹克国家集训队选拔试题及解答 …………………………（36）

1992 年第七届中国数学奥林匹克国家集训队选拔试题及解答 …………………………（41）

1993 年第八届中国数学奥林匹克国家集训队选拔试题及解答 …………………………（48）

1994年第九届中国数学奥林匹克国家集训队选拔试题及解答 …………………… (55)

1995年第十届中国数学奥林匹克国家集训队选拔试题及解答 …………………… (61)

1996年第十一届中国数学奥林匹克国家集训队选拔试题及解答 ………………… (68)

1997年第十二届中国数学奥林匹克国家集训队选拔试题及解答 ………………… (74)

1998年第十三届中国数学奥林匹克国家集训队选拔试题及解答 ………………… (83)

1999年第十四届中国数学奥林匹克国家集训队选拔试题及解答 ………………… (90)

2000年第十五届中国数学奥林匹克国家集训队选拔试题及解答 ………………… (96)

2001年第十六届中国数学奥林匹克国家集训队选拔试题及解答 ………………… (105)

2002第十七届中国数学奥林匹克国家集训队选拔试题及解答 …………………… (113)

2003年第十八届中国数学奥林匹克国家集训队选拔试题及解答 ………………… (123)

2004 年第十九届中国数学奥林匹克国家集训队选拔试题及解答 (131)

2005 年第二十届中国数学奥林匹克国家集训队选拔试题及解答 (137)

2006 年第二十一届中国数学奥林匹克国家集训队选拔试题及解答 (143)

2007 年第二十二届中国数学奥林匹克国家集训队选拔试题及解答 (150)

2008 年第二十三届中国数学奥林匹克国家集训队选拔试题及解答 (159)

2009 年第二十四届中国数学奥林匹克国家集训队选拔试题及解答 (167)

2010 年第二十五届中国数学奥林匹克国家集训队选拔试题及解答 (176)

2011 年第二十六届中国数学奥林匹克国家集训队选拔试题及解答 (186)

2012 年第二十七届中国数学奥林匹克国家集训队选拔试题及解答 (193)

2013 年第二十八届中国数学奥林匹克国家集训队选拔试题及解答 (202)

2014 年第三十届中国数学奥林匹克国家集训队选拔试题及解答 ……（211）

2015 年第三十一届中国数学奥林匹克国家集训队选拔试题及解答 ……（221）

2016 年第三十二届中国数学奥林匹克国家集训队选拔试题及解答 ……（229）

2017 年第三十三届中国数学奥林匹克国家集训队选拔试题及解答 ……（234）

2018 年第三十四届中国数学奥林匹克国家集训队选拔试题及解答 ……（240）

2019 年第三十五届中国数学奥林匹克国家集训队选拔试题及解答 ……（247）

1986年第一届中国数学奥林匹克国家集训队选拔试题及解答

1. 四边形 $ABCD$ 内接于圆,$\triangle BCD$,$\triangle ACD$,$\triangle ABD$,$\triangle ABC$ 的内心依次记为 I_A,I_B,I_C,I_D. 试证:四边形 $I_AI_BI_CI_D$ 是矩形.

证明 如图 1 所示,联结 AI_D,BI_C,AI_C,BI_D,有
$$\angle I_C B I_D = \angle ABI_D - \angle ABI_C = \frac{1}{2}(\angle ABC - \angle ABD)$$
$$\angle I_C A I_D = \angle I_C AB - \angle I_D AB = \frac{1}{2}(\angle BAD - \angle BAC)$$

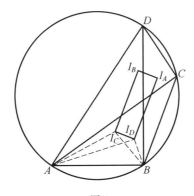

图 1

又因为四边形 $ABCD$ 内接于圆,所以 $\angle ADB = \angle ACB$. 于是
$$\angle ABC + \angle BAC = \angle ABD + \angle BAD$$
故 $\angle I_C B I_D = \angle I_C A I_D$.

由上可得四边形 ABI_DI_C 内接于圆,从而有 $\angle I_C I_D B = \pi - \angle BAI_C = \pi - \frac{1}{2}\angle BAD$.

同理 $\angle I_A I_D B = \pi - \frac{1}{2}\angle DCB$.

因为 $\angle I_C I_D B + \angle I_A I_D B = \pi - \frac{1}{2}\angle BAD + \pi - \frac{1}{2}\angle DCB = 2\pi - \frac{1}{2}(\angle BAD + \angle DCB) = \frac{3}{2}\pi$,所以 $\angle I_C I_D I_A = \frac{\pi}{2}$.

同理可证:$\angle I_D I_A I_B = \angle I_B I_C I_D = \angle I_A I_B I_C = \frac{\pi}{2}$.

故四边形 $I_AI_BI_CI_D$ 为矩形.

2. 设 $a_1, a_2, \cdots, a_n, b_1, b_2, \cdots, b_n$ 是实数. 试证: 使对任何满足 $x_1 \leqslant x_2 \leqslant \cdots \leqslant x_n$ 的实数, 不等式 $\sum_{i=1}^{n} a_i x_i \leqslant \sum_{i=1}^{n} b_i x_i$ 都成立的充分必要条件是 $\sum_{i=1}^{k} a_i \geqslant \sum_{i=1}^{k} b_i (k=1,2,\cdots,n-1)$ 和 $\sum_{i=1}^{n} a_i = \sum_{i=1}^{n} b_i$.

证明 先证必要性.

令 $x_1 = x_2 = \cdots = x_n = 1$, 得 $\sum_{i=1}^{n} a_i \leqslant \sum_{i=1}^{n} b_i$.

再令 $x_1 = x_2 = \cdots = x_n = -1$, 得 $-\sum_{i=1}^{n} a_i \leqslant -\sum_{i=1}^{n} b_i$.

故 $\sum_{i=1}^{n} a_i = \sum_{i=1}^{n} b_i$.

对于 $1 \leqslant k \leqslant n-1$, 令 $x_1 = x_2 = \cdots = x_k = 0, x_{k+1} = x_{k+2} = \cdots = x_n = 1$, 得 $\sum_{i=k+1}^{n} a_i \leqslant \sum_{i=k+1}^{n} b_i$.

又由 $\sum_{i=1}^{n} a_i = \sum_{i=1}^{n} b_i$, 可得 $\sum_{i=1}^{k} a_i \geqslant \sum_{i=1}^{k} b_i, i = 1, 2, \cdots, n-1$.

再证充分性.

令 $s_k = \sum_{i=1}^{k}(a_i - b_i), i = 1, 2, \cdots, n, s_0 = 0$, 则 $a_k - b_k = s_k - s_{k-1}, k = 1, 2, \cdots, n$, 且 $s_k \geqslant 0$, $k = 1, 2, \cdots, n-1, s_n = 0$. 对任何满足 $x_1 \leqslant x_2 \leqslant \cdots \leqslant x_n$ 的实数都有

$$\sum_{i=1}^{n} a_i x_i - \sum_{i=1}^{n} b_i x_i = \sum_{i=1}^{n}(a_i - b_i)x_i = \sum_{i=1}^{n}(s_i - s_{i-1})x_i$$
$$= \sum_{i=1}^{n} s_i x_i - \sum_{i=1}^{n} s_{i-1} x_i = \sum_{i=1}^{n-1} s_i x_i - \sum_{i=1}^{n-1} s_i x_{i+1}$$
$$= \sum_{i=1}^{n-1} s_i (x_i - x_{i+1}) \leqslant 0$$

即 $\sum_{i=1}^{n} a_i x_i \leqslant \sum_{i=1}^{n} b_i x_i$.

3. 自然数 A 的十进制表示为 $\overline{a_n a_{n-1} \cdots a_0}$. 令 $f(A) = 2^n a_0 + 2^{n-1} a_1 + \cdots + 2 a_{n-1} + a_n$, 并记 $A_1 = f(A), A_{i+1} = f(A_i), i = 1, 2, \cdots, n$. 求证:

(1) 必有 $k \in \mathbf{N}$, 使 $A_{k+1} = A_k$.

(2) 若 $A = 19^{86}$, 问上述 A_k 等于多少?

证明 (1) 当 $n = 0$ 时, 对任意 k 有 $A_k = A$. 当 $n = 1$ 时

$$A - f(A) = 10 a_1 + a_0 - 2 a_0 - a_1 = 9 a_1 - a_0 \geqslant 9 \times 1 - 9 = 0$$

当 $n \geqslant 2$ 时

$$A - f(A) \geqslant 10^n - (2^n + 2^{n-1} + \cdots + 2 + 1) \times 9 > 10(10^{n-1} - 2^{n+1} + 1)$$
$$> 10(2^{2n-3} - 2^{n+1} + 1) > 0$$

由上易知 $\{A_i\}$ 是递减的,又对任意 $i \in \mathbf{N}$,有 $A_i \in \mathbf{N}$,故有 $k \in \mathbf{N}$,使 $A_{k+1}=A_k$.

(2) 因为 $10^n f(A) - A = (20^n - 1)a_0 + (20^{n-1} - 1) \times 10 a_1 + \cdots + (20 - 1) \times 10^{n-1} a_{n-1}$,以上每一项的值都被 19 整除,所以 $19 \mid [10^n f(A) - A]$.

即,若 $19 \mid A$,则有 $19 \mid f(A)$.

又由于 $19 \mid 19^{86}$,所以 $19 \mid A_k, k \in \mathbf{N}$.

由前知,当 $n \geqslant 2$ 时,$f(A) < A$.

在 $n = 1$ 时,仅当 $a_1 = 1, a_0 = 9$ 时才有 $A = f(A)$.

故 $A_k = 19$.

4. 已知 $\triangle ABC$ 中,$\angle C = 90°$. 求证:对于 $\triangle ABC$ 内的任意 n 个点,必可适当地记为 $P_1, P_2, \cdots, P_n$,使得 $P_1 P_2^2 + P_2 P_3^2 + \cdots + P_{n-1} P_n^2 \leqslant AB^2$.

注:可以把命题加强为必可适当地记 $P_1, P_2, \cdots, P_n$,使得
$$AP_1^2 + P_1 P_2^2 + \cdots + P_{n-1} P_n^2 + P_n B^2 \leqslant AB^2$$

证明 只就加强命题来证. 应用数学归纳法.

当 $n = 1$ 时,因为 $\angle C = 90°$,故 $\angle AP_1 B \geqslant 90°$,所以 $AP_1^2 + P_1 B^2 \leqslant AB^2$,命题成立.

假设 $n < k$ 时命题成立,下证 $n = k$ 时结论也成立.

过点 C 引 AB 的垂线 CD,垂足为 D,不妨假设 $\triangle ADC$ 和 $\triangle BDC$ 中都有给定的点. 不然,若 k 个给定点都在 $\triangle ADC$ 内,则从点 D 引 AC 的垂线,这种做法可一直进行下去,直到把 k 个给定的点分在两个三角形内为止.

设 $\triangle ADC$ 内有 $s(s < k)$ 个点,$\triangle BDC$ 内有 $k - s$ 个点. 由归纳假设,可以分别标记这 s 个点和 $k - s$ 个点,使得
$$AP_1^2 + P_1 P_2^2 + \cdots + P_{s-1} P_s^2 + P_s C^2 \leqslant AC^2 \qquad ①$$
$$CP_{s+1}^2 + P_{s+1} P_{s+2}^2 + \cdots + P_{k-1} P_k^2 + P_k B^2 \leqslant BC^2 \qquad ②$$

又因为 $\angle P_s C P_{s+1} < \angle ACB = 90°$,所以
$$P_s P_{s+1}^2 < P_s C^2 + C P_{s+1}^2 \qquad ③$$

由式 ①②③,得
$$AP_1^2 + P_1 P_2^2 + \cdots + P_{k-1} P_k^2 + P_k B^2 \leqslant AB^2$$

于是命题成立.

5. 正方形 $ABCD$ 的边长为 1,AB, AD 上各有一点 P, Q,如果 $\triangle APQ$ 的周长为 2,求 $\angle PCQ$ 的度数.

解 设 $\angle BCP = \alpha, \angle DCQ = \beta$. 因为
$$BP = \tan \alpha, QD = \tan \beta$$
$$AP = 1 - \tan \alpha, AQ = 1 - \tan \beta$$

所以
$$PQ = 2 - AP - AQ = \tan \alpha + \tan \beta$$

由 $AP^2 + AQ^2 = PQ^2$,可知 $(1 - \tan \alpha)^2 + (1 - \tan \beta)^2 = (\tan \alpha + \tan \beta)^2$.

整理得 $\tan(\alpha+\beta)=1$. 又因为 $0\leqslant\alpha+\beta<90°$, 所以 $\alpha+\beta=45°$, 即
$$\angle PCQ=90°-\alpha-\beta=45°$$

6. 已知四面体 $A-BCD$, E,F,G 分别在棱 AB,AC,AD 上, 记 $\triangle XYZ$ 的面积为 $S_{\triangle XYZ}$, 周长为 $P_{\triangle XYZ}$. 求证:

(1) $S_{\triangle EFG}\leqslant\max\{S_{\triangle ABC},S_{\triangle ABD},S_{\triangle ACD},S_{\triangle BCD}\}$.

(2) $P_{\triangle EFG}\leqslant\max\{P_{\triangle ABC},P_{\triangle ABD},P_{\triangle ACD},P_{\triangle BCD}\}$.

证明 在证明前, 我们先给出两个引理.

引理 1: 给定空间两直线 l,m, P,Q,R 为 l 上顺次三点, 它们到 m 的距离依次为 d_1,d_2,d_3, 则 $d_2\leqslant\max\{d_1,d_3\}$.

证明从略.

引理 2: 给定直线 l,m 及 l 上两点 M,N. 设 P,Q,R 为 m 上顺次三点, 则
$$QM+QN\leqslant\max\{PM+PN,RM+RN\}$$

引理 2 可通过将点 N 绕直线 m 旋转到平面 MPQ 上, 且 N 与 M 两点分别位于直线 m 两侧而使问题得到简化. 此处证明从略.

现在来证明原题. 设 $\triangle EFG$ 所在的平面为 π, 不妨设点 B 到 π_1 的距离最小, 则当点 B 不与点 E 重合时, 考虑过点 B 且平行于 π 的平面 π', 设 π' 与四面体 $A-BCD$ 变为 $\triangle BF'G'$, 其中点 F' 位于 AC 上, 点 G' 位于 AD 上. 于是有
$$EF\ /\!/\ BF', EG\ /\!/\ BG', FG\ /\!/\ F'G'$$
则 $\triangle EFG\backsim\triangle BF'G'$.

显然 $S_{\triangle EFG}<S_{\triangle BF'G'}, P_{\triangle EFG}<P_{\triangle EF'G'}$.

所以我们只须证明 $\triangle BF'G'$ 满足 (1) 和 (2) 即可.

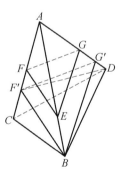

图 2

如图 2, 联结 $F'D$. 设 A,G',D 到 BF' 的距离分别为 d_1,d_2,d_3, 则由引理 1 知
$$d_2\leqslant\max\{d_1,d_2\}$$
于是有 $S_{\triangle BF'G'}\leqslant\max\{S_{\triangle BF'A},S_{\triangle BF'D}\}\leqslant\max\{S_{\triangle ADC},S_{\triangle BF'D}\}$.

同理可证
$$S_{\triangle BF'D}\leqslant\max\{S_{\triangle ABD},S_{\triangle BCD}\}$$
于是
$$S_{\triangle BF'G}\leqslant\max\{S_{\triangle ABC},S_{\triangle ABD},S_{\triangle ACD},S_{\triangle BCD}\}$$

问题 (1) 即证.

运用引理 2 易得
$$P_{\triangle BF'G}\leqslant\max\{P_{\triangle ABF'},P_{\triangle BDF'}\}\leqslant\max\{P_{\triangle ABC},P_{\triangle ABD},P_{\triangle BCD}\}$$
则有 $P_{\triangle BF'G'}\leqslant\max\{P_{\triangle ABC},P_{\triangle ABD},P_{\triangle ACD},P_{\triangle BCD}\}$.

因此 (2) 成立.

7. 设 $x_1, x_2, \cdots, x_n (n \geq 3)$ 为实数. 令 $p = \sum_{i=1}^{n} x_i, q = \sum_{1 \leq i < k \leq n} x_i x_k$. 求证:

(1) $\dfrac{n-1}{n} p^2 - 2q \geq 0$.

(2) $\left| x_i - \dfrac{p}{n} \right| \leq \dfrac{n-1}{n} \sqrt{p^2 - \dfrac{2n}{n-1} q}, i = 1, 2, \cdots, n$.

证明 (1) 因为

$$(n-1)p^2 - 2nq = (n-1)\left(\sum_{i=1}^{n} x_i\right)^2 - 2n \sum_{1 \leq i < k \leq n} x_i x_k$$
$$= (n-1) \sum_{i=1}^{n} x_i^2 - 2 \sum_{1 \leq i < k \leq n} x_i x_k$$
$$= \sum_{1 \leq i < k \leq n} (x_i - x_k)^2 \geq 0$$

所以 $\dfrac{n-1}{n} p^2 - 2q \geq 0$.

(2) $\left| x_i - \dfrac{p}{n} \right| = \dfrac{n x_i - \sum\limits_{k=1}^{n} x_k}{n}$

$= \left| \dfrac{(x_1 - x_1) + \cdots + (x_1 - x_n)}{n} \right|$

$= \dfrac{n-1}{n} \left| \dfrac{(x_1 - 1) + \cdots + (x_1 - x_{i-1})}{n-1} + \dfrac{(x_1 - x_{i-1}) + \cdots + (x_1 - x_n)}{n-1} \right|$

$\leq \dfrac{n-1}{n} \sqrt{\dfrac{(x_i - x_1)^2 + \cdots + (x_i - x_n)^2}{n-1}}$

$\leq \dfrac{n-1}{n} \sqrt{\dfrac{\sum\limits_{1 \leq i < k \leq n} (x_i - x_k)^2}{n-1}}$

$= \dfrac{n-1}{n} \sqrt{\dfrac{(n-1)p^2 - 2nq}{n-1}}$

$= \dfrac{n-1}{n} \sqrt{p^2 - \dfrac{2n}{n-1} q}$

8. 以任意方式将圆周上的 $4k$ 个点标上数 $1, 2, \cdots, 4k$, 求证:

(1) 可以用 $2k$ 条两两不相交的弦联结这 $4k$ 个点, 使得每条弦的两端的标数之差不超过 $3k - 1$.

(2) 对于任意的自然数 k, (1) 中的数 $3k - 1$ 不能再减小.

证明 (1) 将 $1, 2, \cdots, 4k$ 这些数分成 A, B 两组

$$A = \{1, 2, \cdots, k, 3k+1, 3k+2, \cdots, 4k\}$$
$$B = \{k+1, k+2, \cdots, 3k\}$$

则 A 中任一数与 B 中任一数之差的绝对值不大于 $3k - 1$. 因此只须证明可以用 $2k$ 条两两

不相交的弦联结 A,B 中的数,使每条弦的一个端点在 A 中,另一个端点在 B 中.为此,所证化归为证明下面的引理.

引理:已知圆周上有 $2n$ 个点,其中 n 个为"红点",另外 n 个为"蓝点",则可以用 n 条两两不相交的弦联结这 $2n$ 个点,使每条弦的两个端点都不同色.

引理的证明:用数学归纳法.

当 $n=1$ 时,引理显然成立.

假设 $n=k$ 时引理成立.当 $n=k+1$ 时,在圆周上一定能找到相邻的两点,设为 P 和 Q,它们的颜色不相同.将 P,Q 用弦联结起来,然后去掉 P,Q 两点,圆周上还剩 $2k$ 个点,其中恰有 k 个"红点",k 个"蓝点",由假设可以用 k 条两两不相交的弦联结这 $2k$ 个点,使每条弦的两个端点不同色.注意到 P,Q 是相邻的两点,故弦 PQ 不可能与其余 k 条弦相交.这样我们就证明了当 $n=k+1$ 时引理也成立.从而引理对一切自然数 n 都成立.

(2)对圆周上 $4k$ 个点依次编号为 $1,2,\cdots,4k$.再填上适当的数,填法如下:

编号:$1,2,3,4,5,\cdots,2k-2,2k-1,2k$;

填数:$1,3k+1,2,3k+2,3,\cdots,4k-1,k,4k$;

编号:$2k+1,2k+2,2k+3,\cdots,4k-2,4k-1,4k$;

填数:$k+1,2k+1,k+2,\cdots,3k-1,2k,3k$.

A,B 两组定义同(1),则从填数过程能够证明:若 A 组中的两数间连有一弦,则 A 组中必有相邻两数,它们间有一弦相连,且两数之差不小于 $3k-1$.

若 A 组中任两数间没有弦相连,则 A 组中的数只能"平行"地与 B 组中的数相连(否则弦将相交),所以必有 1 和 $3k$ 相连,从而两数之差为 $3k-1$.

这就说明了(1)中的数 $3k-1$ 不能再减小.

1987年第二届中国数学奥林匹克国家集训队选拔试题及解答

1. 对于任意正整数 k，试求最小正整数 $f(k)$，使得存在 5 个集合 $S_1, S_2, \cdots, S_5$，满足：

(1) $|S_i| = k, i = 1, 2, 3, 4, 5$.

(2) $S_i \cap S_{i+1} = \varnothing \ (S_6 = S_1), i = 1, 2, 3, 4, 5$.

(3) $\left| \bigcup_{i=1}^{5} S_i \right| = f(k)$，其中 $|S|$ 表示 S 中元素的个数.

又问当集合个数是正整数 $n(n \geqslant 3)$ 时，有何结果？

解 由于第一问是第二问的特例，故仅就第二问求解.

由条件(2)知，$f(k)$ 中每一个数在 n 个集合中至多出现 $\left[\dfrac{n}{2}\right]$ 次，其中 $[x]$ 表示不超过 x 的最大整数. 而 n 个集合共有 nk 个数，故有

$$f(k) \geqslant \frac{nk}{\left[\dfrac{n}{2}\right]}$$

又 $f(k)$ 是正整数，故

$$f(k) \geqslant \left[\frac{nk + \left[\dfrac{n}{2}\right] - 1}{\left[\dfrac{n}{2}\right]}\right]$$

下面用构造法证明上式中的等号成立.

当 n 为偶数时，$f(k) = 2k$. 结论显然成立.

当 n 为奇数时，设 $n = 2m + 1 (m \geqslant 1)$，则有 $f(k) = 2k + 1 + \left[\dfrac{k-1}{m}\right]$.

设 $k = pm + q$，且 $0 \leqslant q < m, p \geqslant 0$.

若 $q = 0$，则 $f(k) = 2k + p$.

设 $2k + p$ 个数为 $a_1, a_2, \cdots, a_{2k+p}$，并把这 $2k+p$ 个数循环地排成一个无穷序列

$$a_1, a_2, \cdots, a_{2k+p}, a_1, a_2, \cdots, a_{2k+p}, a_1, a_2, \cdots, a_{2k+p}, \cdots \qquad ①$$

记这个序列为 $b_1, b_2, \cdots, b_n, \cdots$，取 $S_i = \{b_{ki-k+1}, b_{ki-k+2}, \cdots, b_{ki}\}, i = 1, 2, \cdots, n$.

下面验证 S_i 满足条件(2).

对 $i = 1, 2, \cdots, n-1$，显然有 $S_i \cap S_{i+1} = \varnothing$. 故只须验证 $S_n \cap S_1 = \varnothing$.

因为 $S_n = \{b_{nk-k+1}, b_{nk-k+2}, \cdots, b_{nk}\}$

$\qquad = \{b_{(2m+1)k-k+1}, b_{(2m+1)k-k+2}, \cdots, b_{(2m+1)k}\}$

$$= \{b_{(2k+p)(m-1)+k+p+1}, b_{(2k+p)(m-1)+k+p+2}, \cdots, b_{(2k+p)(m-1)+2k+p}\}$$
$$= \{a_{k+p+1}, a_{k+p+2}, \cdots, a_{2k+p}\}$$

所以
$$S_n \cap S_1 = \varnothing$$

若 $q \neq 0$,则 $f(k) = 2k + p + 1$.

设 $2k+p+1$ 个数为 $a_1, a_2, \cdots, a_{2k+p+1}$,把前 $2k+p$ 个数排成式①那样的序列,然后在前面 q 个 a_{2k+p} 后插入 a_{2k+p+1}.

记插入后的序列为 $b_1, b_2, \cdots, b_n, \cdots$,取 $S_i = \{b_{ki-k+1}, b_{ki-k+2}, \cdots, b_{ki}\}, i = 1, 2, \cdots, n.$

同理,只须验证 $S_n \cap S_1 = \varnothing$.

因为 $S_n = \{b_{nk-k+j}, j = 1, 2, \cdots, k\}$,而
$$nk - k + j = (2m+1)k - k + j = 2mk + k - k + j$$
$$= 2mk + pm + q - k + j$$
$$= (2k+p+1)q + (2k+p)(m-q-1) + k + p + j$$

所以,$b_{nk-k+j} = a_{k+p+j}, j = 1, 2, \cdots, k.$

故 $S_1 \cap S_n = \varnothing$. 命题得证.

2. 在平面直角坐标系中给定一个 100 边形 P,满足:

(1) P 的顶点坐标都是整数.

(2) P 的边都与坐标轴平行.

(3) P 的边长都是奇数.

求证:P 的面积是奇数.

证明 先给出一个引理.

引理:给定复平面上一个 n 边形 P,其顶点坐标(复数)分别为 $z_1, z_2, \cdots, z_n$,则 P 的有向面积为
$$S = \frac{1}{2}\mathrm{Im}(z_1\bar{z}_2 + z_2\bar{z}_3 + \cdots + z_{n-1}\bar{z}_n + z_n\bar{z}_1)$$

其中,$\mathrm{Im}(z)$ 表示复数 z 的虚部.

此引理可利用 $n=3$ 时的结论,用数学归纳法加以证明.

下面证明原命题.

设 P 的顶点坐标为 $z_j = x_j + \mathrm{i}y_j, j = 1, 2, \cdots, 100.$

由题设知 x_j, y_j 都是整数,且可设
$$\begin{cases} x_{2j} = x_{2j-1} \\ y_{2j} = y_{2j-1} + 奇数 \end{cases}$$
$$\begin{cases} x_{2j+1} = x_{2j} + 奇数 \\ y_{2j+1} = y_{2j} \end{cases}$$

这里 $1 \leqslant j \leqslant 50, x_{101} = x_1, y_{101} = y_1$,并约定 $y_0 = y_{100}.$

由引理知，P 的有向面积为

$$S = \frac{1}{2}\operatorname{Im}\sum_{j=1}^{100} z_j z_{j+1}$$

$$= \frac{1}{2}\operatorname{Im}\sum_{j=1}^{100}(x_j + \mathrm{i}y_j)(x_{j+1} - \mathrm{i}y_{j+1})$$

$$= \frac{1}{2}\operatorname{Im}\sum_{j=1}^{100}[(x_j x_{j+1} + y_j y_{j+1}) + \mathrm{i}(x_{j+1}y_j - x_j y_{j+1})]$$

$$= \frac{1}{2}\sum_{j=1}^{100}(x_{j+1}y_j - x_j y_{j+1})$$

$$= \frac{1}{2}\sum_{j=1}^{50}(x_{2j+1}y_{2j} - x_{2j}y_{2j+1}) + \frac{1}{2}\sum_{j=1}^{50}(x_{2j}y_{2j-1} - x_{2j-1}y_{2j})$$

$$= \frac{1}{2}\sum_{j=1}^{50}(x_{2j+1}y_{2j} - x_{2j-1}y_{2j}) + \frac{1}{2}\sum_{j=1}^{50}(x_{2j-1}y_{2j-2} - x_{2j-1}y_{2j})$$

$$= \frac{1}{2}\sum_{j=1}^{50}(x_{2j+1}y_{2j} - x_{2j-1}y_{2j}) + \frac{1}{2}\sum_{j=1}^{50}x_{2j+1}y_{2j} - \frac{1}{2}\sum_{j=1}^{50}x_{2j-1}y_{2j}$$

$$= \sum_{j=1}^{50}(x_{2j+1}y_{2j} - x_{2j-1}y_{2j})$$

$$= \sum_{j=1}^{50}(x_{2j+1} - x_{2j-1})y_{2j}$$

$$\equiv \sum_{j=1}^{50} y_{2j} \pmod{2}$$

$$\equiv \sum_{j=1}^{25}(y_{4j} - y_{4j-2}) \pmod{2}$$

$$\equiv \sum_{j=1}^{25} 1 \pmod{2}$$

$$\equiv 1 \pmod{2}$$

即 P 的面积是奇数.

3. 已知数列 $\{\gamma_n\}$ 满足 $\gamma_1 = 2, \gamma_n = \gamma_1\gamma_2\cdots\gamma_{n-1} + 1, n \geqslant 2$；自然数 $a_1, a_2, \cdots, a_n$ 满足 $\frac{1}{a_1} + \frac{1}{a_2} + \cdots + \frac{1}{a_n} < 1$. 求证

$$\frac{1}{a_1} + \frac{1}{a_2} + \cdots + \frac{1}{a_n} \leqslant \frac{1}{\gamma_1} + \frac{1}{\gamma_2} + \cdots + \frac{1}{\gamma_n} \qquad ①$$

证明 首先，用归纳法易证，数列 $\{\gamma_n\}$ 具有性质

$$\frac{1}{\gamma_1} + \frac{1}{\gamma_2} + \cdots + \frac{1}{\gamma_n} = 1 - \frac{1}{\gamma_1\gamma_2\cdots\gamma_n}, n = 1, 2, \cdots \qquad ②$$

下面用数学归纳法证明不等式 ①.

当 $n = 1$ 时，式 ① 显然成立.

现在设 $n = 1, 2, \cdots, k$ 时，式 ① 都成立，即有

$$\begin{cases} \dfrac{1}{a_1} \leqslant \dfrac{1}{\gamma_1} \\ \dfrac{1}{a_1} + \dfrac{1}{a_2} \leqslant \dfrac{1}{\gamma_1} + \dfrac{1}{\gamma_2} \\ \cdots \\ \dfrac{1}{a_1} + \dfrac{1}{a_2} + \cdots + \dfrac{1}{a_k} \leqslant \dfrac{1}{\gamma_1} + \dfrac{1}{\gamma_2} + \cdots + \dfrac{1}{\gamma_k} \end{cases} \qquad ③$$

如果

$$\frac{1}{a_1} + \frac{1}{a_2} + \cdots + \frac{1}{a_{k+1}} < 1$$

但是

$$\frac{1}{a_1} + \frac{1}{a_2} + \cdots + \frac{1}{a_{k+1}} > \frac{1}{\gamma_1} + \frac{1}{\gamma_2} + \cdots + \frac{1}{\gamma_{k+1}} \qquad ④$$

不妨设 $a_1 \leqslant a_2 \leqslant \cdots \leqslant a_{k+1}$，则当将式 ③ 中的 k 个不等式分别乘以 $(a_1 - a_2)$，$(a_2 - a_3)$，$\cdots$，$(a_k - a_{k+1})$，并将式 ④ 乘以 a_{k+1}，然后相加，得到

$$\frac{1}{a_1}(a_1 - a_2) + \left(\frac{1}{a_1} + \frac{1}{a_2}\right)(a_2 - a_3) + \cdots +$$
$$\left(\frac{1}{a_1} + \frac{1}{a_2} + \cdots + \frac{1}{a_k}\right)(a_k - a_{k+1}) + \left(\frac{1}{a_1} + \frac{1}{a_2} + \cdots + \frac{1}{a_{k+1}}\right)a_{k+1}$$
$$> \frac{1}{\gamma_1}(a_1 - a_2) + \left(\frac{1}{\gamma_1} + \frac{1}{\gamma_2}\right)(a_2 - a_3) + \cdots +$$
$$\left(\frac{1}{\gamma_1} + \frac{1}{\gamma_2} + \cdots + \frac{1}{\gamma_k}\right)(a_k - a_{k+1}) + \left(\frac{1}{\gamma_1} + \frac{1}{\gamma_2} + \cdots + \frac{1}{\gamma_{k+1}}\right)a_{k+1}$$

化简后得

$$\frac{a_1}{a_1} + \frac{a_2}{a_2} + \cdots + \frac{a_{k+1}}{a_{k+1}} > \frac{a_1}{\gamma_1} + \frac{a_2}{\gamma_2} + \cdots + \frac{a_{k+1}}{\gamma_{k+1}}$$

即有

$$\frac{a_1}{\gamma_1} + \frac{a_2}{\gamma_2} + \cdots + \frac{a_{k+1}}{\gamma_{k+1}} < k+1$$

从而由均值不等式可得

$$\frac{a_1}{\gamma_1} \cdot \frac{a_2}{\gamma_2} \cdot \cdots \cdot \frac{a_{k+1}}{\gamma_{k+1}} < 1$$

从而

$$a_1 a_2 \cdots a_{k+1} < \gamma_1 \gamma_2 \cdots \gamma_{k+1} \qquad ⑤$$

由于 $\dfrac{1}{a_1} + \dfrac{1}{a_2} + \cdots + \dfrac{1}{a_{k+1}} < 1$，故有

$$\frac{1}{a_1} + \frac{1}{a_2} + \cdots + \frac{1}{a_{k+1}} \leqslant 1 - \frac{1}{a_1 a_2 \cdots a_{k+1}} \qquad ⑥$$

由 ⑥⑤② 三式，可得

$$\frac{1}{a_1}+\frac{1}{a_2}+\cdots+\frac{1}{a_{k+1}} > \frac{1}{\gamma_1}+\frac{1}{\gamma_2}+\cdots+\frac{1}{\gamma_{k+1}}$$

此式与式 ④ 矛盾. 从而证明了式 ① 在 $n=k+1$ 时亦成立,这就完成了归纳证明.

4. 设 S 是直角坐标平面上关于两个坐标轴都对称的任意凸图形,在 S 中作四边形都平行于坐标轴的矩形 A,使其面积最大. 把矩形 A 按相似比 $1:\lambda$ 放大为矩形 A',使 A' 完全盖住 S. 试求对任意凸图形都适用的最小的 λ.

解 在解本题之前,先证明一个命题.

命题:给定直角 $\triangle ABC$,$\angle C=90°$. 由 AB 上一点 P 向两直角边作垂线,设交点为 M,N,则当 P 为 AB 的中点时,矩形 $CNPM$ 的面积最大.

命题的证明:事实上,设两直角边边长为 a,b,点 P 到它们的距离分别为 x,y,则有 $\frac{x}{b}+\frac{y}{a}=1$,故

$$\frac{x}{b}\cdot\frac{y}{a}\leqslant\left(\frac{\frac{x}{b}+\frac{y}{a}}{2}\right)^2=\frac{1}{4}$$

即 $xy\leqslant\frac{ab}{4}$,当 $\frac{x}{b}=\frac{y}{a}$ 时取等号.

这时 $\frac{x}{b}=\frac{y}{a}=\frac{1}{2}$,即 P 为 AB 的中点.

下面解本题. 由对称性,只考虑 S 在第一象限中的部分,设 S 与 x 轴,y 轴分别交于 $A(a,0),B(0,b)$. 设矩形 A 在第一象限部分为矩形 $OMPN$,其中点 P 的坐标为 (x,y),则有 $x\geqslant\frac{a}{2},y\geqslant\frac{b}{2}$. 事实上,若 $y<\frac{b}{2}$,联结 BP 并延长,交 x 轴于点 D. 设 N' 的坐标为 $\left(0,\frac{b}{2}\right)$,$P'$ 为 BD 的中点,其在 x,y 轴上的投影分别为 M',N',则由上面的命题知,矩形 $OM'P'N'$ 的面积大于矩形 $OMPN$ 的面积,而 P' 在 BP 上,又 S 是凸的,所以矩形 $OM'P'N'$ 在 S 的第一象限中的部分内. 这就得出存在一矩形 A_1,在 S 内使 A_1 的面积为矩形 $OM'P'N'$ 的面积的 4 倍,于是 A_1 的面积大于 A 的面积,与题设矛盾.

因此有 $y\geqslant\frac{b}{2}$. 同理可证 $x\geqslant\frac{a}{2}$.

将矩形 $OMPN$ 按 $1:2$ 的比例扩大为矩形 A',A' 必覆盖 S,所以应有 $\lambda\leqslant 2$,但 S 为一个菱形时,易证应有 $\lambda\geqslant 2$. 因此,$\lambda=2$.

5. 试求所有正整数 n,使方程

$$x^3+y^3+z^3=nx^2y^2z^2$$

有正整数解.

解 设 x,y,z 为其正整数解,不妨设 $x\leqslant y\leqslant z$,则

$$z^2\mid(x^3+y^3)$$

所以

但
$$z^2 \leqslant x^3 + y^3$$

$$x^3 \leqslant xz^2, y^3 \leqslant yz^2$$

因而
$$z = nx^2y^2 - \frac{x^3+y^3}{z^2} \geqslant nx^2y^2 - (x+y)$$

故
$$x^3 + y^3 \geqslant z^2 \geqslant [nx^2y^2 - (x+y)]^2$$

所以
$$n^2x^4y^4 \leqslant 2nx^2y^2(x+y) + x^3 + y^3$$
$$nxy < 2\left(\frac{1}{x} + \frac{1}{y}\right) + \frac{1}{nx^3} + \frac{1}{ny^3}$$

若 $x \geqslant 2$,则
$$4 \leqslant nxy < 2\left(\frac{1}{x} + \frac{1}{y}\right) + \frac{1}{nx^3} + \frac{1}{ny^3} \leqslant 3$$

矛盾.

故只有 $x=1$,即
$$ny < 2 + \frac{2}{y} + \frac{1}{n} + \frac{1}{ny^3}$$

当且仅当 $y \leqslant 3$ 时成立.

又 $z^2 \mid (x^3+y^3)$,即 $z^2 \mid (1+y^3)$,所以只有 $y=1,z=1$ 或 $y=2,z=3$,代入原方程得 $n=1$ 或 3.

6. 设空间中有 $2n(n>1)$ 个点,其中任何四点都不共面,它们之间连有 n^2+1 条线段. 求证:这些线段必能构成两个有公共边的三角形.

证明 当 $n=2$ 时,$n^2+1=5$,即四点之间连有五条线段,当然能构成两个有公共边的三角形. 可见,命题在 $n=2$ 时成立.

设命题当 $n=k$ 时成立.

当 $n=k+1$ 时,设 AB 是任一条线段,并把由 A,B 两点向其余各点所引线段的条数分别记为 a,b.

(1) 设有线段 AB,使 $a+b \geqslant 2k+2$. 于是在除 A,B 之外的 $2k$ 个点中,至少存在两点 C 和 D,使线段 AC,BC,AD,BD 都存在. 这时 $\triangle ABC$ 和 $\triangle ABD$ 即为一对有公共边的三角形.

(2) 设有线段 AB,使 $a+b \leqslant 2k$. 于是去掉 A 和 B 时,其余的 $2k$ 个点间至少连有 k^2+1 条线段. 由归纳假设即知必存在一对有公共边的三角形.

(3) 若对已给线段中任一条线段 AB,都有 $a+b=2k+1$,则对固定的线段 AB,存在一点 C,使 $\triangle ABC$ 存在. 记由 A,B,C 向其余 $2k-1$ 个点引出的线段条数分别为 a',b',c',则

$a'+b'=b'+c'=c'+a'=2k-1$.

从而有 $2(a'+b'+c')=6k-3$.

上式左端为偶数,右端为奇数,矛盾.这意味着(1),(2)两条件至少有一个成立,从而命题在 $n=k+1$ 时成立,这就完成了归纳证明.

1988年第三届中国数学奥林匹克国家集训队选拔试题及解答

1. 设实数 A,B,C 使得不等式
$$A(x-y)(x-z)+B(y-z)(y-x)+C(z-x)(z-y)\geqslant 0 \qquad (*)$$
对任何实数 x,y,z 都成立.问 A,B,C 应满足怎样的条件？（要求写出充分必要条件,并限定用只涉及 A,B,C 的等式或不等式来表示这个条件.）

解 在式 $(*)$ 中,令 $x=y$,得 $C(z-x)^2\geqslant 0$.

由 x,z 的任意性,得 $C\geqslant 0$.再由对称性,可得
$$A\geqslant 0, B\geqslant 0, C\geqslant 0 \qquad ①$$
令 $x-y=s, y-z=t$,则 $x-z=s+t$,式 $(*)$ 等价于
$$As(s+t)+Bt(-s)+C(-s-t)(-t)\geqslant 0$$
或
$$As^2+(A-B+C)st+Ct^2\geqslant 0 \qquad ②$$

显然,式 $(*)$ 对任意的 x,y,z 都成立,等价于式 ② 对任意的 s,t 都成立.又由条件,式 ①② 对任意的 s,t 都成立的充要条件是
$$(A-B+C)^2-4AC\leqslant 0$$
即
$$A^2+B^2+C^2\leqslant 2(AB+BC+CA) \qquad ③$$

综上所述, A,B,C 应满足的条件是式 ① 和式 ③.

2. 设 **Q** 是有理数集, **C** 是复数集.考虑定义在 **Q** 上取值在 **C** 中的函数 $f:\mathbf{Q}\to\mathbf{C}$.若该函数满足条件：

(1) 对任意 1 988 个有理数 $x_1,x_2,\cdots,x_{1988}$,都有
$$f(x_1+x_2+\cdots+x_{1988})=f(x_1)f(x_2)\cdots f(x_{1988}) \qquad ①$$

(2) 对任意有理数 x,都有
$$\overline{f(1\,988)}f(x)=f(1\,988)\overline{f(x)} \qquad ②$$

试求出一切这样的函数.

解 显然, $f\equiv 0$ 是一个解.以下设 $f\not\equiv 0$,则存在有理数 x_0,使 $f(x_0)\neq 0$.在式 ① 中令 $x_1=x_0, x_2=x_3=\cdots=x_{1988}=0$,得 $f(x_0)=f(x_0)[f(0)]^{1987}$.

由于 $f(x_0)\neq 0$,所以 $[f(0)]^{1987}=1$.

令 $\omega=f(0)$,则 $\omega^{1987}=1$.

令 $g(x)=f(x)/\omega$,则 $g(0)=1$,条件 ① 化为
$$g(x_1+x_2+\cdots+x_{1988})=g(x_1)g(x_2)\cdots g(x_{1988}) \quad ③$$
式 ② 化为
$$\overline{g(1988)}\cdot g(x)=g(1988)\cdot \overline{g(x)} \quad ④$$
在式 ③ 中,令 $x_1=x_2=\cdots=x_{1988}=0$,利用 $g(0)=1$,得
$$g(x_1+x_2)=g(x_1)\cdot g(x_2) \quad ⑤$$
若有 x',使 $g(x')=0$,则对任意 $x\in \mathbf{Q}$,由式 ⑤ 得 $g(x)=g(x')\cdot g(x-x')=0$,特别地,有 $g(0)=0$. 与前面的假设矛盾. 故对任意有理数 x,均有 $g(x)\neq 0$.

在式 ④ 中令 $x=0$,由 $g(0)=1$,得 $\overline{g(1988)}=g(1988)$.

从而,式 ④ 进一步化简为 $g(x)=\overline{g(x)}$,即 $g(x)$ 是实函数.

在式 ⑤ 中,令 $x_1=x_2=x$,得
$$g(x)=\left[\sin\left(\frac{x}{2}\right)\right]^2>0 \quad ⑥$$

令 $a=g(1)>0$. 又利用式 ⑤,用归纳法易证对任何正有理数 $\frac{m}{n}$,均有
$$g\left(\frac{m}{n}\right)=g\left(\frac{1}{n}+\frac{1}{n}+\cdots+\frac{1}{n}\right)=g\left(\frac{1}{n}\right)\cdot g\left(\frac{1}{n}\right)\cdot\cdots\cdot g\left(\frac{1}{n}\right)-\left[g\left(\frac{1}{n}\right)\right]^m \quad ⑦$$

特别地,令 $m=n$,得 $\left[g\left(\frac{1}{n}\right)\right]^n=g(1)=a$.

结合式 ⑥,可得 $g\left(\frac{1}{n}\right)=a^{\frac{1}{n}}$.

再由式 ⑦,得
$$g\left(\frac{m}{n}\right)=\left[g\left(\frac{1}{n}\right)\right]^m=a^{\frac{m}{n}} \quad ⑧$$

最后,在式 ⑤ 中令 $x_1=-x_2=x$,得 $g(x)\cdot g(-x)=g(0)=1$.

于是
$$g(-x)=\frac{1}{g(x)} \quad ⑨$$

从而由式 ⑧⑨,得
$$g\left(-\frac{m}{n}\right)=-\frac{1}{g\left(\frac{m}{n}\right)}=a^{-\frac{m}{n}} \quad ⑩$$

至此证明了对任何有理数 x,有 $g(x)=a^x$.

所以,$f(x)=\omega\cdot g(x)=\omega\cdot a^x$.

这里 $\omega^{1987}=1, a>0$.

综上所述,所有这样的函数是 $f(x)=\omega\cdot a^x$,其中复数 ω 满足 $\omega^{1988}=\omega$,实数 $a>0$.

3. 在 $\triangle ABC$ 中,$\angle C=30°$,O 是外心,I 是内心,边 AC 上的点 D 与边 BC 上的点 E 使得 $AD=BE=AB$.

求证：$OI \perp DE$，且 $OI = DE$.

证法 1 延长 AI 交 $\triangle ABC$ 的外接圆于点 M，联结 BD, OM, OB, BM.
因为 I 为内心，所以 M 平分 $\overset{\frown}{BMC}$. 于是，$OM \perp BC$，且
$$\angle MOB = \frac{1}{2}\overset{\frown}{BMC} = \angle BAC$$
由正弦定理得
$$AB = 2R\sin C = 2R\sin 30° = R = OB = OM$$
所以，$AD = BE = AB = OB = OM$.

从而，$\triangle DAB \cong \triangle MOB$，故 $MB = BD$.

再由 I 是内心，容易算得下列角的度数
$$\angle MBI = \angle MBC + \angle CBI = \frac{1}{2}\angle BAC + \frac{1}{2}\angle ABC$$
$$= \frac{1}{2}(180° - \angle C) = \frac{1}{2}(180° - 30°) = 75°$$
$$\angle BMI = \angle BMA = \angle C = 30°$$
$$\angle MIB = 180° - (\angle BMI + \angle MBI) = 75°$$

所以，$\angle MIB = \angle MBI$，$MB = MI$. 又 AI 平分 $\angle BAC$，$AD = AB$，故 $BD \perp IM$.

从而有 $BD \perp IM$，且 $BD = MB = IM$.

又 $OM \perp BE$，且 $OM = BE$，故 $\angle OMI$ 和 $\angle EBD$ 的两对边分别垂直且相等. 又显然它们都是锐角，从而 $\triangle OMI \cong \triangle EBD$，且通过旋转 $90°$ 和平移可使两三角形重合，故有 $OI \perp DE$，且 $OI = DE$.

证法 2 如图 1，联结 IA, IB, ID, IE, OA, OB. 由正弦定理可得
$$AB = 2R\sin C = 2R\sin 30° = R = OA = OB$$
即 $\triangle OAB$ 为正三角形.

又 I 为内心，且 $AD = AB = BE$，所以
$$\triangle DAI \cong \triangle BAI \cong \triangle BEI$$

从而，$\angle EIB = \angle DIA = \angle AIB = \frac{1}{2}(180° + \angle C) = 105°$，$ID = IB$，$IB = IA$.

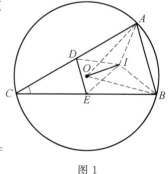

图 1

以 I 为复平面的原点建立复坐标系. 设 A, B 两点的复数坐标分别为 z_1, z_2. 不妨设 A, B, C 三点按顺时针方向绕行，则 $\overrightarrow{ID}$ 是由 $\overrightarrow{IB}$ 按逆时针方向旋转 $210°$ 得到的，$\overrightarrow{IE}$ 是由 $\overrightarrow{IA}$ 按顺时针方向旋转 $210°$ 得到的，即
$$\overrightarrow{ID} = \overrightarrow{IB} \cdot e^{i\frac{7\pi}{6}} = z_2 \cdot e^{i\frac{7\pi}{6}}, \overrightarrow{IE} = \overrightarrow{IA} \cdot e^{-i\frac{7\pi}{6}} = z_1 \cdot e^{-i\frac{7\pi}{6}}$$
所以，$\overrightarrow{DE} = \overrightarrow{IE} - \overrightarrow{ID} = z_1 \cdot e^{-i\frac{7\pi}{6}} - z_2 \cdot e^{i\frac{7\pi}{6}}$.

又 $\triangle OAB$ 为负向正三角形，$\overrightarrow{BO}$ 是由 $\overrightarrow{BA}$ 按逆时针方向旋转 $60°$ 得到的，所以

$$\overrightarrow{BO} = \overrightarrow{BA} \cdot e^{i\frac{\pi}{3}} = (z_1 - z_2) \cdot e^{i\frac{\pi}{3}}$$

$$\overrightarrow{IO} = \overrightarrow{IB} + \overrightarrow{BO} = z_2 + (z_1 - z_2) \cdot e^{i\frac{\pi}{3}} = z_1 \cdot e^{i\frac{\pi}{3}} + z_2 \cdot (1 - e^{i\frac{\pi}{3}})$$

于是,$i \cdot \overrightarrow{IO} = z_1 \cdot e^{i\frac{\pi}{3}} \cdot i + z_2 \cdot (1 - e^{i\frac{\pi}{3}}) \cdot i = z_1 \cdot e^{-i\frac{7\pi}{6}} - z_2 \cdot e^{i\frac{7\pi}{6}}$.

从而,$\overrightarrow{DE} = i \cdot \overrightarrow{IO}$,即 $DE \perp OI$,且 $DE = OI$.

4. 设 k 是自然数,记 $S_k = \{(a,b) \mid a,b = 1,2,\cdots,k\}$. 对于 S_k 中的两个元素 $(a,b), (c,d)$,如果 $a - c \equiv 0$ 或 $\pm 1 \pmod{k}$,并且 $b - d \equiv 0$ 或 $\pm 1 \pmod{k}$,就称 (a,b) 与 (c,d) 在 S_k 中是可分辨的(例如,$(1,1)$ 与 $(2,5)$ 在 S_5 中是不可分辨的). 否则就称为不可分辨的.

考虑 S_k 的具有下列性质的子集 A:A 中的元素在 S_k 中是两两可分的. 这种子集的元素个数的最大值记为 r_k.

(1) 求 r_5,并说明理由.

(2) 求 r_7,并说明理由.

(3) 对一般的 k,r_k 是多少(不要求说明理由)?

解 我们来使问题直观化. 以 $k \times k$ 个方格代表 S_k 中的 k^2 个元素,自然以第 i 行第 j 列的方格代表 (i,j),则 S_k 中的两个元素 (a,b) 与 (c,d) 不可分辨等价于它们对应的两个方格相邻(包括邻边相邻和对角相邻,即有公共点).

这里的相邻是广义相邻,即第一行(列)与第 k 行(列)相邻. 显然,每一个方格恰好和周围 8 个方格相邻($k \geqslant 3$).

对于任何 2×2 方格,其中 4 个方格中任 2 个都是相邻的,从而它们对应的 S_k 中的 4 个元素在 S_k 中是两两不可分辨的,所以任何 2×2 方格中至多包含 A 中的一个元素.

考虑任何相邻的两行. 我们在 $2 \times k$ 方格旁再添上一个 $2 \times k$ 方格表(经平移得到),这样得到一个 $2 \times 2k$ 方格表,从而有 k 个 2×2 方格. 由已证结论,任何 2×2 方格中至多有一个在 A 中,所以 $2 \times 2k$ 方格中至多有 k 个在 A 中(注意广义相邻). 但对原来的 $2 \times k$ 方格,每个方格在 $2 \times 2k$ 方格中都恰好计算了 2 次,从而 $2 \times k$ 方格中至多有 $\left[\frac{k}{2}\right]$ 个在 A 中,即任何相邻两行中至多有 $\left[\frac{k}{2}\right]$ 个方格在 A 中.

利用同样的技巧,我们可以证明:在 k 行中至多有 $\left[\frac{k}{2}\left[\frac{k}{2}\right]\right]$ 个方格在 A 中,即 $k \times k$ 方格中至多有 $\left[\frac{k}{2}\left[\frac{k}{2}\right]\right]$ 个方格在 A 中,所以 $r_k \leqslant \left[\frac{k}{2}\left[\frac{k}{2}\right]\right]$.

下面我们说明上式中等号成立,即 $r_k = \left[\frac{k}{2}\left[\frac{k}{2}\right]\right]$.

按题目要求,我们只证明 $k = 5$ 和 $k = 7$ 时的情形. 为此,我们只须给出一个互不相邻的方格集,使其恰有 r_k 个方格,当 $k = 5$ 和 $k = 7$ 时,我们有如下的例子(图 2,图 3):

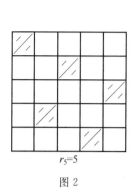
$r_5=5$
图2

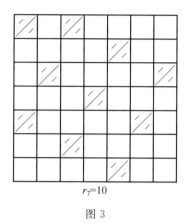
$r_7=10$
图3

对于一般的 k,我们也可以构造 r_k 个互不相邻的方格,这里从略.

5. 设 $f(x)=3x+2$.证明:存在正整数 m,使得 $f^{(100)}(m)$ 能被 1 988 整除.

注:$f^{(k)}(x)$ 表示 $\underbrace{f(f(\cdots f}_{k\text{个}}(x)\cdots))$.

证明 由 $f(x)=3x+2$,得 $f(x)+1=3(x+1)$.

从而,对任意给定的 x,有 $f^{(n+1)}(x)+1=3[f^{(n)}(x)+1]$,$n=0,1,2,\cdots$,即 $\{f^{(n)}(x)+1\}$ 是以3为公比的等比数列,所以 $f^{(n)}(x)+1=3^n(x+1)$,$n=0,1,2,\cdots$.要证存在正整数 m,使得 $f^{(100)}(m)$ 被 1 988 整除,等价于要证

$$3^{100}(x+1)-1\,988y=1 \qquad (*)$$

有整数解,且 x 为正整数.

因为 $(3^{100},1\,988)=1$,所以由一次不定方程理论,可知式 $(*)$ 有整数解.设 (x_0,y_0) 是方程 $(*)$ 的一组特解,则方程 $(*)$ 的所有解为

$$\begin{cases} x=x_0+1\,988t \\ y=y_0+3^{100}t \end{cases}$$

其中,t 为任意整数.

取足够大的 t,使由上式给出的 x,y 均为正整数.此时,令 $m=x$,则 $f^{(100)}(m)$ 能被 1 988 整除.

6. 在梯形 $ABCD$ 的下底 AB 上有两个定点 M,N,上底 CD 上有一动点 P.记 $E=DN \cap AP$,$F=DN \cap MC$,$G=MC \cap PB$,$DP=\lambda DC$.问当 λ 为何值时,四边形 $PEFG$ 的面积最大?

解 取 DC 为单位长度,即 $DC=1$,则 $DP=\lambda$,$PC=1-\lambda$.设 $AM=a$,$MN=b$,$NB=c$,梯形高为 h.

过点 C 作 PB 的平行线 CQ 交 AB 的延长线于点 Q,则四边形 $PCQB$ 为平行四边形,于是 $BQ=PC=1-\lambda$.从而

$$S_{\triangle MGB}/S_{\triangle MCQ}=(MB/MQ)^2=(b+c)^2/(b+c+1-\lambda)^2$$

又 $S_{\triangle MCQ} = \frac{1}{2}(b+c+1-\lambda) \cdot h$,从而,$S_{\triangle MGB} = \frac{(b+c)^2 h}{2(b+c+1-\lambda)}$.

类似可得
$$S_{\triangle AEN} = (a+b)^2 h / 2(a+b+\lambda)$$

又显然 $S_{\triangle APB}$ 和 $S_{\triangle FMN}$ 是定值,从而由 $S_{四边形 PEFG} = S_{\triangle APB} - (S_{\triangle MGB} + S_{\triangle AEN}) + S_{\triangle FMN}$ 知,当 $S_{\triangle MGB} + S_{\triangle AEN}$ 取最小值时,$S_{四边形 PEFG}$ 取最大值. 而

$$S_{\triangle MGB} + S_{\triangle AEN} = \frac{h}{2} \cdot \left[\frac{(a+b)^2}{a+b+\lambda} + \frac{(b+c)^2}{b+c+1-\lambda}\right] \quad ①$$

由柯西(Cauchy)不等式得

$$\left[\frac{(a+b)^2}{a+b+\lambda} + \frac{(b+c)^2}{b+c+1-\lambda}\right] \cdot \left[(a+b+\lambda) + (b+c+1-\lambda)\right]$$
$$\geqslant [(a+b)+(b+c)]^2 = (a+2b+c)^2 \quad ②$$

其中等号当且仅当
$$\frac{(a+b)^2}{(a+b+\lambda)^2} = \frac{(b+c)^2}{(b+c+1-\lambda)^2}$$

即 $\lambda = \frac{a+b}{a+2b+c} = \frac{AN}{AN+MB}$ 时成立. 从而,由式①②得

$$S_{\triangle MGB} + S_{\triangle AEN} \geqslant \frac{h}{2} \cdot \frac{(a+2b+c)^2}{a+2b+c+1}$$

且当且仅当 $\lambda = AN/(AN+MB)$ 时,$S_{\triangle MGB} + S_{\triangle AEN}$ 取到最小值,此时 $S_{四边形 PEFG}$ 取到最大值.

综上,当且仅当 $\lambda = AN/(AN+MB)$ 时,四边形 $PEFG$ 的面积最大.

7. 设 xOy 坐标平面上有一多边形 π,π 的面积 $>n$. 求证:在 π 中必定存在 $n+1$ 个点 $P_1, P_2, \cdots, P_{n+1}$,使得其中任何两点 $P_i(x_i, y_i)$ 与 $P_j(x_j, y_j)$,$1 \leqslant i, j \leqslant n+1$ 的对应坐标之差都是整数,即 $x_i - x_j, y_i - y_j$ 都是整数.

证明 将平面用单位正方形隔开,并给 π 染上红色. 将所有染上红色的单位正方形移到某一个正方形中,下面我们证明此正方形堆中必有一点在竖直方向上至少有 $n+1$ 层被染上了红色. 反设每一点至多在 n 层被染上红色,则红色区域至多不过充满 n 个单位正方形,面积不超过 n,与 π 的面积 $>n$ 矛盾. 现在我们找到某点 P,使其在竖直方向中至少有 $n+1$ 个点被染为红色,用一根针穿透这个正方形层刺到点 P 上,然后将正方形平移还原,则 π 上至少有 $n+1$ 个针孔. 从中选 $n+1$ 个,易知这些点满足要求.

8. 有一台损坏了的计算器,只保留了 $c, 1$ 和 -1 三个原始数据. 每次操作只能从 u 和 v 计算 $uv+v$,并将结果显示出来. 第一次操作时,u 和 v 只能取原始数据 $c, 1$ 或 -1. 以后的各次操作,u 和 v 只能取 $c, 1, -1$ 或者是上一次计算得到的结果. 请说明:对于任何给定的整系数多项式 $P_n(x) = a_0 x^n + a_1 x^{n-1} + \cdots + a_n$ 仍能利用这台计算器计算 $P_n(c)$. (即经过有限次操作之后,在显示器上显示出 $P_n(c)$ 的值.)

证明 首先我们证明:若 a 能计算,则 $a \pm 1$ 也能计算. 事实上,令 $u = a, v = 1$,我们就

可计算 $a+1$，令 $u=a, v=-1$，则可计算 $-a-1$，于是可计算 $-a$. 再令 $u=-a, v=-1$，则可计算 $a-1$.

我们用归纳法证明原题. 显然，令 $u=v=1$，可知 1 可计算，从而由已证结果可证对任何整数 a_0, a 也可计算，即 $n=0$ 时结论成立. 假设 $n=k$ 时结论成立. 当 $n=k+1$ 时，给定任一 $k+1$ 次整系数多项式 $P_{k+1}(x)=a_0 x^{k+1}+a_1 x^k+\cdots+a_k x+a_{k+1}$.

令 $Q_k(x)=a_0 x^k+a_1 x^{k-1}+\cdots+a_{k-1} x+a_k-1$.

由假设知 $Q_k(c)$ 可计算. 令 $u=Q_k(c), v=c$，得 $Q_q(c) \cdot c+c=a_0 \cdot c^{k+1}+a_1 \cdot c^k+\cdots+a_k \cdot c$ 可计算，由已证结果可得 $P_{k+1}(c)=[Q_q(c) \cdot c+c]+a_{k+1}$ 也可计算.

这就证明了当 $n=k+1$ 时结论也成立. 从而对任一 n，整系数多项式 $P_0(x), P_n(c)$ 可计算.

1989 年第四届中国数学奥林匹克国家集训队选拔试题及解答

1. 边长为 $\frac{3}{2},\frac{\sqrt{5}}{2},\sqrt{2}$ 的三角形纸片沿垂直于长度为 $\frac{3}{2}$ 的边的方向折叠. 问重叠部分面积的最大值是多少?

解法一 不妨设在 $\triangle ABC$ 中, $BC=a=\frac{3}{2}$, $AC=b=\sqrt{2}$, $AB=c=\frac{\sqrt{5}}{2}$. 如图 1, 设 BC 的中点为 D, $AE\perp BC$, 且沿 MN 折叠时重叠部分面积取到最大值. 则易知, M 在 D 和 E 之间. 设 C 关于 MN 的对称点为 C', $C'N\cap AB=G$, 令 $DM=x$, 则 $BC'=2x$.

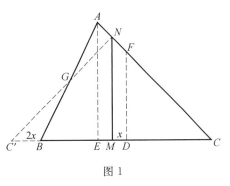

图 1

在 $\triangle ABC$ 中, 由余弦定理知

$$\cos C=\frac{a^2+b^2-c^2}{2ab}=\frac{\sqrt{2}}{2}, \cos B=\frac{1}{\sqrt{5}}$$

于是, $\angle C=45°$, $\sin B=\frac{2}{\sqrt{5}}$.

又在 $\triangle BC'G$ 中有

$$\begin{aligned}\sin G&=\sin(\angle ABC-\angle C')\\&=\sin(\angle ABC-\angle ACB)=\sin(B-C)\\&=\sin B\cos C-\cos B\sin C\\&=\frac{1}{\sqrt{10}}\end{aligned}$$

由正弦定理得 $C'G=\dfrac{BC'\cdot\sin GBC'}{\sin BGC'}=4\sqrt{2}\,x$.

于是, $S_{\triangle BC'G}=\dfrac{1}{2}\cdot BC'\cdot C'G\cdot\sin C'=4x^2$, 而 $S_{\triangle C'MN}=\dfrac{1}{2}\left(\dfrac{a}{2}+x\right)^2$.

所以, 重叠部分 $MBGN$ 的面积为

$$\begin{aligned}S_{MBGN}&=S_{\triangle C'MN}-S_{\triangle BC'G}=\frac{1}{2}\left(\frac{a}{2}+x\right)^2-4x^2\\&=-\frac{7}{2}\left(x-\frac{a}{14}\right)^2+\frac{a^2}{7}\leqslant\frac{a^2}{7}\end{aligned}$$

因此,当 $x=\dfrac{a}{14}=\dfrac{3}{28}$ 时,S_{MBGN} 取最大值 $\dfrac{a^2}{7}=\dfrac{9}{28}$.

下面验证当 $x=\dfrac{3}{28}$ 时,M 在 D,E 之间.

事实上,$AE=AC\cdot\sin C=1$. 故 $DE=CE-CD=AE-CD=\dfrac{1}{4}$. 又因为 $\dfrac{3}{28}<\dfrac{1}{4}$,所以 M 在 D,E 之间,故当 $DM=\dfrac{3}{28}$ 时,重叠部分取到最大值 $\dfrac{9}{28}$.

解法二 提示:折叠线 l 在高 AO 与 BC 的垂直平分线之间时,面积 S 才可能达到最大. 如图 2,建立坐标系,易知 A,B,C 三点的坐标,设折叠线 l 交 OC 于点 E,交 AC 于点 H,则重叠部分为图中四边形 $EFGH$.

2. 已知 $v_0=0,v_1=1,v_{n+1}=8v_n-v_{n-1},n=1,2,\cdots$.

求证:在数列 $\{v_n\}$ 中,没有形如 $3^{\alpha}\cdot 5^{\beta}(\alpha,\beta$ 为正整数) 的项.

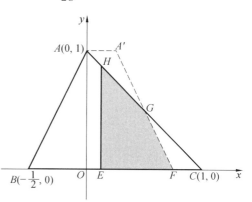

图 2

证明 直接计算,得 v_n 的前几项为 $0,1,8,63,496,3\,905,30\,744,\cdots$. 注意到 $v_3=63,v_6=30\,744$ 都是 3 和 7 的倍数,且其余的项 v_1,v_2,v_4,v_5 都不是 3 或 7 的倍数,我们猜测

$$3\mid v_n \Leftrightarrow 7\mid v_n \qquad \text{①}$$

下面来证明这一猜测.

先考虑 mod 3. $\{v_n(\bmod 3)\}$ 的前几项是 $0,1,-1,0,1,-1,\cdots$.

由于 $v_{n+1}=8v_n-v_{n-1}$,所以由 $v_3\equiv v_0(\bmod 3),v_4\equiv v_1(\bmod 3)$,利用归纳法易证 $v_{n+3}\equiv v_n(\bmod 3),n=0,1,2,\cdots$,即 $\{v_n(\bmod 3)\}$ 是以 3 为周期的数列,而它的前 3 项是 $0,1,-1$,所以

$$3\mid v_n \Leftrightarrow 3\mid n \qquad \text{②}$$

再考虑 mod 7. $\{v_n(\bmod 7)\}$ 的前几项是 $0,1,1,0,-1,-1,0,1,\cdots$. 仿上可证 $\{v_n(\bmod 7)\}$ 是以 6 为周期的周期数列,它的前 6 项为 $0,1,1,0,-1,-1$,所以

$$7\mid v_n \Leftrightarrow 3\mid n \qquad \text{③}$$

由式②③即得式①. 这就证明了式①的正确性. 由式①显然可知 $\{v_n\}$ 中没有形如 $3^{\alpha}\cdot 5^{\beta}(\alpha,\beta$ 是正整数) 的项.

3. 求最大整数 n,使方程

$$(z+1)^n=z^n+1 \qquad \text{①}$$

的所有非零解都在单位圆上.

解 设 $n\geqslant 5$ 时方程①的所有非零解都在单位圆上. 显然,方程①可化为

$$(C_n^1 \cdot z^{n-2} + C_n^2 \cdot z^{n-3} + \cdots + C_n^{n-2} \cdot z + C_n^{n-1}) \cdot z = 0 \quad (n > 3) \quad ②$$

所以,方程 ② 有 $n-2$ 个非零解,设为 $z_1, z_2, \cdots, z_{n-2}$. 令

$$S_k = \sum_{i=1}^{n} z_i^k, k = 1, 2, 3, \cdots$$

$$a_1 = \sum_i z_i, a_2 = \sum_{i<j} z_i z_j, a_3 = \sum_{i<j<k} z_i z_j z_k$$

则有关系式

$$S_3 = a_1^3 - 3a_1 a_2 + 3a_3 \quad ③$$

又由韦达定理可知

$$a_1 = -\frac{C_n^2}{C_n^1} = -\frac{n-1}{2}$$

$$a_2 = -\frac{C_n^3}{C_n^1} = \frac{(n-1)(n-2)}{6}$$

$$a_3 = -\frac{C_n^4}{C_n^1} = -\frac{(n-1)(n-2)(n-3)}{24}$$

将以上三式代入式 ③,经计算,得

$$S_3 = \frac{(n-1)(n-3)}{8}$$

又由于 $|z_i| = 1, i = 1, 2, \cdots, n-2$,所以 $|S_3| \leqslant n-2$.

从而, $\frac{(n-1)(n-3)}{8} \leqslant n-2$.

解得 $n \leqslant 10$.

注意到,当 $n \geqslant 5$ 且为奇数时,若 z 是方程 ① 的根,则 $-(z+1)$ 也是方程 ① 的根,当 $z \neq 0, -1$ 时, $-(z+1) \neq 0, -1$,由 $|-(z+1)| = |z| = 1$ 得,在复平面上, $0, z, -1$ 三点构成一个正三角形,从而 $z = e^{\pm \frac{2\pi}{3}}$. 由虚根成对定理(或实系数多项式的因式分解定理)得

$$(z+1)^n - z^n - 1 = n \cdot z \cdot (z+1)^\alpha \cdot (z^2 + z + 1)^\beta \quad ⑤$$

其中, α, β 是非负整数,易验证,当 $n = 7$ 时,有 $(z+1)^7 - z^7 - 1 = 7z(z+1)(z^2+z+1)^2$.

当 $n = 9$ 时,方程 ⑤ 无解. 这说明 $n \neq 9, n$ 可以等于 7.

以下证明 $n \neq 8, 10$. 对方程 ① 两边求导,得

$$n(z+1)^{n-1} = nz^{n-1} \quad ⑥$$

若 z 是方程 ① 的重根,则 z 同时是方程 ① 和方程 ⑥ 的根,从而

$$(z+1)^{n-1} = z^{n-1} - 1 \quad ⑦$$

故 $0, 1, z+1$ 三点构成一个正三角形,因此

$$z = e^{\pm \frac{2\pi}{3}}$$

在 $n = 8$ 或 10 时, $z = e^{\pm \frac{2\pi}{3}}$ 不满足方程 ⑦,故 $n = 8$ 或 10 时,方程 ① 无重根. 设

$$z = \cos 2\theta + i \sin 2\theta, -\frac{\pi}{2} < \theta \leqslant \frac{\pi}{2}$$

则方程 ① 化为
$$2^n\cos^n\theta = 2\cos n\theta \qquad ⑧$$
由前面的讨论可知,方程 ⑧ 有 $n-2$ 个不同的根(在 $-\dfrac{\pi}{2}$ 与 $\dfrac{\pi}{2}$ 之间).由对称性,知在 0 到 $\dfrac{\pi}{2}$ 之间,方程 ⑧ 有 $\dfrac{n-2}{2}$ 个不同的根.

若 $n=10$,则当 $0\leqslant\theta<\dfrac{\pi}{4}$ 时,$2^n\cos^n\theta\geqslant 2^n\cos^n\dfrac{\pi}{4}=(\sqrt{2})^n=2^5>2$,此时方程 ⑧ 不成立;当 $\dfrac{\pi}{4}<\theta<\dfrac{\pi}{4}+\dfrac{\pi}{10}$ 时,$2\pi+\dfrac{\pi}{2}<10\theta<3\pi+\dfrac{\pi}{2}$,从而,$\cos 10\theta<0$,此时方程 ⑧ 也不成立;当 $\dfrac{\pi}{4}+\dfrac{\pi}{10}\leqslant\theta\leqslant\dfrac{\pi}{4}+\dfrac{\pi}{5}$ 时,$\cos 10\theta$ 非负上凸,$\cos^{10}\theta$ 单调递减下凸,此时方程 ⑧ 至多有两个解;当 $\dfrac{\pi}{4}+\dfrac{\pi}{5}<\theta<\dfrac{\pi}{2}$ 时,方程 ⑧ 不成立.

综上可知,当 $n=10$ 时,方程 ⑧ 在 $\left[0,\dfrac{\pi}{2}\right)$ 至多有 2 个不同解.这与前面的结论矛盾,故 $n\neq 10$.

若 $n=8$,则当 $0\leqslant\theta\leqslant\dfrac{\pi}{4}+\dfrac{\pi}{16}$ 时
$$\begin{aligned}2^n\cos^n\theta&\geqslant 2^n\cos^n\left(\dfrac{\pi}{4}+\dfrac{\pi}{16}\right)>\left(2\cdot\dfrac{\sqrt{2}}{2}\cos\dfrac{\pi}{16}\right)^n\\&>\left(\sqrt{2}\cos\dfrac{\pi}{6}\right)^n=\left(\sqrt{2}\cdot\dfrac{\sqrt{3}}{2}\right)^n\\&=\left(\dfrac{\sqrt{3}}{\sqrt{2}}\right)^8>2\end{aligned}$$

故此时方程 ⑧ 不成立;当 $\dfrac{\pi}{4}+\dfrac{\pi}{16}<\theta<\dfrac{\pi}{4}+\dfrac{\pi}{8}$ 时,$\cos 8\theta<0$,此时方程 ⑧ 也不成立;当 $\dfrac{\pi}{4}+\dfrac{\pi}{8}\leqslant\theta<\dfrac{\pi}{2}$ 时,$\cos 8\theta$ 单调递增,$\cos^8\theta$ 单调递减,故方程 ⑧ 至多有一个解.

综上可知,方程 ⑧ 在 $\left[0,\dfrac{\pi}{2}\right)$ 至多有 1 个解,与前面的结论矛盾,故 $n\neq 8$.

综上所述,使方程 ① 的所有非零根都在单位圆上的最大整数 n 是 7.

4. 已知 $\triangle ABC$,在边 AB,BC 和 CA 上分别向三角形外作正方形 $ABEF,BCGH$ 和 $CAIJ$. 设 $AH\cap BJ=P_1,BJ\cap CF=Q_1,CF\cap AH=R_1$;$AG\cap CE=P_2,BI\cap AG=Q_2,CE\cap BI=R_2$. 求证:$\triangle P_1Q_1R_1\cong\triangle P_2Q_2R_2$.

证明 设 $BI\cap CF=L,CE\cap AH=M,AG\cap BJ=N$,$A',B',C'$ 分别为正方形 $BCGH,CAIJ,ABEF$ 的中心,如图 3.

显然,将 $\triangle ABI$ 绕点 A 顺时针旋转 $90°$,恰与 $\triangle AFC$ 重合,从而 $BI\perp CF$,$\angle BLC=90°$. 又 A' 为正方形 $BCGH$ 的中心,故 $\angle BA'C=90°$. 因此,A',B,L,C 四点共圆,又 $A'B=$

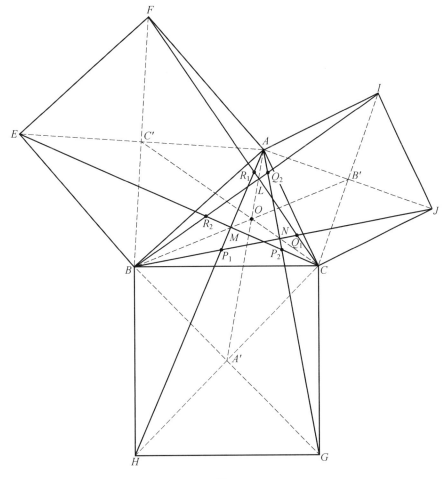

图 3

$A'C$,从而它们所对的圆周角相等,即 $\angle BLA'=\angle CLA'=45°$.

又 $\angle FLB=\angle FAB=90°$,于是,$A,L,B,F$ 四点共圆,从而,$\angle FLA=\angle FBA=45°$,所以,$\angle FLA=\angle CLA'=45°$,$A,L,A'$ 三点共线,即 AL 过正方形 $BCGH$ 的中心 A'.

同理可证,BM 过正方形 $CAIJ$ 的中心 B',CN 过正方形 $ABEF$ 的中心 C'. 且 $\angle CMB'=\angle AMB'=45°$,$\angle ANC'=\angle BNC'=45°$.

我们可以证明 AA',BB',CC' 三线共点,设其公共点为 O,其证明放在最后,我们先承认这一结论.

注意到 $\angle AMB'=45°$,$\angle AME=90°$,有 $\angle R_2MO=135°$,又 $\angle R_2LO=\angle BLA'=45°$,有 $\angle R_2MO+\angle R_2LO=180°$,于是,$L,R_2,M,O$ 四点共圆. 显然 $\angle R_1LR_2=\angle R_2MR_1=90°$,因而,$L,R_1,R_2,M$ 四点共圆,从而 L,R_1,R_2,M,O 五点共圆. 故 $\angle R_1R_2O=\angle R_1MO=45°$,$\angle R_2R_1O=\angle R_2LO=45°$,因而,$\triangle OR_1R_2$ 为等腰直角三角形,$OR_1=OR_2$. 同理可证 Q_1,Q_2,L,O,N 五点共圆,$\triangle OQ_1Q_2$ 为等腰直角三角形,$OQ_1=OQ_2$. 从而,$\triangle R_1OQ_1 \cong \triangle R_2OQ_2$,故 $R_1Q_1=R_2Q_2$.

同理,$P_1Q_1 = P_2Q_2$,$R_1P_1 = R_2P_2$,从而,$\triangle P_1Q_1R_1 \cong \triangle P_2Q_2R_2$.

最后证明 AA',BB',CC' 三线共点.

事实上,可以证明更一般的结论:

在 $\triangle ABC$ 外作三个有相同底的等腰三角形 $\triangle BCA'$,$\triangle CAB'$ 和 $\triangle ABC'$,则 AA',BB',CC' 三线共点.

下面来证明上述结论. 设三个等腰三角形的底角均为 θ,$\angle CAA' = \alpha_1$,$\angle BAA' = \alpha_2$,$\angle ABB' = \beta_1$,$\angle CBB' = \beta_2$,$\angle BCC' = \gamma_1$,$\angle ACC' = \gamma_2$,如图 4 所示. 由正弦定理得

$$\frac{\sin \alpha_2}{\sin(\beta_1 + \beta_2 + \theta)} = \frac{BA'}{AA'}$$

$$\frac{\sin \alpha_1}{\sin(\gamma_1 + \gamma_2 + \theta)} = \frac{CA'}{AA'}$$

由于 $BA' = CA'$,所以

$$\frac{\sin \alpha_1}{\sin \alpha_2} = \frac{\sin(\gamma_1 + \gamma_2 + \theta)}{\sin(\beta_1 + \beta_2 + \theta)}$$

同理可证

$$\frac{\sin \beta_1}{\sin \beta_2} = \frac{\sin(\alpha_1 + \alpha_2 + \theta)}{\sin(\gamma_1 + \gamma_2 + \theta)}, \frac{\sin \gamma_1}{\sin \gamma_2} = \frac{\sin(\beta_1 + \beta_2 + \theta)}{\sin(\alpha_1 + \alpha_2 + \theta)}$$

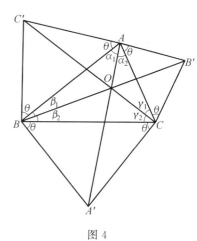

图 4

三式相乘,得

$$\frac{\sin \alpha_1}{\sin \alpha_2} \cdot \frac{\sin \beta_1}{\sin \beta_2} \cdot \frac{\sin \gamma_1}{\sin \gamma_2} = 1 \qquad \text{①}$$

设 $BB' \cap CC' = O$,$\angle BAO = \alpha_2'$,$\angle CAO = \alpha_1'$. 我们要证点 O 在 AA' 上,即要证 $\alpha_1 = \alpha_1'$,$\alpha_2 = \alpha_2'$.

由正弦定理可得

$$\frac{\sin \alpha_1'}{\sin \gamma_2} = \frac{OC}{OA}, \frac{\sin \gamma_1}{\sin \beta_2} = \frac{OB}{OC}, \frac{\sin \beta_1}{\sin \alpha_2'} = \frac{OA}{OB}$$

于是

$$\frac{\sin \alpha_1'}{\sin \gamma_2} \cdot \frac{\sin \gamma_1}{\sin \beta_2} \cdot \frac{\sin \beta_1}{\sin \alpha_2'} = 1, \frac{\sin \alpha_1'}{\sin \alpha_2'} \cdot \frac{\sin \beta_1}{\sin \beta_2} \cdot \frac{\sin \gamma_1}{\sin \gamma_2} = 1 \qquad \text{②}$$

由 ①,② 两式得 $\dfrac{\sin \alpha_1'}{\sin \alpha_2'} = \dfrac{\sin \alpha_1}{\sin \alpha_2}$.

从而

$$\frac{\sin \alpha_1' + \sin \alpha_2'}{\sin \alpha_1' - \sin \alpha_2'} = \frac{\sin \alpha_1 + \sin \alpha_2}{\sin \alpha_1 - \sin \alpha_2}$$

$$\tan \frac{\alpha_1' + \alpha_2'}{2} \cot \frac{\alpha_1' + \alpha_2'}{2} = \tan \frac{\alpha_1 + \alpha_2}{2} \cot \frac{\alpha_1 - \alpha_2}{2} \qquad \text{③}$$

又显然有

$$0 < \alpha'_1 + \alpha'_2 = \alpha_1 + \alpha_2 < \pi \qquad ④$$

所以，由式 ③ 得

$$\cot\frac{\alpha'_1 - \alpha'_2}{2} = \cot\frac{\alpha_1 - \alpha_2}{2}$$

由于

$$-\frac{\pi}{2} < \frac{\alpha'_1 - \alpha'_2}{2} < \frac{\pi}{2}, -\frac{\pi}{2} < \frac{\alpha_1 - \alpha_2}{2} < \frac{\pi}{2}$$

所以

$$\alpha'_1 - \alpha'_2 = \alpha_1 - \alpha_2 \qquad ⑤$$

由 ④，⑤ 两式即得

$$\alpha'_1 = \alpha_1, \alpha'_2 = \alpha_2$$

这就证明了 AA', BB', CC' 三线共点.

5. 设 $N = \{1, 2, 3, 4, \cdots\}$. 试问：是否存在函数 $f : \mathbf{N} \to \mathbf{N}$, 使得对每一个 $n \in \mathbf{N}$, 都有 $f^{[1989]}(n) = 2n$? 并证实你的回答. (其中 $f^{[k]}(n) = f(f^{[k-1]}(n)), f^{[1]}(n) = f(n)$)

解 这样的函数是存在的.

我们用任意的自然数 m 来代替 1 989，证明满足

$$f^{[m]}(n) = 2n \qquad ①$$

的函数 $f : \mathbf{N} \to \mathbf{N}$ 是存在的.

首先对式 ① 进行一些讨论，由式 ① 得

$$f(2n) = f(f^{[m]}(n)) = f^{[m+1]}(n) = f^{[m]}(f(n)) = 2f(n)$$

即

$$f(2n) = 2f(n) \qquad ②$$

由式 ② 知函数 f 仅依赖于其自变量取奇数值时的函数值. 至此，我们容易给出一个具体满足式 ① 的函数 f, 例如

$$f(2km + 2j - 1) = 2km + 2j + 1, 1 \leqslant j \leqslant m - 1$$
$$f(2km + 2m - 1) = 2(2km + 1)$$
$$f(2n) = 2f(n), n = 1, 2, \cdots$$

其中 k 是任意非负整数.

容易看出，对所有奇数 n, 式 ① 都成立. 再由 $f(2n) = 2f(n)$, 可知对所有偶数 n, 式 ① 也成立. 从而上述定义的函数 f 满足式 ①, 这就证明了 f 的存在性. (显然 f 有无穷多个解.)

6. 已知 AD 是 $\triangle ABC$ 的高，$BC + AD - AB - AC = 0$. 求 $x = \angle BAC$ 的取值范围.

解 显然，$AD \leqslant AB, AD \leqslant AC$. 故由 $BC + AD - AB - AC = 0$, 得 $BC \geqslant AC$, $BC \geqslant AB$. 从而，$\angle B$, $\angle C$ 都是锐角.

若 $\angle A$ 为直角，则 $AB \cdot AC = AD \cdot BC$. 从而，$AB + AC < BC + AD$, 矛盾.

若 $\angle A$ 为钝角，作 $\angle BAC' = 90°$, 点 C' 在线段 DC 上，则

$$BC+AD=BC'+AD+C'C>AB+AC$$

矛盾. 故 $\angle A$ 必为锐角.

设 $\angle BAD=x_2,\angle DAC=x_1$,不妨设 $x_2 \geqslant x_1$,则 $x=x_1+x_2$.

由 $BC+AD-AB-AC=0$ 得

$$\tan x_1+\tan x_2+1=\frac{1}{\cos x_1}+\frac{1}{\cos x_2}$$

化简得

$$\sin x+\frac{1}{2}\cos x=2\cos\frac{x}{2}\cos\frac{\alpha}{2}-\cos^2\frac{\alpha}{2}+\frac{1}{2} \qquad ①$$

其中 $\alpha=x_2-x_1\in[0,x)$.

式 ① 右边是 $\cos\frac{\alpha}{2}$ 的二次函数,在 $\alpha=0$ 时,取最小值 $2\cos\frac{x}{2}-\frac{1}{2}$,在 $\alpha=x$ 时取最大值 $\frac{1}{2}+\cos^2\frac{x}{2}$. 因此

$$2\cos\frac{x}{2}-\frac{1}{2}\leqslant\sin x+\frac{1}{2}\cos x<\frac{1}{2}+\cos^2\frac{x}{2} \qquad ②$$

式 ② 左边的不等式导出 $x\geqslant 2\arcsin\frac{3}{5}$,右边的不等式恒成立. 而对于 $\left[2\arcsin\frac{3}{5},\frac{\pi}{2}\right)$ 中的每个 x,由于式 ② 成立,因而必有 $\alpha\in[0,x)$ 使式 ① 成立. 所以本题的解为 $\left[2\arcsin\frac{3}{5},\frac{\pi}{2}\right)$.

7. 桌上互不重叠地放有 1 989 个大小相等的圆形纸片. 问最少要使用几种不同颜色,才能保证无论这些纸片位置如何,总能给它们染色,使得任何两个相切的圆纸片都染有不同的颜色?

解 考虑图 5 所示的 11 个圆纸片的情形.

显然,A,B,E 这三个圆纸片只有染 1 和 3 两种颜色,而且是 A 为一种,B 和 E 为另一种颜色. 若只有三种颜色,则 C 和 D 无法染上不同颜色,所以,为了给这 11 个圆纸片染色并满足要求,至少要有四种不同颜色.

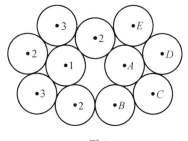

图 5

下面用归纳法证明只要有四种不同颜色,就可以按题中要求进行染色.

设当 $n=k$ 时,只要有四种颜色即可按要求染色,当 $n=k+1$ 时,考虑这 $k+1$ 个圆的圆心的凸包. 设 A 是此凸多边形的一个内点,则显然,以 A 为圆心的圆至多与其他三个圆相切. 按归纳假设,除以 A 为圆心的圆片外,其他 k 个圆可用四种颜色染色,染好之后,与圆纸片 A 相切的圆纸片至多有三个,当然至多染有三种颜色. 于是只要给圆纸片 A 染上第四种颜色就行了.

8. 对每个自然数 n, 用 $p(n)$ 表示将 n 分成自然数之和的分拆种数(仅加数次序不同的分拆算作同一种). 例如 $p(4)=5$ (表 1). 一个分拆的离散度是指这个分拆中的不同加数的个数, 离散度的和记为 $q(n)$.

表 1

4 的分拆	离散度
$1+1+1+1$	1
$2+1+1$	2
$2+2$	1
$3+1$	2
4	1
$p(4)=5$	$q(4)=7$

求证: $(1) q(n) = 1 + p(1) + p(2) + \cdots + p(n-1)$.

$(2) 1 + p(1) + p(2) + \cdots + p(n-1) \leqslant \sqrt{2n} p(n)$.

证明 (1) n 的含有加数 $i(1 \leqslant i < n)$ 的分拆, 去掉 i 后变成 $n-i$ 的分拆, 这种对应是一一对应, 因而 n 有 $p(n-i)(1 \leqslant i \leqslant n)$ 个含 i 的分拆及一个唯一的含 n 的分拆.

将 n 的离散度为 l 的分拆分为 l 个块, 每个块由相同的加数组成. 对 n 的每个分拆都这样处理, 共得到 $q(n)$ 个块. 其中全由 i 组成的块有 $p(n-i)$ 个(即含 i 的分拆数), 因此, $q(n) = 1 + p(1) + p(2) + \cdots + p(n-1)$.

(2) 设 l 是 n 的一个分拆的离散度, 则 $n \geqslant 1 + 2 + \cdots + l = \frac{1}{2}l(l+1) > \frac{1}{2}l^2$, 所以 $l < \sqrt{2n}$.

因此, $q(n) = \sum l < \sqrt{2n} \cdot \sum 1 = \sqrt{2n} p(n)$, 其中 $\sum$ 表示对所有分拆求和.

再由(1) 即得 $1 + p(1) + p(2) + \cdots + p(n-1) \leqslant \sqrt{2n} p(n)$.

1990 年第五届中国数学奥林匹克国家集训队选拔试题及解答

1. 在一个车厢中,任何 $m(m \geqslant 3)$ 个旅客都有唯一的公共朋友(当甲是乙的朋友时,乙也是甲的朋友. 任何人不作为自己的朋友). 问在这个车厢中,朋友最多的人有多少个朋友?

解 设朋友最多的人 A 有 k 个朋友 $B_1, B_2, \cdots, B_k$,并记 $S = \{B_1, B_2, \cdots, B_k\}$,显然,$k \geqslant m$. 若 $k > m$,设 $B_{i_1}, B_{i_2}, \cdots, B_{i_{m-1}}$ 是从 S 中任取的 $m-1$ 个元素,则 $A, B_{i_1}, \cdots, B_{i_{m-1}}$ 这 m 个人有一个公共朋友,记为 C_i. 因 C_i 是 A 的朋友,故 $C_i \in S$. 若 $\{B_{i_1}, \cdots, B_{i_{m-1}}\} \neq \{B_{j_1}, \cdots, B_{j_{m-1}}\}$ 且 $\{A, B_{i_1}, \cdots, B_{i_{m-1}}\}$ 与 $\{A, B_{j_1}, \cdots, B_{j_{m-1}}\}$ 所对应的唯一朋友分别为 $C_i, C_j \in S$,则必有 $C_i \neq C_j$,否则,$\{B_{i_1}, \cdots, B_{i_{m-1}}\} \cup \{A, B_{j_1}, \cdots, B_{j_{m-1}}\}$ 中至少有 m 个元素,而它们至少有两个朋友 A 和 C_i,此与已知矛盾. 这样一来,在上述对应之下,S 中的每个元素至多对应于一个 S 的 $m-1$ 元子集. 从而 S 中 $m-1$ 元子集的个数
$$C_k^{m-1} \leqslant k \qquad ①$$
因 $m \geqslant 3, m-1 \geqslant 2$,所以
$$C_k^{m-1} > C_k^1 = k \qquad ②$$
显然,式 ② 与式 ① 矛盾,可见,所求的最大值为 m.

2. 平面上给定有限个多边形,如果对其中的任何两个,都有一条过原点的直线与它们都相交,那么称这些多边形是恰当放置的. 求最小的自然数 m,使得对任意一组恰当放置的多边形,均可作 m 条过原点的直线,使得这些多边形中的任何一个至少与这 m 条直线中的一条相交.

解 在如图 1 所示的有三个多边形的情形下,任何一条过原点的直线至多与其中的两个多边形相交,故 $m \geqslant 2$.

又因为多边形只有有限个,所以其中必有一个对原点的张角最小,记这个多边形为 M,张角为 α,并记 M 对原点所张的角 α 的两边所在的两条直线分别为 l_1 和 l_2,则任一多边形都至少与这两条直线之一相交. 事实上,设 M' 是任一异于 M 的多边形. 由已知,应有一条过原点的直线 l 既与 M 相交也与 M' 相交. 从而 l 在 l_1 与 l_2 之间(即 l 在 $\angle \alpha$ 内部)或与 l_1, l_2 之一重合. 若 l 与 l_1 或 l_2 重合,则问题已经解决. 若 l 在 l_1 与 l_2 之间,则由于 M' 对原点的张角 $\beta \geqslant \alpha$,故必有一条过原点的直线 l' 与 M' 相交,但在 $\angle \alpha$ 之外或与 l_1, l_2 之一重合. 若 l' 与

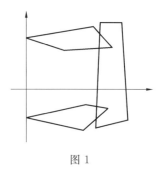

图 1

l_1, l_2 之一重合,问题又已解决.若 l' 在 $\angle \alpha$ 之外,这恰好意味着 l_1 和 l_2 中必有一条在 l 与 l' 之间的 $\angle \beta$ 之内,不妨设为 l_1.于是多边形 M' 与直线 l_2 相交.所以,$m = 2$.

3. 在集合 S 中,有一种运算"$\circ$",即对任意 $a, b \in S$,存在唯一的元素 $a \circ b \in S$.若对任意 $a, b, c \in S$,有
$$(a \circ b) \circ c = a \circ (b \circ c) \qquad ①$$
并且若 $a \neq b$,则
$$a \circ b \neq b \circ a \qquad ②$$

证明:(1) 对 S 中的任何元素 a, b, c,都有 $(a \circ b) \circ c = a \circ c$.

(2) 记 $S = \{1, 2, \cdots, 1\,990\}$,试在 S 中定义一个运算"$\circ$",且有性质 ① 和 ②.

证明 (1) 在题设条件 ① 中取 $b = c = a$,则
$$(a \circ a) \circ a = a \circ (a \circ a) \qquad (*)$$
若 $a \circ a \neq a$,则由题设条件 ② 知式 $(*)$ 不成立,故必有 $a \circ a = a$.从而有
$$(a \circ b \circ a) \circ a = (a \circ b) \circ (a \circ a) = (a \circ b) \circ a = a \circ (b \circ a)$$
$$= (a \circ a) \circ (b \circ a) = a \circ (a \circ b \circ a)$$
由题设条件 ② 得 $a \circ b \circ a = a$.于是
$$[(a \circ b) \circ c] \circ (a \circ c) = (a \circ b) \circ (c \circ a \circ c)$$
$$= a \circ b \circ c = (a \circ c \circ a) \circ (b \circ c)$$
$$= (a \circ c) \circ [(a \circ b) \circ c]$$

再由题设条件 ②,即得 $(a \circ b) \circ c = a \circ c$.

(2) 令 $a \circ b = a$ 或 $a \circ b = b$,即满足要求.

注 题设条件 ①,② 对任何 $a, b, c \in S$,都有
$$(a \circ b) \circ c = a \circ (b \circ c)$$
且当 $a \neq b$ 时,恒有
$$a \circ b \neq b \circ a$$

4. 设数 a 具有性质:对于任意的四个实数 x_1, x_2, x_3, x_4,总可以取整数 k_1, k_2, k_3, k_4,使得 $\sum_{1 \leqslant i < j \leqslant 4} [(x_i - k_i) - (x_j - k_j)]^2 \leqslant a$.求这样的 a 的最小值.

解 首先,令 $k_i = [x_i]$,$a_i = x_i - k_i$,则 $a_i \in [0, 1)$,$i = 1, 2, 3, 4$.设 $\{a'_1, a'_2, a'_3, a'_4\}$ 是 $\{a_1, a_2, a_3, a_4\}$ 按从小到大顺序的一个排列,并记 $\beta_1 = a'_2 - a'_1$,$\beta_2 = a'_3 - a'_2$,$\beta_3 = a'_4 - a'_3$,$\beta_4 = 1 - a'_4 + a'_1$.

于是
$$S = \sum_{1 \leqslant i < j \leqslant 4} (a_i - a_j)^2 = \beta_1^2 - \beta_2^2 + \beta_3^2 + (\beta_1 + \beta_2)^2 + (\beta_2 + \beta_3)^2 + (\beta_1 + \beta_2 + \beta_3)^2 \qquad ①$$
但若改取与 a'_4 相应的 k_i 的值增加 1,而保持其他的 k_i 值不变,则又有
$$S = \beta_4^2 + \beta_1^2 + \beta_2^2 + (\beta_4 + \beta_1)^2 + (\beta_1 + \beta_2)^2 + (\beta_4 + \beta_1 + \beta_2)^2$$
经类似的变换,可以使 S 化为由 $\{\beta_1, \beta_2, \beta_3, \beta_4\}$ 中任取三个所组成的形如式 ① 的和.因此,

总可以适当选取 k_1, k_2, k_3, k_4，使 S 的相应表达式中恰好缺少一个最大的 β_i，不妨设为 k_4. 于是 S 的值恰如式 ① 所示，其中 $\beta_1 + \beta_2 + \beta_3 = 1 - \beta_4$，$\frac{1}{4} \leqslant \beta_4$. 易看出，在估计 S 的值时，不妨设 $\beta_2 \geqslant \max\{\beta_1, \beta_3\}$. 因若不然，将最大的 β_1 交换到 β_2 的位置时，只能使 S 的值增大.

其次，若 $\beta_4 \geqslant \frac{1}{2}$，则

$$S \leqslant 4(1-\beta_4)^2 \leqslant 1 \qquad ②$$

以下设 $\frac{1}{4} \leqslant \beta_4 \leqslant \frac{1}{2}$. 这时

$$\begin{aligned} S &= 3\beta_2^2 + 2(\beta_1^2 + \beta_3^2) + 2\beta_2(\beta_1+\beta_3) + (1-\beta_4)^2 \\ &= 3\beta_2^2 + (\beta_1-\beta_3)^2 + (\beta_1+\beta_3)^2 + 2\beta_2(\beta_1+\beta_3) + (1-\beta_4)^2 \\ &= 2\beta_2^2 + (\beta_1-\beta_3)^2 + 2(1-\beta_4)^2 \end{aligned} \qquad ③$$

显然有 $\beta_2 \leqslant \beta_4$，$\beta_1 + \beta_2 + \beta_3 = 1 - \beta_4$. 由对称性可设 $\beta_1 \geqslant \beta_3$. 若 $\beta_2 < \beta_4$，则在保持 $\beta_1 + \beta_2 + \beta_3$ 值不变的条件下，使 β_2 增大到 β_4，同时在 $\beta_3 > 0$ 时，使 β_1 与 β_3 各减少 β_2 增量的 $\frac{1}{2}$；在 $\beta_3 = 0$ 时，使 β_1 减少 β_2 的增量. 则无论哪种情形，都必使 S 的表达式的值增大，即有

$$S \leqslant 2[\beta_4^2 + (1-\beta_4)^2] + (\beta_1 - \beta_3)^2 \qquad ④$$

其中 $\beta_1 + \beta_3 = 1 - 2\beta_4$，$0 \leqslant \beta_1, \beta_3 \leqslant \beta_4$.

当 $\frac{1}{3} \leqslant \beta_4 \leqslant \frac{1}{2}$ 时，由式 ④ 有

$$S \leqslant 2[\beta_4^2 + (1-\beta_4)^2] + (1-2\beta_4)^2 \leqslant \max\left\{\frac{11}{9}, 1\right\} = \frac{11}{9} \qquad ⑤$$

当 $\frac{1}{4} \leqslant \beta_4 \leqslant \frac{1}{3}$ 时，由式 ④ 又有

$$S \leqslant 2[\beta_4^2 + (1-\beta_4)^2] + (4\beta_4 - 1)^2 \leqslant \max\left\{\frac{11}{9}, \frac{10}{8}\right\} = \frac{10}{8} = \frac{5}{4} \qquad ⑥$$

最后，将式 ②⑤⑥ 综合起来即得

$$S \leqslant \frac{5}{4} \qquad ⑦$$

另外，当 $x_1 = 0$，$x_2 = \frac{1}{4}$，$x_3 = \frac{1}{2}$，$x_4 = \frac{3}{4}$ 时，有 $S = \frac{5}{4}$. 所以，a 的最小值为 $\frac{5}{4}$.

5. 在 $\triangle ABC$ 中，$\angle C \geqslant 60°$，证明

$$(a+b)\left(\frac{1}{a}+\frac{1}{b}+\frac{1}{c}\right) \geqslant 4 + \frac{1}{\sin\frac{C}{2}} \qquad ①$$

证明 由正弦定理及三角公式有

$$(a+b)\left(\frac{1}{a}+\frac{1}{b}+\frac{1}{c}\right) = (\sin A + \sin B)\left(\frac{1}{\sin A} + \frac{1}{\sin B} + \frac{1}{\sin C}\right)$$

$$= 4 + \frac{(\sin A - \sin B)^2}{\sin A \cdot \sin B} + \frac{\sin A + \sin B}{\sin C}$$

$$= 4 + \frac{8\cos^2\frac{A+B}{2}\sin^2\frac{A-B}{2}}{\cos(A-B)-\cos(A+B)} + \frac{2\sin\frac{A+B}{2}\cdot\cos\frac{A-B}{2}}{\sin C}$$

$$= 4 + \frac{8\sin^2\frac{C}{2}\sin^2\frac{A-B}{2}}{\cos(A-B)+\cos C} + \frac{\cos\frac{A-B}{2}}{\sin\frac{C}{2}}$$

$$= 4 + \frac{1}{\sin\frac{C}{2}} + 2\sin^2\frac{A-B}{4}\cdot\left(\frac{8\sin^2\frac{C}{2}\cos^2\frac{A-B}{4}}{\cos^2\frac{A-B}{2}-\sin^2\frac{C}{2}} - \frac{1}{\sin\frac{C}{2}}\right)$$

可见, 为证式 ①, 只须证明

$$\frac{8\sin^2\frac{C}{2}\cos^2\frac{A-B}{4}}{\cos^2\frac{A-B}{2}-\sin^2\frac{C}{2}} \geqslant \frac{1}{\sin\frac{C}{2}} \qquad ②$$

因为 $\cos^2\frac{A-B}{2} > \cos^2\frac{A+B}{2} = \sin^2\frac{C}{2}$, 所以, 式 ② 又等价于

$$8\sin^3\frac{C}{2}\cos^2\frac{A-B}{4} \geqslant \cos^2\frac{A-B}{2} - \sin^2\frac{C}{2} \qquad ③$$

由于 $\angle C \geqslant 60°$, 所以 $\sin\frac{C}{2} \geqslant \frac{1}{2}$, $8\sin^3\frac{C}{2} \geqslant 1$, 故有

$$8\sin^3\frac{C}{2}\cos^2\frac{A-B}{4} \geqslant \cos^2\frac{A-B}{4} \geqslant \cos^2\frac{A-B}{2} \geqslant \cos^2\frac{A-B}{2} - \sin^2\frac{C}{2}$$

可见不等式 ① 成立.

6. 求出满足以下要求的所有 **R** → **R** 的函数 $f, g, h: f(x) - g(y) = (x-y)h(x+y)$, $x, y \in \mathbf{R}$.

解 在
$$f(x) - g(y) = (x-y)h(x+y), x, y \in \mathbf{R} \qquad ①$$
中令 $x = y$, 得 $f(x) = g(x)$. 代入式 ① 得
$$f(x) - f(y) = (x-y)h(x+y) \qquad ②$$

在式 ② 中令 $y = 0$, 则有
$$f(x) = xh(x) + f(0) \qquad ③$$

将式 ③ 代入式 ②, 得到
$$xh(x) - yh(y) = (x-y)h(x+y) \qquad ④$$

用 $(x+y, -y)$ 代替式 ④ 中的 (x, y), 有
$$(x+y)h(x+y) + yh(-y) = (x+2y)h(x) \qquad ⑤$$

将式 ④ 乘以 $x+y$, 式 ⑤ 乘以 $x-y$, 然后相加, 得到
$$2y^2h(x) = (x+y)yh(y) - (x-y)yh(-y) \qquad ⑥$$

令 $y = 1$, 由式 ⑥ 得

$$h(x) = \frac{1}{2}[(x+1)h(1) - (x-1)h(-1)]$$
$$= \frac{1}{2}[h(1) - h(-1)]x + \frac{1}{2}[h(1) + h(-1)]$$

记 $a = \frac{1}{2}[h(1) - h(-1)]$，$b = \frac{1}{2}[h(1) + h(-1)]$，则有

$$h(x) = ax + b \qquad ⑦$$

将式 ⑦ 代入式 ③，得到

$$g(x) = f(x) = x(ax+b) + f(0) = ax^2 + bx + c \qquad ⑧$$

其中 $c = f(0)$.

由推导过程可知，对任一个三元实数组 (a,b,c)，由式 ⑧ 和式 ⑦ 所定义的函数 $f(x)$，$g(x)$，$h(x)$ 都满足关系式 ①. 而且这样的 $f(x)$，$g(x)$，$h(x)$ 的全体即为所求.

7. 证明：2 的每个正整数幂均有一个倍数，其数字（在十进制中）均不为 0.

证法 1 首先约定，所谓某数的第 l 位数字一律是指从右向左数得的第 l 个数码.

对任何 $k \in \mathbf{N}$，令 $N_1 = 2^k$. 由 $5 \nmid 2^k$ 知 N_1 的个位数字不为 0（即第一位数字不为零）. 若 N_1 的各位数字均不为零，则命题得证. 若不然，设 N_1 的前 $m-1$ 位数字均不为零，而第 m 位数字为 $0(m \geqslant 2)$.

令 $N_2 = (1 + 10^{m-1})2^k = (1 + 10^{m-1})N_1$，则 N_2 的前 m 位数字均不为 0. 如果需要，再对 N_2 进行类似地处理，每一次至少增加一位非零数字. 故经有限次操作后定能得到数 N_s，它的前 k 位数字均不为零且 $2^k \mid N_s$. 不妨设 N_s 有 $q > k$ 位数字，则可写 $N_s = m \cdot 10^k + n$，其中 n 为一个 k 位数字的自然数. 因为 $2^k \mid 10^k$，$2^k \mid N_s$，所以 $2^s \mid n$，且 n 的各位数字均不为零.

证法 2 用归纳法证明如下命题：对任意 $k \in \mathbf{N}$，存在 m_k 为仅含数字 1 和 2 的一个 k 位数 m_k，使得 $2^k \mid m_k$. 显然，这是比本题结论更强的结论.

(1) 当 $k = 1$ 时，取 $m_1 = 2$ 即可.

(2) 设 $k = p$ 时，命题成立，即存在 m_p 为仅含数字 1 和 2 的 p 位数且 $2^p \mid m_p$. 设 $m_p = 2^p t$，其中 t 为正整数. 考察如下两数

$$m_p + 10^p = 2^p(t + 5^p)$$
$$m_p + 2 \times 10^p = 2^p(t + 2 \times 5^p)$$

无论 t 为奇数还是偶数，上面两数中恰有一个能被 2^{p+1} 整除. 取它为 m_{p+1}，则 m_{p+1} 即为仅含数字 1 和 2 的 $p+1$ 位数且 $2^{p+1} \mid m_{p+1}$，即当 $k = p+1$ 时命题也成立.

综上，对所有正整数 k，命题都成立. 从而原题的结论也成立.

8. 平面上有任意 7 个点，过其中共圆的 4 个点作圆，问最多能作多少个不同的圆.

解 设 AD，BE，CF 为锐角 $\triangle ABC$ 的三条高，H 为 $\triangle ABC$ 的重心，则过 A，B，C，D，E，F，H 这 7 个点中的 4 个点作圆，共可作 6 个不同的圆.

下面用反证法证明所求的最大值就是 6. 如果能作 7 个不同的圆，则 7 个点中的每点

都在 4 个圆上. 这是因为：

(1) 过 2 个固定点的圆至多有 2 个. 若有 3 个，则两两之间没有其他公共点，而除了 2 个固定点之外，每个圆上还有 2 个点，这样就共有 8 个点了.

(2) 过 1 个固定点的圆至多有 4 个. 若有 5 个，则每两圆至多还有 1 个交点，且由(1)知 5 个圆中的任何 3 个圆不能再交于另外一点. 这样一来，至少需要 10 个点.

(3) 每个圆上有 4 个点，7 个圆上共有 28 个点（包括重复计数），但由(2)知每点至多在 4 个圆上，从而 7 个点中每个点都恰在 4 个圆上.

设 7 个点为 A,B,C,D,E,F,G，以 G 为中心进行反演变换，则过点 G 的 4 个圆变为 4 条彼此相交的直线，另外 3 个圆还应变为圆. 设象点为 A',B',C',D',E',F' 这 6 个点中的任何 4 个点要共圆，其中 3 个点不能在一条直线上，故另外 3 个四点圆只可能是 $A'B'D'F', B'C'E'F'$ 和 $A'C'D'E'$，但点 D' 在 $\triangle A'C'E'$ 之内，当然不能共圆，矛盾. 从而证明了所求的最大值为 6.

1991年第六届中国数学奥林匹克国家集训队选拔试题及解答

1. 设实系数多项式 $f(x)=x^n+a_1x^{n-1}+\cdots+a_n$ 的根为实数 $b_1,b_2,\cdots,b_n$, 其中 $n\geqslant 2$. 试证: 对于 $x>\max\{b_1,b_2,\cdots,b_n\}$, $f(x+1)\geqslant \dfrac{2n^2}{\dfrac{1}{x-b_1}+\dfrac{1}{x-b_2}+\cdots+\dfrac{1}{x-b_n}}$.

证明 由于 $n\geqslant 2$, 所以 $n^2-2n(n-1)\leqslant 0$. 于是, 对任何 $t>0$, 有 $\dfrac{n(n-1)}{2}t^2-nt+1\geqslant 0$.

由此得

$$(1+t)^n \geqslant 1+nt+\dfrac{n(n-1)}{2}t^2 \geqslant 2nt \qquad ①$$

当 $x>\max\{b_1,b_2,\cdots,b_n\}$ 时, 由于 $f(x)$ 是首项系数为 1 的多项式, 从而

$$f(x+1)=(1+x-b_1)(1+x-b_2)\cdots(1+x-b_n)>0$$

由均值不等式可知

$$f(x+1)\sum_{i=1}^{n}\dfrac{1}{x-b_i} \geqslant nf(x+1)\sqrt[n]{\prod_{i=1}^{n}\dfrac{1}{x-b_i}}=n\sqrt[n]{\prod_{i=1}^{n}\dfrac{(1+x-b_i)^n}{x-b_i}}$$

由式 ① 可得 $\dfrac{(1+x-b_i)^n}{x-b_i}\geqslant 2n$, 所以 $f(x+1)\sum_{i=1}^{n}\dfrac{1}{x-b_i}\geqslant 2n^2$.

从而原不等式成立.

2. 对 $i=1,2,\cdots,1\,991$, 在圆周上任取 n_i 个点, 标上数 i, 每点只标一个数. 要求作一批弦使得:

(1) 任两弦无公共点.

(2) 每条弦的两端点所标的数不同.

若对所有可能的标数方法都能按上述要求联结所有标数的点作弦.

问: 自然数 $n_1,n_2,\cdots,n_{1\,991}$ 应满足的充分必要条件是什么?

解 如果按题意要求可以联结所有标数的点作弦, 由于任意两个标数的点对应且仅对应一条弦, 所以 $n_1+n_2+\cdots+n_{1\,991}$ 必是偶数. 又对任意 $i\in\{1,2,\cdots,1\,991\}$, 在标数为 i 的 n 个点中, 每一点必对应一条所作的弦使得该点为这条弦的一个端点, 而另一个端点标数不是 i, 从而 $n_i\leqslant n_1+\cdots+n_{i-1}+n_{i+1}+\cdots+n_{1\,991}$. 于是得到必要条件

$$\begin{cases} n_1+\cdots+n_{1\,991}=2m, m\in\mathbf{N} \\ n_i\leqslant m, i=1,2,\cdots,1\,991 \end{cases} \qquad (*)$$

以下证式(*)也是充分条件. 实际上, 可以用归纳法证明. 若非负整数 $n_1, n_2, \cdots, n_{1991}$ 满足式(*), 则可按题意要求联结所有标数的点作弦.

当 $m=1$ 时, 存在 $i \neq j$, 使得 $n_i = n_j = 1, n_k = 0$, 对任意的 $k \neq i, j$. 即在圆上只取两个点且它们标不同的数, 只要把这两点连起来就可以了, 于是命题成立.

设 $m = k (k \in \mathbf{N}, k \geqslant 1)$ 时命题成立. 考虑 $m = k+1$ 的情况. 不妨设 $n_1 = \max\{n_1, n_2, \cdots, n_{1991}\}$.

由式(*), $0 < n_1 \leqslant k+1 < 2(k+1)$, 所以存在标数为1的点 A 和标数不是1的点 B (不妨设 B 的标数为2), 使得 A, B 相邻, 即由 A, B 所决定的两个圆弧, 必有一个其内部没有标数的点. 联结 A, B 作弦, 显然联结其余任两个标数的点作弦都与弦 AB 无公共点. 令 $n_1' = n_1 - 1, n_2' = n_2 - 1, n_3' = n_3, \cdots, n_{1991}' = n_{1991}$. 显然, $n_1', \cdots, n_{1991}'$ 都是非负整数, 且 $n_1' + \cdots + n_{1991}' = 2k$.

可以证明对于任何 $i \in \{1, 2, \cdots, 1991\}$, 有 $n_i' \leqslant k$. 若不然, 存在 $i_0 \in \{1, 2, \cdots, 1991\}$, 使得 $n_{i_0}' \geqslant k+1$. 由于 $n_1' = n_1 - 1 \leqslant k, n_2' = n_2 - 1 \leqslant k$, 从而 $i_0 \neq 1, 2$, 于是 $n_{i_0}' - n_{i_0} > k+1$. 由式(*)可知 $n_{i_0} = k+1$. 又 $n_i > n_{i_0}$, 所以 $n_1 = k+1$. 由于 $n_2 > 0$, 从而 $n_1 + n_2 + \cdots + n_{1991} \geqslant 2(k+1) + 1$. 矛盾. 这样就证明了 $n_1', n_2', \cdots, n_{1991}'$ 满足式(*)且 $k = m$. 由归纳假设, 除去 A, B, 其余的点可按题目要求联结所有标数的点作弦, 而且这些弦都与弦 AB 无公共点, 所以命题对 $m = k+1$ 成立.

3. 在平面上任给5个点, 其中任三点不共线, 任四点不共圆. 若一个圆过其中三点, 且另两点分别在该圆内、外, 则称之为"好圆".

记好圆个数为 n, 试求 n 的一切值.

解 在5个点中任取两点 A, B 并作过 A, B 的直线. 若另外三点 C, D, E 在直线 AB 的同侧, 则考察 $\angle ACB, \angle ADB, \angle AEB$, 不妨设 $\angle ACB < \angle ADB < \angle AEB$. 过 A, B, D 三点作一个圆, 则点 C 在圆外而点 E 在圆内, 即圆 ABD 为好圆, 且过 A, B 两点的好圆只此一个. 若点 C, D, E 分别在直线 AB 的两侧, 不妨设点 C, D 在 AB 上方而点 E 在下方, 且设 $\angle ACB < \angle ADB$. 若 $\angle AEB + \angle ADB = 180°$, 则圆 ACB 是唯一好圆; 若 $\angle AEB + \angle ACB > 180°$, 则圆 ADB 是唯一好圆; 若 $\angle AEB + \angle ACB < 180°, \angle AEB + \angle ADB > 180°$, 则圆 ACB, ADB, AEB 都是好圆. 这就是说, 过两个固定点的好圆或者有一个, 或者有三个.

由于5个点共可组成10个点对, 过每个点对至少有一个好圆, 故至少有10个好圆(包括重复计数). 每个好圆恰过3个点对, 所以至少有4个不同的好圆, 即 $n \geqslant 4$.

将5个点中每两点间连一条线段, 则每条线段或是一个好圆的弦, 或是3个好圆的公共弦. 若至少有5个好圆, 则它们至少有15条弦. 由于总共只有10条线段且每条线段在上述计数中的贡献为1或3, 10个奇数的和为偶数, 不可能为15, 故至少有6个不同的好圆. 这时贡献为3的线段至少有4条. 4条线段有8个端点, 故其中必有两条线段有一个公共端点, 不妨设为 AB, AC. 于是 ABD, ACD 都是好圆, 因此过 A, D 两点的好圆至少有两个, 当然必有三个.

同理,过 A,E 两点的好圆也有三个.

设线段 AB,AC,AD,AE 中最短的一条是 AB,于是 $\angle ACB,\angle ADB,\angle AEB$ 都是锐角. 若点 C,D,E 在直线 AB 同侧,则过点 A,B 的好圆只有一个,所以点 C,D,E 必分别在直线 AB 的两侧. 这时,由于 $\angle ACB,\angle ADB,\angle AEB$ 中任何两角之和都小于 $180°$,所以过点 A,B 的好圆不能有三个,矛盾.

综上可知,好圆的数目 n 一定为 4.

4. 在圆心为 O 的单位圆上顺次取 5 点 $A_1,\cdots,A_5$,P 为该圆内一点,记线段 A_iA_{i-2} 与线段 PA_{i+1} 的交点为 $Q_i,i=1,\cdots,5$,其中 $A_6=A_1,A_7=A_2,OQ_1=d_i,i=1,\cdots,5$.

试求乘积 $A_1Q_1 \cdot A_2Q_2 \cdot \cdots \cdot A_5Q_5$.

解 联结 $A_1A_2,A_2A_3,A_3A_4,A_4A_5,A_5A_1$,并作过点 Q_1 的直径 MN. 于是,由相交弦定理有 $A_1Q_1 \cdot Q_1A_3 = MQ_1 \cdot Q_1N = 1-d_1^2$,同理有 $A_iQ_i \cdot Q_iA_{i+2} = 1-d_i^2,i=2,3,4,5$.

从而有

$$\prod_{i=1}^{5}(A_iQ_i \cdot Q_iA_{i+2}) = \prod_{i=1}^{5}(1-d_i^2) \qquad ①$$

此外,由于 $A_iQ_i : Q_iA_{i+2} = S_{\triangle PA_iA_{i+1}} : S_{\triangle PA_{i+1}A_{i+2}}, i=1,2,\cdots,5$,故有

$$A_1Q_1 \cdot A_2Q_2 \cdot \cdots \cdot A_5Q_5 = Q_1A_3 \cdot Q_2A_4 \cdot \cdots \cdot Q_5A_2 \qquad ②$$

由式 ① 和 ② 即得

$$A_1Q_1 \cdot A_2Q_2 \cdot \cdots \cdot A_5Q_5 = \left[\prod_{i=1}^{5}(1-d_i^2)\right]^{\frac{1}{2}}$$

5. 设函数 f 对非负整数有定义,且满足条件

$$f(0)=0, f(1)=1, f(n+2)=23f(n+1)+f(n), n=0,1,2,\cdots$$

试证:对任意 $m \in \mathbf{N}$,都存在 $d \in \mathbf{N}$,使得 $m \mid f[f(n)] \Leftrightarrow d \mid n$.

证明 首先证对任意 $m \in \mathbf{N}$,存在 $n \in \mathbf{N}$,使得 $m \mid f(n)$.

事实上,不妨设 $m > 1$. 令 $g(n)$ 是 $f(n)$ 除以 m 所得的余数,于是 $g(n) \in \{0,1,2,\cdots,m-1\}$,且

$$g(0)=0, g(1)=1$$
$$g(n+2) \equiv 23$$
$$g(n+1)+g(n)(\bmod m), n=0,1,2,\cdots \qquad ①$$

考虑映射 $T:(f(n),f(n+1)) \to (g(n),g(n+1))$.

由于 $(g(n),g(n+1))$ 仅有 m^2 个不同取值,于是存在 n 与 n',满足 $1 \leq n < n' \leq m^2+1$,且 $(g(n),g(n+1)) = (g(n'),g(n'+1))$,即

$$\begin{cases} g(n+1)=g(n'+1) \\ g(n)=g(n') \end{cases}$$

由式 ① 得 $g(n-1)=g(n'-1)$.

递推可知 $g(0)=g(n'-n)$.

由于 $g(0)=0$,所以 $g(n'-n)=0$,即 $m\mid f(n'-n)$, $n'-n\in \mathbf{N}$.

令 $c=\min\{n\mid n\in \mathbf{N}, m\mid f(n)\}$,以下证
$$m\mid f(n)\Leftrightarrow c\mid n \qquad ②$$

当 $m=1$ 时,由 $c=1$ 知式 ② 成立.设 $m>1$,由于 $f(1)=1$,所以 $c>1$.从而有 $m\mid f(0)=0$, $m\mid f(c)$,但对任意 $n\in \mathbf{N}$, $n<c$ 有
$$m\nmid f(n) \qquad ③$$

为用式 ③ 证明式 ②,先用归纳法证明如下命题:

设 $k\in \mathbf{N}$,且 $m\mid f(k)$,则 $f(k+t)\equiv (-1)^{t+1}f(k-t)(\bmod m)$,对任意 $t\in \mathbf{N}$,且 $t\leqslant k$.

当 $t=1$ 时,由于 $f(k)\equiv 0(\bmod m)$,从而由递推公式可知
$$f(k+1)=23f(k)+f(k-1)\equiv f(k-1)(\bmod m)$$
即命题成立.

设 $1\leqslant t\leqslant s$ 时命题成立,其中 $s\in \mathbf{N}$ 且 $s<k$.由递推公式及归纳假设知
$$f(k+s+1)=23f(k+s)+f(k+s-1)$$
$$\equiv (-1)^{s+1}23f(k-s)+(-1)^s f(k-(s-1))(\bmod m)$$

又
$$(-1)^{s+1}23f(k-s)+(-1)^s f(k-(s-1))=(-1)^s[f(k-(s-1))-23f(k-s)]$$
$$=(-1)^{s+2}f(k-(s+1))$$

所以 $f(k+s+1)\equiv (-1)^{s+2}f(k-(s+1))(\bmod m)$,即当 $t=s+1$ 时命题成立.

综上可得式 ②.以下利用式 ② 证明所要的结果.

事实上,对任意 $m\in \mathbf{N}$,由式 ② 知,存在 $c\in \mathbf{N}$,使得 $m\mid f(n)\Leftrightarrow c\mid n$.

对于 $c\mid n$,再由式 ② 可知,存在 $d\in \mathbf{N}$,使得 $c\mid f(n)\Leftrightarrow d\mid n$.

于是 $m\mid f(f(n))\Leftrightarrow c\mid f(n)\Leftrightarrow d\mid n$.

6. 将凸多面体的每一条棱都染成红、黄两色之一.两边异色的面角称为奇异面角.某顶点 A 处的奇异面角数称为该顶点的奇异度,记为 S_A.求证:总存在两个顶点 B 和 C,使得 $S_B+S_C\leqslant 4$.

证明 将凸多面体的红色棱标上数 1,黄色棱标上数 0.定义任意一个面角的度数为该面角两边标数之和再模 2 所得余数 0 或者 1.于是一个面角为奇异面角的充分必要条件为其度数是 1.任取一个顶点 A,由于在计算 A 处所有面角度数之和时,从 A 出发的每一条棱的标数都用了两次,从而 A 处所有面角度数之和为偶数.于是顶点 A 的奇异度 S_A 为偶数.同理可证任一面所包含的奇异面角数也是偶数.

假设凸多面体有 k 个顶点 $A_1,A_2,\cdots,A_k$, j 个面 $M_1,M_2,\cdots,M_j$, t 条棱.设面 M_i 所包含的棱数为 $t_i(i=1,2,\cdots,j)$.显然 $\sum_{i=1}^{j}t_i=2t$.

令 M_i 所含的奇异面角数为 $\overline{S}_{M_i}$,由于它是偶数,从而 $\overline{S}_{M_i}\leqslant 2\left[\dfrac{t_i}{2}\right]$,又 $t_i\geqslant 3$,于是得

$$\overline{S}_{M_i} \leqslant 2\left[\frac{t_i}{2}\right] \leqslant 2t_i - 4.$$

由此可得凸多面体所有奇异面角数应满足 $\sum_{i=1}^{j} \overline{S}_{M_i} \leqslant 2\sum_{i=1}^{j} t_i - 4j = 4(t-j).$

由欧拉(Euler)公式,可得 $t-j=k-2$. 于是有 $\sum_{i=1}^{j} \overline{S}_{M_i} \leqslant 4k-8$,所以

$$\sum_{i=1}^{k} S_{A_i} = \sum_{i=1}^{j} \overline{S}_{M_i} \leqslant 4k-8$$

又 $S_{A_1}, S_{A_2}, \cdots, S_{A_k}$ 都是偶数,从而必存在 i,j,使得 $S_{A_i} \leqslant 2, S_{A_j} \leqslant 2$,即 $S_{A_i} + S_{A_j} \leqslant 4.$

1992年第七届中国数学奥林匹克国家集训队选拔试题及解答

1. 16 名学生参加一次数学竞赛. 考题全是选择题, 每题有 4 个选项, 考完后发现任何两名学生的答案至多有 1 道题相同, 问最多有多少道考题? 说明理由.

解 根据题意可列表 1.

表 1

学生	I	II	III	IV	V	VI	VII	VIII	IX	X	XI	XII	XIII	XIV	XV	XVI
所选答案的代号(按题目顺序排列)	1	1	1	1	2	2	2	2	3	3	3	3	4	4	4	4
	1	2	3	4	1	2	3	4	1	2	3	4	1	2	3	4
	1	2	3	4	4	3	2	1	2	3	4	1	2	2	1	4	3
	1	2	3	4	2	1	4	3	4	3	2	1	3	4	1	2
	1	2	3	4	4	3	1	2	2	1	4	3	3	4	3	2	1

由表 1 可知题目应有 5 道.

易证, 上述 16 人中的任何两人都有且只有 1 道题目的答案相同.

由于对某道题选相同答案的学生在其他题中均应选相异的答案, 而每道题可供选择的答案只有 4 个, 于是, 在每道题中选相同答案的学生都不能超过 4 人, 又已知有 16 人. 所以, 每道题的每个答案都恰有 4 人选取.

因此, 对于每个学生, 每道题都有 3 人与其答案相同, 且这些 3 人组无公共成员, 于是, 当有 n 道题时, 就有 $3n$ 个人各有一道与其答案相同. 由于 $3n \leqslant 15$, 所以 $n \leqslant 5$.

综上所述, 可知最多可有 5 道题目.

2. 给定自然数 $n \geqslant 2$, 求最小正数 λ, 使得对任意正数 $a_1, a_2, \cdots, a_n$, 及 $\left[0, \dfrac{1}{2}\right]$ 中的任意 n 个数 $b_1, b_2, \cdots, b_n$, 只要 $a_1 + a_2 + \cdots + a_n = b_1 + b_2 + \cdots + b_n = 1$. 就有 $a_1 a_2 \cdots a_n \leqslant \lambda(a_1 b_1 + a_2 b_2 + \cdots + a_n b_n)$.

解 不妨设对一切 $i = 1, 2, \cdots, n$ 有 $a_i > 0$, 否则左式为 0.

令 $M = a_1 a_2 \cdots a_n$, $A_i = \dfrac{M}{a_i}$, $i = 1, 2, \cdots, n$. 易知 $f(x) = \dfrac{M}{x}$ 为凸函数.

又注意到 $b_i \geqslant 0$, 且 $\sum\limits_{i=1}^{n} b_i = 1$, 知 $\sum\limits_{i=1}^{n} a_i b_i$ 为 $a_1, a_2, \cdots, a_n$ 的加权平均, 亦即凸组合. 从 $f(x)$ 的凸性知

$$\frac{M}{\sum_{i=1}^{n} a_i b_i} \leqslant \sum_{i=1}^{n} b_i \frac{M}{a_i} - \sum_{i=1}^{n} b_i A_i \qquad ①$$

我们来寻求式 ① 右端最小的上界. 由排序原理可知, 当 $b_1 \geqslant b_2 \geqslant \cdots \geqslant b_n, A_1 \geqslant A_2 \geqslant \cdots \geqslant A_n$ 时, 式 ① 右端最大, 因此, 宜考虑此种情况下的上界. 此时, 有

$$\sum_{i=1}^{n} b_i A_i \leqslant b_1 A_1 + (1-b_1) A_2$$

由 $0 \leqslant b_1 \leqslant \frac{1}{2}, A_1 \geqslant A_2$, 所以, 有

$$\sum_{i=1}^{n} b_i A_i \leqslant \frac{1}{2}(A_1 + A_2) = \frac{1}{2}(a_1 + a_2) a_3 \cdots a_n$$

$$\leqslant \frac{1}{2}\left[\frac{(a_1 + a_2) + a_3 + \cdots + a_n}{n-1}\right]^{n-1}$$

$$= \frac{1}{2}\left(\frac{1}{n-1}\right)^{n-1}$$

这样一来, 便知 $\lambda \leqslant \frac{1}{2}\left(\frac{1}{n-1}\right)^{n-1}$.

又当 $a_1 = a_2 = \frac{1}{2(n-1)}, a_3 = \cdots = a_n = \frac{1}{n-1}, b_1 = b_2 = \frac{1}{2}, b_3 = \cdots = b_n = 0$ 时, 有

$$a_1 a_2 \cdots a_n = \frac{1}{4}\left(\frac{1}{n-1}\right)^n = \frac{1}{2}\left(\frac{1}{n-1}\right)^{n-1}(b_1 a_1 + b_2 a_2) = \frac{1}{2}\left(\frac{1}{n-1}\right)^{n-1} \cdot \sum_{i=1}^{n} a_i b_i$$

综上所述, 知 $\lambda_{\min} = \frac{1}{2}\left(\frac{1}{n-1}\right)^{n-1}$.

3. 任给素数 p, 试证存在整数 x_0, 使得 $p \mid (x_0^2 - x_0 + 3)$ 的充分必要条件是存在整数 y_0, 使得 $p \mid (y_0^2 - y_0 + 25)$.

证明 令 $f(x) = x^2 - x + 3, g(y) = y^2 - y + 25$.

首先, 由于对任意整数 x_0 和 $y_0, f(x_0)$ 和 $g(y_0)$ 均为奇数. 可知 2 不具有所述性质, 从而 $p \neq 2$.

当 $x_0 = 3, y_0 = 2$ 时, 有 $x_0^2 - x_0 + 3 = 9, y_0^2 - y_0 + 25 = 27$, 知 $3 \mid (x_0^2 - x_0 + 3), 3 \mid (y_0^2 - y_0 + 25)$, 所以对 $p = 3$ 结论成立.

下面设素数 $p \geqslant 5$. 由于

$$3^2 f(x) = 9x^2 - 9x + 27 = (3x-1)^2 - (3x-1) + 25 = g(3x-1)$$

故若存在整数 x_0, 使 $p \mid f(x_0)$, 则只要令 $y_0 = 3x_0 - 1$, 就有 $p \mid g(3x_0 - 1)$, 亦即 $p \mid g(y_0)$.

反之, 若存在整数 y_0, 使 $p \mid g(y_0)$, 则对任意整数 k, 有 $p \mid g(y_0 + kp)$. 事实上

$$g(y_0 + kp) = (y_0 + kp)^2 - (y_0 + kp) + 25$$

$$= (y_0^2 - y_0 + 25) + 2y_0 kp - kp + k^2 p^2$$

$$\equiv g(y_0) \pmod{p}$$

又由于 $(p, 3) = 1$, 故可取 $k \in \{0, 1, 2\}$, 使 $y_0 + kp \equiv 2 \pmod{3}$.

于是,只要令 $3x_0 - 1 = y_0 + kp$,就有
$$x_0 = \frac{1}{3}(y_0 + kp + 1)$$
为整数,且由
$$g(y_0 + kp) = g(3x_0 - 1) = 3^2 f(x_0) \text{ 及 } p \mid g(y_0 + kp)$$
知 $p \mid 3^2 f(x_0)$. 由于素数 $p \geqslant 5$, $(p, 3^2) = 1$, 所以 $p \mid f(x_0)$.

4. 平面上给定 $\triangle ABC$, $AB = \sqrt{7}$, $BC = \sqrt{13}$, $CA = \sqrt{19}$, 分别以 A, B, C 为圆心作圆,半径依次为 $\frac{1}{3}, \frac{2}{3}, 1$. 试证:在这三个圆上各存在一点 A', B', C', 使得 $\triangle ABC \cong \triangle A'B'C'$.

证明 分别将以点 A, B, C 为圆心的圆叫作圆 A、圆 B、圆 C,它们的半径记作 r_A, r_B, r_C. 由三圆圆心之间的距离及半径之值看出,这三个圆的圆心互不重合,且有 $r_A : r_B : r_C = 1 : 2 : 3$. 下面证明,在平面上存在一点 M,使得
$$MA : MB : MC = 1 : 2 : 3 \qquad ①$$

先来证明一个基本事实:如图 1,如果 D_1 和 D_2 分别是线段 EF 的内、外定比分点,即使得 $\frac{D_1E}{D_1F} = \frac{D_2E}{D_2F} = \lambda \neq 1$,那么,对于以 D_1D_2 为直径的圆周上任意一点 M,都有 $\frac{ME}{MF} = \lambda$.

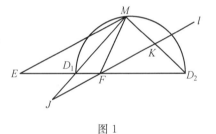

图 1

设 M 是以 D_1D_2 为直径的圆周上任意一点,过点 F 作直线 $l \parallel EM$, 设 l 与直线 MD_1, MD_2 的交点分别为 J, K. 于是,有 $\triangle D_1ME \backsim \triangle D_1JF$, 从而, $\frac{JF}{EM} = \frac{D_1F}{D_1E} = \frac{1}{\lambda}$, 还有 $\triangle D_2FK \backsim \triangle D_2EM$, 故 $\frac{FK}{EM} = \frac{D_2F}{D_2E} = \frac{1}{\lambda}$. 因此, $JF = FK$, 故在 $\text{Rt}\triangle MJK$ 中, MF 是斜边上的中线,故有 $MF = JF = FK$, 更有 $\frac{MF}{ME} = \frac{D_1F}{D_1E} = \frac{1}{\lambda}$.

现在证存在满足式 ① 的点 M.

分别对线段 AB, AC 按比例 $\frac{1}{2}, \frac{1}{3}$ 做出具有上述性质的圆,易知点 A 在此两个圆的内部. 因此,这两个圆必定相交,设 M 为交点之一. 于是,由所证的基本事实,知有 $MA : MB : MC = 1 : 2 : 3$.

以点 M 为中心,令 $\triangle ABC$ 绕点 M 旋转,当点 A 到达圆周 A 上时即停止,将此时点 A 的位置记作 A', 由于 $MA : MB : MC = 1 : 2 : 3$, 所以当点 A 到达圆周 A 上时,点 B、点 C 亦分别到达圆周 B、圆周 C 上,将点 B、点 C 此时的位置分别记作 B', C', 于是就有 $\triangle A'B'C' \cong \triangle ABC$, 故 A', B', C' 三点的存在性获证.

5. 给定 $(3n+1) \times (3n+1)$ 的方格纸(n 是自然数),试证:任意剪去一个方格后,余下的纸必可全部剪成形如图 2 的纸片.

证明 用数学归纳法.首先分别考虑 $n=1,2,3$ 的情形.为便于叙述,将题目中所要求剪成的纸片的形状称为 L 状.

图 2

当 $n=1$ 时,可将 4×4 的方格纸分成 4 个 2×2 的正方形,不论所剪去的方格位于哪个正方形中,该正方形所剩下的部分都刚好可剪为一个 L 状纸片,其余 3 个 2×2 正方形则形成了一个大 L 状纸片,容易将它剪为 4 个 L 状纸片,故知 $n=1$ 时结论成立.

当 $n=2$ 时,需对 7×7 的方格纸分情况讨论.

先引述两个事实:

(1) 对 5×5 的方格纸,在剪去一个角上的方格后,剩下的部分可以剪成 8 个 L 状纸片.

(2) 2×3 的方格纸可以剪成两个 L 状碎片.

事实(1)可由图 3 看出.事实(2)是显然的.

基于上述事实,对 7×7 的方格纸,只要所剪去的方格不在正中,也不属于与正中方格有公共边的方格,那么,便可按下列方式剪开成 L 状碎片.其中图 4 所示的是所剪去的方格位于一个 5×5 正方形的角上的情形,图 5 所示的是所剪去的方格紧靠一边或与一边仅隔一格的情形,图 6 则为所剪去的方格不在角上,紧靠一边,而与另一边仅隔一个方格,或与两边都仅隔一个方格的情形.

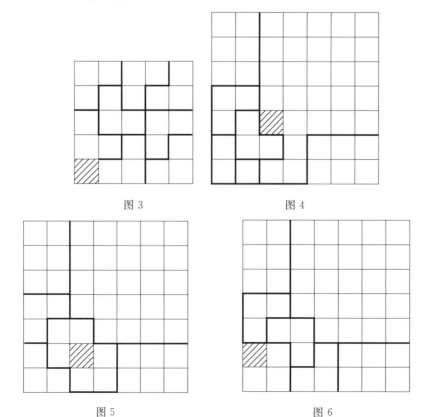

图 3   图 4

图 5   图 6

对于所剪去的方格为正中的方格或与正中方格有公共边的情形,可按图 7 和图 8 所示的方式剪为 L 状碎片.

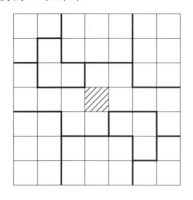

图 7

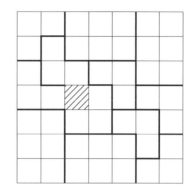

图 8

综合上述,知当 $n=2$ 时结论成立.

当 $n=3$ 时,对于 10×10 的方格纸,可按图 9 所示的方式处理,即先分出一个 7×7 的正方形,使所剪去的方格位于其中;在剩下的部分里,再分出 6 个 2×3 的矩形,和一个缺一个方格的 4×4 正方形. 于是,由前面的结果,即知当 $n=3$ 时结论也成立.

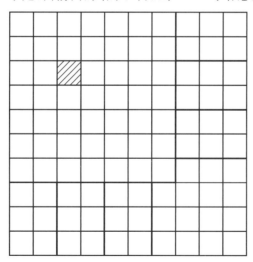

图 9

假设对 $n\leqslant k$ 结论都已成立,要证 $n=k+1$ 时,结论也成立. 这时,可先自 $(3k+4)\times(3k+4)$ 的方格纸中分出一个位于角上的 $(3k-2)\times(3k-2)$ 的正方形,使所剪去的小方格位于其中;再将剩下的部分分成 $6(k-1)$ 个 2×3 的矩形和一个缺一个方格的 7×7 正方形. 于是,由归纳假设及已证的结果,即知当 $n=k+1$ 时结论也成立.

综合上述,知对一切 $n\in \mathbf{N}$,断言都成立.

6. 任给两个自然数 $n\geqslant 2, T\geqslant 2$,试求所有自然数 a,使得对任意正数 $a_1,a_2,\cdots,a_n$,都有

$$\sum_{k=1}^{n} \frac{ak+\frac{a^2}{4}}{S_k} < T^2 \sum_{k=1}^{n} \frac{1}{a_k}$$

其中 $S_k = a_1 + a_2 + \cdots + a_k$.

解 我们有

$$\sum_{k=1}^{n} \frac{1}{S_k}\left(ak+\frac{a^2}{4}\right) = \sum_{k=1}^{n} \frac{1}{S_k}\left[\left(k+\frac{a}{2}\right)^2 - k^2\right]$$

$$= \frac{1}{S_1}\left(1+\frac{a}{2}\right)^2 - \frac{n^2}{S_n} + \sum_{k=2}^{n}\left[\frac{1}{S_k}\left(k+\frac{a}{2}\right)^2 - \frac{(k-1)^2}{S_{k-1}}\right]$$

对 $k=2,3,\cdots,n$，令 $a_k t_k = S_{k-1}$，于是，有

$$\frac{1}{S_k}\left(k+\frac{a}{2}\right)^2 - \frac{(k-1)^2}{S_{k-1}} = \frac{\left(k+\frac{a}{2}\right)^2}{S_{k-1}+a_k} - \frac{(k-1)^2}{S_{k-1}}$$

$$= \frac{\left(k+\frac{a}{2}\right)^2}{a_k(t_k+1)} - \frac{(k-1)^2}{a_k t_k}$$

$$\leqslant \frac{(a+2)^2}{4a_k}$$

这样一来，便有

$$\sum_{k=1}^{n} \frac{1}{S_k}\left(ak+\frac{a^2}{4}\right) \leqslant \frac{(a+2)^2}{4}\sum_{k=1}^{n}\frac{1}{a_k} - \frac{n^2}{S_n}$$

当自然数 a 满足 $a \leqslant 2(T-1)$ 时，由 $\frac{(a+2)^2}{4} \leqslant T^2$，知对任意正数 $a_1, a_2, \cdots, a_n$，都有不等式 $\sum_{k=1}^{n} \frac{1}{S_k}\left(ak+\frac{a^2}{4}\right) \leqslant T^2\sum_{k=1}^{n}\frac{1}{a_k} - \frac{n^2}{S_n} < T^2\sum_{k=1}^{n}\frac{1}{a_k}$ 成立.

下面证明，当 $a > 2(T-1)$，亦即 $a \geqslant 2T-1$ 时，存在正数 $a_1, a_2, \cdots, a_n$，使题目中的不等式不成立.

构造反例. 任意给定 $a_1 > 0$，令

$$a_k = \frac{a+2}{2(k+1)} S_{k-1}, k=2,3,\cdots,n$$

于是，$a_1, a_2, \cdots, a_n$ 唯一确定，且对 $k=2,3,\cdots,n$，有

$$t_k = \frac{2(k-1)}{a+2}$$

$$t_k\left(t_k+\frac{a}{2}\right)^2 - (t_k+1)(k-1)^2 = \frac{1}{4}(a+2)^2 t_k(t_k+1)$$

$$\frac{1}{S_k}\left(k+\frac{a}{2}\right)^2 - \frac{(k-1)^2}{S_{k-1}} = \frac{(a+2)^2}{4a_k}$$

因此，有

$$\sum_{k=1}^{n} \frac{1}{S_k}\left(ak+\frac{a^2}{4}\right) = \frac{(a+2)^2}{4}\left(\frac{1}{a_1}+\cdots+\frac{1}{a_n}\right) - \frac{n^2}{S_n}$$

$$= \left[\frac{(a+2)^2}{4} - 1\right] \sum_{k=1}^{n} \frac{1}{a_k} + \left(\sum_{k=1}^{n} \frac{1}{a_k} - \frac{n^2}{S_n}\right) \qquad ①$$

根据算术 — 调和平均不等式,知 $S_n \cdot \sum_{k=1}^{n} \frac{1}{a_k} \geqslant n^2$.

从而式 ① 蕴涵

$$\sum_{k=1}^{n} \frac{1}{S_k}\left(ak + \frac{a^2}{4}\right) \geqslant \left[\frac{(a+2)^2}{4} - 1\right] \sum_{k=1}^{n} \frac{1}{a_k} \qquad ②$$

又因 $a \geqslant 2T - 1$,知

$$\frac{(a+2)^2}{4} - 1 \geqslant \frac{(2T+1)^2}{4} - 1 > T^2$$

从而,由式 ② 得到

$$\sum_{k=1}^{n} \frac{1}{S_k}\left(ak + \frac{a^2}{4}\right) > T^2 \sum_{k=1}^{n} \frac{1}{a_k}$$

此与题意不合.

综上所述,即知满足要求的自然数 a 是 $1, 2, \cdots, 2(T-1)$.

1993年第八届中国数学奥林匹克国家集训队选拔试题及解答

1. 设空间中有若干个点,其中任何四点都不共面,某些点对间有线段相连,这样构成一个图. 如果最少要用 n 种颜色给这些点染色,使每点都染上 n 种颜色之一,才能使得任何两个同色点之间都没有线段相连,那么称这个图是 n 色图. 求证:对于任意 $n \in \mathbf{N}$,都存在一个不含三角形的 n 色图.

证法 1 用数学归纳法.

当 $n=1$ 时,显然.

设对于 $n=k$ 时命题成立. 此时这个 n 色图为 G,G 的顶点数为 m. 作 k 个与 G 相同的图 $G_1, G_2, \cdots, G_k$,从 $G_1, G_2, \cdots, G_k$ 中各任取一点组成一个 k 点组,共有 m^k 种不同取法,每个 n 点组对应一个点(不在 $G_1, \cdots, G_k$ 中),记为 $A_1, A_2, \cdots, A_{m^k}$. 将每一个 A_i 与其对应的 k 点组中的 k 个点均连上线,这样得到一个图 G^*.

下面证明 G^* 是 $k+1$ 色图.

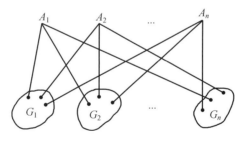

图 1

首先,$G_1, G_2, \cdots, G_k$ 都按 G 的染色方法用 n 种色来染,而 $A_1, A_2, \cdots, A_{m^k}$ 用第 $k+1$ 种色来染,即构成 $k+1$ 色图. 显然 G^* 无三角形.

再证 G^* 不是 k 色图. 若 G^* 可用 k 种色来染,则在上述 k 点组中,取这样一个 k 点组:G_i 中取 B_i 染有 i 色,k 点组 $(B_1, B_2, \cdots, B_k)$ 已经用了 k 种色,设其对应的点为 A_j,则 A_j 必须用第 $k+1$ 种色染色方可,矛盾,即 G^* 为 $k+1$ 色图.

证法 2 用数学归纳法.

当 $n=1$ 时,只有一个点的图 G_1 是不含三角形的一色图.

当 $n=2$ 时,由两个点、一条线段组成的图 G_2 是不含三角形的二色图.

设存在不含三角形的 k 色图 $G_k (k \geqslant 2)$.

现在来构造图 G_{k-1}. 先取图 G_k,设 G_k 有 m 个顶点 $A_1, A_2, \cdots, A_m$,再取 $m+1$ 个新的顶

点 $A'_1, A'_2, \cdots, A'_m, A'_{m+1}$. 设这 $2m+1$ 个顶点中任四点都不共面. 对于每个 $i(1 \leq i \leq m)$,将 A'_i 与 A_i 的所有邻点联结起来,再将 A'_i 与 A'_{m+1} 联结起来,得到的图记作 G_{k+1}.

由于 G_k 不含三角形,并且 G_k 中同一点的任意两个邻点在构造 G_{k+1} 时都没有用线段联结,因此 G_{k+1} 中不含三个顶点都属于 $\{A_1, A_2, \cdots, A_m\}$ 的三角形. 又由于 $A'_1, A'_2, \cdots, A'_{m+1}$ 中任一点的两个邻点都没有线段相连,因此 G_{k+1} 中不含至少有一个顶点属于 $\{A'_1, A'_2, \cdots, A'_{m+1}\}$ 的三角形,故 G_{k+1} 中不含任何三角形.

我们可以用 k 色将 G_k 的顶点染色,使 G_k 中任意两个同色点无线段相连. 再将 $A'_1, A'_2, \cdots, A'_m$ 染色,使 A'_i 与 A_i 同色 $(i=1, 2, \cdots, m)$. 最后将 A'_{m+1} 染上第 $k+1$ 种颜色. 因此,我们可用 $k+1$ 色将 G_{k+1} 的顶点染色,使 G_{k+1} 中任意两个同色点无线段相连.

如果 G_{k+1} 不是 $k+1$ 色图,那么 G_{k+1} 必是 k 色图. 于是,由于 A'_{m+1} 与 $A'_1, A'_2, \cdots, A'_m$ 有线段相连,因此染 $A'_1, A'_2, \cdots, A'_m$ 至多用 $k-1$ 种颜色. 但 G_k 上恰用 k 种颜色,故 G_k 上至少有一种颜色 α 与 $A'_1, A'_2, \cdots, A'_m$ 上的颜色都不同. 将颜色为 α 的所有点 A_i 都改染 A'_i 上的颜色,得到了 G_k 的一种仅用 $k-1$ 种颜色的顶点染色方法,同样使任意两个同色点都无线段相连,此与 G_k 是 k 色图矛盾. 故 G_{k+1} 是 $k+1$ 色图这样的 G_{k+1} 满足要求.

2. 在坐标平面上给定点集 $S = \{(x, y) \mid x = 1, 2, \cdots, 1993, y = 1, 2, 3, 4\}$,已知 $T \subset S$ 且 T 中任何 4 点都不是某个正方形的 4 个顶点,求 $|T|$ 的最大值.

解 如图 2 所示,选取点集 T_0 的具体方法是以 4 列为周期,每 4 列都选取 10 个点. 因为 $1993 = 4 \times 498 + 1$,故 $|T_0| = 10 \times 498 + 3 = 4983$,且 T_0 中任何 4 点都不是某个正方形的 4 个顶点.

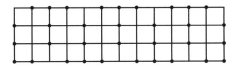

图 2

下面证明,对于任何 $T \subset S$,$|T| = 4984$,点集 T 都不能满足题中要求. 因而知所求的最大值即为 4983.

(1) 对于集合 $S_1 = \{(x, y) \mid x, y = 1, 2, 3\}$ 的任一个 7 元子集 M,其中总有 4 点是某个正方形的 4 个顶点.

(2) 令 $S_2 = \{(x, y) \mid x = 1, 2, 3, 4, y = 1, 2, 3\}$,则 S_2 的任一个 9 元子集 M,其中总存在 4 点是某个正方形的 4 个顶点.

注意,S_2 的 12 个点排成 3 行 4 列的点阵. 若 $M \subset S_2$,$|M| = 9$,但 M 中任何 4 点都不是正方形的 4 个顶点,则由 (1) 知,前 3 列至多有 M 的 6 个点,从而第 4 列必有 M 的 3 个点. 同理,第 1 列的 3 个点也必全在 M 中(图 3). 这时,第 2, 3 两列还有 M 的 3 个点,至少有 1 列含 M 的 2 个点,不妨设为第 2 列. 若 2 个点相邻,则与第 1 列同行的 2 个点恰为正方形的 4 个顶点;若 2 个点不相邻,则与第 4 列同行的 2 个点为一个正方形的 4 个顶点. 矛盾.

(3) 令 $S_3 = \{(x, y) \mid x, y = 1, 2, 3, 4\}$,则 S_3 的任一个 11 元子集 M 中必有 4 个点为某

个正方形的 4 个顶点.

S_3 的 16 个点排成 4 行 4 列的点阵. 设 $M \subset S_3$, $|M|=11$. 但 M 中的任何 4 个点都不是某正方形的 4 个顶点, 由(2)知第 1,6 两行和 1,4 两列的每行每列都至少有 M 的 3 个点. 3 个点中至少有一个是"角点", 从而 4 个角点中至少有 2 个在 M 中, 至多有 3 个在 M 中, 且当恰有 2 个在 M 中时, 2 个角点必为正方形的相对顶点.

图 3

① 设 M 中恰含两个角点, 则第 1,4 两行和 1,4 两列各有 M 的 3 个点, 如图 4 所示, 但这时标记"○"的 4 个点为正方形的 4 个顶点, 矛盾.

② 设 M 中恰含 3 个角点, 这时第 1,4 两行和 1,4 两列上 M 中点的分布有两种情形, 每个图中已各有 9 个点. 若在第 1 行或第 1 列再取一点, 则必导致 4 个点为正方形的 4 个顶点, 矛盾. 于是另 2 个点必取在内部 4 个点之中, 但标有"×"号的点不能取, 矛盾.

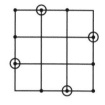

图 4

(4) 令 $S_4 = \{(x,y) \mid x=1,2,3,4,5, y=1,2,3,4\}$, 则 S_4 的任一个 14 元子集 M 中必有 4 个点为某个正方形的 4 个顶点.

设 $M \subset S_4$, $|M|=14$, 但其中任何 4 个点都不是某正方形的 4 个顶点. 由(3)知第 1,5 两列每列都有 M 的 4 个点(图 5). 从而. 中间 3 列有 M 的 6 个点. 由于没有正方形的 4 个顶点, 每列恰有 M 中的 2 个点且第 2,4 两列的 2 个点不相邻也不能分别处在第 1,4 两行, 更不能同在第 1,3 行或第 2,4 行, 故只能如图 6 所示. 但这时第 3 列中任一点属于 M 都必导致所取的 4 个点为正方形的 4 个顶点, 矛盾.

图 5

(5) 称集合 S 从前往后, 每 4 列的 16 个点作为一个集合, 最后 5 个点作为一个集合, 共得 498 个集合, 分别记为 $S_1, S_2, \cdots, S_{498}$, 设 $T \subset S$, $|T|=4984$, 并令 $M_j = T \cap S_j, j=1,2,\cdots,498$.

图 6

因为 $4984 = 498 \times 10 + 4$, 故由抽屉原理知, 或有 M_{j_0}, $1 \leqslant j_0 \leqslant 497$, 使 $|M_{j_0}| \geqslant 11$, 或者 $|M_{4984}| \geqslant 14$, 从而由(3)和(4)知, T 中必有 4 个点为某个正方形的 4 个顶点.

综上可知, 所求的最大值为 4 983.

3. 对素数 $p \geqslant 3$, 定义 $F(p) = \sum_{k=1}^{\frac{p-1}{2}} k^{120}$, $f(p) = \frac{1}{2} - \left\{ \frac{F(p)}{p} \right\}$, 求 $f(p)$ 的值.

这里 $\{x\} = x - [x]$ 表示 x 的小数部分.

解 作 120 除以 $p-1$ 的带余除法 $120 = q(p-1) + r$, $0 \leqslant r \leqslant p-2$. 因为 120 与 $p-1$ 都是偶数, 所以 r 也是偶数.

定义 $G(p) = \sum_{k=1}^{\frac{p-1}{2}} k^r$, 根据费马(Fermat)小定理, 对于 $k=1,\cdots,\frac{p-1}{2}$, 有 $k^{p-1} \equiv$

$1(\bmod\ p)$. 所以, $F(p) \equiv G(p)(\bmod\ p)$, $f(p) = \frac{1}{2} - \left\{\frac{F(p)}{p}\right\} = \frac{1}{2} - \left\{\frac{G(p)}{p}\right\}$.

以下分两种情形讨论.

情形 1: $r = 0$. 对这种情形, $G(p) = \frac{p-1}{2}$, $f(p) = \frac{1}{2} - \left\{\frac{G(p)}{p}\right\} = \frac{1}{2} - \frac{p-1}{2p} = \frac{1}{2p}$.

情形 2: $r \neq 0$. 因为 r 是偶数, 所以模 p 有 $G(p) = 1^r + 2^r + \cdots + \left(\frac{p-1}{2}\right)^r \equiv (p-1)^r + (p-2)^r + \cdots + \left(p - \frac{p-1}{2}\right)^r = (p-1)^r + (p-2)^r + \cdots + \left(\frac{p+1}{2}\right)^r (\bmod\ p)$, $2G(p) = G(p) + G(p) \equiv 1^r + 2^r + \cdots + \left(\frac{p-1}{2}\right)^r + \left(\frac{p+1}{2}\right)^r + \cdots + (p-1)^r (\bmod\ p)$.

又因为同余方程 $x^r \equiv 1(\bmod\ p)$ 的互不同余的解不超过 r 个, $0 \leqslant r \leqslant p-2$, 所以至少存在一个 $a \in \{1, 2, \cdots, p-1\}$, 使得 $a^r \not\equiv 1(\bmod\ p)$.

我们有 $2a^r G(p) = (1 \cdot a)^r + (2 \cdot a)^r + \cdots + [(p-1) \cdot a]^r \equiv 2G(p)(\bmod\ p)$. (因为 $1 \cdot a, 2 \cdot a, \cdots, (p-1) \cdot a$ 模 p 两两不同余, 所以它们构成模 p 的剩余系) 又因为 $2(a^r - 1)G(p) \equiv 0(\bmod\ p)$, $2(a^r - 1) \not\equiv 0(\bmod\ p)$, 所以 $G(p) \equiv 0(\bmod\ p)$.

对这种情形, $f(p) = \frac{1}{2} - \left\{\frac{G(p)}{p}\right\} = \frac{1}{2}$.

下面判定哪些素数 $p \geqslant 3$ 属情形 1, 使得 $(p-1) | 120$ 的素数 $p(p \geqslant 3)$, 这些素数是 $3, 5, 7, 11, 13, 31, 41, 61$. 这些素数属于情形 1, 其他奇素数属于情形 2.

综上所述, 本题的答案如表 1 所示.

表 1

p	3	5	7	11	13	31	41	61	其他奇素数
$f(p)$	$\frac{1}{6}$	$\frac{1}{10}$	$\frac{1}{14}$	$\frac{1}{22}$	$\frac{1}{26}$	$\frac{1}{62}$	$\frac{1}{82}$	$\frac{1}{122}$	$\frac{1}{2}$

4. 试求方程 $2x^4 + 1 = y^2$ 的一切整数解.

解 由方程可知, 若 (x_0, y_0) 为解, 则 $(x_0, \pm y_0)$, $(-x_0, \pm y_0)$ 也是解, 而且当 $y = 0$ 时无解.

当 $x = 0$ 时, $y = \pm 1$.

因此, 只要证明 $2x^4 + 1 = y^2$ 无自然数解即可.

显然, 若 y 为奇数, 将它记作 $2z + 1$. 于是, $x^4 = 2z(z+1)$. 因此, x 为偶数, 令 $x = 2u$, 于是有 $8u^4 = z(z+1)$. 由 $(z, z+1) = 1$, 知出现以下情形:

(1) $z = 8v^4$, $z + 1 = w^4$, $(v, w) = 1$, $vw = u$.

(2) $z = v^4$, $z + 1 = 8w^4$, $(v, w) = 1$, $vw = u$.

于是对 (1) 有 $w^4 = 8v^4 + 1$. 对 (2) 有 $8w^4 = v^4 + 1$.

由于 $v^4 \equiv 0, 1(\bmod\ 8)$, 所以情形 (2) 无解. 对情形 (1), 有 $w = 2q + 1$. 于是, $v^4 = $

$2q^4+4q^3+3q^2+q=q(q+1)(2q^2+2q+1)$. 显然, $(q,q+1,2q^2+2q+1)=1$. 所以 $q=\alpha^4$, $q+1=\beta^4$, 即 $\beta^4-\alpha^4=1$, 此方程无解. 至此,证明了断言.

5. $\triangle ABC$ 的 $\angle A$ 的平分线交外接圆于点 D, 内心为 I, 边 BC 的中点为 M, P 是点 I 关于点 M 的对称点(设点 P 在圆内), 延长 DP 交外接圆于点 N. 求证:在 AN, BN, CN 这三条线段中, 必有一条线段的长等于另两条线段的长度之和.

证明 如图 7, 不妨设 N 在 $\overset{\frown}{BC}$ 上. 往证 $BN+CN=AN$. 显然 $S_{\triangle BND}+S_{\triangle CND}=2S_{\triangle MND}$. 因为点 P 在 ND 上, 且 M 为 IP 的中点, 即 $IM=MP$, 所以

$$2S_{\triangle MND}=S_{\triangle IND}=S_{\triangle BND}+S_{\triangle CND} \quad ①$$

令 $\angle NAD=\theta$, 则 $\angle NBD=\angle NCD=\theta$. 于是由

$$S_{\triangle BND}=\frac{1}{2}BD\cdot BN\sin\theta, S_{\triangle CND}=\frac{1}{2}CD\cdot CN\sin\theta$$

$$S_{\triangle IND}=\frac{1}{2}ID\cdot AN\sin\theta$$

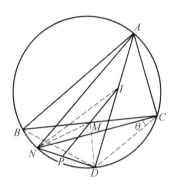

图 7

再由熟知的结果 $BD=CD=ID$, 代入式 ①, 即得 $AN=BN+CN$.

当点 N 在 $\overset{\frown}{AB}$ 上时, 同理可证 $CN=AN+BN$.

6. 已知大于 1 的自然数 n, 设 a,b,c,d 是自然数, 且满足 $\frac{a}{b}+\frac{c}{d}<1, a+c\leqslant n$, 求 $\frac{a}{b}+\frac{c}{d}$ 的最大值.

解法 1 先在条件"a,b,c,d 是自然数, $\frac{a}{b}+\frac{c}{d}<1, a+c=n$"下求 $\frac{a}{b}+\frac{c}{d}$ 的最大值.

由于 $b,d\geqslant n+1$ 时, $\frac{a}{b}+\frac{c}{d}\leqslant\frac{n}{n+1}$, 又显然 $1>\frac{n-1}{n}+\frac{1}{n+1}>\frac{n}{n+1}$. 因此不妨设 $b\leqslant n$. 先取定 $b, 2\leqslant b\leqslant n$. 当取 $a=b-1$ 时, $c=n+1-b$. 而条件 $\frac{b-1}{b}+\frac{n+1-b}{d}<1$, 即为 $\frac{n+1-b}{d}<\frac{1}{b}$, 得 $d>b(n+1-b)$. 这时, 取 d 为 $d_1=b(n+1-b)+1$, 此时 $\frac{a}{b}+\frac{c}{d}$ 最大.

由于

$$1-\left(\frac{b-1}{b}+\frac{n+1-b}{d_1}\right)=\frac{1}{b}-\frac{n+1-b}{d_1}=(n+1-b)\left[\frac{1}{b(n+1-b)}-\frac{1}{d_1}\right]$$

$$=(n+1-b)\left[\frac{1}{b(n+1-b)d_1}\right]=\frac{1}{bd_1}$$

所以这时的最大值为 $\frac{b-1}{b}+\frac{n+1-b}{d_1}=1-\frac{1}{bd_1}$.

而当取 $a=b-k$ 时, $c=n+k-b$. 由于 $\frac{b-k}{b}+\frac{n+k-b}{d}\leqslant\frac{b-k}{b}+\frac{n+1-b}{d_1}$(移项即为

$\frac{k-1}{d_1} \leqslant \frac{k-1}{b}$),所以可分为如下情形:

当 $d \geqslant d_1$ 时,$\frac{b-k}{b} + \frac{n+k-b}{d} \leqslant \frac{b-1}{b} + \frac{n+1-b}{d_1}$.

当 $d < d_1$ 时,由于 $\frac{b-k}{b} + \frac{n+k-b}{d} = \frac{m}{bd}$($m$ 是自然数),由 $1 > \frac{b-k}{b} + \frac{n+k-b}{d}$ 得

$$\frac{b-k}{b} + \frac{n+k-b}{d} = \frac{m}{bd} \leqslant \frac{bd-1}{bd} \leqslant \frac{bd_1-1}{bd_1} = 1 - \frac{1}{bd_1}$$

由此,固定 $b, 2 \leqslant b \leqslant n$ 时,$\frac{a}{b} + \frac{c}{d}$ 的最大值为 $1 - \frac{1}{b[b(n+1-b)+1]}$.

从而,在 $a + c = n$ 条件下的最大值是 $\max\limits_{\substack{2 \leqslant b \leqslant n \\ n \in \mathbf{N}}} \left\{ 1 - \frac{1}{b[b(n+1-b)+1]} \right\}$.

当 n 增大时,它也增大. 所以,这就是原题需要求出的最大值.

记 $f(b) = b[b(n+1-b)+1] = -b^3 + (n+1)b^2 + b$. 下面求它在 $b = 2, 3, \cdots, n$ 时的最大值

$$f(b+1) - f(b) = -(3b^2 + 3b + 1) + (n+1)(2b+1) + 1$$
$$= -3b^2 + (2n-1)b + n + 1$$

它(作为 b 的二次多项式)的两根一正一负,而正根

$$\bar{b} = \frac{1}{6}[2n - 1 + \sqrt{(2n-1)^2 + 12(n+1)}]$$

由于

$$(2n-1)^2 + 12(n+1) = 4n^2 + 8n + 13$$
$$2n + 2 < \sqrt{(2n-1)^2 + 12(n+1)} < 2n + 3$$
$$\frac{1}{6}(2n - 1 + 2n + 2) < \bar{b} < \frac{1}{6}(2n - 1 + 2n + 3)$$
$$\frac{2n}{3} + \frac{1}{6} < \bar{b} < \frac{2n}{3} + \frac{1}{3}$$

所以

$$\left[\frac{2n}{3} + \frac{1}{6}\right] < \bar{b} < \left[\frac{2n}{3} + \frac{1}{6}\right] + 1$$

当 $b < \bar{b}$ 时,$f(b+1) > f(b)$,当 $b > \bar{b}$ 时,$f(b+1) < f(b)$.

因此,当 $b = \left[\frac{2n}{3} + \frac{1}{6}\right] + 1$ 时,$f(b)$ 最大. 本题的最大值为

$$1 - \frac{1}{\left[\frac{2n}{3} + \frac{7}{6}\right]\left(\left[\frac{2n}{3} + \frac{7}{6}\right]\left(n - \left[\frac{2n}{3} + \frac{1}{6}\right]\right) + 1\right)}$$

或者,最大值是(记为)

$$g(n) = \begin{cases} 1 - \dfrac{1}{(2s+1)[s(2s+1)+1]}, & n=3s \\ 1 - \dfrac{1}{(2s+1)[s(s+1)(2s+1)+1]}, & n=3s+1 \\ 1 - \dfrac{1}{(2s+2)[(s+1)(2s+2)+1]}, & n=3s+2 \end{cases}$$

解法 2 显然有 $\dfrac{a}{b}+\dfrac{c}{d}<\dfrac{a}{b-1}+\dfrac{c}{d}$ 及 $\dfrac{a}{b}+\dfrac{c}{d}<\dfrac{a}{b}+\dfrac{c}{d-1}$,由题目要求可知,使 $\dfrac{a}{b}+\dfrac{c}{d}$ 达到最大值,则必有 $\dfrac{a}{b}+\dfrac{c}{d}<1, \dfrac{a}{b+1}+\dfrac{c}{a}\geqslant 1, \dfrac{a}{b}+\dfrac{c}{d-1}\geqslant 1$,即当 $d>c+1$ 时,有

$$\frac{ad}{d-c} < b \leqslant \min\left\{\frac{ad}{d-c}+1, \frac{a(d-1)}{d-1-c}\right\}$$

因此,$b = \left[\dfrac{ad}{d-c}+1\right] \leqslant \dfrac{a(d-1)}{d-1-c}$.

当 $d=c+1$ 时,有 $b=a(c+1)+1$. 这时

$$\frac{a}{b}+\frac{c}{d} = \frac{a}{ac+a+1}+\frac{c}{c+1} = 1 - \frac{1}{ac^2+(2a+1)c+a+1}$$

当 $a+c\leqslant n$ 时,有 $a\leqslant n-c$. 于是,有不等式

$$\frac{a}{b}+\frac{c}{d} = 1 - \frac{1}{ac^2+(2a+1)c+a+1} \leqslant 1 - \frac{1}{f(c)}$$

其中,$f(c) = -c^3+(n-2)c^2+2nc+n+1$.

显然,当取 $a=n-c, b=(n-c)(c+1)+1, d=c+1$ 时

$$\frac{a}{b}+\frac{c}{d} = 1 - \frac{1}{f(c)} < 1, 且 \frac{d}{b}+\frac{c}{d} < \frac{a}{b}+\frac{c}{d}$$

其中 $d \leqslant n-c$.

因此,问题转化为求 $\max\limits_{c\in \mathbf{N}} f(c) = \alpha$. 而 $\max\left(\dfrac{a}{b}+\dfrac{c}{d}\right) = 1 - \dfrac{1}{\alpha}$.

下面的计算同解法 1.

当 $d>c+1$ 时,记 $d=c+q$,则 $q\geqslant 2$. 而 $b = \left[\dfrac{a(c+q)}{q}\right]+1 \leqslant \dfrac{a(c+q-1)}{q-1}$. 即有 $q\geqslant 2, \left[\dfrac{ac}{q}\right] \leqslant \dfrac{ac}{q-1}-1$.

令 $ac=qu+r>u, r\in\{0,1,\cdots,q-1\}$. 这时 $b=a+u+1, d=c+q, a+c\leqslant n$. 于是

$$\frac{a}{b}+\frac{c}{d} = \frac{a}{a+u+1}+\frac{c}{c+q} < \frac{a}{a+ac+1}+\frac{c}{c+1} \leqslant 1 - \frac{1}{f(c)}$$

这说明了这种情形不可能使 $\dfrac{a}{b}+\dfrac{c}{d}$ 达到最大值.

1994年第九届中国数学奥林匹克国家集训队选拔试题及解答

1. 求所有的由四个自然数 a,b,c,d 组成的数组,使数组中任意三个数的乘积除以剩下的一个数的余数都是 1.

解 由于 bcd 除以 a 余 1,所以 $a \geqslant 2$. 否则 bcd 除以 1 余 0. 从而有整数 k^*,使得 $bcd = k^* a + 1$,即 a 与 b,c,d 中任一个都互素.

同理可知 b,c,d 都大于或等于 2,而且也两两互素. 于是 a,b,c,d 两两不同且两两互素.

不妨适当排列顺序,使 $2 \leqslant a < b < c < d$.

由题意,$abc+abd+acd+bcd-1$ 能分别被 a,b,c,d 整除. 由于 a,b,c,d 两两互素,所以 $abc+abd+acd+bcd-1$ 能被 $abcd$ 整除. 从而有自然数 k,满足关系式

$$abc+abd+acd+bcd = kabcd+1$$

上式两边同除以 $abcd$,可以得到

$$\frac{1}{d}+\frac{1}{c}+\frac{1}{b}+\frac{1}{a} = k+\frac{1}{abcd} \qquad ①$$

由 $a<b<c<d$,可知式 ① 左边小于 $\frac{4}{a}$,而式 ① 右边大于 k,所以 $\frac{4}{a} > k$.

又由于 $a \geqslant 2$,k 是自然数,所以 $k=1$,自然数 $a=2$ 或 3.

当 $a=3$ 时,利用 $a<b<c<d$,必有 $b \geqslant 4, c \geqslant 5, d \geqslant 6$. 如果 $d=6$,那么只有一种可能 $c=5, b=4$. 但 b,d 不互素,矛盾. 于是 $d \geqslant 7$.

我们发现

$$\text{式 ① 左边} \leqslant \frac{1}{3}+\frac{1}{4}+\frac{1}{5}+\frac{1}{7} < \frac{1}{3}+\frac{1}{4}+\frac{1}{4}+\frac{1}{6} = 1$$

而式 ① 右边 $>k \geqslant 1$,矛盾. 于是,对于 a 而言,只有一种可能 $a=2$. 将 $k=1, a=2$ 代入方程 ①,有

$$\frac{1}{b}+\frac{1}{c}+\frac{1}{d} = \frac{1}{2}+\frac{1}{2bcd} \qquad ②$$

由 $b<c<d$,得式 ② 左边小于 $\frac{3}{b}$,那么,有 $\frac{3}{b} > \frac{1}{2}$,即 $b<6$. 而 $a=2$,且 a 与 b 互素,b 必为奇数,又 $b>a$,则 b 只有两种可能:$b=5$ 或 $b=3$.

当 $b=5$ 时,由于 c,d 都与 2 互素($a=2$),所以从 $b<c<d$,有 $c \geqslant 7, d \geqslant 9$,那么

$$\frac{1}{b}+\frac{1}{c}+\frac{1}{d} \leqslant \frac{1}{5}+\frac{1}{7}+\frac{1}{9}=\frac{143}{315}<\frac{1}{2}$$

这与等式 ② 矛盾.

从而必有 $b=3$ 和 $c \geqslant 5, d \geqslant 7$. 现在式 ② 化简为

$$\frac{1}{c}+\frac{1}{d}=\frac{1}{6}+\frac{1}{6cd} \qquad ③$$

因 $c<d$, 由上式有 $\frac{2}{c}>\frac{1}{6}, c<12$. 而 c 为奇数($a=2, a, c$ 互素), 则 $c \leqslant 11$. 由式 ③ 可得

$$d=6+\frac{35}{c-6} \qquad ④$$

又 $d \geqslant 7$, 则 $\frac{35}{c-6}$ 定是自然数. 由于 $c \leqslant 11, c-6 \leqslant 5$, 当然 $c-6 \geqslant 1$, 所以 $c-6$ 只有两种可能: $c-6=1$ 或 $c-6=5$. 当 $c=7$ 时, $d=41$; 当 $c=11$ 时, $d=13$.

当 $a<b<c<d$ 时, 容易验证 $(a,b,c,d)=(2,3,7,41)$ 或 $(2,3,11,13)$ 确实满足题目要求. 所以, 原题的解集为 $\{a,b,c,d\}=\{2,3,7,41\}$ 或 $\{2,3,11,13\}$.

2. 在 $n \times n$ 方格纸的每一个方格中填入一个数. 使得每一行和每一列都成等差数列, 这样填好数的方格纸称为一个等差密码表. 如果知道了这个等差密码表中某些方格中的数, 就能破译该密码表, 那么称这些方格的集合为一把钥匙. 该集合中的格子数称为钥匙的长度.

(1) 求最小的自然数 s, 使得在 $n \times n (n \geqslant 4)$ 方格纸中任取 s 个方格都组成一把钥匙.

(2) 求最小的自然数 t, 使得在 $n \times n (n \geqslant 4)$ 方格纸两条对角线上任取 t 个方格都组成一把钥匙.

解 (1) 当 $s \leqslant 2n-1$ 时, 在第一行与第一列中取 s 个方格, 显然这 s 个方格不是一把钥匙.

下面证明当 $s=2n(n \geqslant 4)$ 时, 在 $n \times n$ 方格纸中任取 $2n$ 个方格都能组成一把钥匙. $n \times n$ 方格纸共有 n 列, 一定有两列存在, 在这两列的每一列中, 至少有两个方格(如果有 $n-1$ 列至多有一个方格, 那么总数至多只有 $2n-1$ 个方格). 由于是等差密码表, 知道一列中的两个数 $a_i, a_j (1 \leqslant i<j \leqslant n)$, 那么公差 $d=\frac{a_j-a_i}{j-i}$ 就可以求出, 从而可以破译这一列. 因此, 首先可以破译两列, 然后考虑 n 行, 现已知每行中的两个数, 类似列的情况, 可以破译每一行. 于是, 这个等差密码表就全部破译了. 故所求的最小的自然数 $s=2n$.

(2) 当 $t \leqslant n$ 时, 在同一条对角线上取 t 个方格, 显然无法破译这个等差密码表. 当 $t=n+1$ 时, 下面证明能破译这个等差密码表. 首先, 这 $n+1$ 个方格位于这个方格纸的 n 列中, 必有一列至少有两个方格, 由于两条对角线与一列至多有两个公共方格, 那么这列上

只有两个方格.从(1)的证明可知,能破译这列.还有$n-1(n-1\geqslant 3)$个方格不在这列中,由于$n-1\geqslant 3$,故有两种可能的情况:第一种情况,有另一列有两个方格,那么这列也可破译.有两列可破译,从(1)的证明可知,能破译这张等差密码表;第二种情况,在剩下的$n-1$列中,每列只有一个方格,那么考虑行.由于两条对角线与每行至多有两个公共方格,所以这$n-1(n-1\geqslant 3)$个方格至少位于两行上,因此,至少有两行,每行都至少有两个方格数已知,一个方格数是原来的,一个方格数是被破译这列的.类似(1)的证明,这张密码表也能破译.

综上所述.满足题目条件的最小正整数$t=n+1$.

3. 求具有如下性质的最小自然数n:把正n边形S的任何5个顶点染成红色时,总有S的一条对称轴l,使每个红点关于l的对称点都不是红点.

解 当$n\leqslant 9$时,正n边形显然不具备题目中所述的性质.下面分析$n\geqslant 10$.

当$n=2k,k\in \mathbf{N}^*$时,正n边形$A_1A_2\cdots A_n$有$2k$条对称轴,直线$A_iA_{k+i}(i=1,2,\cdots,k)$是线段$A_iA_{i+1}(i=1,2,\cdots,k)$的中垂线,当$n=2k+1,k\in \mathbf{N}^*$时,顶点$A_i(1\leqslant i\leqslant 2k+1)$与线段$A_{k+i}A_{k+i+1}$的中点的连线是对称轴.

当$n=10$时,把正十边形的顶点A_1,A_2,A_4,A_6,A_7染成红色,就不具备题目中所述的性质了,记$A_iA_{5+i}(i=1,2,\cdots,5)$的连线为$l_i$,记线段$A_iA_{i+1}$的中垂线为$l_{i+\frac{1}{2}}(i=1,2,\cdots,5)$.于是,正十边形的全部对称轴为$l_1,l_2,l_3,l_4,l_5,l_{\frac{3}{2}},l_{\frac{5}{2}},l_{\frac{7}{2}},l_{\frac{9}{2}},l_{\frac{11}{2}}$这10条.

当$i=1,2,4$时,l_i映点A_i为点A_i自身,因此,l_1,l_2,l_4不是题目中所要的对称轴.l_3映点A_2为点A_4,l_5映点A_4为点A_6,$l_{\frac{3}{2}}$映点A_1为点A_2,$l_{\frac{5}{2}}$映点A_1为点A_4,$l_{\frac{7}{2}}$映点A_1为点A_6,$l_{\frac{9}{2}}$映点A_2为点A_7,$l_{\frac{11}{2}}$映点A_4为点A_7.所以,全部10条对称轴没有一条满足题目性质.因此,正十边形不具备题目中的性质.

完全可以类似证明:当$n=11,12,13$时,如果把点A_1,A_2,A_4,A_6,A_7都染成红色,那么这些正n边形都不具备题目中的性质.

下面证明正十四边形具备题目中的性质.

正十四边形$A_1A_2\cdots A_{14}$有7条对称轴是不通过顶点的.当i为奇数时,称顶点A_i为奇顶点,当i为偶数时,称顶点A_i为偶顶点.显然,每一条不通过顶点的对称轴都使奇顶点与偶顶点互相对称.设5个红顶点中有m个奇顶点,那么,有$5-m(m=0,1,\cdots,5)$个偶顶点,则染红色的奇顶点与染红色的偶顶点的连线的条数为$m(5-m)\leqslant \left(\frac{5}{2}\right)^2<7$.由于$m(5-m)$为整数,所以$m(5-m)\leqslant 6$.这表明,红色的奇顶点与红色的偶顶点的连线段的中垂线最多只有6条.因此,至少还有一条不通过顶点的对称轴,使得任一红顶点的对称点都不是红点.

综上所述,满足题目性质的最小正整数n是14.

4. 已知$5n$个实数r_i,s_i,t_i,u_i,v_i均大于$1,1\leqslant i\leqslant n$,记

$$R=\frac{1}{n}\sum_{i=1}^{n}r_i, S=\frac{1}{n}\sum_{i=1}^{n}s_i, T=\frac{1}{n}\sum_{i=1}^{n}t_i, U=\frac{1}{n}\sum_{i=1}^{n}u_i, V=\frac{1}{n}\sum_{i=1}^{n}v_i$$

求证：$\prod_{i=1}^{n}\frac{r_is_it_iu_iv_i+1}{r_is_it_iu_iv_i-1} \geqslant \left(\frac{RSTUV+1}{RSTUV-1}\right)^n$.

证明 先建立一个引理.

引理：设 $x_1, x_2, \cdots, x_n$ 为 n 个大于 1 的实数，$A=\sqrt[n]{x_1x_2\cdots x_n}$，则

$$\prod_{i=1}^{n}\left(\frac{x_i+1}{x_i-1}\right) \geqslant \left(\frac{A+1}{A-1}\right)^n$$

引理的证明：记 $x_i=\max\{x_1,x_2,\cdots,x_n\}, x_j=\min\{x_1,x_2,\cdots,x_n\}, x_i \geqslant A \geqslant x_j > 1$. 我们来证明

$$\frac{(x_i+1)(x_j+1)}{(x_i-1)(x_j-1)} \geqslant \left(\frac{A+1}{A-1}\right)\left(\frac{\frac{x_ix_j}{A}+1}{\frac{x_ix_j}{A}-1}\right) \qquad ①$$

由于

$$(x_i+1)(x_j+1)(A-1)(x_ix_j-A) - (x_i-1)(x_j-1)(A+1)(x_ix_j+A)$$
$$=2(x_ix_j+1)(A-x_i)(x_j-A) \geqslant 0 \qquad ②$$

所以式 ① 成立.（注意：由 $x_j > 1$，有 $x_ix_j > x_j \geqslant A$.）

于是，利用式 ①，有

$$\prod_{l=1}^{n}\left(\frac{x_l+1}{x_l-1}\right) \geqslant \prod_{\substack{l\neq i\\l\neq j}}\left(\frac{x_l+1}{x_l-1}\right)\left(\frac{\frac{x_ix_j}{A}+1}{\frac{x_ix_j}{A}-1}\right)\left(\frac{A+1}{A-1}\right) \qquad ③$$

再考虑 $n-1$ 个正实数：$n-2$ 个 $x_l(l\neq i, l\neq j)$ 和 $\frac{x_ix_j}{A}$. 这 $n-1$ 个数的几何平均数仍为 A. 如果这个实数的最大值大于 A，最小值小于 A，再采用上述步骤，那么至多经过 $n-1$ 步，有

$$\prod_{l=1}^{n}\left(\frac{x_l+1}{x_l-1}\right) \geqslant \left(\frac{A+1}{A-1}\right)^n \qquad ④$$

引理得证.

现在来证明原问题. 令 $x_i=r_is_it_iu_iv_i, 1\leqslant i\leqslant n$，由引理，有

$$\prod_{i=1}^{n}\left(\frac{r_is_it_iu_iv_i+1}{r_is_it_iu_iv_i-1}\right) \geqslant \left(\frac{B+1}{B-1}\right)^n \qquad ⑤$$

其中 $B=\sqrt[n]{\prod_{i=1}^{n}(r_is_it_iu_iv_i)}$.

如果能证明

$$\frac{B+1}{B-1} \geqslant \frac{RSTUV+1}{RSTUV-1} \quad \text{⑥}$$

那么本题就解决了. 而

$$RSTUV = \left(\frac{1}{n}\sum_{i=1}^{n}r_i\right)\left(\frac{1}{n}\sum_{i=1}^{n}s_i\right)\left(\frac{1}{n}\sum_{i=1}^{n}t_i\right)\left(\frac{1}{n}\sum_{i=1}^{n}u_i\right)\left(\frac{1}{n}\sum_{i=1}^{n}v_i\right)$$

$$\geqslant \sqrt[n]{\prod_{i=1}^{n}r_i}\sqrt[n]{\prod_{i=1}^{n}s_i}\sqrt[n]{\prod_{i=1}^{n}t_i}\sqrt[n]{\prod_{i=1}^{n}u_i}\sqrt[n]{\prod_{i=1}^{n}v_i} = B \quad \text{⑦}$$

于是

$$(B+1)(RSTUV-1) - (B-1)(RSTUV+1) = 2(RSTUV - B) \geqslant 0 \quad \text{⑧}$$

故不等式 ⑥ 成立.

5. p,q 是两个不同的素数,自然数 $n \geqslant 3$. 求所有整数 a,使得多项式 $f(x) = x^n + ax^{n-1} + pq$ 能够分解为两个不低于一次的整系数多项式的积.

解 设

$$f(x) = g(x)h(x) \quad \text{①}$$

这里 $g(x) = a_l x^l + \cdots + a_1 x + a_0$, $h(x) = b_m x^m + \cdots + b_1 x + b_0$,其中 l,m 都为自然数,系数 $a_i(0 \leqslant i \leqslant l)$, $b_\alpha(0 \leqslant \alpha \leqslant m)$ 都为整数,而且 $a_l \neq 0$, $b_m \neq 0$, $l + m = n$. 比较式 ① 两边最高项系数,有 $a_l b_m = 1$. 于是,$a_l = b_m = \pm 1$. 不妨设 $a_l = b_m = 1$. 如果 $a_l = b_m = -1$,考虑 $f(x) = [-g(x)][-h(x)]$ 即可. 再比较式 ① 两端的常数项系数,知 $a_0 b_0 = pq$. 由于 p,q 是两个不同的素数,不妨设 $p \nmid a_0$,那么 $p \mid b_0$. 由于 $b_m = 1$,设 $p \mid b_\beta(\beta = 0,1,\cdots,r-1)$,$p \nmid b_r (r \leqslant m)$. 利用式 ①,$f(x)$ 的项 x^r 的系数 $c_r = a_0 b_r + a_1 b_{r-1} + a_2 b_{r-2} + \cdots + a_r b_0$. 由于 $p \nmid a_0$,立即可知 $p \nmid c_r$. 但由题目条件,知 $c_1 = c_2 = \cdots = c_{n-2} = 0$,它们全是 p 的倍数,那么唯一的可能是 $r = n-1$. 由于 $r \leqslant m \leqslant n-1$,这时必有 $m = n-1$, $l = 1$. 于是,$f(x)$ 有一次因式 $g(x) = x + a_0$,从而必有 $f(-a_0) = 0$,那么

$$0 = f(-a_0) = (-a_0)^n + a(-a_0)^{n-1} + pq \quad \text{②}$$

从 $a_0 b_0 = pq$ 和 $p \nmid a_0$,可知 a_0 只有 4 个可能的值:$1, -1, q, -q$.

当 $a_0 = -1$ 时,由式 ②,有 $a = -(1 + pq)$.

当 $a_0 = 1$ 时,由式 ②,有 $a = 1 + (-1)^{n-2} pq$.

当 $a_0 = \pm q$ 时,由式 ②,有 $(\mp q)^n + a(\mp q)^{n-1} + pq = 0$.

导出 $q^{n-2} \mid p$.

这与 p,q 是两个不同的素数这一条件矛盾.

6. 对于两个凸多边形 S,T,若 S 的顶点都是 T 的顶点,则称 S 是 T 的子凸多边形.

(1) 求证:当 $n(n \geqslant 5)$ 是奇数时,对于凸 n 边形,存在 m 个无公共边的子凸多边形,使得原多边形的每条边及每条对角线都是这 m 个子凸多边形的边.

(2) 求出上述 m 的最小值,并给出证明.

证明 (1) 记 $n=2k+1$(自然数 $k \geqslant 2$),凸 n 边形的顶点依次为 $A_1, A_2, \cdots, A_{2k+1}$. 我们有 k 个 $\triangle A_i A_{k+i} A_{2k+i}(i=1,2,\cdots,k)$ 和 $\frac{1}{2}k(k-1)$ 个四边形 $A_i A_j A_{k+i} A_{k+j}(1 \leqslant i \leqslant j \leqslant k)$. 显然,上述 $k+\frac{1}{2}k(k-1)=\frac{1}{2}k(k+1)=\frac{1}{8}(n^2-1)$ 个子凸多边形符合题目要求.

(2) 作一条直线 l,它不通过这个凸 n 边形的任何一个顶点. 直线 l 将这个凸 n 边形一分为二,使原多边形的 k 个顶点在直线的一侧,另外 $k+1$ 个顶点在直线 l 的另一侧. 显然,与直线 l 相交的边或对角线共有 $k(k+1)$ 条.

如果有 m 个子凸多边形满足题目要求,那么其中每一个子凸多边形最多包含与直线 l 相交的两条边和对角线. 因此,$m \geqslant \frac{1}{2}k(k+1)=\frac{1}{8}(n^2-1)$.

由(1)可知,这个最小值就是 $\frac{1}{8}(n^2-1)$.

1995年第十届中国数学奥林匹克国家集训队选拔试题及解答

1.求不能表示成 $|3^a-2^b|$ 的最小素数 p,这里 a 和 b 是非负整数.

解 经检验,2,3,5,7,11,13,17,19,23,29,31,37 都可以写成 $|3^a-2^b|$ 的形式,其中 a 和 b 是非负整数

$$2=3^1-2^0, 3=2^2-3^0, 5=2^3-3^1$$
$$7=2^3-3^0, 11=3^3-2^4, 13=2^4-3^1$$
$$17=3^4-2^6, 19=3^3-2^3, 23=3^3-2^2$$
$$29=2^5-3^1, 31=2^5-3^0, 37=2^6-3^3$$

猜测 41 是不能这样表示的最小素数.为了证实这一猜测,我们考察下面两个不定方程:

(1) $2^u-3^v=41$.

(2) $3^x-2^y=41$.

设 (u,v) 是方程(1)的非负整数解,则有 $2^u>41$,即 $u \geqslant 6$,因此,$-3^v \equiv 1 \pmod 8$.

但 3^v 模 8 的剩余只可能是 1 或 3,所以方程(1)无非负整数解.

设 (x,y) 是方程(2)的非负整数解,则有 $3^x>41$,即 $x\geqslant 4$,因此,$2^y\equiv 1 \pmod 3$.

于是,y 只能是偶数.设 $y=2t$,又得到 $3^x\equiv 1\pmod 4$.由此知 x 也只能是偶数.

设 $x=2s$,于是,$41\equiv 3^x-2^y=3^{2s}-2^{2t}=(3^s+2^t)(3^s-2^t)$.要使这个等式成立,必须
$$\begin{cases} 3^s+2^t=41 \\ 3^s-2^t=1 \end{cases}$$

也就是 $3^s=21, 2^t=20$.

但这不可能.因而,方程(2)也没有非负整数解.

综上所述,我们得出结论:不能表示成 $|3^a-2^b|$ (a 和 b 是非负整数)的最小素数是 41.

2.给定锐角 θ 和相内切的两个圆,过公切点 A 作定直线 l(不过圆心),交外圆于另一点 B.设点 M 在外圆的优弧上运动,N 是 MA 与内圆的另一交点,P 是射线 MB 上的点,使得 $\angle MPN=\theta$.试求点 P 的轨迹.

解法 1 当动点 M 在大圆优弧的不同位置时,相应的图形略有差异(参看图 1~3),我们所写的文字说明统一地适用于各种情形.

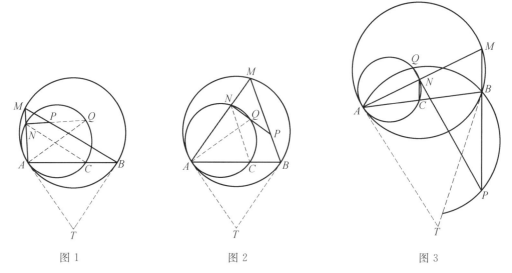

图 1 图 2 图 3

设直线 l 与内圆的另一个交点是 C,联结 NC. 过点 A 和点 B 分别作外圆的切线相交于点 T.

因为 $\angle TAB = \angle AMB = \angle ANC$,所以 $MB \parallel NC$.

于是 $\angle CNP = \angle MPN = \theta$.

设直线 PN 与内圆的另一个交点是 Q,则 A,C,N,Q 四点都在内圆周上,因而 $\angle CAQ = \angle CNP = \angle MPN = \theta$.

由此得知:A,Q,P,B 四点共圆.

综上所述,点 Q 是内圆上的定点,$\angle CAQ = \theta$,并且点 P 在 $\triangle ABQ$ 的外接圆上. 因此,我们可以按以下方式作出点 P 的轨迹(请验证):

在内圆被直线 l 截得的优弧上取点 Q,使得 $\angle BAQ = \theta$. 然后作 $\triangle ABQ$ 的外接圆. 该外接圆周在 $\angle ABT$ 外的那段圆弧,就是所求的轨迹.

解法 2 过点 A 和点 B 分别作外圆的切线相交于点 T. 设直线 l 与内圆的另一个交点是 C,联结 NC,在切线 BT 上取一点 D,使得 $\angle BDC = \theta$. 然后,联结 AD 和 CD(图 4).

因为
$$\angle NMP = \angle CBD, \angle MPN = \angle BDC$$
则有
$$\triangle MNP \backsim \triangle BCD$$
所以
$$\frac{MN}{MP} = \frac{BC}{BD} \qquad ①$$
又因为 $MB \parallel NC$,所以
$$\frac{AM}{MN} = \frac{AB}{BC} \qquad ②$$

将式 ① 和式 ② 两边分别相乘就得到
$$\frac{AM}{MP} = \frac{AB}{BD}$$

又因为 $\angle AMP = \angle ABD$,所以 $\triangle AMP \backsim \triangle ABD$.

上式右端是一个完全确定的三角形,因此,$\triangle AMP$ 的各角以及各边之比都是完全确定的. 我们看到,点 P 可由点 M 经过绕点 A 旋转的位似变换而得到,即

$$\angle PAM = \angle DAB (定角)$$

$$\frac{AP}{AM} = \frac{AD}{AB} (定值)$$

因此,将所给的外圆的优弧相应的旋转位似变换就得到点 P 的轨迹.

综上所述,点 P 的轨迹是以 AD 为弦,张角等于 $\angle ABD$(定角)的一段圆弧.

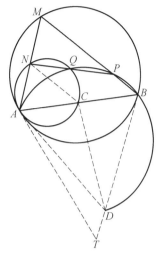

图 4

3. 21 人参加一次考试,试卷共有 15 道是非题. 已知每两人答对的题中至少有一道是相同的. 问:答对人数最多的题最少有多少人答对?请说明理由.

解 设第 i 题有 a_i 个人的答案正确,于是恰有 $b_i = C_{a_i}^2$ 个二人组答对该题($i = 1, 2, \cdots, 15$).

以下我们着重考察和数 $\sum_{i=1}^{15} b_i$.

记 $a = \max\{a_1, a_2, \cdots, a_{15}\}$,则有 $15 C_a^2 \geqslant \sum_{i=1}^{15} b_i \geqslant C_{21}^2, a(a-1) \geqslant \frac{420}{15} = 28, a \geqslant 6$.

下面将指出 $a = 6$ 是不可能的,因而,答对人数最多的题至少有 7 人答对.

假设 $a = 6$,即每题最多只有 6 人答对,我们将导出矛盾. 倘若某人只答对了 3 道题,则因每道题他至多只能与另外 5 人共同答对,所以他至多与另外 15 人有共同答对的题,与题设矛盾. 因而每人至少答对 4 道题.

又因为 $21 \times 5 > 6 \times 15$,所以不能每人都答对 5 道或更多题目,因此至少有一人至少答对 4 道题. 将该人编号为 1,该人与其他 20 人中的每一个都有共同答对的题目. 故他答对的 4 道题中的每一道题都有另 5 人也答对. 于是,分别答对这 4 道题的人构成除了 1 号人员而别无共同人员的四个集合,不妨设为

$$S_1 = \{1, 2, 3, 4, 5, 6\}$$
$$S_2 = \{1, 7, 8, 9, 10, 11\}$$
$$S_3 = \{1, 12, 13, 14, 15, 16\}$$
$$S_4 = \{1, 17, 18, 19, 20, 21\}$$

另外,在全部 15 道题当中,至少有 12 道题每题有 6 人答对,否则将会导致矛盾,故

$$C_{21}^2 \leqslant \sum_{i=1}^{15} b_i \leqslant 11 C_6^2 + 4 C_5^2 = 205$$

除去前述 4 道题,还有 8 道题每题有 6 人答对,考察答对这 8 道题中的某一道题的 6 个人,他们之中或者有 3 人以上属于一个 S_j;或者 2 人属于某个 S_j,并有另 2 人属于 $S_k(j, k \in \{1,2,3,4\}, j \neq k)$,总之,在计算 $\sum_{i=1}^{15} b_i$ 时,这 8 道题中的每一道题都至少产生两次重复计数. 由此得到

$$210 = C_{21}^2 \leqslant \sum_{i=1}^{15} b_i - 8 \times 2 \leqslant 15 C_6^2 - 16 = 209$$

所导致的矛盾说明 $a=6$ 的情形根本不可能出现.

根据以上讨论,我们确认 $a \geqslant 7$.

下面构造例子,说明 $a=7$ 的情形可以实现. 为此,先将参加考试的人员编号 $1 \sim 21$,并定义以下一些人员的集合

$$P_i = \{2i-1, 2i\}, i = 1, 2, \cdots, 6$$
$$P_7 = \{13, 14, 15\}$$
$$P_8 = \{16, 17, 18\}$$
$$P_9 = \{19, 20, 21\}$$

利用这些记号,我们构造表 1,指明做对各题的人员. 容易验证,在表格所显示的情形中,参加考试的 21 个人中每两个人都有共同答对的题目,并且最多有 7 个人答对同一道题.

表 1

题号	答对该题的人员集合
1	$P_1 \cup P_2 \cup P_3$
2	$P_4 \cup P_5 \cup P_6$
3	$P_1 \cup P_4 \cup P_7$
4	$P_2 \cup P_5 \cup P_8$
5	$P_3 \cup P_6 \cup P_9$
6	$P_1 \cup P_5 \cup P_9$
7	$P_2 \cup P_6 \cup P_7$
8	$P_3 \cup P_4 \cup P_8$
9	$P_1 \cup P_6 \cup P_8$
10	$P_2 \cup P_4 \cup P_9$
11	$P_3 \cup P_5 \cup P_7$
12	$P_7 \cup P_8$
13	$P_8 \cup P_9$
14	$P_9 \cup P_7$
15	$\varnothing$(空集)

4. 设 $S = \{A = (a_1, a_2, \cdots, a_8) \mid a_i = 0$ 或 $1, i = 1, 2, \cdots, 8\}$. 对于 S 中的两个元素 $A = (a_1, a_2, \cdots, a_8)$ 和 $B = (b_1, b_2, \cdots, b_8)$, 记 $d(A, B) = \sum_{i=1}^{8} |a_i - b_i|$, 并称其为 A 和 B 之间的距离. 问 S 中最多能取出多少个元素, 它们之中任何两个的距离不小于 5?

说明 为了介绍本题的不同解法, 先要介绍一些记号和术语(解法 2 将要用到长度为 7 的码字). 我们把
$$X = (x_1, x_2, \cdots, x_l)$$
叫作长为 l 的码字. 这里 $x_i \in \{0, 1\}, i = 1, 2, \cdots, l$, 约定把 $\omega(X) = \sum_{i=1}^{l} x_i$ 叫作码字 X 的权. 容易看出, 权 $\omega(X)$ 即码字 X 中出现的 1 的个数. 对于两个码字 $A = (a_1, a_2, \cdots, a_l)$ 和 $B = (b_1, b_2, \cdots, b_l)$, 约定将它们之间的距离定义为 $d(A, B) = \sum_{i=1}^{l} |a_i - b_i|$.

我们的题目可以叙述为设 ϑ 是由长度为 8 的码字组成的集合, 该集合中任意两个元素之间的距离大于或等于 5, 问 ϑ 最多能有多少个元素?

若将 ϑ 中每一个码字第 i 位上的数字改变(0 改成 1, 1 改成 0), 则任两个码字之间的距离保持不变. 因此, 不妨设 $(0, 0, \cdots, 0) \in \vartheta$.

约定将全由数字 0 组成的码字叫作零码字. 假定零码字属于 ϑ 之后, ϑ 中任何其他码字都必须大于或等于 5.

下面, 分别叙述两种解法.

解法 1 (1) 首先, 我们指出 ϑ 中任何两个码字的权之和不超过 11, 否则, 若
$$\omega(X) + \omega(Y) \geqslant 12$$
则因 $12 - 8 = 4$, 这两个码字至少有四个 1 的位置相同, 它们之间的距离
$$d(X, Y) \leqslant 8 - 4 = 4$$

因此, ϑ 中最多只能含有一个权大于或等于 6 的码字, 并且, 若 ϑ 中含有权大于或等于 7 的码字, 则 ϑ 就只能含有该码字和零码字两个元素.

① 注意到 $5 + 5 - 8 = 2$, 我们断定: 若 ϑ 中含有两个权为 5 的码字 A 和 B, 则这两个码字至少有两个 1 的位置相同. 还可以进一步断定: 这两个码字恰有两个 1 的位置相同. 否则, 若有三个 1 的位置相同, 则必定还有一个 0 的位置相同, 两个码字的距离 $d(A, B) \leqslant 4$.

依据上述讨论可以断定: ϑ 中至多含有两个权为 5 的码字(否则, 第三个权为 5 的码字至少与 A 或 B 之一有三个 1 的位置相同).

② 综上所述, ϑ 中的码字最多只有四个, 其中一个权为 0, 一个权为 6, 两个权为 5. 下面的例子说明, 由四个码字组成的 ϑ 可以实现

$$(0, 0, 0, 0, 0, 0, 0, 0)$$
$$(1, 1, 1, 0, 0, 1, 1, 1)$$
$$(1, 1, 1, 1, 1, 0, 0, 0)$$
$$(0, 0, 0, 1, 1, 1, 1, 1)$$

解法 2 先考察一个较容易的问题:最多能有多少个长为 7 的码字,其中任意两个码字之间的距离大于或等于 5? 答案是:最多两个.

首先,不妨设 $(0,0,0,0,0,0,0)$ 是其中一个码字,则不可能有两个码字.否则,这两个码字每一个的权大于或等于 5. 然而 $5+5-7=3$.

所以,两个码字至少有三个 1 的位置相同.这两个码字的距离不超过 $7-3=4$.

现在回到原来的题目,长为 8 的码字,第一位可为 0 或 1. 第一位同为 a 的码字($a\in\{0,1\}$)其余各位成为第一个长为 7 的码字,因而至多只能有两个这样的码字的距离大于或等于 5. 因而,最多只能有四个长为 8 的码字,其中任意两者之间的距离大于或等于 5.

"最多四个"可实现的例子与解法 1 相同.

5. 甲乙二人对一个至少 4 次的多项式
$$x^{2n}+\Box x^{2n-1}+\Box x^{2n-2}+\cdots+\Box x+1$$
玩填系数的游戏.二人轮流选定上式中的一个空格填写一个实数作为该项的系数,直到填完为止.若所得多项式无实根,甲胜;否则,乙胜.问:若甲先,谁有必胜策略?试说明理由.

解 乙有必胜策略,具体做法如下:

共有 $2n-1$ 个系数待填写,其中有 n 个奇数次项系数和 $n-1$ 个偶数次项系数,约定甲和乙各填写一次叫作"一轮",每轮只要有可能,乙都尽量填偶次项系数.到 $n-2$ 轮之后,至多还有一个偶次项系数未填,至少剩下两个奇次项的系数未填.不论下一次甲填什么,在总共 $2n-3$ 次填写之后,至少还剩一个奇次项的系数未填.此时可将多项式写成
$$f(x)=g(x)+\Box x^s+\Box x^t$$
其中,$g(x)$ 的系数已确定,t 是奇数,并且 $s\neq t$. 现在轮到乙填写,他在 x^s 前填写这样一个实数 a(待定),希望做到:不论甲最后在 x^t 前填写怎样的 b,都有
$$\frac{1}{2^t}f(2)+f(-1)$$
$$=\frac{1}{2^t}[g(2)+2^s a+b\cdot 2^t]+[g(-1)+(-1)^s a+b(-1)^t]$$
$$=\left[\frac{1}{2^t}g(2)+g(-1)\right]+a[2^{s-t}+(-1)^s]=0$$

为此,只须取 $a=-\dfrac{\frac{1}{2^t}g(2)+g(-1)}{2^{s-t}+(-1)^s}$(因为 $s\neq t$,所以 $2^{s-t}+(-1)^s\neq 0$).

乙这样填写 a 以后,不论甲在 x^t 前填怎样的 b,都有
$$\frac{1}{2^t}f(2)+f(-1)=0$$

于是,或者 $f(-1)$ 和 $f(2)$ 都等于 0;或者在 -1 和 2 处函数值 $f(-1)$ 和 $f(2)$ 异号.因而,在 -1 和 2 之间必有 $f(x)$ 的一个实根.因而乙取得胜利.

6. 试证:能将区间 $[0,1]$ 分成若干个黑白相间的小区间,使得任意 2 次多项式 $P(x)$ 在所有黑色小区间上的增量之和等于在所有白色小区间上的增量之和(称 $P(a)-P(b)$ 为

$P(x)$ 在区间 $[a,b]$ 上的增量).

对 3 次多项式的情形,同样的结论是否成立?

对 5 次多项式的情形,同样的结论是否成立?

解 先证明更一般的结论.

定理:设 l 是正实数,k 是正整数. 可以将区间 $[0,2^k l]$ 分成若干子区间,然后将这些子区间相间地染成黑子区间和白子区间. 这样做好之后,任何一个不超过 k 次的多项式在所有的黑子区间上的增量之和等于它在所有白子区间上的增量之和.

定理的证明:用归纳法.

(1) 对于 $k=1$ 的情形,可将 $[0,2l]$ 分为黑子区间 $[0,l]$ 和白子区间 $[l,2l]$.

(2) 假设对 $k=n$,命题成立,约定以 B_n 表示所述的那些白子区间的集合. 对于黑子区间 $b\in B_n$ 和白子区间 $w\in W_n$,约定分别以 $\Delta_b f$ 和 $\Delta_w f$ 表示多项式 f 在 b 和 w 上的增量.

对于任意一个不超过 $n+1$ 次的多项式 $f(x)$,我们记

$$g(x)=f(x+2^n l),\varphi(x)=f(x)-g(x)$$

易见,$\varphi(x)$ 是不超过 n 次的多项式. 因而

$$\sum_{b\in B_n}\Delta_b\varphi=\sum_{w\in W_n}\Delta_w\varphi$$

由此得到

$$\sum_{b\in B_n}\Delta_b f+\sum_{w\in W_n}\Delta_w g=\sum_{w\in W_n}\Delta_w f+\sum_{b\in B_n}\Delta_b g \qquad ①$$

(3) 如果将子区间族 B_n 中所有的区间都沿数轴正方向平移一个距离 τ,那么就得到一个新的子区间族. 约定将这样得到的新的子区间族记为 $B_n+\tau$,对记号 $W_n+\tau$ 也做类似的约定,我们记 $B'_{n+1}=B_n\bigcup(W_n+2^n l)$,$W'_{n+1}=W_n\bigcup(B_n+2^n l)$,则 $B'_{n+1}\bigcup W'_{n+1}$ 构成区间 $[0,2^{n+1}l]$ 的一个分划,并且可将式 ① 写成

$$\sum_{b\in B'_{n+1}}\Delta_b f=\sum_{w\in W'_{n+1}}\Delta_w f$$

(4) 由 $B'_{n+1}\bigcup W'_{n+1}$ 做成的黑白子区间分划可能不是异色交替的. 但是,只要将相邻的同色子区间的公共端点抽去,使它们合成一个子区间(保持原有染色),就能得到区间 $[0,2^{n+1}l]$ 的黑子区间与白子区间交替的分划 $B_{n+1}\bigcup W_{n+1}$. 这样的分划满足要求:$\sum_{b\in B_{n+1}}\Delta_b f=\sum_{w\in W_{n+1}}\Delta_w f$. 定理证完.

以上述定理为依据,考察 a 的情形.

取 $l=\dfrac{1}{2^k}$,则题目中提出的一切问题都有了完全肯定的回答.

1996年第十一届中国数学奥林匹克
国家集训队选拔试题及解答

1. 以 $\triangle ABC$ 的边 BC 为直径作半圆,与 AB,AC 分别交于点 D 和 E. 过点 D,E 作 BC 的垂线,垂足分别为 F,G,线段 DG,EF 交于点 M,求证:$AM \perp BC$.

证明 如图1,作 $\triangle ABC$ 的高 AH,联结 BE,CD,DE,则 BE,CD 为 $\triangle ABC$ 的两条高. 记垂心为 O,DE 与 AH 交于点 K. 于是,有

$$DK : KE = S_{\triangle ADO} : S_{\triangle AEO}$$

因为 $\triangle AEO \sim \triangle BEC, \triangle ADO \sim \triangle CDB$,所以

$$\frac{S_{\triangle ADO}}{S_{\triangle CDB}} = \frac{AO^2}{BC^2} = \frac{S_{\triangle AEO}}{S_{\triangle BEC}}$$

故

$$\frac{DK}{KE} = \frac{S_{\triangle ADO}}{S_{\triangle AEO}} = \frac{S_{\triangle CDB}}{S_{\triangle BEC}} = \frac{DF}{EG} = \frac{DM}{MG}$$

于是 $KM \parallel EG$.

因为 $EG \perp BC$,所以 $KM \perp BC$.

又因为 $KH \perp BC$,所以点 M 在 AH 上,故 $AM \perp BC$.

2. 设 $\mathbf{N}^*$ 是自然数集(不含 0),$\mathbf{R}$ 是实数集,S 是满足以下两个条件的函数 $f : \mathbf{N}^* \to \mathbf{R}$ 的集合.

(1) $f(1) = 2$.

(2) $f(n+1) \geqslant f(n) \geqslant \frac{n}{n+1} f(2n), n = 1, 2, \cdots$.

试求最小的自然数 M,使得对任何 $f \in S$ 及任何 $n \in \mathbf{N}^*$,都有 $f(n) < M$.

解 先来估计 $\{f(n)\}$ 的上界. 鉴于 f 的单调性,只须考察 $\{f(2^k)\}$ 的上界. 根据条件 (1) 和 (2),对于 $k \in \mathbf{N}^*$,有

$$f^{(2k+1)} \leqslant \left(1 + \frac{1}{2^k}\right) f(2^k) \leqslant \left(1 + \frac{1}{2^k}\right)\left(1 + \frac{1}{2^{k-1}}\right) f(2^{k-1}) \leqslant 2\lambda_k$$

其中 $\lambda_k = (1+1)\left(1 + \frac{1}{2}\right)\left(1 + \frac{1}{4}\right) \cdots \left(1 + \frac{1}{2^k}\right)$.

通过对前几个 λ_k 的计算,我们猜测

$$\lambda_k < 5, k = 1, 2, \cdots$$

为了证明这一猜测,我们来证明一个加强命题. 通过对 λ_k 定义式的观察和分析,可将

命题加强为
$$\lambda_k \leqslant 5\left(1-\frac{1}{2^k}\right), k=2,3,\cdots$$

对于 $k=2$,所加强的命题显然成立,因为
$$\lambda_2 = (1+1)\left(1+\frac{1}{2}\right)\left(1+\frac{1}{4}\right) = 5\left(1-\frac{1}{2^2}\right)$$

假定已证得 $\lambda_m \leqslant 5\left(1-\frac{1}{2^m}\right)$,则有
$$\lambda_{m+1} = \lambda_m\left(1+\frac{1}{2^{m+1}}\right)$$
$$\leqslant 5\left(1-\frac{1}{2^m}\right)\left(1+\frac{1}{2^{m+1}}\right)$$
$$= 5\left(1-\frac{1}{2^m}+\frac{1}{2^{m+1}}-\frac{1}{2^{2m+1}}\right)$$
$$= 5\left(1-\frac{1}{2^{m+1}}-\frac{1}{2^{2m+1}}\right)$$
$$< 5\left(1-\frac{1}{2^{m+1}}\right)$$

至此,我们已证明,对任何 $k \in \mathbf{N}^*$,必有 $\lambda_k < 5$.

对任何 $f \in S$ 和任何 $n \in \mathbf{N}^*$,存在自然数 k,使得 $n < 2^{k+1}$. 因而
$$f(n) \leqslant f(2^{k+1}) \leqslant 2\lambda_k < 10$$

为了证明题目所求的最小自然数 $M=10$,还要构造一个适合题目条件的函数 f_0,该函数在某处的值大于 9.

注意到 $2\lambda_5 > 9$,我们定义一个函数 $f_0 : \mathbf{N}^* \to \mathbf{R}$ 如下:
$f_0(1)=2, f_0(n)=2\lambda_k$,对于 $2^k < n \leqslant 2^{k+1}, k \in \{0,1,2,\cdots\}, \lambda_0 = 2$.

对任何自然数 n,易见
$$f_0(n+1) \geqslant f_0(n)$$

尚须验证
$$f_0(n) \geqslant \frac{n}{n+1}f_0(2n)$$

设 $k \in \mathbf{N}$,使得 $2^k < n \leqslant 2^{k+1}$,则
$$2^{k+1} < 2n \leqslant 2^{k+2}$$

于是
$$f_0(2n) = 2\lambda_{k+1} = \left(1+\frac{1}{2^{k+1}}\right) \cdot 2\lambda_k \leqslant \left(1+\frac{1}{n}\right)f_0(n)$$

即 $f_0(n) \geqslant \frac{n}{n+1}f_0(2n)$.

如上定义的 f_0 在 $n=2^6$ 处的值大于 9,即

$$f_0(2^6) = 2\lambda_5 > 9$$

因此,题目所求的最小自然数 $M = 10$.

3. 设 $M = \{2, 3, 4, \cdots, 1\,000\}$,求最小自然数 n,使得 M 的任何 n 元子集中都存在 3 个互不相交的 4 元子集 S, T, U 满足下列三个条件:

(1) 对于 S 中的任何两个元素,大数都是小数的倍数,对于 T 和 U 也有同样的性质.

(2) 对任何 $s \in S$ 和 $t \in T$,都有 $(s, t) = 1$.

(3) 对任何 $s \in S$ 和 $u \in U$,都有 $(s, u) > 1$.

解 注意到 $999 = 37 \times 27$,令 $A = \{3, 5, \cdots, 37\}$,$B = M - A$,于是,$|A| = 18$,$|B| = 981$.

下面证明,M 的子集 B 不能同时满足条件(1)~(3).若不然,设 $S = \{s_1, s_2, s_3, s_4\}$,$T = \{t_1, t_2, t_3, t_4\}$,且有 $s_1 < s_2 < s_3 < s_4$,$t_1 < t_2 < t_3 < t_4$.因为 $(s_4, t_4) = 1$,所以二者中至少有 1 个为奇数,不妨设 s_k 为奇数,于是 s_1, s_2, s_3 也都是奇数,从而,$s_4 \geq 3s_3 \geq 9s_2 \geq 27s_1 \geq 27 \times 39 > 1\,000$,矛盾.这表明所求的最小自然数 $n \geq 982$.

另外,令

$$\begin{cases} S_1 = \{3, 9, 27, 81, 243, 729\} \\ T_1 = \{2, 4, 8, 16, 32, 64\} \\ U_1 = \{6, 12, 24, 48, 96, 192\} \end{cases}$$

$$\begin{cases} S_2 = \{5, 15, 45, 135, 405\} \\ T_2 = \{41, 82, 164, 328, 656\} \\ U_2 = \{10, 20, 40, 80, 160\} \end{cases}$$

$$\begin{cases} S_3 = \{7, 21, 63, 189, 567\} \\ T_3 = \{43, 86, 172, 344, 688\} \\ U_3 = \{14, 28, 56, 112, 224\} \end{cases}$$

$$\begin{cases} S_4 = \{11, 33, 99, 297, 891\} \\ T_4 = \{47, 94, 188, 376, 752\} \\ U_4 = \{22, 44, 88, 176, 352\} \end{cases}$$

$$\begin{cases} S_5 = \{13, 39, 117, 351\} \\ T_5 = \{53, 106, 212, 424\} \\ U_5 = \{26, 52, 104, 208\} \end{cases}$$

$$\begin{cases} S_6 = \{17, 51, 153, 459\} \\ T_6 = \{59, 118, 236, 472\} \\ U_6 = \{34, 68, 136, 272\} \end{cases}$$

$$\begin{cases} S_7 = \{19, 57, 171, 513\} \\ T_7 = \{61, 122, 244, 488\} \\ U_7 = \{38, 76, 152, 304\} \end{cases}$$

$$\begin{cases} S_8 = \{23, 69, 207, 621\} \\ T_8 = \{67, 134, 268, 536\} \\ U_8 = \{46, 92, 184, 368\} \end{cases}$$

$$\begin{cases} S_9 = \{25, 75, 225, 675\} \\ T_9 = \{71, 142, 284, 568\} \\ U_9 = \{50, 100, 200, 400\} \end{cases}$$

$$\begin{cases} S_{10} = \{29, 87, 261, 783\} \\ T_{10} = \{73, 146, 292, 584\} \\ U_{10} = \{58, 116, 232, 464\} \end{cases}$$

$$\begin{cases} S_{11} = \{31, 93, 279, 837\} \\ T_{11} = \{79, 158, 316, 632\} \\ U_{11} = \{62, 124, 248, 496\} \end{cases}$$

$$\begin{cases} S_{12} = \{35, 105, 315, 945\} \\ T_{12} = \{83, 166, 332, 664\} \\ U_{12} = \{70, 140, 280, 560\} \end{cases}$$

$$\begin{cases} S_{13} = \{37, 111, 333, 999\} \\ T_{13} = \{89, 178, 356, 712\} \\ U_{13} = \{74, 148, 296, 592\}. \end{cases}$$

将 S_i, T_i, U_i 中序号相同的 3 个数组成一个三元数组，共可得到 57 个三元数组. 对于 M 的任一 982 元子集 B，只有 M 中的 17 个数不在 B 中，故至少有上述 57 个三元数组中的 40 个含在 B 中. 这 40 个三元数组分属于上述的 13 组，由抽屉原理知，必至少有 4 个三元数组属于上述 13 组集合的同一组中，将这 4 个三元数组写成 3×4 的数表，3 行数分别为 S，T,U，即满足题中要求.

综上可知，所求的最小自然数 $n = 982$.

4. A,B,C 三队进行围棋擂台赛，每队 9 人. 规则如下：每场由两队各出 1 人比赛，胜者守擂，负者被淘汰，并由另一队派 1 人攻擂. 首先由 A,B 两队各派 1 人开始比赛并依次进行下去，若有某队 9 人已全部被淘汰，则剩下的两队继续比赛，直到又有一队全部被淘汰，最后一场比赛的胜者所在的队为冠军队. 回答以下问题并说明理由：

（1）冠军队最少胜多少场？

（2）若比赛结束时，冠军队胜了 11 场，那么整个比赛最少进行了多少场？

解 （1）冠军队最后获胜时，另两队的 18 人已全部被淘汰出局. 由于 C 队后出场，因而 C 队获冠军时可以少胜一场. 为使 C 队胜场最少，需要 A,B 两队尽量多地互相淘汰出局.

按比赛程序可知，A,B 两队互赛淘汰出局的每相邻两人之间必有 1 名 C 队成员被淘汰出局，由于 C 队至多被淘汰 8 人，故 A,B 两队互赛淘汰出局至多 9 人，所以 C 队至少胜

9 场.

另外,如果 A_1 依次战胜 $B_1,C_1,B_2,C_2,\cdots,B_8,C_8,B_9$,接着 C_9 全胜 A 队 9 人,那么 C 队获冠军,且恰胜 9 场.

综上可知,冠军队最少胜 9 场.

(2)冠军队共胜 11 场,A,B 两队的 18 人中有 11 人负于冠军队成员,而另 7 人是 A,B 两队互赛而淘汰出局的,从而 C 队至少有 6 人被淘汰出局,故至少共赛 24 场.

另外,如果 A_1 依次战胜 $B_1,C_1,B_2,C_2,\cdots,B_6,C_6,B_7$,然后 C_7 依次战胜 $A_1,B_8,A_2,B_9,A_3,A_4,\cdots,A_9$,则 C 队共胜 11 场并取得冠军,共赛 24 场.

综上可知,整个比赛最少进行 24 场.

5. 设 $n \geqslant 4, \alpha_1, \alpha_2, \cdots, \alpha_n; \beta_1, \beta_2, \cdots, \beta_n$ 是两组实数,满足 $\sum_{j=1}^{n} \alpha_j^2 < 1, \sum_{j=1}^{n} \beta_j^2 < 1$.

记 $A^2 = 1 - \sum_{j=1}^{n} \alpha_j^2, B^2 = 1 - \sum_{j=1}^{n} \beta_j^2, W = \frac{1}{2}(1 - \sum_{j=1}^{n} \alpha_j \beta_j)^2$.

求出一切实数 λ,使得方程 $x^n + \lambda(x^{n-1} + \cdots + x^3 + Wx^2 + ABx + 1) = 0$ 仅有实数根.

解 显然,当 $\lambda = 0$ 时,题中方程仅有实数根.下面考察 $\lambda \neq 0$ 的情形,此时方程无零根,假如方程的 n 个根全部是实数,设为 $\xi_1, \xi_2, \cdots, \xi_n$,其中

$$\xi_j \in \mathbf{R} \setminus \{0\}, j = 1, 2, \cdots, n$$

$$\xi_1 + \xi_2 + \cdots + \xi_n = (-1)^n \lambda$$

$$\xi_1 \xi_2 \cdots \xi_n \left(\frac{1}{\xi_1} + \frac{1}{\xi_2} + \cdots + \frac{1}{\xi_n} \right) = (-1)^{n-1} \lambda AB$$

$$\xi_1 \xi_2 \cdots \xi_n \left(\sum_{1 \leqslant j < k \leqslant n} \frac{1}{\xi_j \xi_k} \right) = (-1)^{n-2} \lambda W$$

由以上关系式可得

$$\sum_{j=1}^{n} \frac{1}{\xi_j} = -AB, \quad \sum_{1 \leqslant j < k \leqslant n} \frac{1}{\xi_j \xi_k} = W$$

于是

$$A^2 B^2 - 2W = \left(\sum_{j=1}^{n} \frac{1}{\xi_j} \right)^2 - 2 \sum_{1 \leqslant j < k \leqslant n} \frac{1}{\xi_j \xi_k} = \sum_{j=1}^{n} \frac{1}{\xi_j^2} > 0$$

但

$$A^2 B^2 = \left(1 - \sum_{j=1}^{n} \alpha_j^2 \right) \left(1 - \sum_{j=1}^{n} \beta_j^2 \right)$$

$$\leqslant \left[\frac{\left(1 - \sum_{j=1}^{n} \alpha_j^2\right) + \left(1 - \sum_{j=1}^{n} \beta_j^2\right)}{2} \right]^2$$

$$= \left[1 - \frac{1}{2} \sum_{j=1}^{n} (\alpha_j^2 + \beta_j^2) \right]^2$$

$$\leqslant \left(1 - \sum_{j=1}^{n} \alpha_j \beta_j \right)^2 = 2W$$

上面得出的矛盾说明在任何 $\lambda \neq 0$ 时都不合要求.

综上,为使题中的方程仅有实根,必须且只须 $\lambda = 0$.

6. 是否存在非零复数 a,b,c 及自然数 h,使得只要整数 k,l,m 满足 $|k|+|l|+|m| \geqslant 1\,996$,就必成立 $|ka+lb+mc| > \dfrac{1}{h}$?

解 不存在.若不然,设有非零复数 a,b,c 及自然数 h 满足题中要求.

考察复平面.不妨设复数 a,b 所对应的向量 $\boldsymbol{a},\boldsymbol{b}$ 之间的夹角既不等于 0 也不等于 π,否则 3 个向量 $\boldsymbol{a},\boldsymbol{b},\boldsymbol{c}$ 都共线,问题更简单.取以 $\boldsymbol{a},\boldsymbol{b}$ 所在直线为坐标轴,且分别以 $|a|,|b|$ 为单位长的斜角坐标系,过坐标轴上每个整点作另一条坐标轴的平行线,两组平行线彼此相交,将复平面划分成网格平面,这些网格是彼此全等的平行四边形.

再考察复数 c 所对应的向量 $\boldsymbol{c}$ 所在的直线,显然,对每个整数 m,mc 都对应这条直线上的一点,称为 c 整点.易见,c 整点都位于某个平行四边形中(包括周界).将每个含有 c 整点的平行四边形都平移到位于第一象限且以原点为顶点的平行四边形 P 上,并使二者重合.这时,每个 c 整点也都随同所在的平行四边形移到 P 中,记其象点为 c' 整点,不难看出,若 c 整点对应的复数为 mc,其所在的平行四边形的右下方顶点对应的复数为 $\lambda a + \mu b$,其中 λ,μ 都是整数,则其象点 c' 整点对应的复数为 $mc - \lambda a - \mu b$.

将所有 c' 整点所在的平行四边形 P 用平行于其边的平行线划分成有限多个小平行四边形,使每个小平行四边形的长对角线的长度都小于 h,c' 整点有无穷多个分布在有限多个小平行四边形中,由抽屉原理知必有无穷多个 c' 整点落在同一个小平行四边形中.显然,这些 c' 整点两两之间的距离都小于 $\dfrac{1}{h}$.

将这样选出的无穷多个 c' 整点所对应的复数记为
$$m_i c - \lambda_i a - \mu_i b, i = 1,2,\cdots$$
由于第 1 个 c' 整点与后面每点的距离都小于 $\dfrac{1}{h}$,故有
$$|(m_1 - m_i)c + (\lambda_i - \lambda_1)a + (\mu_i - \mu_1)b| < \dfrac{1}{h} \qquad ①$$
其中 $i = 2,3,\cdots$.由于这表示不同点对之间的距离,故三数组 $\{(\lambda_i - \lambda_1),(\mu_i - \mu_1),(m_1 - m_i)\}$ 互不相同且有无穷多组.又因满足
$$|\lambda_i - \lambda_1| + |\mu_i - \mu_1| + |m_1 - m_i| < 1\,996$$
的只有有限多组,故必有一组使
$$|\lambda_{i_0} - \lambda_1| + |\mu_{i_0} - \mu_1| + |m_1 - m_{i_0}| \geqslant 1\,996$$
且使式 ① 成立.矛盾.

1997年第十二届中国数学奥林匹克国家集训队选拔试题及解答

1. 给定 $\lambda > 1$，设点 P 是 $\triangle ABC$ 外接圆的弧 BAC 上的一个动点，在射线 BP 和 CP 上分别取点 U 和 V，使得 $BU = \lambda BA$，$CV = \lambda CA$，在射线 UV 上取点 Q，使得 $UQ = \lambda UV$. 求点 Q 的轨迹.

解 联结 AU, AV, AQ，在 BC 的延长线上取点 D，使 $BD = \lambda BC$. 联结 AD, QD.

因为 $CV = \lambda CA$，$BU = \lambda BA$，$\angle ACV = \angle ABU$，所以 $\triangle AVC \backsim \triangle AUB$，故

$$\frac{AU}{AV} = \frac{AB}{AC}, \angle VAC = \angle UAB$$

$$\angle UAV = \angle BAC$$

$$\triangle AUV \backsim \triangle ABC$$

$$\frac{UV}{BC} = \frac{AU}{AB}, \angle AUV = \angle ABC$$

又因为 $UQ = \lambda UV$，$BD = \lambda BC$，所以

$$\frac{UQ}{BD} = \frac{UV}{BC} = \frac{AU}{AB}$$

$$\triangle AUQ \backsim \triangle ABD$$

$$\triangle AVQ \backsim \triangle ACD$$

$$\triangle AQD \backsim \triangle AVC$$

于是

$$\frac{QD}{VC} = \frac{AD}{AC}$$

$$QD = \frac{VC \cdot AD}{AC} = \lambda AD$$

这表明点 Q 位于以点 D 为圆心，以 λAD 为半径的圆上.

当点 P 运动到点 B 和点 C 时，割线 BP 和 CP 分别变为过点 B 和 C 的切线. 这时分别得到的点 Q' 和 Q'' 即为轨迹弧的端点.

2. 有 n 支足球队进行比赛，每两队都赛一场. 胜队得 3 分，负队得 0 分，平局各得 1 分. 问一个队至少要得多少分，才能保证得分不少于该队的（除该队外）至多有 $k-1$ 支球队，其中 $2 \leqslant k \leqslant n-1$？

解 显然，最坏的情形是有 $k+1$ 支球队得分相同且均得最高分.

（1）当 k 为偶数时，设 $k = 2m$，$m \in \mathbf{N}^*$. 将 $2m+1$ 支球队用圆周上的 $2m+1$ 个等分点

来表示. 每支球队都战胜由它所对应的点算起按顺时针接下去的 m 支球队而负于另外的 m 支球队. 同时, 这 $k+1$ 支球队中每队都战胜另外的 $n-k-1$ 支球队. 于是这 $k+1$ 支球队中的每队得分都是

$$3(n-k-1)+3m=3n-\frac{3}{2}k-3$$

(2) 当 k 为奇数时, 设 $k=2m+1, m\in \mathbf{N}^*$. 仍将 $2m+2$ 支球队用圆周上的 $2m+2$ 个等分点来表示. 与(1)中一样, 每支球队都战胜由它算起顺时针接下去的 m 支球队, 战平第 $m+1$ 支球队而负于另外的 m 支球队. 此外, 这 $k+1$ 支球队每队都全胜另外的 $n-k-1$ 支球队. 所以, 这 $k+1$ 支球队中每队的得分都是

$$3(n-k-1)+3m+1=3n-\frac{1}{2}(3k+1)-3$$

将(1)与(2)结合起来, 无论 k 是奇数还是偶数, 都有 $k+1$ 支球队的得分同为 $3n-\left[\frac{3k+1}{2}\right]-3$. 这表明, 当一支球队的得分为 $3n-\left[\frac{3k+1}{2}\right]-3$ 时, 还不足以保证得分不少于该队的至多有 $k-1$ 支球队.

下面证明, 当一支球队的得分不少于 $3n-\left[\frac{3k+1}{2}\right]-2$ 时, 得分不少于它的球队至多有 $k-1$ 支.

若不然, 设有 k 支球队的得分都不少于 $3n-\left[\frac{3k+1}{2}\right]-2$, 于是, 这 $k+1$ 支球队的得分总数不少于 $(k+1)\left(3n-\left[\frac{3k+1}{2}\right]-2\right)$.

记这 $k+1$ 支球队为 A 组, 另外的 $n-k-1$ 支球队为 B 组. A 组球队与 B 组球队比赛的得分总数至多为 $3(k+1)(n-k-1)$. A 组球队之间比赛得分总数至多为 $3\mathrm{C}_{k+1}^2=\frac{3}{2}k(k+1)$. 所以, A 组球队总得分不多于

$$\begin{aligned}3(k+1)(n-k-1)+\frac{3}{2}k(k+1)&=(k+1)\left(3n-3k-3+\frac{3}{2}k\right)\\&=(k+1)\left(3n-\frac{3}{2}k-3\right)\\&<(k+1)\left(3n-\left[\frac{3k+1}{2}\right]-2\right)\end{aligned}$$

矛盾.

综上可知, 所求的得分的最小值为 $3n-\left[\frac{3k+1}{2}\right]-2$.

3. 求证存在自然数 m, 使得有整数列 $\{a_n\}$, 满足:

(1) $a_0=1, a_1=337$.

(2) $\forall n\geqslant 1, (a_{n+1}a_{n-1}-a_n^2)+\frac{3}{4}(a_{n+1}+a_{n-1}-2a_n)=m$.

(3) $\frac{1}{6}(a_n+1)(2a_n+1)$ 都是整数的平方.

证明 设自然数 m 及整数列 $\{a_n\}$ 满足条件(1)(2) 和(3).

令 $b_n = a_n + \frac{3}{4}, n = 0, 1, 2, \cdots$，则 $b_0 = 1 + \frac{3}{4}, b_1 = 337 + \frac{3}{4}$，且

$$(2) \Leftrightarrow b_{n+1} b_{n-1} - b_n^2 = m, n = 1, 2, \cdots$$

用数学归纳法,易知数列 $\{b_n\}$ 是严格递增的正数列,所以

$$b_{n+1} = \frac{m + b_n^2}{b_{n-1}}, n = 1, 2, \cdots \qquad ①$$

由此可知整个数列 $\{b_n\}$ 被 $b_0 = \frac{7}{4}, b_1 = \frac{1\,351}{4}$ 和递推关系 ① 唯一决定.

设数列 $\{c_n\}$ 满足 $c_0 = b_0, c_1 = b_1$ 且

$$c_{n+1} = pc_n - c_{n-1}, n = 1, 2, \cdots \qquad ②$$

其中

$$p = \frac{m + c_0^2 + c_1^2}{c_0 c_1} \qquad ③$$

显然 $c_2 c_0 - c_1^2 = pc_1 c_0 - c_0^2 - c_1^2 = m$.

当 $n \geq 2$ 时

$$\begin{aligned}
c_{n+1} c_{n-1} - c_n^2 &= (pc_n - c_{n-1}) c_{n-1} - c_n^2 \\
&= pc_n c_{n-1} - c_{n-1}^2 - c_n^2 \\
&= pc_n \frac{1}{p}(c_n + c_{n-2}) - c_{n-1}^2 - c_n^2 \\
&= c_n c_{n-2} - c_{n-1}^2
\end{aligned}$$

依此类推,可得 $c_{n+1} c_{n-1} - c_n^2 = m, n = 1, 2, \cdots$.

由 $\{b_n\}$ 的唯一性,可知 $c_n = b_n, n = 0, 1, 2, \cdots$.

式 ② 的特征方程为 $\lambda^2 - p\lambda + 1 = 0$,显然 $p > 2$,从而它有两个不同实根

$$\lambda_1 = \frac{p}{2} + \sqrt{\frac{p^2}{4} - 1}, \lambda_2 = \frac{p}{2} - \sqrt{\frac{p^2}{4} - 1} \qquad ④$$

于是,$b_n = A\lambda_1^n + B\lambda_2^n, n = 0, 1, 2, \cdots$,其中

$$\begin{cases} A + B = b_0 = \frac{7}{4} \\ \lambda_1 A + \lambda_2 B = b_1 = \frac{1\,351}{4} \end{cases}$$

即

$$\begin{cases} A = \frac{1}{4} \cdot \frac{1\,351 - 7\lambda_2}{\lambda_1 - \lambda_2} \\ B = \frac{1}{4} \cdot \frac{-1\,351 + 7\lambda_1}{\lambda_1 - \lambda_2} \end{cases} \qquad ⑤$$

从而 $a_n = b_n - \dfrac{3}{4} = A\lambda_1^n + B\lambda_2^n - \dfrac{3}{4}, n = 0, 1, 2, \cdots$.

由此,易证数列 $\{a_n\}$ 满足递推关系

$$a_{n+1} = pa_n - a_{n-1} + \dfrac{3}{4}(p-2), n = 1, 2, \cdots \qquad ⑥$$

由于

$$\dfrac{1}{6}(a_n+1)(2a_n+1) = \dfrac{1}{48}[(4a_n+3)^2 - 1]$$

$$= \dfrac{1}{48}(16A^2\lambda_1^{2n} + 16B^2\lambda_2^{2n} + 32AB - 1)$$

$$= \dfrac{1}{3}A^2\lambda_1^{2n} + \dfrac{1}{3}B^2\lambda_2^{2n} + \dfrac{2}{3}AB - \dfrac{1}{48}$$

$$= \left(\dfrac{1}{\sqrt{3}}A\lambda_1^n - \dfrac{1}{\sqrt{3}}B\lambda_2^n\right)^2 + \dfrac{4}{3}AB - \dfrac{1}{48}$$

注意到(3),令 $\dfrac{4}{3}AB - \dfrac{1}{48} = 0$,即

$$AB = \dfrac{1}{64} \qquad ⑦$$

由式 ④ 和式 ⑤ 可知

$$AB = \dfrac{-1\,351^2 - 7^2 + 7 \times 1\,351 p}{64\left(\dfrac{p^2}{4} - 1\right)}$$

所以式 ⑦ $\Leftrightarrow p^2 - 4 \times 7 \times 1\,351 p + 4 \times 1\,351^2 + 4 \times 7^2 - 4 = 0$. 从而

$$p = 2 \times 7 \times 1\,351 \pm \sqrt{4 \times 7^2 \times 1\,351^2 - 4 \times 1\,351^2 - 4 \times 7^2 + 4}$$

$$= 2 \times 7 \times 1\,351 \pm \sqrt{4 \times 1\,351^2 \times 48 - 4 \times 48}$$

$$= 2 \times 7 \times 1\,351 \pm \sqrt{4 \times 48 \times 1\,350 \times 1\,352}$$

$$= 2 \times 7 \times 1\,351 \pm \sqrt{4 \times 48 \times 3 \times 450 \times 8 \times 169}$$

$$= 2 \times 7 \times 1\,351 \pm 24 \times 60 \times 13$$

$$= 18\,914 \pm 18\,720$$

即 $p = 194$ 或者 $p = 37\,634$. 由式 ③ 得

$$m = pc_0c_1 - c_0^2 - c_1^2$$

$$= \dfrac{1}{16}(7 \times 1\,351 p - 7^2 - 1\,351^2)$$

$$= \dfrac{1}{16}[1\,351(7p - 1\,351) - 7^2]$$

当 $p = 194$ 时,$7p - 1\,351 = 1\,358 - 1\,351 = 7$,所以 $m = \dfrac{7}{16} \times (1\,351 - 7) = 588$.

容易验证 $m = 588$ 满足本题之要求.

事实上,数列 $\{a_n\}$ 满足(1),即 $a_0=1, a_1=337$,以及递推关系⑥,其中 $p=194$,即 $a_{n+1}=194a_n-a_{n-1}+144, n=1,2,\cdots$. 显然 $\{a_n\}$ 是整数列,由上述推导易知 $\{a_n\}$ 满足条件(2)且 $\frac{1}{6}(a_n+1)(2a_n+1)=d_n^2, n=1,2,\cdots$,其中 $d_n=\frac{A}{\sqrt{3}}\lambda_1^n-\frac{B}{\sqrt{3}}\lambda_2^n$. 由于数列 $\{d_n\}$ 满足

$$d_0=\sqrt{\frac{1}{6}(a_0+1)(2a_0+1)}=1$$

$$d_1=\sqrt{\frac{1}{6}(a_1+1)(2a_1+1)}=195$$

和递推关系 $d_{n+1}=194d_n-d_{n-1}, n=1,2,\cdots$,所以 $\{d_n\}$ 为整数列,于是 $\{a_n\}$ 也满足条件(3).

当 $p=37\,634$ 时,$m=22\,129\,968$. 同样容易验证 $m=22\,129\,968$ 也满足本题的要求.

4. 试求所有满足下列各条件的实系数多项式 $f(x)$:

(1) $f(x)=a_0x^{2n}+a_2x^{2n-2}+\cdots+a_{2n-2}x^2+a_{2n}, a_0>0$.

(2) $\sum_{j=0}^{n}a_{2j}a_{2n-2j}\leqslant C_{2n}^{n}a_0a_{2n}$.

(3) $f(x)$ 的 $2n$ 个根都是纯虚数.

解 记 $g(t)=a_0t^n-a_2t^{n-1}+\cdots+(-1)^ja_{2j}t^{n-j}+\cdots+(-1)^na_{2n}$.

易见 $f(x)=(-1)^ng(-x^2)$.

设 $\pm i\beta_1,\pm i\beta_2,\cdots,\pm i\beta_n$ 是多项式 $f(x)$ 的 $2n$ 个根(不妨设 $\beta_j>0, j=1,2,\cdots,n$),则多项式 $g(t)$ 的 n 个根为 $t_j=\beta_j^2>0, j=1,2,\cdots,n$.

因而 $\frac{a_{2j}}{a_0}=\sum_{k_1<k_2<\cdots<k_j}t_{k_1}t_{k_2}\cdots t_{k_j}>0$(在下面几行式子中,符号 $\sum$ 下方未标出的求和范围都是 $1\leqslant k_1<k_2<\cdots<k_j\leqslant n$)

$$(C_n^j)^2\frac{a_{2n}}{a_0}=\left(\sum\sqrt{t_{k_1}\cdots t_{k_j}}\cdot\frac{\sqrt{\frac{a_{2n}}{a_0}}}{\sqrt{t_{k_1}\cdots t_{k_j}}}\right)^2$$

$$\leqslant\left(\sum t_{k_1}\cdots t_{k_j}\sum\frac{\left(\frac{a_{2n}}{a_0}\right)}{t_{k_1}\cdots t_{k_j}}\right)$$

$$=\frac{a_{2j}}{a_0}\cdot\frac{a_{2n-2j}}{a_0} \qquad ①$$

注意到 $C_{2n}^n=\sum_{j=0}^{n}(C_n^j)^2$,并根据式①和题目的条件(2),可得

$$C_{2n}^n\frac{a_{2n}}{a_0}=\sum_{j=0}^{n}(C_n^j)^2\frac{a_{2n}}{a_0}<\sum_{j=0}^{n}\frac{a_{2j}}{a_0}\cdot\frac{a_{2n-2j}}{a_0}\leqslant C_{2n}^n\frac{a_{2n}}{a_0} \qquad ②$$

由式②看出,对于 $j=1,2,\cdots,n$,在以上两式中的"$\leqslant$"号都恰为"$=$"号,依据柯西不等式及等号成立的条件,可知 $t_1=t_2=\cdots=t_n$.

将这正数记为 r^2，就得到 $\dfrac{a_{2j}}{a_0} = C_n^j r^{2j}, a_{2j} = a_0 C_n^j r^{2j}, j=1,2,\cdots,n.$

于是 $f(x) = a_0(x^2+r^2)^n (a_0 > 0, r > 0).$

易验证，这样的多项式 $f(x)$ 满足题目的全部条件.

5. 设自然数 $n > 6$. 给定 n 元集合 X. 任取 X 的 m 个互不相同的 5 元子集 $A_1, A_2, \cdots, A_m$. 求证：只要 $m > \dfrac{n(n-1)(n-2)(n-3)(4n-15)}{600}$，就必定有 $A_{i_1}, A_{i_2}, \cdots, A_{i_6} (1 \leqslant i_1 < i_2 < \cdots < i_6 \leqslant m)$，使得 $\left|\bigcup\limits_{k=1}^{6} A_{i_k}\right| = 6.$

证明 （用反证法）对于满足题中不等式的自然数 m，假设有 X 的 m 个互不相同的 5 元子集，其中任意 6 个的并集都不是 6 元集合. 约定将这 m 个指定的集合组成的类记为 $\boldsymbol{A}$.

记 $\boldsymbol{B} = \{B \mid B \subset X, |B|=4,$ 并且存在 $A \in \boldsymbol{A},$ 使得 $B \subset A\}$. 对 $B \in \boldsymbol{B}$，考察 X 的子集 $\{x \in X \backslash B \mid B \cup \{x\} \in \boldsymbol{A}\}$，约定将这个子集的元素个数记为 $\alpha(B)$.

对于任意给定的一个 $A \in \boldsymbol{A}$，考察含于 A 中的 4 元子集 B（对每个 A 恰有 5 个这样的 4 元子集 B）. 由反证法，假设每个 $x \in X \backslash A$ 至多与 4 个 $B \subset A$ 组成一个属于 $\boldsymbol{A}$ 类的 5 元集. 另外，$A \backslash B$ 的单个元素也与 B 组成属于 $\boldsymbol{A}$ 类的 5 元集（即 A），因此

$$\sum_{\substack{B \subset A \\ |B|=4}} \alpha(B) \leqslant 4(n-5) + 5$$

对一切 $A \in \boldsymbol{A}$，将如上的不等式求和. 因为每个 $B \in \boldsymbol{B}$ 都被重复计数 $\alpha(B)$ 次，所以

$$\sum_{A \in \boldsymbol{A}} \sum_{\substack{B \subset A \\ |B|=4}} \alpha(B) = \sum_{B \in \boldsymbol{B}} [\alpha(B)]^2$$

另外，每个 $A \in \boldsymbol{A}$ 对 5 个含于其中的 $B \in \boldsymbol{B}$ 的 $\alpha(B)$ 计数各贡献 1. 因此 $\sum\limits_{B \in \boldsymbol{B}} \alpha(B) = 5m.$

我们得到

$$(4n-15)m \geqslant \sum_{A \in \boldsymbol{A}} \sum_{\substack{B \subset A \\ |B|=4}} \alpha(B)$$
$$= \sum_{B \in \boldsymbol{B}} [\alpha(B)]^2$$
$$\geqslant \dfrac{1}{C_n^4} \left[\sum_{B \in \boldsymbol{B}} \alpha(B)\right]^2$$
$$= \dfrac{1}{C_n^4}(5m)^2$$
$$m \leqslant \dfrac{4n-15}{25} C_n^4 = \dfrac{n(n-1)(n-2)(n-3)(4n-15)}{600}$$

与假设矛盾. 这就证明了题目的论断正确.

6. 有 A, B, C 三个药瓶，瓶 A 中装有 1 997 片药，瓶 B 和 C 都是空的，装满时可分别装 97 片和 19 片药. 每片药含 100 个单位有效成分，每开瓶一次该瓶内每片药都损失 1 个单位有效成分. 某人每天开瓶一次，吃一片药，他可以利用这次开瓶的机会将药片装入别的瓶中以减少以后的损失，处理后将瓶盖都盖好. 问当他将药片全部吃完时，最少要损失多少

个单位有效成分?

解 为了摸清解题的思路,先证如下的引理.

引理:当只有 B 和 C 两个瓶且 B 中装满药片而 C 瓶空着时,吃完全部药片的最小损失是 903 个单位有效成分.

引理的证明:从简单入手来考察损失最小值的变化规律.以下用三数组 $(a,b,1)$ 表示当 B 瓶装 $a+b+1$ 枚药片时,打开瓶吃 1 枚并趁机将 b 枚药片装入 C 瓶中,而三数组括号外,前面的数字是药片的总数,后面的数字表示总损失的最小值.易见,当 B 瓶药片总数依次为 1,2,3,4,5,6 时,情况如下

$$1(0,0,1)1,4(1,2,1)8$$
$$2(0,1,1)3,5(2,2,1)11$$
$$3(1,1,1)5,6(3,2,1)14$$

当 B 瓶开始有 7 片药时,即再增加 1 片药时,增加的 1 片应放入 B 瓶还是 C 瓶?若放入 C 瓶,则变为 $(3,3,1)$,总损失为 18;若放入 B 瓶,则变为 $(4,2,1)$,总损失也是 18,故这时增加的 1 枚放入 C 瓶和放入 B 瓶效果是一样的.接着,从 $(3,3,1)$ 出发,再增加 1 片药时,放入 C 瓶损失增加 5,而放入 B 瓶损失增加 4,当然要放在 B 瓶中,而且当 B 瓶药片数依次为 4,5,6 时,每次增加的 1 枚药片都应放在 B 瓶中,每次都增加 3,故当总数依次为 8,9,10 时,每次增加的 1 枚都应放在 B 瓶中,总损失的最小值每次都增加 4.若从 $(4,2,1)$ 开始,则也可依次增加 1 片药,共 3 次,其中有 1 次将药片放在 C 瓶中,而另 2 次放在 B 瓶中,使得总损失的最小值每次都增加 4.这就是说,从 $(3,2,1)$ 出发,C 瓶药片数可从 2 增加到 3,B 瓶药片数可从 3 增加到 6,每增加 1 片药都使损失的最小值增加 4.于是有

$$7(3,3,1)18,9(5,3,1)26$$
$$8(4,3,1)22,10(6,3,1)30$$

当 B 瓶药片总数再增加时,无论将新增加的 1 枚放入哪个瓶中,都至少要使损失的最小值增加 5 而无法更少,并且为保证每次增加 5,C 瓶药片数可由 3 增加到 4,即只有 1 次增加机会;B 瓶药片数可由 6 增加到 10,即有 4 次增加机会.共有 5 次增加机会

$$11(6,4,1)35,14(9,4,1)50$$
$$12(7,4,1)40,15(10,4,1)55$$
$$13(8,4,1)45$$

这样一来,当药片总数从 0 开始每增加 1 片时,损失的最小值增加 1 的有 1 次,增加 2 的有 2 次,增加 3 的有 3 次,增加 4 的有 4 次.一般地,增加 k 的有 k 次.因为 $\frac{1}{2}\times 14\times 13=91$,所以有

$$91(78,12,1)819,95(81,13,1)875$$
$$92(78,13,1)833,96(82,13,1)889$$
$$93(79,13,1)847,97(83,13,1)903$$

$$94(80,13,1)861$$

这就证明了引理.

下面解答原题.

考察 3 个瓶的情形.这时用四数组来表示第 1 次打开 A 瓶吃 1 片后 3 个瓶中药片的分布状态;括号前的数表示开始时 A 瓶中的药片数,括号中第 4 个数"1"表示吃 1 片,前 3 个数依次表示 A,B,C 瓶中的药片数,括号后的数表示损失总数的最小值.于是有

$$1(0,0,0,1)1,13(4,5,3,1)37$$
$$2(0,0,1,1)3,14(4,6,3,1)41$$
$$3(0,1,1,1)5,15(5,6,3,1)45$$
$$4(1,1,1,1)7,16(6,6,3,1)49$$
$$5(1,1,2,1)10,17(7,6,3,1)53$$
$$6(1,2,2,1)13,18(8,6,3,1)57$$
$$7(1,3,2,1)16,19(9,6,3,1)61$$
$$8(2,3,2,1)19,20(10,6,3,1)65$$
$$9(3,3,2,1)22,21(10,6,4,1)70$$
$$10(4,3,2,1)25,22(10,7,4,1)75$$
$$11(4,3,3,1)29,23(10,8,4,1)80$$
$$12(4,4,3,1)33,24(10,9,4,1)85$$

可见,当 A 瓶中的药片总数从 0 算起每增加 1 片时,损失的最小值增加 1 的有 1 次,增加 2 的有 3 次,增加 3 的有 6 次,增加 4 的有 10 次,而且 B,C 两瓶的变化规律与引理中相同.这样一来,若把增加 n 的次数记为 a_n,则当增加 n 的 a_n 次排完之后,总数每增加 1 片时损失的最小值都增加 $n+1$.这时,C 瓶中药片数从 $n-1$ 增加到 n,只有一种情形;B 瓶中药片数像引理中一样,有 $n-1$ 个增加值;A 瓶中则有 n 个增加值,故有

$$a_{n+1}=a_n+n-1+1=a_n+n$$

递推可得

$$a_n=n+(n-1)+\cdots+1=\frac{1}{2}n(n+1)$$

但是,当 C 瓶药片数增加到 19 或 B 瓶药片数增加到 97 时,将无法再增加,a_n 的表达式也将随之发生变化.

为搞清这种情形,将引理证明中的变化规律接着列于下面

$$98(84,13,1),106(91,14,1)$$
$$99(85,13,1),107(92,14,1)$$
$$100(86,13,1),108(93,14,1)$$
$$101(87,13,1),109(94,14,1)$$
$$102(88,13,1),110(95,14,1)$$

$$103(89,13,1),111(96,14,1)$$
$$104(90,13,1),112(97,14,1)$$
$$105(91,13,1)$$

让我们来看一下,后 3 个数为 $(91,13,1)$ 时,开始时 A 瓶药片总数是多少. 注意第 3 个数为 13 时,对应的是 a_{14},于是有

$$\sum_{n=1}^{14} 4n = \sum_{n=1}^{14} \frac{1}{2}n(n+1) = \frac{1}{2}\sum_{n=1}^{14} n^2 + \frac{1}{2}\sum_{n=1}^{14} n$$
$$= \frac{1}{12} \times 14 \times 15 \times 29 + \frac{1}{4} \times 14 \times 15$$
$$= \frac{1}{12} \times 14 \times 15 \times (29+3) = 560$$

即 A 瓶药片总数为 560 时,对应的四数组及随后的 9 个四数组为

$$560(455,91,13,1),565(455,95,14,1)$$
$$561(455,91,14,1),566(455,96,14,1)$$
$$562(455,92,14,1),567(455,97,14,1)$$
$$563(455,93,14,1),568(456,97,14,1)$$
$$564(455,94,14,1),569(457,97,14,1)$$

从而有

$$a_{15} = a_{14} + 7 = 112$$

然后,C 瓶每次可增加 1 片,B 瓶已无法增加. 所以有

$$a_{16} = a_{15} + 1 = 113, a_{17} = a_{16} + 1 = 114$$
$$a_{18} = a_{17} + 1 = 115, a_{19} = a_{18} + 1 = 116$$
$$a_{20} = a_{19} + 1 = 117$$
$$a_1 + a_2 + \cdots + a_{20} = 560 + 687 = 1\ 247$$

即当 A 瓶药片总数为 $1\ 247$ 时,B,C 两瓶均满,故当 $n \geqslant 20$ 时,$a_n = 117$. 由于

$$1\ 997 - 1\ 247 = 750 = 117 \times 6 + 48$$

所以,$a_{21} = a_{22} = a_{23} = a_{24} = a_{25} = a_{26} = 117, a_{27} = 48$.

由此即得所求的损失总数的最小值为

$$\sum_{n=1}^{27} na_n = \sum_{n=1}^{14} \frac{1}{2}n^2(n+1) + \sum_{k=1}^{6}(111+k)(14+k) +$$
$$\sum_{i=1}^{6} 117 \times (20+i) + 48 \times 27 = 35\ 853$$

1998年第十三届中国数学奥林匹克国家集训队选拔试题及解答

1. 求正整数 k，使得：

(1) 对任意正整数 n，不存在 j 满足 $0 \leqslant j \leqslant n-k+1$，且 $C_n^j, C_n^{j+1}, \cdots, C_n^{j+k-1}$ 成等差数列.

(2) 存在正整数 n，使得有 j 满足 $0 \leqslant j \leqslant n-k+2$，且 $C_n^j, C_n^{j+1}, \cdots, C_n^{j+k-2}$ 成等差数列.

进一步求出具有性质(2)的所有 n.

证明 由于任取两数必构成等差数列，因此 $k \neq 1, k \neq 2$，现在考虑三个数
$$C_n^{j-1}, C_n^j, C_n^{j+1}, 1 \leqslant j \leqslant n-1$$
若它成等差数列，则
$$2C_n^j = C_n^{j-1} + C_n^{j+1}$$
由此可得
$$n+2 = (n-2j)^2 \qquad ①$$
即 $n+2$ 是完全平方数.

这证明了 $k=3$ 时(1)不成立，从而 $k \neq 3$. 也证明了 $k=4$ 时(2)成立.

反过来，若有正整数 n，满足条件"$n+2$ 是完全平方数"，则有 $n+2 = m^2$. 因 n, m 的奇偶性相同，故存在 j 使 $m = n - 2j$. 从而，式 ① 成立，性质(2)成立，故 $k=4$ 时，具有性质(2)的所有 n 为 $n = m^2 - 2 (m \in \mathbf{N}, m \geqslant 3)$.

下面证明 $k=4$ 时，性质(1)也成立.

若 $C_n^j, C_n^{j+1}, C_n^{j+2}, C_n^{j+3}$ 成等差数列，则由式 ① 可知
$$n = [n-2(j+2)]^2 - 2$$
$$|n-2j-2| = |n-2j-4|$$
$$n-2j-2 = -(n-2j-4)$$
$$n = 2j+3$$
原数列为 $C_{2j+3}^j, C_{2j+3}^{j+1}, C_{2j+3}^{j+2}, C_{2j+3}^{j+3}$，但 $C_{2j+3}^j = C_{2j+3}^{j+3}$，故 $C_{2j+3}^j = C_{2j+3}^{j+1}$，矛盾.

因此，$k=4$ 时(1)成立，$k=5$ 时(2)不成立，即 $k < 5$.

综上所述，所求正整数 $k=4$，具有性质(2)的所有 n 为 $n = m^2 - 2 (m \in \mathbf{N}, m \geqslant 3)$.

2. $n(n \geqslant 5)$ 支足球队进行单循环赛. 每两队赛一场，胜队得3分，负队得0分，平局各得1分. 结果取得倒数第3名的队得分比名次在前面的队都少，比后两名都多；胜场数比名次在前面的队都多，却又比后两名都少. 求队数 n 的最小值.

解 设 n 支队依次为 $A_1,A_2,\cdots,A_{n-3},B,C_1,C_2$.

因为 A 组队得分多,胜场少,而 C 组队得分少,胜场多,所以 A 组每队至少 8 平,B 队至少 1 胜 3 负 4 平,C 组每队至少 2 胜 6 负.后 3 队至少有 15 负,3 队之间至多赛 3 场,从而 A 组队至少 12 胜.

若 $n \leqslant 14$,则 A 组队数 $\leqslant 11$,从而 A 组有队 2 胜 8 平,所以 $n \geqslant 11$.

设 $n=11$,于是,A 组 8 队,每队至少 8 平,共 64 平.A 组 8 队之间共赛 $C_8^2=28$ 场.A 组队与组外队至少平 8 场,其中至少与 C 组队平 4 场,C 组队有队至少 2 平,于是 A 组每队至少 2 胜 10 平,矛盾.

设 $n=12$,于是,A 组 9 队,C 组每队至少 6 负,B 队 3 负,B,C 两组合计至少 15 负,A 组队至少胜其他队 12 场.于是,A 组队每队至少 2 场(若 A 组队有的胜 2 场,有的胜 1 场,则胜 1 场的 A 组队每队必增加 3 场平局,从而 C 组队每队至少 9 负 4 胜,与 $n=12$ 矛盾).这样,C 组队至少胜 4 场,A 组队必有负局,这又导致 A 组队 2 胜 1 负 8 平或 2 胜 9 平,B 组队 3 胜 4 负 4 平,C 组队 4 胜 7 负.总计胜场数 $18+3+8=29$ 场,负场数 $\leqslant 9+4+14=27$,矛盾.

设 $n=13$,A 组 10 队,A 队 2 胜 1 负 9 平,B 队 3 胜 5 负 4 平,C 队 4 胜 8 负,详细情况如表 1.

表 1

	A_1	A_2	A_3	A_4	A_5	A_6	A_7	A_8	A_9	A_{10}	B	C_1	C_2	胜	得分
A_1	—	1:1	1:1	1:1	1:1	1:1	1:1	1:1	1:1	1:1	0:3	3:0	3:0	2	15
A_2	1:1	—	1:1	0:3	1:1	1:1	1:1	1:1	1:1	1:1	1:1	3:0	3:0	2	15
A_3	1:1	1:1	—	1:1	0:3	1:1	1:1	1:1	1:1	1:1	1:1	3:0	3:0	2	15
A_4	1:1	3:0	1:1	—	1:1	1:1	1:1	1:1	1:1	1:1	1:1	0:3	3:0	2	15
A_5	1:1	1:1	3:0	1:1	—	1:1	1:1	1:1	1:1	1:1	1:1	0:3	3:0	2	15
A_6	1:1	1:1	1:1	1:1	1:1	—	1:1	1:1	1:1	1:1	3:0	0:3	3:0	2	15
A_7	1:1	1:1	1:1	1:1	1:1	1:1	—	1:1	1:1	1:1	3:0	3:0	0:3	2	15
A_8	1:1	1:1	1:1	1:1	1:1	1:1	1:1	—	1:1	1:1	3:0	3:0	0:3	2	15
A_9	1:1	1:1	1:1	1:1	1:1	1:1	1:1	1:1	—	1:1	3:0	3:0	0:3	2	15
A_{10}	1:1	1:1	1:1	1:1	1:1	1:1	1:1	1:1	1:1	—	3:0	0:3	0:3	2	15
B	3:0	1:1	1:1	1:1	1:1	0:3	0:3	0:3	0:3	0:3	—	3:0	3:0	3	13
C_1	0:3	0:3	0:3	3:0	3:0	3:0	0:3	0:3	0:3	3:0	0:3	—	0:3	4	12
C_2	0:3	0:3	0:3	0:3	0:3	0:3	3:0	3:0	3:0	3:0	0:3	3:0	—	4	12

综上所述,队数 n 的最小值为 13.

3. 对于固定的 $\theta \in \left(0, \dfrac{\pi}{2}\right)$,求满足以下两条件的最小整数 a.

(1) $\dfrac{\sqrt{a}}{\cos\theta}+\dfrac{\sqrt{a}}{\sin\theta}>1$.

(2) 存在 $x\in\left[1-\dfrac{\sqrt{a}}{\sin\theta},\dfrac{\sqrt{a}}{\cos\theta}\right]$,使得

$$[(1-x)\sin\theta-\sqrt{a-x^2\cos^2\theta}]^2+[x\cos\theta-\sqrt{a-(1-x)^2\sin^2\theta}]^2\leqslant a$$

解 由条件(1)得

$$\sqrt{a}>\dfrac{\sin\theta\cos\theta}{\sin\theta+\cos\theta} \qquad ①$$

不妨设

$$\dfrac{a}{\sin^2\theta}+\dfrac{a}{\cos^2\theta}\leqslant 1 \qquad ②$$

条件(2)等价于存在 $x\in\left[1-\dfrac{\sqrt{a}}{\sin\theta},\dfrac{\sqrt{a}}{\cos\theta}\right]$,满足

$$2(1-x)\sin\theta\sqrt{a-x^2\cos^2\theta}+2x\cos\theta\sqrt{a-(1-x)^2\sin^2\theta}\geqslant a$$

即

$$2\sin\theta\cos\theta\left[(1-x)\sqrt{\dfrac{a}{\cos^2\theta}-x^2}+x\sqrt{\dfrac{a}{\sin^2\theta}-(1-x)^2}\right]\geqslant a \qquad ③$$

先证一个引理:设

$$0<p<1,0<q<1,p+q>1,p^2+q^2\leqslant 1$$

$$f(x)=(1-x)\sqrt{p^2-x^2}+x\sqrt{q^2-(1-x)^2},\ 1-q\leqslant x\leqslant p$$

则当 $\sqrt{p^2-x^2}=\sqrt{q^2-(1-x)^2}$ 时,即 $x=\dfrac{p^2-q^2+1}{2}\in[1-q,p]$ 时,$f(x)$ 达到最大值.

引理的证明:由于 $1-q\leqslant x\leqslant p$,因此可令

$$x=p\sin\alpha,1-x=q\sin\beta,0<\alpha<\dfrac{\pi}{2},0<\beta<\dfrac{\pi}{2},\alpha+\beta<\pi$$

于是,有

$$f(x)=pq(\sin\beta\cos\alpha+\sin\alpha\cos\beta)=pq\sin(\alpha+\beta)$$

$$\cos(\alpha+\beta)=\cos\alpha\cos\beta-\sin\alpha\sin\beta=\dfrac{\sqrt{p^2-x^2}\sqrt{q^2-(1-x)^2}-x(1-x)}{pq}$$

由于

$$2[\sqrt{p^2-x^2}\sqrt{q^2-(1-x)^2}-x(1-x)]$$
$$=-[\sqrt{p^2-x^2}-\sqrt{q^2-(1-x)^2}]^2+p^2+q^2-x^2-(1-x)^2-2x(1-x)$$
$$=p^2+q^2-1-[\sqrt{p^2-x^2}-\sqrt{q^2-(1-x)^2}]^2$$
$$\leqslant 0$$

从而 $\dfrac{\pi}{2}\leqslant\alpha+\beta<\pi$.

同时,当且仅当 $\sqrt{p^2-x^2}=\sqrt{q^2-(1-x)^2}$ 时,即 $x=\dfrac{1}{2}(p^2-q^2+1)\in[1-q,p]$ 时,$\cos(\alpha+\beta)$ 达到最大值 $\dfrac{p^2+q^2-1}{2pq}<0$.

因为在 $\left[\dfrac{\pi}{2},\pi\right]$ 上正弦函数单调递减,所以 $f(x)=pq\sin(\alpha+\beta)$ 也当且仅当 $x=\dfrac{1}{2}(p^2-q^2+1)$ 时达到最大值.

由引理可知,式 ③ 左端当且仅当

$$\sqrt{\dfrac{a}{\cos^2\theta}-x^2}=\sqrt{\dfrac{a}{\sin^2\theta}-(1-x)^2}$$

即

$$x=\dfrac{1}{2}\left(\dfrac{a}{\cos^2\theta}-\dfrac{a}{\sin^2\theta}+1\right)\in\left[1-\dfrac{\sqrt{a}}{\sin\theta},\dfrac{\sqrt{a}}{\cos\theta}\right]$$

时,达到最大值

$$2\sin\theta\cos\theta\sqrt{\dfrac{a}{\cos^2\theta}-\dfrac{1}{4}\left(\dfrac{a}{\cos^2\theta}-\dfrac{a}{\sin^2\theta}+1\right)^2}$$

即

$$\sin\theta\cos\theta\sqrt{\dfrac{4a}{\cos^2\theta}-\left(\dfrac{a}{\cos^2\theta}-\dfrac{a}{\sin^2\theta}+1\right)^2}$$

由式 ③ 得,所求的最小的 a 是满足下式且满足式 ① 的最小的 a

$$\sqrt{\dfrac{4a}{\cos^2\theta}-\left(\dfrac{a}{\cos^2\theta}-\dfrac{a}{\sin^2\theta}+1\right)^2}\geqslant\dfrac{a}{\cos\theta\sin\theta}$$

即

$$a^2\left(\dfrac{1}{\cos^4\theta}+\dfrac{1}{\sin^4\theta}-\dfrac{1}{\sin^2\theta\cos^2\theta}\right)-2\left(\dfrac{1}{\cos^2\theta}+\dfrac{1}{\sin^2\theta}\right)a+1\leqslant 0 \qquad ④$$

因为

$$\dfrac{1}{\cos^4\theta}+\dfrac{1}{\sin^4\theta}-\dfrac{1}{\sin^2\theta\cos^2\theta}=\dfrac{1-3\sin^2\theta\cos^2\theta}{\sin^4\theta\cos^4\theta}>0$$

式 ④ 的左端的根为

$$\dfrac{\sin^4\theta\cos^4\theta}{1-3\sin^2\theta\cos^2\theta}\left[\dfrac{1}{\cos^2\theta}+\dfrac{1}{\sin^2\theta}\pm\sqrt{\left(\dfrac{1}{\cos^2\theta}+\dfrac{1}{\sin^2\theta}\right)^2-\dfrac{1}{\cos^4\theta}-\dfrac{1}{\sin^4\theta}+\dfrac{1}{\sin^2\theta\cos^2\theta}}\right]$$

$$=\dfrac{\sin^2\theta\cos^2\theta}{1\pm\sqrt{3}\sin\theta\cos\theta}$$

所以,由式 ④ 可得

$$\dfrac{\sin^2\theta\cos^2\theta}{1+\sqrt{3}\sin\theta\cos\theta}\leqslant a\leqslant\dfrac{\sin^2\theta\cos^2\theta}{1-\sqrt{3}\sin\theta\cos\theta}$$

由于

$$\frac{\sin^2\theta\cos^2\theta}{(\sin\theta+\cos\theta)^2} < \frac{\sin^2\theta\cos^2\theta}{1+\sqrt{3}\sin\theta\cos\theta}$$

因此,当 $a = \dfrac{\sin^2\theta\cos^2\theta}{1+\sqrt{3}\sin\theta\cos\theta}$ 时,满足式 ①. 故所求的

$$a = \frac{\sin^2\theta\cos^2\theta}{1+\sqrt{3}\sin\theta\cos\theta}$$

4. 如图 1 所示,在锐角 $\triangle ABC$ 中,H 是垂心,O 是外心,I 是内心,已知 $\angle C > \angle B > \angle A$. 求证:$I$ 在 $\triangle BOH$ 的内部.

证明 如图 2 所示,设 $\angle B$ 的平分线交 OH 于点 P,则 BP 也是 $\angle OBH$ 的平分线,所以

$$\frac{BH}{BO} = \frac{HP}{OP} \qquad ①$$

设 $\angle A$ 的平分线交 OH 于点 Q,AQ 也是 $\angle OAH$ 的平分线,所以

$$\frac{AH}{AO} = \frac{HQ}{OQ} \qquad ②$$

作 $CE \perp AB$,由 $\angle B > \angle A$ 得 $AC > BC$,$AE > BE$. 故

$$AH > HB \qquad ③$$

又

$$AO = BO \qquad ④$$

由式 ①②③④ 得 $\dfrac{HQ}{OQ} > \dfrac{HP}{OP}$.

从而,点 Q 在点 O,P 之间,AQ 与 BP 的交点 I 必在 $\triangle BOH$ 内.

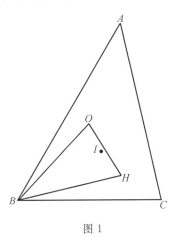

图 1

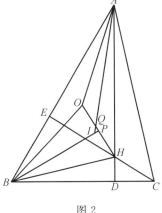

图 2

5. 自然数 $n \geq 3$,平面上给定一条直线 l,在 l 上依次有 n 个互不相同的点 $P_1, P_2, \cdots, P_n$,记点 P_i 到其余 $n-1$ 个点的距离的乘积为 d_i ($i=1,2,\cdots,n$). 平面上还有一点 Q 不在 l 上,点 Q 到点 P_i 的距离记为 c_i ($i=1,2,\cdots,n$). 求以下和式的值 $S_n = \sum_{i=1}^{n}(-1)^{n-i}\dfrac{c_i^2}{d_i}$.

解 不妨设这 n 个点在实轴上,且有坐标 $P_i(x_i,0)(i=1,2,\cdots,n),x_1<x_2<\cdots<x_n$,点 Q 有坐标 $Q(\alpha,\beta)$. 于是

$$(-1)^{n-i}d_i=(x_i-x_1)\cdots(x_i-x_{i-1})(x_i-x_{i+1})\cdots(x_i-x_n)$$

$$c_i^2=(\alpha-x_i)^2+\beta^2=\alpha^2+\beta^2-2\alpha x_i+x_i^2$$

$$S_n=\sum_{i=1}^n\frac{\alpha^2+\beta^2-2\alpha x_i+x_i^2}{(x_i-x_1)\cdots(x_i-x_{i-1})(x_i-x_{i+1})\cdots(x_i-x_n)} \quad \text{①}$$

令

$$T_k=\sum_{i=1}^n\frac{x_i^k}{(x_i-x_1)\cdots(x_i-x_{i-1})(x_i-x_{i+1})\cdots(x_i-x_n)} \quad \text{②}$$

其中 $k=0,1,2$.

设部分分式

$$\frac{x^k}{(x-x_1)(x-x_2)\cdots(x-x_n)}=\sum_{i=1}^n\frac{A_i}{x-x_i} \quad \text{③}$$

这里,k 为常数,$k<n$,$A_1,A_2,\cdots,A_n$ 为常数.

用 $x-x_j$ 乘式 ③ 两端,再令 $x=x_j$,可得

$$\frac{x_j^k}{(x_j-x_1)\cdots(x_j-x_{j-1})(x_j-x_{j+1})\cdots(x_j-x_n)}=A_j \quad (j=1,2,\cdots,n)$$

代入式 ②,得 $T_k=\sum_{j=1}^n A_j$.

用 x 乘式 ③ 两端,得

$$\frac{x^{k+1}}{(x-x_1)(x-x_2)\cdots(x-x_n)}=\sum_{i=1}^n\frac{A_i x}{x-x_i}$$

令 $x\to+\infty$,则

$$\text{上式左端} \to \begin{cases}1,k+1=n\\0,k+1<n\end{cases}$$

$$\text{上式右端} \to \sum_{i=1}^n A_i$$

所以 $\sum_{i=1}^n A_i=\begin{cases}0,k<n-1\\1,k=n-1\end{cases}$,代入式 ④ 得

$$T_0=T_1=0,T_2=\begin{cases}1,n=3\\0,n>3\end{cases}$$

代入式 ① 得

$$S_n=(\alpha^2+\beta^2)T_0-2\alpha T_1+T_2=T_2=\begin{cases}1,n=3\\0,n>3\end{cases}$$

6.任意给定 $h=2^r$(r 是非负整数).求满足以下条件的所有自然数 k:对每个这样的 k,存在奇自然数 $m>1$ 和自然数 n,使得 $k\mid m^k-1,m\mid n^{\frac{m^k-1}{k}}+1$.

解 对于 $h=2^r$,约定将满足题目条件的所有 k 的集合记为 $k(h)$.我们来证明
$$k(h)=\{2^{r+s}t\mid s,t\in\mathbf{N},2\nmid t\}$$
将用到以下事实
$$m\equiv 1(\bmod\ 4)\Rightarrow 2^r\Big\|\frac{m^{2^r}-1}{m-1}$$
这个事实是显然的.因为
$$\frac{m^{2^r}-1}{m-1}=(m^{2^{r-1}}+1)(m^{2^{r-2}}+1)\cdots(m^2+1)(m+1)$$

(1) 先证:若 $s\geqslant 2, 2\nmid t, k=2^{r+s}t\in k(h)$.

事实上,存在 $m=2^s t+1, n=m-1$,使得
$$2^r\Big\|\frac{m^{2^r}-1}{m-1}$$
$$\frac{m^h-1}{k}=\frac{m^{2^r}-1}{2^{r+s}t}=\frac{m^{2^r}-1}{2^r(m-1)}$$
是奇自然数.

所以,$k\mid m^h-1$.

又 $n^{\frac{m^k-1}{k}}=(m-1)^{\frac{m^k-1}{k}}\equiv -1(\bmod\ m)$,所以 $m\mid n^{\frac{m^k-1}{k}}+1$.

(2) 再证:对于 $2\nmid t, k=2^{r+1}t\in k(h)$.

事实上,存在 $m=4t^2+1, n=2t$,使得
$$\frac{m^h-1}{k}=\frac{m^{2^r}-1}{2^r(m-1)}\cdot 2t$$
$$n^{\frac{m^h-1}{k}}\equiv -1(\bmod\ m)$$

所以 $k\mid m^k-1, m\mid n^{\frac{m^h-1}{k}+1}$.

(3) 用反证法论证:对于 $0\leqslant q\leqslant 2r, 2\nmid t, 2^q t\notin k(h)$.

若对 $k=2^q t$,有 m,n 满足题中所述的要求,显然有 $(m,n)=1$.在 m 的所有素因数中取以下表示中指数 a 最小的一个素数 p,且
$$p=2^a b+1, 2\nmid b$$

易见 $2^a\mid m-1$.

一方面,由 $p\mid n^{\frac{m^h-1}{k}}+1$,我们有
$$(n^{\frac{m^h-1}{2^q t}})^b\equiv -1(\bmod\ p)$$

另一方面,因为 $2^a\mid m-1, 2^{q+a}\mid m^h-1$,所以,有
$$(n^{\frac{m^h-1}{2^q t}})^b\equiv 1(\bmod\ p)$$
矛盾.

结论:对于 $h=2^r, k(h)=\{2^{r+s}t\mid s,t\in\mathbf{N},2\nmid t\}$.

1999年第十四届中国数学奥林匹克国家集训队选拔试题及解答

1. 对于满足条件 $x_1+x_2+\cdots+x_n=1$ 的非负实数 $x_1,x_2,\cdots,x_n$，求 $\sum_{j=1}^{n}(x_j^4-x_j^5)$ 的最大值.

解 用调解法探索题中和式的最大值.

(1) 首先对于 $x,y>0$，我们来比较 $(x+y)^4-(x+y)^5+0^4-0^5$ 与 $x^4-x^5+y^4-y^5$ 的大小

$$\begin{aligned}
&(x+y)^4-(x+y)^5+0^4-0^5-(x^4-x^5+y^4-y^5)\\
&=xy(4x^2+6xy+4y^2)-xy(5x^3+10x^2y+10xy^2+5y^3)\\
&\geqslant \frac{7}{2}xy(x^2+2xy+y^2)-5xy(x^3+3x^2y+3xy^2+y^3)\\
&=\frac{1}{2}xy(x+y)^2[7-10(x+y)]
\end{aligned}$$

只要 $x,y>0, x+y<\frac{7}{10}$，上式就必然大于 0.

(2) 如果 $x_1,x_2,\cdots,x_n$ 中的非零数少于两个，那么题中的和式就等于 0. 以下考察 $x_1,x_2,\cdots,x_n$ 中的非零数不少于两个的情形.

如果某三个数 $x_i,x_j,x_k>0$，那么其中必有两个数之和小于或等于 $\frac{2}{3}<\frac{7}{10}$. 根据前面的讨论，可将这两个数合并作为一个数，另补一个数 0，使得题中的和式变大，经有限次调整，最后剩下两个非零数，不妨设为 $x,y>0, x+y=1$.

对此情形，有

$$\begin{aligned}
x^4-x^5+y^4-y^5&=x^4(1-x)+y^4(1-y)\\
&=xy(x^3+y^3)\\
&=xy[(x+y)^3-3xy(x+y)]\\
&=xy(1-3xy)\\
&=\frac{1}{3}(3xy)(1-3xy)
\end{aligned}$$

当 $3xy=\frac{1}{2}$ 时，上式达到最大值 $\frac{1}{6}(1-\frac{1}{2})=\frac{1}{12}$.

这就是题目所求的最大值. 能达到这个最大值的 $x_1,x_2,\cdots,x_n$，其中仅两个不等于 0.

以 x 和 y 表示这两个数,则 $x,y>0, x+y=1, xy=\frac{1}{6}$.

解二次方程 $\lambda^2-\lambda+\frac{1}{6}=0$,可知 $x=\frac{3+\sqrt{3}}{6}, y=\frac{3-\sqrt{3}}{6}$.

当然也可以是 $x=\frac{3-\sqrt{3}}{6}, y=\frac{3+\sqrt{3}}{6}$.

验算可知,如果 $x_1, x_2, \cdots, x_n$ 中仅这样两个非零数,那么,题目的和式确实达到最大值 $\frac{1}{12}$.

2. 试求满足以下条件的全部质数 p:对任一质数 $q<p$,若 $p=kq+r, 0\leqslant r<q$,则不存在大于 1 的整数 a,使得 a^2 整除 r.

解 容易验证 $p=2,3,5,7$ 均满足条件. 现来讨论质数 $p\geqslant 11$. 若 p 满足条件,则有:

(1) $p-4$ 没有大于 4 的质因数.

(2) $p-8$ 没有大于 8 的质因数.

(3) $p-9$ 没有大于 9 的质因数.

由 (1) 及 $p-4$ 是奇数推出

$$p-4=3^a, a\geqslant 2 \qquad ①$$

由上式及 $p-8$ 是奇数知,$p-8$ 不能被 2 和 3 整除.

因此,由 (2) 知

$$p-8=5^b 7^c \qquad ②$$

由式 ① 和式 ② 得

$$5^b 7^c - 3^a + 4 = 0, a\geqslant 2 \qquad ③$$

式 ③ 两边被 3 除后得 $(-1)^b+1=0$,所以

$$1\leqslant b=2l+1, l\geqslant 0 \qquad ④$$

由于 $b\geqslant 1$,由式 ③ 推出 5 整除 3^a+1,所以 $2\geqslant a=4m+2, m\geqslant 0$.

由式 ② 知 $p-9=5^b 7^c-1$. 显见 $p-9$ 不能被 3 整除;由于 $b\geqslant 1$,所以也不能被 5 整除. 我们来证明必有 $c=0$.

若不然,设 $c>0$,则 $p-9$ 也不能被 7 整除. 因此,由 (3) 知必有 $p-9=5^b 7^c-1=2^d, c>0$.

由此推出 7 整除 2^d+1,而这对任意非负整数 d 都是不可能的.

由式 ①,② 及 $c=0$ 推出 $5^b=3^a-4=(3^{2m+1}-2)(3^{2m+1}+2)$.

设 $3^{2m+1}-2$ 和 $3^{2m+1}+2$ 的最大公约数为 g,显见 g 为奇数,且 g 整除 $(3^{2m+1}+2)-(3^{2m+1}-2)=4$,所以 $g=1$. 由此及 5 是质数推出 $3^{2m+1}-2=1, 3^{2m+1}+2=5^b$. 因而 $m=0, b=1, a=2$.

由式 ① 知,满足条件的质数仅有 13.

综上所述,满足本题条件的全部质数是 $2,3,5,7,13$.

3. 设 $S=\{1,2,\cdots,15\}$. 从 S 中取出 n 个子集 $A_1,A_2,\cdots,A_n$, 满足下列条件：

(1) $|A_i|=7, i=1,2,\cdots,n$.

(2) $|A_i\cap A_j|\leqslant 3, 1\leqslant i<j\leqslant n$.

(3) 对 S 的任何三元子集 M, 都存在某个 $A_k(1\leqslant k\leqslant n)$, 使得 $M\subset A_k$.

求这样的子集个数 n 的最小值

解 设 $A=\{A_1,A_2,\cdots,A_n\}$ 是符合题目条件的任一集合族. 对任意的 $a\in S$, 约定将 a 所属的 A 族集合的个数记为 $r(a)$. 这 $r(a)$ 个 A 族集合每个包含 $C_6^2=15$ 个含 a 的三元集合. 另外, S 的含有 a 的三元子集总共有 $C_{14}^2=91$ 个, 由(3)知, 他们每个都被某个 A 族中集合 A_i 所包含, 所以
$$15r(a)\geqslant 91, r(a)\geqslant 7$$
用两种方法计算 A 族各集合所含元素数目之总和, 我们看到
$$n\times 7=\sum_{a\in S}r(a)\geqslant 15\times 7, n\geqslant 15$$

下面我们具体构造一个符合题目条件的集合族 $A=\{A_1,A_2,\cdots,A_{15}\}$.

首先, 将 $S=\{1,2,\cdots,15\}$ 的 15 个元素依顺时针次序标记在等分圆周的 15 个分点上 (图 1).

我们记 $A_1=\{1,2,4,5,6,11,13\}$, 并将 A_1 依顺时针方向转动 $j-1$ 弧格所得的 S 的 7 元子集记为 $A_j(j=2,3,\cdots,15)$. 这里所谓的弧格即等分圆周的 15 个分点中相邻两点间的弧段. 图 2 是 A_1 的图示, 图中圆内侧弧段上所标数字是该弧所含弧格的数目.

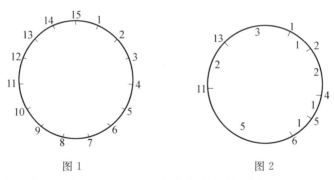

图 1　　　　图 2

我们来验证这样的 $A=\{A_1,A_2,\cdots,A_{15}\}$ 符合题目的要求.

(1) 显然, A 的每个集合恰由 S 的 7 个元素组成.

(2) 如果 $1\leqslant j-i\leqslant 7$, 那么 A_i 顺时针转动 $j-i$ 个弧格就得到 A_j.

分析: 由 A_1 的图示(图 2), 我们看到顺时针方向相距弧格数分别为 $1,2,3,4,5,6,7$ 的元素对各恰有三对, 每个 A_i 也有同样的情形. 将 A_i 按顺时针方向转动 $j-i(1\leqslant j-i\leqslant 7)$ 个弧格, 恰有 A_i 的三个元素转动后到达位置所标的元素仍在 A_i 中. 因而, $|A_i\cap A_j|=3$.

如果 $8\leqslant j-i\leqslant 14$, 那么将 A_j 顺时针转动 $15-(j-i)$ 个弧格就得到 A_i. 同样可以断定 $|A_i\cap A_j|=3$.

(3) 设 $M=\{u,v,w\}$ 是 S 的任意一个三元子集. 不妨设 u,v,w 在圆周上是按顺时针方

向排列的. 考察 u 与 v, v 与 w, w 与 u 之间的顺时针方向弧段所含弧格数, 将其中较小的两弧段所含格数的序对记为 (a,b) (顺时针序). 仍将按不同的这种序对区分 S 的三元集的类型, 显然 $1 \leqslant a, b \leqslant 7$. 并且除了 $(5,5)$ 这个序对, 其余的序对 (a,b) 都满足 $a+b \leqslant 9$.

观察 A_1 的图示, 我们看到, 下面罗列的每种 (a,b) 类型的三元集在 A_1 中各出现一次:

$(1,1), (1,2), (2,1), (1,3), (3,1), (1,4), (4,1), (1,5), (5,1), (1,6), (6,1), (1,7),$
$(7,1)$;

$(2,2), (2,3), (3,2), (2,4), (4,2), (2,5), (5,2), (2,6), (6,2), (2,7), (7,2)$;

$(3,3), (3,4), (4,3), (3,5), (5,3), (3,6), (6,3), (3,7), (7,3), (4,4), (4,5), (5,4),$
$(5,5)$.

据此可知, S 的任何一个三元子集 M 都至少被某一个 A 族集合所包含 (事实上恰被一个 A 族集合所包含).

综上, 所求 n 的最小值为 15.

4. 某圆分别与凸四边形 $ABCD$ 的 AB, BC 两边相切于 G, H 两点, 与对角线 AC 相交于 E, F 两点. 问凸四边形 $ABCD$ 应满足怎样的充要条件, 使得存在另一圆过 E, F 两点, 且分别与 DA, DC 的延长线相切? 证明你的结论.

解 所求的充要条件是 $AB + AD = CB + CD$.

(1) 必要性的证明:

如图 3, 设过 E, F 两点的另一圆分别与 DA 的延长线和 DC 的延长线相切于 J 和 K 两点, 则有

$AB + AD = BG + GA + AD$
$\quad = BG + JA + AD = BG + JD$
$\quad = BH + KD = BH + KC + CD$
$\quad = BH + HC + CD = CB + CD$

(2) 充分性的证明:

设凸四边形 $ABCD$ 满足条件 $AB + AD = CB + CD$.

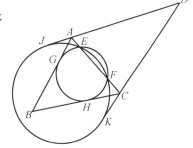

图 3

在 DA 的延长线和 DC 的延长线上分别取点 J 和点 K, 使得 $AJ = AG, CK = CH$. 于是

$DJ = JA + AD = AG + AD = AB + AD - BG$
$\quad = CB + CD - BH = CH + CD = DK$

过点 J 和点 K 分别作 DJ 和 DK 的垂线, 以两垂线的交点为圆心作通过点 J 和点 K 的圆.

因为 $AJ = AG, CK = CH$, 所以点 A 和点 C 关于原有圆的幂分别等于这两点关于所作圆的幂.

又因为直线 AC 与原有圆相交于 E 和 F 两点, 所以 EF 是两圆的公共弦 (直线 AC 是两圆的根轴).

至此, 我们证明了所作的与 DA 的延长线和 DC 的延长线相切的圆通过 E, F 两点.

5. 给定正整数 $m \geqslant 2$. 试证:

(1) 存在整数 $x_1, x_2, \cdots, x_{2m}$, 使得
$$x_i x_{m+i} = x_{i+1} x_{m+i-1} + 1, 1 \leqslant i \leqslant m \qquad (*)$$

(2) 对任何适合条件 $(*)$ 的整数组 $x_1, x_2, \cdots, x_{2m}$, 可构造满足
$$y_k y_{m+k} = y_{k+1} y_{m+k-1} + 1, k = 0, \pm 1, \pm 2, \cdots$$

的整数序列 $\cdots, y_{-k}, \cdots, y_{-1}, y_0, y_1, \cdots, y_k, \cdots,$ 使得 $y_i = x_i, i = 1, 2, \cdots, 2m$.

证明 (1) 取 $x_1 = \cdots = x_m = 1$, 由 $x_i x_{m+i} = x_{i+1} x_{m+i-1} + 1, 1 \leqslant i \leqslant m$, 有
$$x_{m+i} = x_{m+i-1} + 1, 1 \leqslant i \leqslant m-1, x_{2m} = x_{m+1} x_{2m-1} + 1$$

于是, $x_{m+1} = x_m + 1 = 2$, 有 $x_{k+m} = k+1, 1 \leqslant k \leqslant m-1$.

又 $x_{2m} = 2m+1$, 所以一组特解为 $x_i = 1, 1 \leqslant i \leqslant m, x_{m+i} = i+1, 1 \leqslant i \leqslant m, x_{2m} = 2m+1$.

(2) $(x_1 x_{m-1} + 1)(x_m x_{2m} - 1) = x_1 x_{m-1}(x_m x_{2m} - 1) + x_m x_{2m} - 1$
$$= x_1 x_{m-1} x_{m+1} + x_{2m-1} + x_m x_{2m} - 1$$
$$= (x_2 x_m + 1) x_{m-1} x_{2m-1} + x_m x_{2m} - 1$$
$$= (x_2 x_m + 1)(x_m x_{2m-2} + 1) + x_m x_{2m} - 1$$
$$= x_m(x_2 x_m x_{2m-2} + x_2 + x_{2m-2} + x_{2m})$$

所以, 当 $x_m \neq 0$ 时, $x_m \mid (x_1 x_{m-1} + 1)$. 而 $x_0 x_m = x_1 x_{m-1} + 1$, 即 $x_0 = \dfrac{x_1 x_{m-1} + 1}{x_m} \in \mathbf{Z}$.

当 $x_m = 0$ 时, 有 $x_1 x_{m-1} = -1$. 而 $x_0 x_m = x_1 x_{m-1} + 1$ 对所有整数 x_0 均成立, 所以从 $x_1, \cdots, x_{2m}$ 出发, 可求出 x_0.

对 $x_0, x_1, \cdots, x_{2m-1}$ 适合一样的关系, 由归纳法便证明了断言.

6. 对于 $1, 2, \cdots, 10$ 的每一排列 $\tau = (x_1, x_2, \cdots, x_{10})$, 定义 $S(\tau) = \sum\limits_{k=1}^{10} |2x_k - 3x_{k+1}|$.

约定 $x_{11} = x_1$. 试求:

(1) $S(\tau)$ 的最大值与最小值.

(2) 使 $S(\tau)$ 达到最大值的所有排列 τ 的个数.

(3) 使 $S(\tau)$ 达到最小值的所有排列 τ 的个数.

解 (1) 对于 $1, 2, \cdots, 10$ 的排列 $\tau = (x_1, x_2, \cdots, x_{10}), S(\tau) = \sum\limits_{k=1}^{10} |2x_k - 3x_{k+1}|$. 先估计 $S(\tau)$ 的上界及下界

$$S(\tau) = \sum_{k=1}^{10} \pm (3x_{k+1} - 2x_k)$$

可见 $S(\tau)$ 是 20 个数的代数和, 其中有 10 个取正号, 10 个取负号, 这 20 个数为 $2x_1, 2x_2, \cdots, 2x_{10}, 3x_1, \cdots, 3x_{11}$, 这 20 个数中, 从大到小排列时, 大的 10 个数为

$$3 \times 10, 3 \times 9, 3 \times 8, 3 \times 7, 3 \times 6, 3 \times 5, 2 \times 10, 2 \times 9, 2 \times 8, 2 \times 7$$

所以

$$S(\tau) \leqslant 3(10+9+8+7+6+5)+2(10+9+8+7)-$$
$$3(4+3+2+1)-2(6+5+4+3+2+1)=131$$

又 $S(\tau) \geqslant \sum_{k=1}^{10}(3x_{k+1}-2x_k)=\sum_{k=1}^{10}x_k=55$.

但在后一个不等式中,等号不可能成立. 因为 $\{3x_{k+1}-2x_k\}$ 中至少有一个是负数(使 $x_{k+1}=1$ 的那个必为负数),即有一个 k 使得 $3x_{k+1}-2x_k \leqslant -1$.

对这个 k,有 $|3x_{k+1}-2x_k| \geqslant 3x_{k+1}-2x_k+2$,所以 $S(\tau) \geqslant \sum_{k=1}^{10}x_k+2=57$.

实际上,$S(\tau)$ 的最大值及最小值分别为 131 及 57.

(2) 为讨论 $S(\tau)=131$ 的排列 τ 的个数,不妨设排列 $\tau=(x_1,x_2,\cdots,x_{10})$ 中,$x_{10}=1$.

为使 $S(\tau)=131$,在排列 τ 中,数 7,8,9,10 的后面项必定是 1,2,3,4 中的一个. 否则 $\{7,8,9,10\}$ 中的某个数 a 的后面一项是 $b \in \{5,6,7,8,9,10\}$(当然 $a \neq b$),于是 $S(\tau)$ 的和式中有一项为 $|2a-3b|$,从而在把绝对值去掉时,和式中 $2a,3b$ 中至少有一个的系数是 -1. 因此,$S(\tau)<131$.

反过来,如果 $\{7,8,9,10\}$ 的每个数的后面一项都在 $\{1,2,3,4\}$ 中,那么在计算 $S(\tau)$ 时,在去掉绝对值时,$2 \times 7,2 \times 8,2 \times 9,2 \times 10$ 的系数都是 1,而 $3 \times 7,3 \times 8,3 \times 9,3 \times 10$ 的系数肯定是 1,从而对于 5 和 6 这两个数,它们的前面一项不会是在 $\{7,8,9,10\}$ 中,因此,3×5 及 3×6 的系数必定是 1. 从而,$S(\tau)=131$.

于是,$\{7,8,9,10\}$ 后面分别放 1,2,3,4,共有 4! 种搭配法. 而四对任意排序,但 1 的那组放在最后,有 3! 种放法,在放好四组的次序后,再放 5,6 这两个数,5 有四种放法,再放 6 时有五种放法.

因此,使 $S(\tau)=131$ 的排列有 $4! \times 3! \times 4 \times 5 \times 10 = 28\,800$ 个.

(最后的乘 10 考虑的是 $x_{10}=1$ 的排列.)

(3) 下面计算 $S(\tau)=57$ 的排列 τ 的个数. 仍设 $x_{10}=1$,这时,必须 $x_9=2$,且 $3x_{k+1}-2x_k \geqslant 0 (k=1,2,3,\cdots,8)$. 并且这些条件也是充分的. 可见,排列 $\tau=(x_1,x_2,\cdots,x_{10})$ 中,$x_{10}=1, x_9=2, x_8=3, x_7=4$,而 $x_6=5$ 或 6.

如果 $x_6=6$,这时 $\{x_1,x_2,x_3,x_4,x_5\}=\{5,7,8,9,10\}$. 而 5 只能是 x_1 或者 5 之前的一项为 7.

当 $x_1=5$ 时,7,8,9,10 可以任意排,但 10 不能是 x_5,这种排列有 $4!-3!=18$ 种.

当 5 前面是 7 时,5,7 作为一组,8,9,10 各作为一组,这四组可任意排,但 10 不在最后,也有 $4!-3!=18$(种).

如果 $x_6=5$,这时 $x_5=6$ 或 7.

如果 $x_5=6$,前四个数为 $\{7,8,9,10\}$,可以任意排,但 10 不在最后,有 $4!-3!=18$(种). 如果 $x_5=7$,前四个数为 $\{6,8,9,10\}$,可以任意排,但 6 的前面不能是 10,也有 $4!-3!=18$(种)(6 前面是 10 的排法有 3! 种).

因此,使 $S(\tau)=57$ 的排列有 $(18+18+18+18) \times 10 = 720$(个).

2000 年第十五届中国数学奥林匹克国家集训队选拔试题及解答

1. 如图 1 所示,在 $\triangle ABC$ 中,$AB=AC$. 线段 AB 上有一点 D,线段 AC 的延长线上有一点 E,使得 $DE=AC$. 线段 DE 与 $\triangle ABC$ 的外接圆交于点 T,P 是线段 AT 的延长线上的一点. 证明:点 P 满足 $PD+PE=AT$ 的充分必要条件是点 P 在 $\triangle ADE$ 的外接圆上.

证明 先证充分性.

方法一:如图 2 所示.

在线段 AT 上取一点 F,使得 $\angle ABF=\angle EDP$. 因为点 P 在 $\triangle ADE$ 的外接圆上,所以有 $\angle BAF=\angle DAP=\angle DEP$. 又 $AB=AC=DE$,故 $\triangle ABF\cong\triangle EDP$. 于是,$BF=PD$,$AF=PE$.

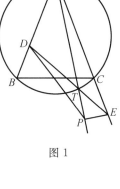

图 1

联结 BT,由 A,B,C,T 四点共圆和 A,D,E,P 四点共圆,得 $\angle CBT=\angle CAT=\angle EDP=\angle ABF$.

在 $\triangle BFT$ 中,$\angle FBT=\angle FBC+\angle CBT=\angle FBC+\angle ABF=\angle ABC$. 而 $\angle FTB=\angle ACB$,又 $AB=AC$,可得 $\angle ABC=\angle ACB$. 故 $\angle FBT=\angle FTB$,即 $\triangle BFT$ 是等腰三角形,$BF=FT$.

从而,$AT=AF+FT=PE+BF=PE+PD$.

方法二:联结 BT,CT. 在 $\triangle BTC$ 和 $\triangle DPE$ 中,由 A,B,C,T 四点共圆和 A,D,E,P 四点共圆,可得 $\angle CBT=\angle CAT=\angle EDP$,$\angle BCT=\angle BAT=\angle DEP$. 于是,$\triangle BTC\sim\triangle DPE$. 从而,可设 $\dfrac{DP}{BT}=\dfrac{PE}{CT}=\dfrac{DE}{BC}=k$.

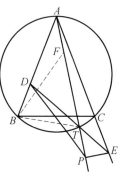

图 2

对四边形 $ABTC$ 应用托勒密定理,有 $AC\cdot BT+AB\cdot CT=BC\cdot AT$.

将上式两端同乘以 k,并用前一比例式代入可得 $AC\cdot DP+AB\cdot PE=DE\cdot AT$.

注意到 $AB=AC=DE$,此式即 $PD+PE=AT$.

再证必要性.

方法一:以 D,E 为两个焦点,长轴长等于 AT 的椭圆与直线 AT 至多有两个交点,而其中在 DE 的一侧,即线段 AT 的延长线上的交点至多有一个. 由前面充分性的证明知,AT 的延长线与 $\triangle ADE$ 外接圆的交点 Q 在这个椭圆上;而依题设,点 P 同时在 AT 的延长线和椭圆上,故点 P 与点 Q 重合,命题得证.

方法二:如图 3 所示.

在线段 AT 的延长线上任取两点 P_1, P_2,易见当 $P_1T < P_2T$ 时 $P_1D + P_1E < P_2D + P_2E$ 成立.

于是,在线段 AT 的延长线上满足 $PD + PE = AT$ 的点 P 至多有一个.而由充分性的证明知 $\triangle ADE$ 的外接圆与 AT 的延长线的交点即满足上述等式.故点 P 就在 $\triangle ADE$ 的外接圆上.

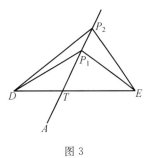

图 3

2. 给定正整数 k, m, n,满足 $1 \leqslant k \leqslant m \leqslant n$,试求
$$\sum_{i=0}^{n}(-1)^i \cdot \frac{1}{n+k+i} \cdot \frac{(m+n+i)!}{i!\,(n-i)!\,(m+i)!}$$
的值,并写出推算过程.

解 本题的答案为 0. 下面我们通过构造多项式,分别运用插值方法和差分方法来证明这一组合恒等式.

方法一:作多项式
$$f(x) = \sum_{i=0}^{n} a_i x(x+1)\cdots(x+i-1)(x+i+1)\cdots(x+n) - (x-m-1)\cdots(x-m-n)$$

下面恰当选取系数 $a_i (0 \leqslant i \leqslant n)$,使得 $f(x) \equiv 0$.

注意到 $f(x)$ 是不超过 n 次的多项式,因此 $f(x) \equiv 0$ 当且仅当 $f(x)$ 有 $n+1$ 个根 $0, -1, -2, \cdots, -n$. 于是,当 $0 \leqslant i \leqslant n$ 时,应有
$$0 = f(-i) = a_i(-i)(-i+1)\cdots(-i+i-1)(-i+i+1)\cdots(-i+n) - (-i-m-1)\cdots(-i-m-n)$$
$$= (-1)^i i!\,(n-i)!\,a_i - (-1)^n \cdot \frac{(m+n+i)!}{(m+i)!}$$

即 $a_i = (-1)^{n+i} \frac{(m+n+i)!}{i!(n-i)!\,(m+i)!}$.

从而,我们得到了代数恒等式
$$\sum_{i=0}^{n}(-1)^{n+i}\frac{(m+n+i)!}{i!(n-i)!\,(m+i)!}x(x+1)\cdots(x+i-1)(x+i+1)\cdots(x+n)$$
$$= (x-m-1)\cdots(x-m-n)$$

特别地,在上式中取 $x = n+k$. 由 $1 \leqslant k \leqslant m \leqslant n$,可知 $m+1 \leqslant n+k \leqslant m+n$,故此时等式右端为 0. 于是有
$$\sum_{i=0}^{n}(-1)^{n+1}\frac{1}{n+k+i} \cdot$$
$$\frac{(m+n+i)!}{i!(n-i)!\,(m+i)!} \cdot k(k+1)\cdots(n+k+i-1)(n+k+i) \cdot$$
$$(n+k+i+1)\cdots(2n+k) = 0$$

从中约去与 i 无关的因子 $(-1)^n k(k+1)\cdots(2n+k)$ 即得所证.

方法二:设 $g(x)=\dfrac{(x+m+1)(x+m+2)\cdots(x+m+n)}{x+n+k}$. 由 $1\leqslant k\leqslant m\leqslant n$,可知 $m+1\leqslant n+k\leqslant m+n$. 因此,$g(x)$ 是一个 $n-1$ 次多项式.

由差分公式可写出 $g(x)$ 在 0 点的 n 阶差分等于

$$\Delta^n g(0)=\sum_{i=0}^n (-1)^i C_n^i g(i)=\sum_{i=0}^n (-1)^i \frac{n!}{i!\,(n-i)!}\cdot\frac{(m+n+i)!}{(m+i)!}\cdot\frac{1}{n+k+i}$$

我们知道,$n-1$ 次多项式的 n 阶差分恒等于 0,故有

$$\sum_{i=0}^n (-1)^i \frac{(m+n+i)!}{i!\,(n-i)!\,(m+i)!}\cdot\frac{1}{n+k+i}=\frac{\Delta^n g(0)}{n!}=0$$

3. 对正整数 $a\geqslant 2$,记 N_a 为具有以下性质的正整数 k 的个数:k 的 a 进制表示的各位数字的平方和等于 k,证明:

(1) N_a 为奇数.

(2) 对任意给定的正整数 M,存在正整数 $a\geqslant 2$,使得 $N_a\geqslant M$.

证明 (1) 设 k 的 a 进制表示为 $k=x_n x_{n-1}\cdots x_1 x_0$,其中 $x_n\neq 0,0\leqslant x_i\leqslant a-1,i=0,1,\cdots,n$. 依题设,有 $x_n a^n+\cdots+x_1 a+x_0=x_n^2+\cdots+x_1^2+x_0^2$.

亦即 $x_n(a^n-x_n)+\cdots+x_1(a-x_1)=x_0(x_0-1)$. 注意到左端和式中的每一项均为非负数,而诸 x_i 都是 a 进制表示中的数字,因此成立不等式估计 $(a-1)(a-2)\geqslant x_0(x_0-1)\geqslant x_n(a^n-x_n)\geqslant a^n-a$. 由此得 $n=0$ 或 1.

当 $n=0$ 时,显然具有所给性质的正整数只有一个,即 1.

当 $n=1$ 时,$k=x_1 x_0$ 满足等式 $x_1(a-x_1)=x_0(x_0-1)$.

我们对这样的整数进行分类,为此记

$$B_a(x_0)=\{x_1\mid x_1(a-x_1)=x_0(x_0-1),1\leqslant x_1\leqslant a-1\}$$

若 $B_a(x_0)$ 非空,则 $x_0\geqslant 2$. 设 $x_1\in B_a(x_0)$,则 $a-x_1\in B_a(x_0)$.

又 $x_0\geqslant 2$ 保证了 $x_0(x_0-1)$ 不是完全平方数,故 $x_1\neq a-x_1$. 从而,$|B_a(x_0)|=0$ 或 2.

显然有 $N_a=1+\sum_{x_0=2}^{a-1}|B_a(x_0)|$.

所以 N_a 为奇数.

(2) 仅考虑满足条件的两位数 $k=x_1 x_0$. 我们注意到特殊值 $x_0=uv,x_1=u,a=(v^2+1)u-v$ 可使等式 $x_1(a-x_1)=x_0(x_0-1)$ 成立.

令 $v_1=2,v_{i+1}=(v_1^2+1)\cdots(v_i^2+1),i=1,2,\cdots,M-1$,则

$$(v_i^2+1,v_j^2+1)=1,i,j=1,2,\cdots,M,i\neq j$$

因此,由中国剩余定理知,存在正整数 $a\geqslant 2$ 满足同余方程组 $a\equiv -v_i[\bmod(v_i^2+1)]$,$i=1,2,\cdots,M$. 于是,对应地有正整数 u_i,使得

$$a=(v_i^2+1)u_i-v_i,i=1,2,\cdots,M$$

易见 $u_iv_i<a$, 且由 $v_1,v_2,\cdots,v_M$ 互不相同知 $u_1,u_2,\cdots,u_M$ 也互不相同, 从而, 首位数字为 u_i, 末位数字为 $u_iv_i(1\leqslant i\leqslant M)$ 的这 M 个两位数具有题设性质, 亦即 $N_a\geqslant M$.

4. 设 $f(x)$ 是整系数多项式, 并且 $f(x)=1$ 有整数根. 约定将所有满足上述条件的 f 组成的集合记为 F. 对于任意给定的整数 $k(k>1)$, 求最小的整数 $m(k)>1$. 要求能保证存在 $f\in F$, 使得 $f(x)=m(k)$ 恰有 k 个互不相同的整数根.

解 假定 $f\in F$ 使得 $f(x)=m(x)$ 恰有 k 个互不相同的整数根, 设这些整数根依次为 $\beta_1,\beta_2,\cdots,\beta_k$, 则存在整系数多项式 $g(x)$, 使得
$$f(x)-m(k)=(x-\beta_1)(x-\beta_2)\cdots(x-\beta_k)g(x)$$

又由 $f\in F$ 知, 存在整数 α, 使得 $f(\alpha)=1$. 将 α 代入上述分解式并在等式两端取绝对值有 $m(k)-1=|\alpha-\beta_1|\cdot|\alpha-\beta_2|\cdot\cdots\cdot|\alpha-\beta_k|\cdot|g(\alpha)|$.

依题设, $\alpha-\beta_1,\alpha-\beta_2,\cdots,\alpha-\beta_k$ 是互不相同的整数, 又 $m(k)>1$, 所以它们均非零. 为保证 $m(k)$ 确为最小, 显然应有 $|g(\alpha)|=1$, 而 $\alpha-\beta_1,\alpha-\beta_2,\cdots,\alpha-\beta_k$ 取绝对值最小的 k 个非零整数, 亦即从 $\pm 1,\pm 2,\cdots$ 中顺次选取.

下面对 k 分情况讨论, 求出 $m(k)$ 的具体值.

当 k 是偶数时, $\alpha-\beta_1,\alpha-\beta_2,\cdots,\alpha-\beta_k$ 应取 $\pm 1,\pm 2,\cdots,\pm\frac{k}{2}$, 其中有 $\frac{k}{2}$ 个负数, 考虑最初的分解式可知 $g(\alpha)$ 必等于 $(-1)^{\frac{k}{2}+1}$. 从而, $m(k)=\left[\left(\frac{k}{2}\right)!\right]^2+1$.

相应的 f 可取 $f(x)=(-1)^{\frac{k}{2}+1}\prod_{i=1}^{\frac{k}{2}}(x^2-i^2)+\left[\left(\frac{k}{2}\right)!\right]^2+1$.

类似地, 当 k 为奇数时, $\alpha-\beta_1,\alpha-\beta_2,\cdots,\alpha-\beta_k$ 应取 $\pm 1,\pm 2,\cdots,\pm\frac{k-1}{2},\frac{k+1}{2}$, $g(\alpha)=(-1)^{\frac{k-1}{2}+1}$. 从而, $m(k)=\left(\frac{k-1}{2}\right)!\left(\frac{k+1}{2}\right)!+1$. 相应的 f 可取
$$f(x)=(-1)^{\frac{k+1}{2}}\prod_{i=1}^{\frac{k-1}{2}}(x^2-i^2)\left(x+\frac{k+1}{2}\right)+\left(\frac{k-1}{2}\right)!\left(\frac{k+1}{2}\right)!+1$$

5. (1) 设 a,b 是正实数, 数列 $\{x_k\}$ 和 $\{y_k\}$ 满足 $x_0=1,y_0=0$, 且 $\begin{cases}x_{k+1}=ax_k-by_k\\y_{k+1}=x_k+ay_k\end{cases}$, $k=0,1,2,\cdots$.

求证: $x_k=\sum_{l=0}^{[k/2]}(-1)^l a^{k-3l}(a^2+b)^l\lambda_{k,l}$, 其中, $\lambda_{k,l}=\sum_{m=l}^{[k/2]}C_k^{2m}C_m^l$.

(2) 记 $u_k=\sum_{l=0}^{[k/2]}\lambda_{k,l}$, 对任意给定的正整数 m, 将 u_k 除以 2^m 所得的余数记为 $z_{m,k}$, 求证: $\{z_{m,k}\},k=0,1,2,\cdots$ 为纯周期数列, 并求出其最小正周期.

证明 (1) 我们分别利用三角替换和线性递推关系的特征方程给出两种证法.

方法一：由于
$$x_{k+1}+\mathrm{i}\sqrt{b}y_{k+1}=(a+\mathrm{i}\sqrt{b})x_k+(\mathrm{i}a\sqrt{b}-b)y_k$$
$$=(a+\mathrm{i}\sqrt{b})x_k+\mathrm{i}\sqrt{b}(a+\mathrm{i}\sqrt{b})y_k$$
$$=(x_k+\mathrm{i}\sqrt{b}y_k)(a+\mathrm{i}\sqrt{b})$$

又 $x_0=1, y_0=0$，所以 $x_k+\mathrm{i}\sqrt{b}y_k=(a+\mathrm{i}\sqrt{b})^k$.

同理可得 $x_k-\mathrm{i}\sqrt{b}y_k=(a-\mathrm{i}\sqrt{b})^k$. 从而，$x_k=\dfrac{1}{2}[(a+\mathrm{i}\sqrt{b})^k+(a-\mathrm{i}\sqrt{b})^k]$. 取 $\theta\in[0,\pi]$，使得

$$\cos\theta=\frac{a}{\sqrt{a^2+b}},\sin\theta=\frac{\sqrt{b}}{\sqrt{a^2+b}}$$

则 $x_k=(\sqrt{a^2+b})^k\cos k\theta$.

由于 $\cos k\theta+\mathrm{i}\sin k\theta=(\cos\theta+\mathrm{i}\sin\theta)^k$，所以

$$\cos k\theta=\sum_{m=0}^{[k/2]}\mathrm{C}_k^{2m}(\mathrm{i}\sin\theta)^{2m}(\cos\theta)^{k-2m}=\sum_{m=0}^{[k/2]}\mathrm{C}_k^{2m}(\cos\theta)^{k-2m}(\cos^2\theta-1)^m$$
$$=\sum_{m=0}^{[k/2]}\mathrm{C}_k^{2m}(\cos\theta)^{k-2m}\sum_{l=0}^{m}\mathrm{C}_m^l(-1)^l(\cos^2\theta)^{m-l}$$
$$=\sum_{l=0}^{[k/2]}(-1)^l(\cos\theta)^{k-2l}\sum_{m=l}^{[k/2]}\mathrm{C}_k^{2m}\mathrm{C}_m^l$$
$$=\sum_{l=0}^{[k/2]}(-1)^l(\cos\theta)^{k-2l}\lambda_{k,l}$$

由此可得

$$x_k=(\sqrt{a^2+b})^k\sum_{l=0}^{[k/2]}(-1)^l\left(\frac{a}{\sqrt{a^2+b}}\right)^{k-2l}\lambda_{k,l}=\sum_{l=0}^{[k/2]}(-1)^la^{k-2l}(a^2+b)^l\lambda_{k,l}$$

方法二：前一个递推式即 $y_k=\dfrac{1}{b}(ax_k-x_{k+1})$，代入后一个递推式得

$$\frac{1}{b}(ax_{k+1}-x_{k+2})=x_k+\frac{a}{b}(ax_k-x_{k+1})$$

化简得 $x_{k+2}=2ax_{k+1}-(a^2+b)x_k$.

这个线性递推关系的特征方程是 $t^2-2at+(a^2+b)=0$. 它有两个不同的根 $a\pm\mathrm{i}\sqrt{b}$. 再结合初值 $x_0=1, x_1=ax_0-by_0=a$，利用待定系数法便可求出

$$x_k=\frac{1}{2}[(a+\mathrm{i}\sqrt{b})^k+(a-\mathrm{i}\sqrt{b})^k]=\sum_{s=0}^{[k/2]}(-1)^s\mathrm{C}_k^{2s}a^{k-2s}b^s$$

下面计算待证式右端中 $a^{k-s}b^s$ 项的系数.

由于 $(a^2+b)^l=\sum_{r=0}^{l}\mathrm{C}_l^r a^{2(l-r)}b^r$，其中对 $a^{k-2s}b^s$ 做贡献的仅是 $r=s$ 的那项. 因此，所求的系数是

$$\sum_{l=0}^{[k/2]}(-1)^l C_l^s \lambda_{k,l} = \sum_{l=0}^{[k/2]}(-1)^l C_l^s \sum_{m=l}^{[k/2]} C_k^{2m} C_m^l$$
$$= \sum_{l=0}^{[k/2]}\sum_{m=1}^{[k/2]}(-1)^l C_l^s C_k^{2m} C_m^l$$
$$= \sum_{m=0}^{[k/2]} C_k^{2m} \sum_{l=0}^{m}(-1)^l C_l^s C_m^l$$

易见 $C_l^s C_m^l = C_m^s C_{m-s}^{l-s}$,故当 $m > s$ 时有

$$\sum_{l=0}^{m}(-1)^l C_l^s C_m^l = (-1)^s C_m^s \sum_{l=s}^{m}(-1)^{l-s} C_{m-s}^{l-s} = (-1)^s C_m^s (l-1)^{m-s} = 0$$

从而,所求的系数恰是 $(-1)^s C_k^{2s}$.

(2) 我们给出两种不同的解法. 前一种方法中蕴含一些普遍性的结论,而后一种方法则较为朴素和自然.

方法一:交换求和顺序可得

$$u_k = \sum_{l=0}^{[k/2]} \lambda_{k,l} = \sum_{l=0}^{[k/2]}\sum_{m=l}^{[k/2]} C_k^{2m} C_m^l = \sum_{m=0}^{[k/2]} C_k^{2m} \sum_{l=0}^{[k/2]} C_m^l$$
$$= \sum_{m=0}^{[k/2]} C_k^{2m} 2^m = \frac{1}{2}[(1+\sqrt{2})^k + (1-\sqrt{2})^k]$$

令 $v_k = \frac{1}{2\sqrt{2}}[(1+\sqrt{2})^k - (1-\sqrt{2})^k]$,则 u_k, v_k 均为整数,且 $u_k + v_k \sqrt{2} = (1+\sqrt{2})^k$.

由于 $(u_k + v_k \sqrt{2})(1+\sqrt{2}) = u_{k+1} + v_{k+1}\sqrt{2}$,所以有递推关系 $\begin{cases} u_{k+1} = u_k + 2v_k \\ v_{k+1} = u_k + v_k \end{cases}$.

于是,$u_{k+1} \equiv u_k \pmod{2}$.

又 $u_0 = 1$,所以 $u_k(k=0,1,2,\cdots)$ 为奇数. 由此可知 $z_{1,k} = 1, k = 0,1,2,\cdots$,对任意非负整数 n 和 m,由于

$$u_{n+m} + v_{n+m}\sqrt{2} = (u_n + v_n \sqrt{2})(u_m + v_m \sqrt{2})$$

因此,成立

$$\begin{cases} u_{n+m} = u_n u_m + 2 v_n v_m \\ v_{n+m} = u_n v_m + u_m v_n \end{cases} \quad \text{①}$$

特别地,当 $n = m$ 时,有

$$\begin{cases} u_{2n} = u_n^2 + 2v_n^2 \\ v_{2n} = 2 u_n v_n \end{cases} \quad \text{②}$$

显然,$v_0 = 0, v_1 = 1$. 对式 ② 用归纳法,易知对任何非负整数 $m, v_{2^m} = 2^m t_m$,其中 t_m 为奇数. 若 $v_n = 2^\lambda k_1, v_m = 2^\mu k_2$ 其中 k_1, k_2 为奇数,λ, μ 为非负整数,且 $\lambda \neq \mu$,则由式 ① 可得 $v_{n+m} = 2^\gamma k_3$,其中 k_3 为奇数,$\gamma = \min\{\lambda, \mu\}$. 对任何正整数 n,存在非负整数 $m_0 < m_1 < \cdots < m_r$,使得 $n = 2^{m_0} + 2^{m_1} + \cdots + 2^{m_r}$.

故由以上讨论,并利用归纳法,可得 $v_n = 2^{m_0} k$,其中 k 为奇数,亦即成立

$$2^m \mid v_n \Leftrightarrow 2^m \mid n \qquad ③$$

设 m 为非负整数,由于 $u_1=1$,以及式 ② ③,用归纳法易知 $u_{2^m} \equiv 1(\bmod 2^m)$.

从而,对任意非负整数 l,由式 ① 和式 ③ 可得 $u_{l+2^m}=u_l u_{2^m}+2v_l v_{2^m} \equiv u_l(\bmod 2^m)$,即 $\{z_{m,k}\}, k=0,1,2,\cdots$ 为纯周期数列,2^m 为周期. 现求其最小正周期 T_m.

由于 $z_{1,k}=1, k=0,1,2,\cdots$,所以 $T_1=1$. 再由 $u_0=1, u_1=1, u_2=3, u_3=7$,可知 $T_2=4$. 现讨论 $m \geqslant 3$ 的情况. 显然,$u_4=17 \equiv 1(\bmod 2^4)$. 由此及式 ②,并用归纳法可知

$$u_{2^{m-1}} \equiv 1(\bmod 2^{m+1}), \forall m \geqslant 3$$

于是,对非负整数 l,由式 ① 和式 ③ 得,当 $m \geqslant 3$ 时,有 $u_{l+2^{m-1}}=u_l u_{2^{m-1}}+2v_l v_{2^{m-1}} \equiv u_l(\bmod 2^m)$,即此时 2^{m-1} 也是 $\{z_{m,k}\}, k=0,1,2,\cdots$ 的周期. 但可以证明,当 $m \geqslant 4$ 时,2^{m-2} 不是它的周期,事实上,取 l 为奇数,$u_{l+2^{m-2}}=u_l u_{2^{m-2}}+2v_l v_{2^{m-2}}$,由式 ④,知 $u_{2^{m-2}} \equiv 1(\bmod 2^m)$. 再由式 ③,知 v_l 为奇数,$2^{m-1} \nmid v_{2^{m-2}}$,从而 $u_{l+2^{m-2}} \not\equiv u_l(\bmod 2^m)$.

由于 T_m 必是 2^{m-1} 的因子,所以当 $m \geqslant 4$ 时,$T_m=2^{m-1}$. 当 $m=3$ 时,已知 $2^2=4$ 是 $\{z_{3,k}\}, k=0,1,2,\cdots$ 的周期,并且 $T_2=4$,故必有 $T_3=4$.

总之,答案为 $T_m=\begin{cases} 2^{m-1}, m \neq 2 \\ 2^m, m=2 \end{cases}$.

方法二:根据(1)中证得的等式,当 $a=1, b=-2$ 时,x_k 的值即为 u_k,在这里 b 可以取负数是因为前面的推导本质上是代数式的运算. 于是由(1)中的方法二,知数列 $\{u_k\}$ 满足递推关系 $u_{k+2}=2u_{k+1}+u_k$,并有通项公式 $u_k=\frac{1}{2}[(1+\sqrt{2})^k+(1-\sqrt{2})^k]=\sum_{l=0}^{[k/2]} C_k^{2l} 2^l$.

对于固定的 m,我们考虑无穷多个有序数对 $(z_{m,k}, z_{m,k+1}), k=0,1,2,\cdots$.

由于每个 $z_{m,k}$ 均取值于 0 至 2^m-1 之间的有限个整数,故必存在正整数 $k_1<k_2$,使得 $(z_{m,k_1}, z_{m,k_1+1})=(z_{m,k_2}+z_{m,k_2+1})$.

注意到 $z_{m,k-1} \equiv z_{m,k+1}-2z_{m,k}(\bmod 2^m)$,因此亦有 $z_{m,k_1-1}=z_{m,k_2-1}$,依此类推,可得 $(z_{m,0}, z_{m,1})=(z_{m,k_2-k_1}, z_{m,k_2-k_1-1})$.

又数列 $\{z_{m,k}\}$ 满足二阶线性递推关系,故它是以 k_2-k_1 为周期的纯周期数列.

为求出数列 $\{z_{m,k}\}$ 的最小正周期 T_m,我们先证明两个论断.

论断 1:当 $m \geqslant 2$ 时,$2^{m+1} \mid u_{2^m}-1$.

事实上,$u_{2^m}-1=\sum_{l=1}^{2^{m-1}} \frac{2^m(2^m-1)(2^m-2)\cdots(2^m-2l+1)}{2l \cdot 1 \cdot 2 \cdots (2l-1)} 2^l$.

这个分式分子中的因式 2^m-i 与分母中的 $i(1 \leqslant i \leqslant 2l-1)$ 所含的 2 的幂次相同,故上述和式的每一项中所含的 2 的幂次 $E(l)=m+l-1-(l$ 中所含的 2 的幂次$)$.

易见,$E(1)=E(2)=m$. 所以,前两项分别等于 2^m 乘以一个奇数. 于是,它们的和是 2^{m+1} 的倍数. 当 $l \geqslant 4$ 时,由于 $l \leqslant 2^{l-2}$. 因此,$E(l) \geqslant m+l-1-(l-2)=m+1$.

又 $E(3)=m+2$,从而后面的每一项都能被 2^{m+1} 整除,命题得证.

论断 2:当 $m \geqslant 3$ 时,$2^{m+1} \mid u_{2^m+1}-1, 2^{m+2} \nmid u_{2^m+1}-1$.

类似地，$u_{2^{m-1}+1} - 1 = \sum_{l=1}^{2^{m-1}} \frac{(2^m+1)2^m(2^m-1)\cdots(2^m-2l+2)}{(2l-1)\cdot 2l \cdot 1 \cdots (2l-2)} 2^l$.

这个分式分子中的因式 $2^m - i$ 与分母中的 $i(1 \leqslant i \leqslant 2l-2)$ 所含的 2 的幂次相同，而 2^m+1 与 $2l-1$ 均为奇数，故上述和式每一项中所含的 2 的幂次 $F(l) = m+l-1-(l$ 中所含的 2 的幂次$)$. 当 $i \geqslant 6$ 时，由于 $l \leqslant 2^{l-3}$，因此
$$F(l) \geqslant m+l-1-(l-3) = m+2$$
而当 $l=3,5$ 时，直接计算知 $F(5) > F(3) = m+2$. 因此，为考察 $u_{2^{m-1}+1} - 1$ 对 2^{m+2} 的整除性，只需看对应于 $l=1,2,4$ 的三项，其中 $C_{2^m+1}^2 2^1 = 2^m(2^m+1)$ 被 2^{m+2} 除的余数是 2^m
$$C_{2^m+1}^4 2^2 = 2^m \left[\frac{(2^m+1)(2^m-1)(2^{m-1}-1)}{3} \right]$$
此分式的分子和分母除以 4 的余数分别为 $+1$ 和 -1，故该项除以 2^{m+2} 的余数为 -2^m. 注意到 $F(4) = m+1$，因此 $C_{2^m+1}^8 2^4$ 除以 2^{m+2} 的余数为 2^{m+1}. 从而，$u_{2^{m-1}+1} - 1$ 除以 2^{m+2} 的余数恰为 2^{m+1}. 命题得证.

根据这两个论断，我们知道当 $m \geqslant 5$ 时，$u_{2^{m-1}} \equiv u_0 \pmod{2^m}$，$u_{2^{m-1}+1} \equiv u_1 \pmod{2^m}$. 又 $\{z_{m,k}\}$ 满足二阶线性递推关系，因此 2^{m-1} 是它的一个周期，于是，T_m 必为 2^{m-1} 的因数. 又
$$u_{2^{m-2}+1} \not\equiv u_1 \pmod{2^m}$$
所以，2^{m-2} 不是它的周期. 从而，$T_m = 2^{m-1} (m \geqslant 5)$. 当 $m \leqslant 4$ 时，直接计算序列 $\{u_k\}$ 的前几项即可确定 $T_1 = 1, T_2 = 4, T_3 = 4, T_4 = 8$.

6. 设 n 为正整数，记集合 $M = \{(x,y) \mid x,y$ 是整数$, 1 \leqslant x, y \leqslant n\}$.

定义在 M 上的函数 f 具有性质：

(a) $f(x,y)$ 取值于非负整数.

(b) 当 $1 \leqslant x \leqslant n$ 时，有 $\sum_{y=1}^n f(x,y) = n-1$.

(c) 若 $f(x_1,y_1) f(x_2,y_2) > 0$，则 $(x_1-x_2)(y_1-y_2) \geqslant 0$.

试计算这样的函数 f 的个数 $N(n)$，并求出 $N(4)$ 的具体数值.

解 我们首先证明如下的一般性的引理.

引理：在一个 m 行 n 列的方格表的每个方格中填入一个非负整数，位于第 i 行第 j 列的方格中所填的数用 a_{ij} 表示，$r_i(1 \leqslant i \leqslant m)$ 与 $s_j(1 \leqslant j \leqslant n)$ 是非负整数，满足 $\sum_{i=1}^m r_i = \sum_{j=1}^n s_j$. 那么，同时具有如下性质的填数方法存在且唯一：

① $\sum_{j=1}^n a_{ij} = r_i (1 \leqslant i \leqslant m)$.

② $\sum_{i=1}^m a_{ij} = s_j (1 \leqslant j \leqslant n)$.

③ 若 $a_{ij}a_{kl}>0$，则 $(k-i)(l-j)\geqslant 0$.

引理的证明：我们对 $m+n$ 进行归纳.

当 $m=n=1$ 时，显然只能有 $a_{11}=r_1=s_1$，命题成立.

设命题对行数与列数之和小于 $m+n$ 的方格表成立，下面考虑 m 行 n 列方格表的填法.

如图 4，块 A_1 中的数具有形式 $a_{ij}(j\geqslant 2)$，块 A_2 中的数具有形式 $a_{ij}(i\geqslant 2)$. 注意到 $(i-1)(1-j)<0$，故由条件 ③ 知 A_1 或 A_2 中有一个部分内的数全为零.

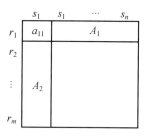

图 4

又 A_1 中各数之和 $+a_{11}=r_1$，A_2 中各数之和 $+a_{11}=s_1$. 因此必有 $a_{11}=\min\{r_1,s_1\}$. 由对称性不妨设 $r_1\leqslant s_1$，这样 A_1 中的各数均为零.

考虑此方格表中后 $n-1$ 行构成的子方格表，其各行的和依次为 $r_2,\cdots,r_m$，各列的和依次为 $s_1-r_1,s_2,\cdots,s_n$，这些数均为非负整数，且满足 $r_2+\cdots+r_m=(s_1-r_1)+s_2+\cdots+s_n$.

于是，对此子方格表运用归纳假设，即知这部分的填法是唯一的.

第一行各数已经确定，其中仅有 a_{11} 非零，不等式 $(i-1)(j-1)\geqslant 0$ 对任意 a_{ij} 成立，故整个方格表的填法还满足条件 ③，命题得证.

下面我们运用引理来解原题.

集合 M 可以看作一个 n 行 n 列的方格表，而每个 M 上的函数 f 对应于方格表的一种填数方法，现在表中各数的列和给定，且表中所有数之和为 $n(n-1)$，故由引理知任取 n 个和为 $n(n-1)$ 的非负整数组作为行和，使唯一对应一个函数 f，从而本题的答案为方程组 $b_1+b_2+\cdots+b_n=n(n-1)$ 的非负整数解的个数，即 $N(n)=C_{n(n-1)+(n-1)}^{n-1}=C_{n^2-1}^{n-1}$. 特别地，$N(4)=C_{15}^3=455$.

2001年第十六届中国数学奥林匹克国家集训队选拔试题及解答

1. 平面上给定凸四边形 $ABCD$ 及其内点 E 和 F，适合
$$AE = BE, CE = DE, \angle AEB = \angle CED$$
$$AF = DF, BF = CF, \angle AFD = \angle BFC$$
求证：$\angle AFD + \angle AEB = \pi$.

证明 如图1，将凸四边形对角线 AC 与 BD 的交点记为 G，并记 $\angle EAB = \angle ABE = \theta$，$\angle FAD = \angle ADF = \varphi$.

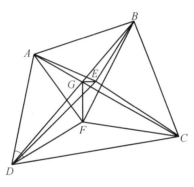

图1

因为 $\triangle AEC$ 可通过绕点 E 的旋转与 $\triangle BDE$ 重合，所以 $\angle GAE = \angle GBE$，有 A, B, E, G 四点共圆. 又因为 $\triangle AFC$ 可通过绕点 F 的旋转与 $\triangle BDF$ 重合，所以 $\angle GAF = \angle GDF$，有 A, D, F, G 四点共圆. 依据圆内接四边形的等角关系可知
$$\angle EGB = \angle EAB = \theta, \angle FGD = \angle FAD = \varphi$$
$$\angle EGC = \angle ABE = \theta, \angle FGC = \angle ADF = \varphi$$
又因为
$$\angle EGB + \angle EGC + \angle FGC + \angle FGD = \pi$$
所以 $2\theta + 2\varphi = \pi$.

于是，$(\pi - 2\theta) + (\pi - 2\varphi) = \pi$，即 $\angle AFD + \angle AEB = \pi$.

2. 对给定的正整数 $a, b, b > a > 1$，a 不能整除 b 及给定的正整数数列 $\{b_n\}_{n=1}^{\infty}$，满足对所有正整数 n 有 $b_{n+1} \geq 2b_n$. 问：是否总存在正整数数列 $\{a_n\}_{n=1}^{\infty}$，使得对所有正整数 n，有 $a_{n+1} - a_n \in \{a, b\}$，且对所有正整数 m, l（可以相同），有 $a_m + a_l \notin \{b_n\}_{n=1}^{\infty}$？

解 答案是肯定的. 我们用归纳法进行构造.

取 a_1 为正整数,使 $2a_1 \notin \{b_n\}_{n=1}^\infty, a_1 > b-a$(如 $b_{n_0} > b-a+1$,取 $a_1 = b_{n_0} - 1$ 即可).

假设已取 $a_1, a_2, \cdots, a_k$ 使得 $a_{i+1} - a_i \in \{a, b\}, a_m + a_l \notin \{b_n\}_{n=1}^\infty (1 \leqslant m \leqslant k, 1 \leqslant l \leqslant k)$ 考虑:

(1) $a_1 + a_k + a, a_2 + a_k + a, \cdots, a_k + a_k + a, 2a_k + 2a$.

(2) $a_1 + a_k + b, a_2 + a_k + b, \cdots, a_k + a_k + b, 2a_k + 2b$.

假设(1)中有 $\{b_n\}_{n=1}^\infty$ 中的项 b_u,(2)中有 $\{b_n\}_{n=1}^\infty$ 中的项 b_v. 由于 $2a_k + 2b < 2(a_1 + a_k + a)$ 及 $a_1 + a_k + a \leqslant b_u, b_v \leqslant 2a_k + 2b$,故 $b_u = b_v$.

又 $b_u = b_v \leqslant 2a_k + 2a \leqslant 2a_k + 2b$,从而,存在 $1 \leqslant j \leqslant k-1$,使 $b_v = a_j + a_k + b$.

情形 1: $b_u = a_i + a_k + a, 1 \leqslant i \leqslant k$.

此时,$a_i - a_j = b - a > 0$. 由归纳假设,知 $a_i - a_j = ca + db, c, d$ 为非负整数.

这样,$ca + db = b - a$.

因此,$d = 0, b = (c+1)a$,与 a 不能整除 b 矛盾.

情形 2: $b_u = 2a_k + 2a$.

此时,$a_k - a_j = b - 2a$. 由 $1 \leqslant j \leqslant k$ 及归纳假设,知 $a_k - a_j = c'a + d'b, c', d'$ 为非负整数.

这样,$c'a + d'b = b - 2a$.

因此,$d' = 0, b = (c' + 2)a$,与 a 不能整除 b 矛盾.

故(1)或(2)中不含 $\{b_n\}_{n=1}^\infty$ 中的项.

由此可取 $a_{k+1} = a_k + a$ 或 $a_k + b$,使得 $a_{k+1} + a_i \notin \{b_n\}_{n=1}^\infty, 1 \leqslant i \leqslant k+1$.

命题得证.

3. 给定大于 1 的整数 k,记 $\mathbf{R}$ 为全体实数组成的集合. 求所有函数 $f: \mathbf{R} \to \mathbf{R}$,使得对 $\mathbf{R}$ 中的一切 x 和 y,都有

$$f[x^k + f(y)] = y + [f(x)]^k \qquad ①$$

解 令 $x = 0, t = [f(0)]^k$,由式 ① 有

$$f[f(y)] = y + t \qquad ②$$

及

$$f(f\{x^k + f[f(y)]\}) = f\{f(y) + [f(x)]^k\} = f\{[f(x)]^k + f(y)\}$$
$$= y + \{f[f(x)]\}^k = y + (x+t)^k \qquad ③$$

由式 ② 有

$$f(f\{x^k + f[f(y)]\}) = x^k + f[f(y)] + t = x^k + y + 2t \qquad ④$$

由式 ③④ 有 $x^k + y + 2t = y + (x+t)^k$,即对任意 $x \in \mathbf{R}$,有

$$x^k + 2t = (x+t)^k \qquad ⑤$$

得到 $t = 0$,即

$$f(0) = 0 \qquad ⑥$$

由式 ②⑥ 有

$$f[f(y)] = y \qquad ⑦$$

由式①⑦有

$$f(x+y) = f\{x + f[f(y)]\} = f\{(x^{\frac{1}{k}})^k + f[f(y)]\} = f(y) + [f(x^{\frac{1}{k}})]^k \qquad ⑧$$

这里当 k 为偶数时,限制 $x \geqslant 0$.

① 当 k 为偶数时,从式 ⑧ 知 $f(x)$ 是 **R** 上的单调递增函数. 现证明:对 $\forall x \in$ **R**, $f(x) = x$.

因为,如果有 $z \in \mathbf{R}, f(z) \neq z$.

当 $z < f(z)$ 时,$f(z) \leqslant f[f(z)] = z$, 矛盾.

当 $z > f(z)$ 时,有 $f(z) \geqslant f[f(z)] = z$, 矛盾.

② 当 k 为奇数时,在式 ① 中令 $y = 0$, 有 $f(x^k) = [f(x)]^k$.

从而

$$[f(x^{\frac{1}{k}})]^k = f(x), x \in \mathbf{R} \qquad ⑨$$

由式⑧⑨有

$$f(x+y) = f(x) + f(y), \forall x, y \in \mathbf{R} \qquad ⑩$$

由式 ⑩ 知对任意有理数 t, 有

$$f(tx) = tf(x) \qquad ⑪$$

及

$$f(-x) = -f(x), \forall x \in \mathbf{R}$$

由式⑨⑩有

$$f[(t+x)^k] = [f(t+x)]^k = [f(t) + f(x)]^k$$

从而

$$f\left(\sum_{s=0}^{k} C_k^s t^s x^{k-s}\right) = \sum_{s=0}^{k} C_k^s [f(t)]^s [f(x)]^{k-s}$$

由式⑩⑪及上式知,对任意有理数 t, 有

$$\sum_{s=0}^{k} C_k^s t^s f(x^{k-s}) = \sum_{s=0}^{k} C_k^s t^s [f(1)]^s [f(x)]^{k-s} \qquad ⑫$$

从而

$$f(x^{k-s}) = [f(1)]^s [f(x)]^{k-s}, s \in \{0, 1, 2, \cdots, k\} \qquad ⑬$$

令 $s = k, x = 1$, 有

$$f(1) = [f(1)]^k \qquad ⑭$$

由于 $k > 1$ 为正整数,以及式 ⑥ 和式 ⑦,有

$$f(1) = \pm 1 \qquad ⑮$$

取 $s = k - 2$, 则 s 为奇数.

由式⑬⑮有

$$f(x^2) = \pm [f(x)]^2 \qquad ⑯$$

当上式取正号时,有
$$f(x)=f[(\sqrt{x})^2]=[f(\sqrt{x})]^2>0 \quad ⑰$$
由式 ⑩⑰ 知,$f(x)$ 是单调递增函数,再利用式 ⑦,有 $f(x)=x$.
当式 ⑯ 取负号时,$\forall x>0$,有
$$f(x)=f[(\sqrt{x})^2]=-f[(\sqrt{x})]^2<0 \quad ⑱$$
由式 ⑩⑱ 知,$f(x)$ 是单调递减函数.
下面证明 $f(x)=-x,\forall x\in \mathbf{R}$.
如果有 $z\in \mathbf{R},f(z)\neq -z$.
当 $-z<f(z)$ 时,$f(-z)\geqslant f[f(z)]=z,-f(z)\geqslant z,f(z)\leqslant -z$. 矛盾.
当 $-z>f(z)$ 时,$f(-z)\leqslant f[f(z)]=z,-f(z)\leqslant z,f(z)\geqslant -z$,也矛盾.
经检验,当 k 是偶数时,$f(x)=x$ 是解;当 k 是奇数时,$f(x)=x$ 或 $f(x)=-x$ 是解.

4. 给定大于3的整数 n,设实数 $x_1,x_2,\cdots,x_n,x_{n+1},x_{n+2}$ 满足条件 $0<x_1<x_2<\cdots<x_n<x_{n+1}<x_{n+2}$.

试求 $\dfrac{\left(\sum\limits_{i=1}^{n}\dfrac{x_{i+1}}{x_i}\right)\left(\sum\limits_{j=1}^{n}\dfrac{x_{j+2}}{x_{j+1}}\right)}{\left(\sum\limits_{k=1}^{n}\dfrac{x_{k+1}x_{k+2}}{x_{k+1}^2+x_{k+1}x_{k+2}}\right)\left(\sum\limits_{l=1}^{n}\dfrac{x_{l+1}^2+x_l x_{l+2}}{x_l x_{l+1}}\right)}$ 的最小值,并求出使该式取到最小值的所有满足条件的实数组 $x_1,x_2,\cdots,x_n,x_{n+1},x_{n+2}$.

解 记 $t_i=\dfrac{x_{i+1}}{x_i}(>1),1\leqslant i\leqslant n$. 题中的式子可写成

$$\frac{\left(\sum\limits_{i=1}^{n}t_i\right)\left(\sum\limits_{i=1}^{n}t_{i+1}\right)}{\left(\sum\limits_{i=1}^{n}\dfrac{t_i t_{i+1}}{t_i+t_{i+1}}\right)\left[\sum\limits_{i=1}^{n}(t_i+t_{i+1})\right]}$$

我们看到

$$\left(\sum_{i=1}^{n}\frac{t_i t_{i+1}}{t_i+t_{i+1}}\right)\left[\sum_{i=1}^{n}(t_i+t_{i+1})\right]$$
$$=\left(\sum_{i=1}^{n}t_i-\sum_{i=1}^{n}\frac{t_i^2}{t_i+t_{i+1}}\right)\left[\sum_{i=1}^{n}(t_i+t_{i+1})\right]$$
$$=\left(\sum_{i=1}^{n}t_i\right)\left[\sum_{i=1}^{n}(t_i+t_{i+1})\right]-\left(\sum_{i=1}^{n}\frac{t_i^2}{t_i+t_{i+1}}\right)\left[\sum_{i=1}^{n}(t_i+t_{i+1})\right]$$
$$\leqslant\left(\sum_{i=1}^{n}t_i\right)\left[\sum_{i=1}^{n}(t_i+t_{i+1})\right]-\left(\sum_{i=1}^{n}\frac{t_i}{\sqrt{t_i+t_{i+1}}}\sqrt{t_i+t_{i+1}}\right)^2$$
$$=\left(\sum_{i=1}^{n}t_i\right)^2+\left(\sum_{i=1}^{n}t_i\right)\left(\sum_{i=1}^{n}t_{i+1}\right)-\left(\sum_{i=1}^{n}t_i\right)^2$$
$$=\left(\sum_{i=1}^{n}t_i\right)\left(\sum_{i=1}^{n}t_{i+1}\right)$$

因此，对符合条件的实数组 $x_1, x_2, \cdots, x_n, x_{n+1}, x_{x+2}$，题中的式子不小于 1.

上面的推演中用到了柯西不等式，等号成立的充分必要条件是 $\dfrac{\dfrac{\sqrt{t_i+t_{i+1}}}{t_i}}{\sqrt{t_i+t_{i+1}}} = d (i \leqslant t \leqslant n)$（常数）. 也就是 $\dfrac{t_{i+1}}{t_i} = d - 1 = c, 1 \leqslant i \leqslant n$.

记 $t_1 = b$，有 $t_j = bc^{j-1}, 1 \leqslant j \leqslant n+1$. 相应地有 $\dfrac{x_{j+1}}{x_j} = t_j = bc^{j-1}, 1 \leqslant j \leqslant n+1$. 记 $x_1 = a > 0$，有 $x_k = t_{k-1} t_{k-2} \cdots t_1 a = a b^{k-1} c^{\frac{(k-1)(k-2)}{2}}, 2 \leqslant k \leqslant n+2$.

因为 $x_2 > x_1$，所以 $b = \dfrac{x_2}{x_1} > 1$.

又因为 $t_j = bc^{j-1} > 1, 1 \leqslant j \leqslant n+1$，所以 $c > \sqrt[n]{\dfrac{1}{b}} (\geqslant \sqrt[j-1]{\dfrac{1}{b}}, 1 \leqslant j \leqslant n+1)$，得到结论：

（1）对于符合条件的实数组 $x_1, x_2, \cdots, x_n, x_{n+1}, x_{n+2}$，题中式子的最小值不小于 1.

（2）能使该式取到最小值的符合条件 $0 < x_1 < x_2 < \cdots < x_n < x_{n+1} < x_{n+2}$ 的实数组 $x_1, x_2, \cdots, x_n, x_{n+1}, x_{n+2}$ 应该是 $x_1 = a, x_k = a b^{k-1} c^{\frac{(k-1)(k-2)}{2}}, 2 \leqslant k \leqslant n+2$，其中 $a > 0, b > 1$, $c > \sqrt[n]{\dfrac{1}{b}}$.

5. 给定正 $\triangle ABC$，D 是边 BC 上任意一点，$\triangle ABD$ 的外心、内心分别为 O_1, I_1，$\triangle ADC$ 的外心、内心分别为 O_2, I_2，直线 $O_1 I_1$ 与 $O_2 I_2$ 相交于点 P. 试求：当点 D 在边 BC 上运动时，点 P 的轨迹.

解法一 如图 2 所示.

作辅助线. 由
$$\angle AO_2 D = 2\angle C = 120°$$
$$\angle AI_2 D = 90° + \frac{1}{2}\angle C = 120°, \angle B = 60°$$

知 O_2, I_2 均在圆 O 上.

同理，O_1, I_1 均在圆 O_2 上.

显然，圆 O_1 与圆 O_2 是等圆，$\angle O_1 D O_2 = 60°$.

因为 $\angle AI_2 O_2 = 30° = \angle I_1 AI_2$，所以 $AI_1 \parallel O_2 P$，$\angle O_1 P O_2 = \angle O_1 I_1 A = 30°$.

于是，点 D 是 $\triangle O_1 P O_2$ 的外心.

在 $\triangle O_2 D I_2$ 中，由 $\angle DI_2 O_2 = 150° \Rightarrow \angle O_2 D I_2 + \angle DO_2 I_2 = 30°$，又因为 $\angle O_2 DC = \angle I_2 DC + \angle O_2 DI_2 = \angle ADI_2 + \angle O_2 DI_2 =$

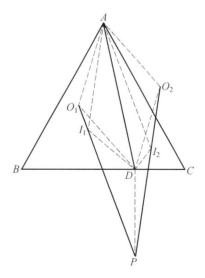

图 2

$\angle ADO_2 + \angle O_2DI_2 + \angle O_2DI_2 = 30° + 2\angle O_2DI_2$，于是，由 $\angle DO_2P = \angle DPO_2$，有

$$\angle PDC = 180° - \angle CID_2 - 2\angle DO_2P = 150° - 2\angle O_2DI_2 - 2\angle DO_2P = 90°$$

故 $\angle PDC = 90°$，即 $PD \perp BC$，以及 $AD = \sqrt{3}DO_1 = \sqrt{3}DP$.

现以边 BC 所在的直线为 x 轴，边 BC 的中点 O 为坐标原点建立直角坐标系，且不妨设正 $\triangle ABC$ 的边长为 2，点 P 的坐标为 (x,y)，则在 $\mathrm{Rt}\triangle AOD$ 中，有 $AD^2 - OD^2 = AO^2$，即

$$(\sqrt{3}y)^2 - x^2 = (\sqrt{3})^2, y^2 - \frac{x^2}{3} = 1, -1 < x < 1, y < 0$$

解法二 如图 3 所示.

建立坐标系，$BE \perp AC, CF \perp AB$. 设点 D 的坐标为 $(a,0)$，不妨设 $0 \leqslant a < 1$，则 O_2, I_1 在 BE 或其延长线上，O_1, I_2 在 CF 或其延长线上. 由于 O_2 在 DC 的垂直平分线上，故 O_2 的横坐标为 $\frac{a+1}{2}$. 由 $\angle CBO_2 = 30°$，知 O_2 的纵坐标为 $\frac{3+a}{2} \cdot \frac{\sqrt{3}}{3}$. 因此，点 O_2 的坐标为 $\left(\frac{a+1}{2}, \frac{3+a}{2} \cdot \frac{\sqrt{3}}{3}\right)$，点 I_2 的纵坐标为 $\triangle ADC$ 内切圆的半径长 r_2. 由 $AD = \sqrt{a^2+3}$ 及面积关系有 $(2 + 1 - a + \sqrt{a^2+3})r_2 = (1-a)\sqrt{3}$，即

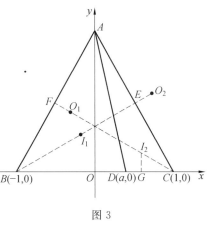

图 3

$$r_2 = \frac{\sqrt{3}}{6}(3 - a - \sqrt{a^2+3})$$

过点 I_2 作 $I_2G \perp BC$，交 BC 于点 G，则由 $\angle GCI_2 = 30°$，知 $CG = r_2\cot 30° = \sqrt{3}r_2$. 点 I_2 的横坐标为 $1 - CG = 1 - \frac{1}{2}(3 - a - \sqrt{a^2+3}) = \frac{1}{2}(a - 1 + \sqrt{a^2+3})$.

因此，点 I_2 的坐标为 $\left(\frac{1}{2}(a - 1 + \sqrt{a^2+3}), \frac{\sqrt{3}}{6}(3 - a - \sqrt{a^2+3})\right)$.

同理，点 I_1 的坐标为 $\left(\frac{1}{2}(a + 1 - \sqrt{a^2+3}), \frac{\sqrt{3}}{6}(3 + a - \sqrt{a^2+3})\right)$.

点 O_1 的坐标为 $\left(\frac{a-1}{2}, \frac{3-a}{2} \cdot \frac{\sqrt{3}}{3}\right)$.

直线 O_2I_2 的方程为

$$\frac{y - \frac{a+3}{2} \cdot \frac{\sqrt{3}}{3}}{x - \frac{a+1}{2}} = \frac{\sqrt{3}}{3} \cdot \frac{2a + \sqrt{a^2+3}}{2 - \sqrt{a^2+3}}$$

即

$$y - \frac{\sqrt{3}(a+3)}{6} = \frac{\sqrt{3}}{3} \cdot \frac{2a + \sqrt{a^2+3}}{2 - \sqrt{a^2+3}} \left(x - \frac{a+1}{2}\right) \qquad ①$$

直线 $O_1 I_1$ 的方程为

$$\frac{y - \frac{a-3}{2} \cdot \frac{\sqrt{3}}{3}}{x - \frac{a-1}{2}} = \frac{\sqrt{3}}{3} \cdot \frac{2a - \sqrt{a^2+3}}{2 - \sqrt{a^2+3}}$$

即

$$y - \frac{\sqrt{3}(3-a)}{6} = \frac{\sqrt{3}}{3} \cdot \frac{2a - \sqrt{a^2+3}}{2 - \sqrt{a^2+3}} \left(x - \frac{a-1}{2}\right) \qquad ②$$

由式 ① 和 ②,解得 $x = a$,代入式 ② 有

$$y = \frac{\sqrt{3}(3-a)}{6} + \frac{\sqrt{3}}{3} \cdot \frac{2a - \sqrt{a^2+3}}{2 - \sqrt{a^2+3}} \left(a - \frac{a-1}{2}\right) = -\frac{\sqrt{3}}{3}\sqrt{a^2+3}$$

因此,$y = -\frac{\sqrt{3}}{3}\sqrt{x^2+3}$,即 $y^2 - \frac{x^2}{3} = 1, -1 < x < 1, y < 0$.

六、记 $F = \max\limits_{1 \leqslant x \leqslant 3} |x^3 - ax^2 - bx - c|$,当 a, b, c 取遍所有实数时,求 F 的最小值.

解 令

$$f(x) = (x+2)^3 - a(x+2)^2 - b(x+2) - c$$
$$= x^3 + (6-a)x^2 + (12-4a-b)x + (8-4a-2b-c)$$

记 $6-a = a_1, 12-4a-b = b_1, 8-4a-2b-c = c_1$,问题转化为求 $\max\limits_{-1 \leqslant x \leqslant 1} |f(x)|$ 的最小值.

可以证明

$$1 + |a_1| + |b_1| + |c_1| \leqslant 7 \max\limits_{-1 \leqslant x \leqslant 1} |f(x)| \qquad (*)$$

(式($*$)的证明放在最后.)

若式($*$)成立,则当 $|a_1| + |b_1| + |c_1| \geqslant \frac{3}{4}$ 时,有

$$\max\limits_{-1 \leqslant x \leqslant 1} |f(x)| \geqslant \frac{1}{4} \qquad ①$$

当 $|a_1| + |b_1| + |c_1| < \frac{3}{4}$ 时,由于

$$|f(1)| \geqslant 1 - |a_1| - |b_1| - |c_1| > \frac{1}{4} \qquad ②$$

从而,由式 ①② 得

$$\max\limits_{-1 \leqslant x \leqslant 1} |f(x)| \geqslant \frac{1}{4}, \forall a_1, b_1, c_1 \in \mathbf{R} \qquad ③$$

令 $a_1 = 0, b_1 = -\frac{3}{4}, c_1 = 0$,即 $a = 6, b = -\frac{45}{4}, c = \frac{13}{2}$,则 $f(x) = x^3 - \frac{3}{4}x$,由

$$f(x)-f(1)=(x-1)\left(x^2+x+1-\frac{3}{4}\right)=(x-1)\left(x+\frac{1}{2}\right)^2$$

从而,$f(x) \leqslant f(1) = \frac{1}{4}, \forall x \in [-1,1]$.

同理可证,$f(x)-f(-1)=(x+1)(x-\frac{1}{2})^2$,即 $f(x) \geqslant f(-1) = -\frac{1}{4}$, $\forall x \in [-1,1]$.

于是,得

$$\max_{-1 \leqslant x \leqslant 1} |f(x)| = |f(1)| = \frac{1}{4} \qquad ④$$

由式 ③ 和 ④ 可知,$\max_{1 \leqslant x \leqslant 3} |x^3-ax^2-bx-c|$ 的最小值为 $\frac{1}{4}$,且当 $a=6, b=-\frac{45}{4}, c=\frac{13}{2}$ 时达到.

式($*$)的证明.

只要证明以下命题:设实系数三次多项式 $p(x)=\alpha x^3+\beta x^2+\gamma x+\delta$ 满足 $|p(x)| \leqslant 1, \forall |x| \leqslant 1$,则

$$|\alpha|+|\beta|+|\gamma|+|\delta| \leqslant 7 \qquad ⑤$$

命题的证明:由 $\pm p(\pm x)$ 均满足式 ⑤,不妨设 $\alpha, \beta \geqslant 0$.

(1) 当 $\gamma, \delta \geqslant 0$ 时,有

$$|\alpha|+|\beta|+|\gamma|+|\delta| = \alpha+\beta+\gamma+\delta = p(1) \leqslant 1$$

(2) 当 $\gamma \geqslant 0, \delta \leqslant 0$ 时,有

$$|\alpha|+|\beta|+|\gamma|+|\delta| = \alpha+\beta+\gamma-\delta = p(1)-2p(0) \leqslant 3$$

(3) 当 $\gamma < 0, \delta \geqslant 0$ 时,有

$$|\alpha|+|\beta|+|\gamma|+|\delta| = \alpha+\beta-\gamma+\delta = \frac{4}{3}(\alpha+\beta+\gamma+\delta)-\frac{1}{3}(-\alpha+\beta-\gamma+\delta)-$$
$$\frac{8}{3}\left(\frac{\alpha}{8}+\frac{\beta}{4}+\frac{\gamma}{2}+\delta\right)+\frac{8}{3}\left(-\frac{\alpha}{8}+\frac{\beta}{4}-\frac{\gamma}{2}+\delta\right)$$
$$=\frac{4}{3}p(1)-\frac{1}{3}p(-1)-\frac{8}{3}p\left(\frac{1}{2}\right)+\frac{8}{3}p\left(-\frac{1}{2}\right)$$
$$\leqslant 7$$

(4) 当 $\gamma < 0, \delta < 0$ 时,则

$$|\alpha|+|\beta|+|\gamma|+|\delta| = \alpha+\beta-\gamma-\delta = \frac{5}{3}p(1)-4p\left(\frac{1}{2}\right)+\frac{4}{3}p\left(-\frac{1}{2}\right) \leqslant 7$$

综上可知,式 ⑤ 成立.

2002年第十七届中国数学奥林匹克国家集训队选拔试题及解答

1. 设凸四边形 $ABCD$ 的两组对边所在的直线分别交于 E,F 两点,两对角线的交点为 P,过 P 作 $PO \perp EF$ 于点 O. 求证: $\angle BOC = \angle AOD$.

解 如图1所示,只需证明 OP 既是 $\angle AOC$ 的平分线,也是 $\angle DOB$ 的平分线即可.

不妨设 AC 交 EF 于点 Q,考虑 $\triangle AEC$ 和点 F.
由塞瓦定理可得
$$\frac{EB}{BA} \cdot \frac{AQ}{QC} \cdot \frac{CD}{CE} = 1 \qquad ①$$

再考虑 $\triangle AEC$ 与截线 BPD,由梅涅劳斯定理有
$$\frac{ED}{DC} \cdot \frac{CP}{PA} \cdot \frac{AB}{BE} = 1 \qquad ②$$

比较 ①② 两式,可得
$$\frac{AP}{AQ} = \frac{PC}{QC} \qquad ③$$

过点 P 作 EF 的平行线分别交 OA,OC 于点 I,J,则有
$$\frac{PI}{QO} = \frac{AP}{AQ}, \frac{JP}{QO} = \frac{PC}{QC} \qquad ④$$

由 ③④ 两式可得 $\frac{PI}{QO} = \frac{JP}{QO} \Rightarrow PI = PJ$.

又 $OP \perp IJ$,则 OP 平分 $\angle IOJ$,即 OP 平分 $\angle AOC$.

同理可证:当 BD 与 EF 相交时,OP 平分 $\angle DOB$. 而当 $BD \parallel EF$ 时,过点 B 作 ED 的平行线交 AC 于点 G(图2),则
$$\frac{AG}{AC} = \frac{AB}{AE} = \frac{AD}{AF}$$

故 $GD \parallel CF$,从而,四边形 $BCDG$ 为平行四边形,于是,P 为 BD 的中点. 因此,OP 平分 $\angle DOB$.

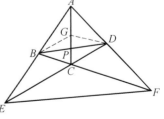

图2

2. 设 $a_1 = \frac{1}{4}, a_n = \frac{1}{4}(1+a_{n-1})^2, n \geqslant 2$. 求最小实数 λ,使得对任意非负实数 $x_1, x_2, \cdots, x_{2002}$,有 $\sum\limits_{k=1}^{2002} A_k \leqslant \lambda a_{2002}$. 其中

$$A_k = \frac{x_k - k}{\left(x_k + \cdots + x_{2\,002} + \frac{k(k-1)}{2} + 1\right)^2}, k \geqslant 1$$

解 令 $\delta(k) = \frac{1}{2}k(k-1)$. 先证明几个引理.

引理 1: 对任意实数 $a \geqslant 0, c > 0, b > 0$, 函数 $f(x) = \frac{a}{x+b} + \frac{x-c}{(x+b)^2}$, 当 $x = \frac{(1-a)b + 2c}{1+a}$ 时, 取最大值 $\frac{1}{4} \cdot \frac{(1+a)^2}{b+c}$.

引理 1 的证明: 令 $y = \frac{1}{x+b}$, 则

$$f(x) = -(b+c)y^2 + (1+a)y = -(b+c)\left(y - \frac{1}{2} \cdot \frac{1+a}{b+c}\right)^2 + \frac{1}{4} \cdot \frac{(1+a)^2}{b+c}$$

于是, 当 $y = \frac{1}{2} \cdot \frac{1+a}{b+c}$, 即 $x = \frac{(1-a)b + 2c}{1+a}$ 时, $f(x)_{\max} = \frac{1}{4} \cdot \frac{(1+a)^2}{b+c}$.

引理 2: 设 $a_1 = \frac{1}{4}, a_n = \frac{1}{4}(1 + a_{n-1})^2, n \geqslant 2$, 则 a_n 满足 $0 < a_n < 1$.

引理 3: 对任意 $n \geqslant 1$, $\sum_{k=1}^{n} A_k \leqslant \frac{1}{\delta(n+1)+1} a_n$, 且可以取等号.

引理 3 的证明: 由引理 1, 有

$$\frac{x_1 - 1}{(x_1 + \cdots + x_n + 1)^2} \leqslant \frac{1}{4} \cdot \frac{1}{x_2 + \cdots + x_n + 2} = \frac{a_1}{x_2 + \cdots + x_n + 2} \qquad ①$$

且当 $x_1 = x_2 + \cdots + x_n + 3$ 时, 取最大值 $\frac{a_1}{x_2 + \cdots + x_n + 2}$

$$\frac{a_1}{x_2 + \cdots + x_n + 2} + \frac{x_2 - 2}{(x_2 + \cdots + x_n + 2)^2}$$

$$\leqslant \frac{1}{4} \cdot \frac{(1+a_1)^2}{x_3 + \cdots + x_n + 4} = \frac{a_2}{x_3 + \cdots + x_n + 4} \qquad ②$$

且当 $x_2 = \frac{(1-a_1)(x_3 + \cdots + x_n + 4) + 4}{1 + a_1}$ 时, 取最大值 $\frac{a_2}{x_3 + \cdots + x_n + 4}$, ……

$$\frac{a_{n-2}}{x_{n-1} + x_n + \delta(n-1) + 1} + \frac{x_{n-1} - (n-1)}{[x_{n-1} + x_n + \delta(n-1) + 1]^2}$$

$$\leqslant \frac{1}{4} \cdot \frac{(1+a_{n-2})^2}{x_n + \delta(n) + 1} = \frac{a_{n-1}}{x_n + \delta(n) + 1}$$

且当 $x_{n-1} = \frac{\{(1-a_{n-2})[x_n + \delta(n-1) + 1] + 2(n-1)\}}{1 + a_{n-2}}$ 时, 取最大值 $\frac{a_{n-1}}{x_n + \delta(n) + 1}$.

$$\frac{a_{n-1}}{x_n + \delta(n) + 1} + \frac{x_n - n}{[x_n + \delta(n) + 1]^2} \leqslant \frac{1}{4} \cdot \frac{(1+a_{n-1})^2}{\delta(n+1) + 1} = \frac{a_n}{\delta(n+1) + 1}$$

且当 $x_n = \frac{(1-a_{n-1})[\delta(n) + 1] + 2n}{1 + a_{n-1}}$ 时, 取最大值 $\frac{a_n}{\delta(n+1) + 1}$.

将以上各式相加,得 $\sum_{k=1}^{n} A_k \leqslant \frac{1}{\delta(n+1)+1} a_n$,且当

$$x_n = \frac{(1-a_{n-1})[\delta(n)+1]+2n}{1+a_{n-1}}$$

$$x_{n-1} = \frac{(1-a_{n-2})[x_n + \delta(n-1)+1]+2(n-1)}{1+a_{n-2}}$$

$$\cdots$$

$$x_2 = \frac{(1-a_1)(x_3 + \cdots + x_n + 4)+4}{1+a_1}$$

$$x_1 = x_2 + \cdots + x_n + 3$$

时,等号成立.

由引理3,我们得到 $\lambda = \frac{1}{\delta(2\,003)+1} = \frac{1}{2\,003 \times 1\,001+1}$.

3. 17名球迷计划去观看足球赛,他们共选定17场球赛.预订门票的情况满足下列条件:

(1) 每人每场至多预订一张门票.

(2) 每两人所预订的门票中,至多有一场相同.

(3) 预订了6张门票的只有一人.

问这些球迷最多共能预订多少张门票?说明理由.

解 画一个 17×17 的方格表,17列分别代表17场球赛,17行分别表示17人,如果第 i 人预订了第 j 场的门票,则将方格表中第 i 行第 j 列之交的方格的中心涂成红点.于是,问题化为表中任何4个红点都不是一个边平行于网格线的矩形的4个顶点,且表中有一行有6个红点的条件下,表中最多能有多少个红点.

不妨设第1行的前6个方格中心都是红点.

将 17×17 的方格表分成 17×6 和 17×11 两部分.前一部分中第1行有6个红点,故另外16行中每行至多1个红点.所以,这部分中至多有22个红点.第2部分中第1行无红点,故实际上是讨论 16×11 的方格表中最多有多少个红点.

设第 i 行中共有 x_i 个红点,并将同行的两个红点称为一个"红点对".于是,第 i 行产生 $C_{x_i}^2$ 个"红点对"(这里认为 $C_1^2 = C_0^2 = 0$).由于表中不允许存在边平行于网格线的红顶点矩形,故应有

$$C_{x_1}^2 + C_{x_2}^2 + \cdots + C_{x_{16}}^2 \leqslant C_{11}^2 = 55 \qquad \text{①}$$

容易看出,当 $x_1, x_2, \cdots, x_{16}$ 尽量平均(至多相差1)时,上式左端和数最小,从而,$x_1 + x_2 + \cdots + x_{16}$ 最大.因此,当 $x_1, x_2, \cdots, x_{16}$ 中有两个4和14个3时,$C_{x_1}^2 + C_{x_2}^2 + \cdots + C_{x_{16}}^2 = 54$,且 $x_1 + x_2 + \cdots + x_{16} = 50$.易见,若这个表中有51个红点,则不可能满足要求.从而知 17×17 的方格表中至多有72个红点.

在下列方格表中,共有71个红点,第1行的前6个方格中心是红点,且任何4个红点都不是一个边平行于网格线的矩形的4个顶点.这表明所求的红点个数的最大值大于或

等于 71.

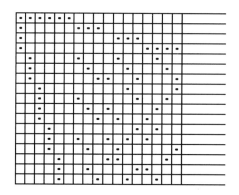

图 3

这样,关键在于 72 个红点时能否满足题中要求. 设有 72 个红点满足题中要求. 于是,前 6 列中共有 22 个红点,后 11 列中共有 50 个红点. 由式 ① 及其后的推导,可知 50 个红点在 16×11 的方格表中的分布只能有两种不同情形:

(1) 2 行各 4 个红点,另 14 行各 3 个红点.

(2) 3 行各 4 个红点,1 行 2 个红点,另 12 行各 3 个红点.

先看 (1). 在 17×17 的方格表中,用红点所在方格的列数为红点编号,设第 1 行的 6 个红点为 $1,2,3,4,5,6$,第 2 行的 5 个红点为 $1,7,8,9,10$,第 3 行也有 5 个红点,后 14 行各有 4 个红点.

考察 $7,8,9,10$ 这 4 列的红点分布情况. 这时,后 15 行中每行 4 个方格中至多有 1 个红点. 如果某行中有 1 个红点,则该行最后 7 个方格中的红点数为 2 或 3(只有 1 行为 3). 由于这 4 列中每列的红点与后 7 列中的红点只能组成 7 个不同的"红点对",故每列后 15 个方格中至多有 3 个红点,这 4 列组成的 17×4 的方格表中至多有 16 个红点.

去掉前 2 行与前 10 列,至多去掉 $22+16=38$ 个红点,余下的 15×7 的方格表中至少还有 34 个红点,$34 = 3 \times 4 + 2 \times 11$. 这些红点至少构成 $3 \times 4 + 11 = 23$ 个不同的"红点对",$23 > 21 = C_7^2$,必导致边平行于网格线的红顶点矩形,矛盾.

再看 (2). 设第 1 行的 6 个红点为 $1,2,3,4,5,6$. 第 2 行的 5 个红点为 $1,7,8,9,10$. 第 3, 4 行各有 5 个红点,最后一行有 3 个红点,其余 12 行各有 4 个红点.

还是考察 $7,8,9,10$ 四列的红点分布情况. 若仍是至多有 16 个红点,则像 (1) 中那样,可导出矛盾. 但是,由于最后一行只有 3 个红点,其中之一在前 6 个方格中. 若 $7,8,9,10$ 四格中没有,则只能是上述情形;若 $7,8,9,10$ 四格中有 1 个红点,则后 7 格中只有一个红点,这可导致 $7,8,9,10$ 四列构成的 17×4 的方格表中共有 17 个红点,后 7 列的 15×7 的方格表中恰有 33 个红点,其中最后一行只有 1 个红点,去掉最后一行,余下的 14×7 的方格表中共有 32 个红点,$32 = 3 \times 4 + 2 \times 10$. 形成的"红点对"个数至少为 $3 \times 4 + 10 = 22 > 21 = C_7^2$. 矛盾.

综上可知,17 人最多能预订 71 张门票.

4. (1) 求所有自然数 $n(n \geq 2)$，使得存在实数 $a_1, a_2, \cdots, a_n$，满足 $\{|a_i - a_j| \mid 1 \leq i < j \leq n\} = \{1, 2, \cdots, \frac{n(n-1)}{2}\}$.

(2) 设 $A = \{1, 2, 3, 4, 5, 6\}$，$B = \{7, 8, 9, \cdots, n\}$. 在 A 中取三个数，B 中取两个数组成五个元素的集合 A_i，$i = 1, 2, \cdots, 20$，$|A_i \cap A_j| \leq 2$，$1 \leq i < j \leq 20$. 求 n 的最小值.

解 (1) $a_1, a_2, \cdots, a_n$ 有如下性质：

① $a_1, a_2, \cdots, a_n$ 两两不等.

② 它们差的绝对值两两不等.

于是，$n = 2, a_1 = 0, a_2 = 1$；$n = 3, a_1 = 0, a_2 = 1, a_3 = 3$；$n = 4, a_1 = 0, a_2 = 2, a_3 = 5, a_4 = 6$.

下证：当 $n \geq 5$ 时，不存在 $a_1, a_2, \cdots, a_n$ 适合题设条件.

方法 1：令 $0 \leq a_1 < a_2 < \cdots < a_n$，$b_i = a_{i+1} - a_i$，$i = 1, 2, \cdots, n-1$，则当 $i < j$ 时，$|a_i - a_j| = a_j - a_i = b_i + b_{i+1} + \cdots + b_{j-1}$，$1 \leq i < j \leq n$.

显然，$\max\limits_{1 \leq i < j \leq n} |a_i - a_j| = |a_1 - a_n| = a_n$，所以 $a_n = \frac{n(n-1)}{2}$，即

$$a_n = a_n - a_1 = b_1 + b_2 + \cdots + b_{n-1} = \frac{n(n-1)}{2}$$

注意到 $b_1, b_2, \cdots, b_{n-1}$ 两两不等，和为 $1 + 2 + \cdots + (n-1)$，且 $b_1, b_2, \cdots, b_n$ 都不等于零，所以，$b_1, b_2, \cdots, b_{n-1}$ 为 $1, 2, \cdots, n-1$ 的一个排列. 注意到 $b_i + b_{i+1} + \cdots + b_{j-1}$，$1 \leq i < j \leq n$ 为 $1, 2, \cdots, \frac{n(n-1)}{2}$ 的一个排列，所以 $b_i + b_{i+1} \geq n$，$i = 1, 2, \cdots, n-1$.

设 $b_i = 1, 2 \leq i \leq n-2$，则 $b_{i-1} + b_i \geq n$，$b_{i+1} + b_i \geq n$，这证明了 $b_{i-1}, b_{i+1} \geq n-1$，所以 $b_{i-1} = b_{i+1} = n-1$. 这导出矛盾. 因此，只有 $b_1 = 1$ 或 $b_{n-1} = 1$，且 $b_2 = n-1$ 或 $b_{n-2} = n-1$.

设 $b_1 = 1, b_2 = n-1$，则 $b_1 + b_2 = n$，所以 $b_i + b_{i+1} > n, i > 1$. 已知存在指标 i，使 $b_{i+1} = 2$，于是 $b_i > n-2$，所以 $b_i = n-1$. 这推出 $b_3 = 2, b_4 = n-2$. 这时，$b_1 + b_2 = b_3 + b_4$. 导出矛盾. 所以，当 $n - 1 \geq 4$ 时，即 $n \geq 5$ 时，不存在 $a_1, a_2, \cdots, a_n$ 适合题设条件.

设 $b_{n-1} = 1, b_{n-2} = n-1$. 同上法，讨论仍得 $n \geq 5$ 时，不存在 $a_1, a_2, \cdots, a_n$ 适合题设条件.

方法 2：令 $0 = a_1 < a_2 < \cdots < a_n$，易知 $a_n = \frac{n(n-1)}{2}$.

这时，必存在某两个下标 $i < j$，使得 $|a_i - a_j| = a_n - 1$，所以 $a_n - 1 = a_{n-1} - a_1 = a_{n-1}$ 或 $a_n - 1 = a_n - a_2$，即 $a_2 = 1$.

因此，出现 $a_n = \frac{n(n-1)}{2}, a_{n-1} = a_n - 1$，或 $a_n = \frac{n(n-1)}{2}, a_2 = 1$.

下面分情形讨论：

① 设 $a_n = \frac{n(n-1)}{2}, a_{n-1} = a_n - 1$.

考虑 $a_n - 2$，有 $a_n - 2 = a_{n-2}$ 或 $a_n - 2 = a_n - a_2$，即 $a_2 = 2$. 设 $a_{n-2} = a_n - 2$，则 $a_{n-1} - a_{n-2} =$

$1=a_n-a_{n-1}$. 这导出矛盾. 所以, 只有 $a_2=2$.

考虑 a_n-3, 有 $a_n-3=a_{n-2}$ 或 $a_n-3=a_{n-3}$, 即 $a_3=3$. 设 $a_{n-2}=a_n-3$, 则 $a_{n-1}-a_{n-2}=2=a_2-a_0$. 这推出矛盾. 设 $a_3=3$, 则 $a_n-a_{n-1}=1=a_3-a_2$, 又推出矛盾. 所以这种情形不出现, 条件为 $a_{n-2}=a_2$, 即 $n=4$. 故当 $n\geq 5$ 时, 不存在 $a_1,a_2,\cdots,a_n$.

② $a_n=\dfrac{n(n-1)}{2}$, $a_2=1$.

考虑 a_n-2, 有 $a_n-2=a_{n-1}$ 或 $a_n-2=a_{n-3}$, 即 $a_3=2$. 这时 $a_3-a_2=a_2-a_1$, 推出矛盾. 所以, $a_{n-1}=a_n-2$.

考虑 a_n-3, 有 $a_n-3=a_{n-2}$ 或 $a_n-3=a_{n-3}$, 即 $a_3=3$. 于是, $a_3-a_2=a_n-a_{n-1}$. 矛盾. 因此, $a_{n-2}=a_n-3$. 所以, $a_{n-1}-a_{n-2}=1=a_2-a_1$. 这又矛盾. 故只有 $a_{n-2}=a_2$, 即 $n=4$. 于是当 $n\geq 5$ 时, 不存在 $a_1,a_2,\cdots,a_n$.

方法 3: 考虑母函数 $x^{a_1}+x^{a_2}+\cdots+x^{a_n}$. 由题设

$$(x^{a_1}+x^{a_2}+\cdots+x^{a_n})(x^{-a_1}+x^{-a_2}+\cdots+x^{-a_n})$$
$$=n-1+x^{-\frac{n(n-1)}{2}}+\cdots+x^{-1}+1+x+\cdots+x^{\frac{n(n-1)}{2}}$$
$$=n-1+\frac{x^{\frac{n(n-1)}{2}+1}-x^{-\frac{n(n-1)}{2}}}{x-1}$$

取 $x=e^{2i\theta}=\cos 2\theta+i\sin 2\theta$, $x\neq 1$.

因为 $e^{-i\alpha}=\overline{e^{i\alpha}}$, 所以

$$|e^{2ia_1\theta}+\cdots+e^{2ia_n\theta}|^2=n-1+\frac{e^{2i\theta}e^{in(n-1)\theta}-e^{-in(n-1)\theta}}{e^{2i\theta}-1}=n-1+\frac{\sin(n^2-n+1)\theta}{\sin\theta}$$

取 $(n^2-n+1)\theta=\dfrac{3\pi}{2}$, 则 $\theta=\dfrac{3\pi}{2(n^2-n+1)}$.

当 $n\geq 5$ 时, $0<\theta\leq\dfrac{3\pi}{2(5^2-5+1)}=\dfrac{\pi}{14}<\dfrac{\pi}{2}$. 这时, $\sin\theta<\theta$, $\sin(n^2-n+1)\theta=-1$.

代入, 得

$$|e^{2ia_1\theta}+\cdots+e^{2ia_n\theta}|^2=n-1-\frac{1}{\sin\theta}<n-1-\frac{1}{\theta}$$
$$=n-1-\frac{2(n^2-n+1)}{3\pi}$$
$$<n-1-\frac{2(n^2-n)}{3\pi}$$
$$=(n-1)\left(1-\frac{2n}{3\pi}\right)\leq(n-1)\left(1-\frac{10}{3\pi}\right)<0$$

这就导出了矛盾. 所以, 当 $n\geq 5$ 时, 不存在 $a_1,\cdots,a_n$.

(2) n 的最小值是 16.

设 B 中每个数在所有 A_i 中最多重复出现 k 次, 必有 $k\leq 4$. 若不然, 数 m 出现 k 次, $k>4$, $3k>12$. 在 m 出现的所有 A_i 中, 至少有一个属于 A 的数出现 3 次. 不妨设它是 1, 就有集

合 $\{1,a_1,a_2,m,b_1\},\{1,a_3,a_4,m,b_2\},\{1,a_5,a_6,m,b_3\}$,其中 $a_i \in A, 1 \leqslant i \leqslant 6$. 为了满足题意,$a_i$ 必须各不相同,但只能是 $2,3,4,5,6$ 五个数.这是不可能的.

$k \leqslant 4$,有 20 个 A_i,B 中有 40 个数,因此至少是 10 个不同的数,$6+10=16$,有 $n \geqslant 6$. 当 $n=16$ 时,可写出如下 20 个集合

$\{1,2,3,7,8\},\{1,2,4,12,14\},\{1,2,5,15,16\},\{1,2,6,9,10\},\{1,3,4,10,11\}$
$\{1,3,5,13,14\},\{1,3,6,12,15\},\{1,4,5,7,9\},\{1,4,6,13,16\},\{1,5,6,8,11\}$
$\{2,3,4,13,15\},\{2,3,5,9,11\},\{2,4,5,8,10\},\{2,4,6,7,11\},\{2,5,6,12,13\}$
$\{3,4,5,12,16\},\{3,4,6,8,9\},\{4,5,6,14,15\},\{2,3,6,14,16\},\{3,5,6,7,10\}$

5. 设 k 为给定的整数,$f(n)$ 是定义在负整数集上且取值为整数的函数,满足
$$f(n)f(n+1)=[f(n)+n-k]^2, n=-2,-3,-4,\cdots$$
求函数 $f(n)$ 的表达式.

解 先证明一个引理.

引理:存在无穷多个不是形如 $5k\pm 1$ 的素数.

引理的证明:对任给正整数 n,考虑 $N=5\times[1\times 3\times 5\times\cdots\times(2n+1)]^2+2$.

由于形如 $5k\pm 1$ 的整数之积仍是形如 $5k\pm 1$ 的数,$N\equiv 2\pmod 5$,故 N 有形如 $5k\pm 2$ 的素因子,它大于 $2n+1$. 引理得证.

取素数 $p>10(|k|+1)$,$p\not\equiv \pm 1\pmod 5$. 先证明 $f(k-p)=p^2$.

由 $f(k-p)f(k-p+1)=[f(k-p)-p]^2$,知 $f(k-p)\mid p^2$,因此,$f(k-p)=\pm 1$, $\pm p$, $\pm p^2$.

注意到 $f(k-p-1)f(k-p)=[f(k-p-1)-p-1]^2$,考虑 $ax=(x-p-1)^2$,即 $x^2-(2p+2+a)x+(p+1)^2=0$.

它的判别式 $\Delta(a)=(2p+2+a)^2-4(p+1)^2=a(a+4p+4)$.

因为 $\Delta(1)=4p+5\equiv\pm 2\pmod 5$,$\Delta(-1)=-(4p+3)<0$,所以 $\Delta(p)=p(5p+4)$ 不是平方数,$\Delta(-p)=-p(3p+4)<0$,$\Delta(-p^2)=p^2(p^2-4p-4)\equiv\pm 2\pmod 5$.

由此推出 $\Delta(1),\Delta(-1),\Delta(p),\Delta(-p),\Delta(-p^2)$ 均不是平方数,故 $f(k-p)=p^2$.

由 $f(k-p)f(k-p+1)=[f(k-p)-p]^2$,知 $f(k-p+1)=(p-1)^2$.

由 $f(k-p+1)f(k-p+2)=[f(k-p+1)-p+1]^2$,知 $f(k-p+2)=(p-2)^2$.

如此继续,得到 $f(k-p+t)=(p-t)^2$,$0\leqslant t\leqslant p$ 且 $t<p-k$,即 $f(n)=(n-k)^2$,$k-p\leqslant n\leqslant k$ 且 $n<0$.

由于 p 可任意大,故有 $f(n)=(n-k)^2$,$n\leqslant k$ 且 $n<0$.

下面按 k 的大小讨论.

情形 1:$k\geqslant -1$. 由以上结论,知 $f(n)=(n-k)^2$,$n=-1,-2,\cdots$.

情形 2:$k=-2$. 由以上结论,知 $f(n)=(n-k)^2$,$n=-2,-3,\cdots$.

由 $f(-2)f(-1)=[f(-2)+0]^2$,知 $f(-1)$ 可取任意整数. 此时
$$f(n)=\begin{cases}a, n=-1\\(n+2)^2, n=-2,-3,\cdots\end{cases}$$

其中 a 为任意整数.

情形 3: $k=-3$. 此时, $f(n)=(n-k)^2, n=-3,-4,\cdots$.

又 $f(-3)f(-2)=[f(-3)+0]^2, f(-2)f(-1)=[f(-2)+1]^2$, 故 $f(-2)=\pm 1$.

若 $f(-2)=1$, 则 $f(-1)=2^2$, 若 $f(-2)=-1$, 则 $(-1)=0$.

此时, $f(n)=\begin{cases} 0, n=-1 \\ -1, n=-2 \\ (n+3)^2, n\leqslant -3 \end{cases}$ 或 $f(n)=\begin{cases} 2^2, n=-1 \\ 1, n=-2 \\ (n+3)^2, n\leqslant -3 \end{cases}$.

情形 4: $k\leqslant -4$. 由
$$f(k+1)f(k+2)=[f(k+1)+1]^2 \qquad ①$$
知 $f(k+1)=\pm 1$.

假设 $f(k+1)=-1$, 由式①知 $f(k+2)=0$. 又 $f(k+2)f(k+3)=[f(k+2)+2]^2$, 则 $0=2^2$, 矛盾. 因此, $f(k+1)=1$.

由式①, 知 $f(k+2)=2^2$; 由 $f(k+2)f(k+3)=[f(k+2)+2]^2$, 知 $f(k+3)=3^2$. 如此下去, 有 $f(k+t)=t^2, t\leqslant -k-1$.

此时, $f(n)=(n-k)^2, n=-1,-2,\cdots$.

6. 设
$$f(x_1,x_2,x_3)=-2(x_1^3+x_2^3+x_3^3)+3[x_1^2(x_2+x_3)+x_2^2(x_3+x_1)+x_3^2(x_1+x_2)]-12x_1x_2x_3$$

对于任意实数 r,s,t, 记 $g(r,s,t)=\max\limits_{t\leqslant x_3\leqslant t+2}|f(r,r+2,x_3)+s|$. 求函数 $g(r,s,t)$ 的最小值.

解 令 $x=x_3-(r+1)$, 则 $f(r,r+2,x_3)=-2[r^3+(r+2)^3+(x+r+1)^3]+3[r^2(x+2r+3)+(r+2)^2(x+2r+1)+(x+r+1)^2(2r+2)]-12r(r+2)(x+r+1)=-2x^3+18x$. 令 $a=t-(r+1)$, 则 $g(r,s,t)=\max\limits_{a\leqslant x\leqslant a+2}|-2x^3+18x+s|$.

由于 $\max\limits_{a\leqslant x\leqslant a+2}|-2x^3+18x+s|\geqslant \frac{1}{2}[\max\limits_{a\leqslant x\leqslant a+2}(-2x^3+18x+s)-\min\limits_{a\leqslant x\leqslant a+2}(-2x^3+18x+s)]=\frac{1}{2}[\max\limits_{a\leqslant x\leqslant a+2}(-2x^3+18x)-\min\limits_{a\leqslant x\leqslant a+2}(-2x^3+18x)]$, 所以

$$g(r,s,t)\geqslant \frac{1}{2}[\max\limits_{a\leqslant x\leqslant a+2}(-2x^3+18x)-\min\limits_{a\leqslant x\leqslant a+2}(-2x^3+18x)] \qquad ①$$

记 $P(x)=-2x^3+18x$. 任取 $x<y$, 则 $P(x)-P(y)=-2(x-y)(x^2+xy+y^2-9)$.

显然, 当 $x<y\leqslant -\sqrt{3}$ 时或当 $\sqrt{3}\leqslant x<y$ 时, 有 $x^2+xy+y^2-9>0$.

当 $-\sqrt{3}\leqslant x<y\leqslant \sqrt{3}$ 时, $x^2+xy+y^2-9<0$.

从而, 当 $x\leqslant -\sqrt{3}$ 或 $x\geqslant \sqrt{3}$ 时, 函数 $P(x)$ 严格单调递减; 当 $-\sqrt{3}\leqslant x\leqslant \sqrt{3}$ 时, $P(x)$ 严格单调递增.

由于 $P(-\sqrt{3})=-12\sqrt{3}$, 所以 $P(x)=-12\sqrt{3}$ 等价于 $P(x)=P(-\sqrt{3})$, 即

$$-2(x+\sqrt{3})(x^2-\sqrt{3}x+3-9)=-2(x+\sqrt{3})^2(x-2\sqrt{3})=0$$

于是,$P(2\sqrt{3})=-12\sqrt{3}$.

同理,$P(-2\sqrt{3})=12\sqrt{3}$.

由此可知,在 $(-2\sqrt{3},2\sqrt{3})$ 内,$P(x)$ 有唯一的最小点 $x=-\sqrt{3}$ 和唯一的最大点 $x=\sqrt{3}$. 又 $P(-3)=P(0)=P(3)=0$,从而函数 $P(x)$ 的图像如图 4 所示.

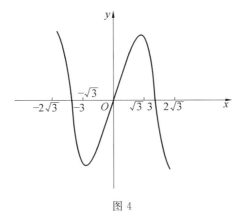

图 4

记 $W(a)=\max\limits_{a\leqslant x\leqslant a+2}P(x)-\min\limits_{a\leqslant x\leqslant a+2}P(x)$.

当 $a+2\leqslant-\sqrt{3}$,即 $a\leqslant-2-\sqrt{3}$ 时,由于 $P(x)$ 在 $[a,a+2]$ 严格单调递减,所以
$$W(a)=P(a)-P(a+2)=-2[a^3-(a+2)^3]+18[a-(a+2)]$$
$$=12a^2+24a-20=12(a+1)^2-32$$
$$\geqslant 12(\sqrt{3}+1)^2-32=24\sqrt{3}+16$$

同理,当 $a\geqslant\sqrt{3}$ 时,$W(a)\geqslant 24\sqrt{3}+16$. 取 $\overline{x}>0$,满足 $P(x)=P(\overline{x})$.

有三个不同实根 $x_1<x_2<\overline{x}$ 且 $x_2-x_1=2$. 由于
$$P(x)-P(\overline{x})=-2(x-\overline{x})(x^2+\overline{x}x+\overline{x}^2-9)$$

从而 x_1,x_2 应为方程 $x^2+\overline{x}x+\overline{x}^2-9=0$ 的两个根.

又 $x_2-x_1=2$,所以 $\overline{x}^2-4(\overline{x}^2-9)=4$,即 $3\overline{x}^2=32$.

于是
$$\overline{x}=4\sqrt{\frac{2}{3}}=\frac{4\sqrt{6}}{3},P(\overline{x})=-2\times\frac{4}{3}\sqrt{6}\left(\frac{32}{3}-9\right)=-\frac{40\sqrt{6}}{9}$$
$$x_1=-\frac{\overline{x}}{2}-1=-\frac{2\sqrt{6}}{3}-1,x_2=-\frac{\overline{x}}{2}+1=-\frac{2\sqrt{6}}{3}+1$$

显然,$-2\sqrt{3}<x_1<-\sqrt{3}$,$-\sqrt{3}<x_2<0$,且
$$W(x_1)=P(x_1)-P(-\sqrt{3})=P(\overline{x})-P(-\sqrt{3})=12\sqrt{3}-\frac{40\sqrt{6}}{9}$$

当 $-2-\sqrt{3}<a\leqslant x_1$ 时,$-\sqrt{3}<a+2\leqslant x_1+2=x_2$. 由于 $P(x)$ 在 $[a,x_1]$ 严格单调递

减,从而 $P(a) \geqslant P(x_1) > P(-\sqrt{3})$. 又 $P(x)$ 在 $[-\sqrt{3}, x_2]$ 严格单调递增,所以
$$P(-\sqrt{3}) < P(a+2) \leqslant P(x_2) = P(x_1)$$
于是,可得
$$W(a) = P(a) - P(-\sqrt{3}) \geqslant P(x_1) - P(-\sqrt{3}) = W(x_1)$$
当 $x_1 < a \leqslant -\sqrt{3}$ 时,有 $x_2 = x_1 + 2 < a + 2 \leqslant 2 - \sqrt{3} < 3$. 从而
$$P(a+2) > P(x_2) = P(x_1) > P(a)$$
于是可得 $W(a) = P(a+2) - P(-\sqrt{3}) \geqslant P(x_1) - P(-\sqrt{3}) = W(x_1)$.

由此可得,当 $-2-\sqrt{3} < a \leqslant -\sqrt{3}$ 时,$W(a) \geqslant W(x_1)$. 由 $P(x)$ 的图像关于原点的对称性,可证当 $\sqrt{3}-2 < a \leqslant \sqrt{3}$ 时,$W(a) \geqslant W(-x_2) = W(x_1)$.

当 $-\sqrt{3} < a \leqslant \sqrt{3}-2$ 时,有 $-\sqrt{3} < a < a+2 \leqslant \sqrt{3}$. 由于 $P(x)$ 单调递增,所以
$$W(a) = P(a+2) - P(a) = -12a^2 - 24a + 20 = -12(a+1)^2 + 32$$
$$\geqslant -12(1-\sqrt{3})^2 + 32 = 24\sqrt{3} - 16$$

显然 $24\sqrt{3} + 16 > 12\sqrt{3} - \dfrac{40\sqrt{6}}{9}$,$24\sqrt{3} - 16 \geqslant 2\sqrt{3} - \dfrac{40\sqrt{6}}{9}$. 于是
$$\min_{a \in \mathbf{R}} W(a) = W(x_1) = 12\sqrt{3} - \dfrac{40\sqrt{6}}{9}$$

由式 ① 可知 $g(r,s,t) \geqslant \dfrac{1}{2} W(x_1) = 6\sqrt{3} - \dfrac{20\sqrt{6}}{9}$. 由以上证明可知,任取实数 r 均有
$$t = x_1 + (r+1) = -\dfrac{2\sqrt{6}}{3} - 1 + (r+1)$$
$$s = -\dfrac{1}{2}\Big[\max_{x_1 \leqslant x \leqslant x_1+2} P(x) + \min_{x_1 \leqslant x \leqslant x_1+2} P(x)\Big]$$

易知 $g(r,s,t) = \dfrac{1}{2} W(x_1) = 6\sqrt{3} - \dfrac{20\sqrt{6}}{9}$,于是 $\min_{r,s,j \in \mathbf{R}} g(r,s,t) = 6\sqrt{3} - \dfrac{20\sqrt{6}}{9}$.

2003年第十八届中国数学奥林匹克国家集训队选拔试题及解答

1. 在锐角 $\triangle ABC$ 中,AD 是 $\angle A$ 的内角平分线,点 D 在边 BC 上,过点 D 分别作 $DE \perp AC$,$DF \perp AB$,垂足分别为 E,F.联结 BE,CF,它们相交于点 H,$\triangle AFH$ 的外接圆交 BE 于点 G.求证:以线段 BG,GE,BF 组成的三角形是直角三角形.

证明 过点 D 作 $DG' \perp BE$,垂足为 G'.由勾股定理知 $BG'^2 - G'E^2 = BD^2 - DE^2 = BD^2 - DF^2 = BF^2$,所以线段 $BG',G'E,BF$ 组成的三角形是以 BG' 为斜边的直角三角形.

下面证明 G' 即为 G,即只要证 A,F,G',H 四点共圆.

如图1所示,联结 EF,则 AD 垂直平分 EF.设 AD 交 EF 于点 Q,作 $EP \perp BC$,垂足为 P,联结 PQ 并延长交 AB 于点 R,联结 RE.

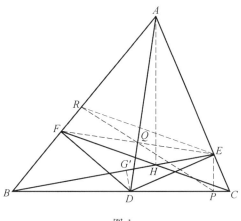

图1

因为 Q,D,P,E 四点共圆,所以
$$\angle QPD = \angle QED$$
又 A,F,D,E 四点共圆,所以
$$\angle QED = \angle FAD$$
于是,A,R,D,P 四点共圆.

又 $\angle RAQ = \angle DAC$,$\angle ARQ = \angle ADC$,于是,$\triangle ARQ \backsim \triangle ADC$,$\dfrac{AR}{AQ} = \dfrac{AD}{AC}$.

从而,$AR \cdot AC = AQ \cdot AD = AF^2 = AF \cdot AE$,即 $\dfrac{AR}{AF} = \dfrac{AE}{AC}$.所以,$RE \parallel FC$,$\angle AFC = \angle ARE$.

因为 A,R,D,P 四点共圆,G',D,P,E 四点共圆,则 $BG' \cdot BE = BD \cdot BP = BR \cdot BA$,

故 A,R,G',E 四点共圆，所以
$$\angle AG'E = \angle ARE = \angle AFC$$
因此，A,F,G',H 四点共圆.

2. 设 $A \subseteq \{0,1,2,\cdots,29\}$，满足：对任何整数 k 及 A 中任意数 a,b（a,b 可以相同），$a+b+30k$ 均不是两个相邻整数之积. 试定出所有元素个数最多的 A.

解 所求 A 为 $\{3l+2 \mid 0 \leqslant l \leqslant 9\}$.

设 A 满足题中条件且 $|A|$ 最大.

因为两个相邻整数之积被 30 除，余数为 $0,2,6,12,20,26$，则对任意 $a \in A$，有
$$2a \not\equiv 0,2,6,12,20,26 \pmod{30}$$
即
$$a \not\equiv 0,1,3,6,10,13,15,16,18,21,25,28 \pmod{30}$$
因此
$$A \subseteq \{2,4,5,7,8,9,11,12,14,17,19,20,22,23,24,26,27,29\}$$
后一集合可分拆成下列 10 个子集的并，其中每一个子集至多包含 A 中一个元素：$\{2,4\},\{5,7\},\{8,12\},\{11,9\},\{14,22\},\{17,19\},\{20\},\{23,27\},\{26,24\},\{29\}$，故 $|A| \leqslant 10$.

若 $|A|=10$，则每个子集恰好包含 A 中的一个元素，因此，$20 \in A,29 \in A$.

由 $20 \in A$ 知 $12 \notin A, 22 \notin A$，从而，$8 \in A,14 \in A$. 这样，$4 \notin A,24 \notin A$，因此 $2 \in A, 26 \in A$.

由 $29 \in A$ 知 $7 \notin A, 27 \notin A$，从而，$5 \in A, 23 \in A$. 这样，$9 \notin A, 19 \notin A$，因此，$11 \in A, 17 \in A$.

综上，有 $A = \{2,5,8,11,14,17,20,23,26,29\}$，显然 A 确实满足要求.

3. 设 $A \subset \{(a_1,a_2,\cdots,a_n) \mid a_i \in \mathbf{R}, i=1,2,\cdots,n\}$，且 A 是有限集. 对任意的 $\alpha=(a_1,a_2,\cdots,a_n) \in A, \beta=(b_1,b_2,\cdots,b_n) \in A$，定义
$$\gamma(\alpha,\beta) = (|a_1-b_1|,|a_2-b_2|,\cdots,|a_n-b_n|)$$
$$D(A) = \{\gamma(\alpha,\beta) \mid \alpha \in A, \beta \in A\}$$
试证：$|D(A)| \geqslant |A|$.

证明 对 n 和集合 A 的元素个数作归纳证明.

若 A 恰有一个元素，则 $D(A)$ 仅包含一个零向量. 结论成立.

若 $n=1$，设 $A = \{a_1 < a_2 < \cdots < a_m\}$，则 $\{0,a_2-a_1,a_3-a_1,\cdots,a_m-a_1\} \subseteq D(A)$. 因此，$|D(A)| \geqslant A$.

假定 $|A|>1$ 和 $n>1$，定义 $B = \{(x_1,x_2,\cdots,x_{n-1}) \mid x_n$ 存在 x_n 使得 $(x_1,x_2,\cdots,x_{n-1},x_n) \in A\}$，由归纳假设得 $|D(B)| \geqslant B$.

对每一个 $b \in B$，令 $A_b = \{x_n \mid (b,x_n) \in A\}, a_b = \max\{x \mid x \in A_b\}, C = A \setminus \{(b,a_b) \mid b \in B\}$，则 $|C| = |A| - |B|$.

因为 $|C| < |A|$，由归纳假设得 $|D(C)| \geqslant |C|$.

另外,由定义得 $D(A) = \bigcup_{D \in D(B)} \{(D, |a-a'|) | D = \gamma(b,b'), 且 a \in A_b, a' \in A_{b'}\}$.
类似地,再令 $C_b = A_b \setminus \{a_b\}$,则有
$$D(C) = \bigcup_{D \in D(B)} \{(D, |c-c'|) | D = \gamma(b,b'), 且 c \in C_b, c' \in C_{b'}\}$$

注意到,对每一对 $b, b' \in B$,最大差 $|a-a'|$ ($a \in A_b, a' \in A_{b'}$) 一定是 $a = a_b$ 或 $a' = a_{b'}$. 于是,这个最大差不出现在 $\{|c-c'| | c \in C_b, c' \in C_{b'}\}$ 中.

因此,对任何的 $D \in D(B)$,集合 $\{|c-c'| | \gamma(b,b') = D$ 且 $c \in C_b, c' \in C_{b'}\}$ 并不包含集合 $\{|a-a'| | \gamma(b,b') = D$ 且 $a \in A_b, a' \in A_{b'}\}$ 中的最大元素,前者是后者的真子集. 由此结论可知 $|D(C)| \leqslant \sum_{D \in D(B)}(|\{|a-a'| | D = \gamma(b,b') 且 a \in A_b, a' \in A_{b'}\}|-1) \leqslant |D(A)| - |D(B)|$,故 $|D(A)| \geqslant |D(B)| + |D(C)| \geqslant |B| + |C| = |A|$.

4. 求所有正整数集到实数集的函数 f,使得:
(1) 对任意 $n \geqslant 1, f(n+1) \geqslant f(n)$.
(2) 对任意 $m, n, (m,n) = 1$,有 $f(mn) = f(m)f(n)$.

解 显然,$f \equiv 0$ 是问题的解.

设 $f \not\equiv 0$,则 $f(1) \neq 0$. 否则,对任意正整数 n 有 $f(n) = f(1)f(n) = 0$,矛盾. 于是得 $f(1) = 1$.

由 (1) 可知 $f(2) \geqslant 1$. 下面分两种情况讨论:
(1) $f(2) = 1$,则可证
$$f(n) = 1 (\forall n) \qquad \qquad ①$$

事实上,由 (2) 知 $f(6) = f(2)f(3) = f(3)$.

记 $f(3) = a$,则 $a \geqslant 1$.

由于 $f(3) = f(6) = a$,利用 (1) 可知 $f(4) = f(5) = a$. 利用 (2) 知,对任意奇数 p 有 $f(2p) = f(2)f(p) = f(p)$.

再由此及 (1) 可证
$$f(n) = a, \forall n \geqslant 3 \qquad \qquad ②$$

事实上
$$a = f(3) = f(6) = f(5) = f(10) = f(9)$$
$$= f(18) = f(17) = f(34) = f(33) = \cdots$$

由式 ② 和 (2) 得 $a = 1$,即 $f \equiv 1$.

故式 ① 成立.

(2) $f(2) > 1$. 设 $f(2) = 2^a$,其中 $a > 0$.

令 $g(x) = f^{\frac{1}{a}}(x)$,则 $g(x)$ 满足 (1),(2),且 $g(1) = 1, g(2) = 2$.

设 $k \geqslant 2$,则由 (1) 得
$$2g(2^{k-1}-1) = g(2)g(2^{k-1}-1) = g(2^k-2)$$
$$\leqslant g(2^k) \leqslant g(2^k+2) = g(2)g(2^{k-1}+1)$$

$$= 2g(2^{k-1}+1)$$

若 $k \geqslant 3$,则
$$2^2 g(2^{k-2}-1) = 2g(2^{k-1}-2) \leqslant 2g(2^k) \leqslant 2g(2^{k-1}+2) = 2^2 g(2^{k-2}+1)$$

依次类推,用归纳法得
$$2^{k-1} \leqslant g(2^k) \leqslant 2^{k-1} g(3), \forall k \geqslant 2 \qquad ③$$

同样,对任意 $m \geqslant 3, k \geqslant 2$ 有
$$g^{k-1}(m) g(m-1) \leqslant g(m^k) \leqslant g^{k-1}(m) g(m+1) \qquad ④$$

显然,当 $k=1$ 时,式 ③④ 也成立.

任取 $m \geqslant 3, k \geqslant 1$,有 $s \geqslant 1$,使得 $2^s \leqslant m^k < 2^{s+1}$.

于是,有 $s \leqslant k\log_2 m < s+1$,即
$$k\log_2 m - 1 < s \leqslant k\log_2 m \qquad ⑤$$

由 (1) 可知 $g(2^s) \leqslant g(m^k) \leqslant g(2^{s+1})$.

再由式 ③④ 得
$$\begin{cases} 2^{s-1} \leqslant g^{k-1}(m) g(m+1) \\ g^{k-1}(m) g(m-1) \leqslant 2^{s-1} g(3) \end{cases}$$

即
$$\frac{2^{s-1}}{g(m+1)} \leqslant g^{k-1}(m) \leqslant \frac{2^{s-1} g(3)}{g(m-1)}$$

所以
$$\frac{g(m)}{g(m+1)} \cdot 2^{s-1} \leqslant g^k(m) \leqslant \frac{g(m) g(3)}{g(m-1)} \cdot 2^{s-1}$$

由式 ⑤ 得
$$\frac{g(m)}{4g(m+1)} \cdot 2^{k\log_2 m} \leqslant g^k(m) \leqslant \frac{g(m) g(3)}{2g(m-1)} \cdot 2^{k\log_2 m}$$

故
$$\sqrt[k]{\frac{g(m)}{4g(m+1)}} \cdot 2^{\log_2 m} \leqslant g(m) \leqslant \sqrt[k]{\frac{g(m) g(3)}{2g(m-1)}} \cdot 2^{\log_2 m}$$

即 $\sqrt[k]{\dfrac{g(m)}{4g(m+1)}} m \leqslant g(m) \leqslant \sqrt[k]{\dfrac{g(m) g(3)}{2g(m-1)}} m.$

令 $k \to +\infty$,得 $g(m) = m$,则 $f(m) = m^a$.

综上得 $f=0$ 或 $f(n)=n^a (\forall n)$,其中 $a(a \geqslant 0)$ 为常数.

5. 设 $A=\{1,2,\cdots,2\,002\}, M=\{1\,001, 2\,003, 3\,005\}$. 对 A 的任一非空子集 B,当 B 中任意两数之和不属于 M 时,称 B 为 M-自由集. 如果 $A = A_1 \bigcup A_2, A_1 \bigcap A_2 = \varnothing$, 且 A_1, A_2 均为 M-自由集,那么称有序对 (A_1, A_2) 为 A 的一个 M-划分. 试求 A 的所有 M-划分的个数.

解 对 $m, n \in A$,若 $m+n = 1\,001$ 或 $2\,003$ 或 $3\,005$,则称 m 与 n "有关".

易知,与 1 有关的数仅有 1 000 和 2 002,与 1 000 和 2 002 有关的都是 1 和 1 003,与 1 003 有关的为 1 000 和 2 002.

所以,1,1 003,1 000,2 002 必须分为两组 {1,1 003},{1 000,2 002},其中一组中的数仅与另一组中的数有关,我们将这样的两组叫作一个组对.

同理可划分其他各组

$$\{2,1\ 004\},\{999,2\ 001\}$$
$$\{3,1\ 005\},\{998,2\ 000\}$$
$$\cdots\cdots$$
$$\{500,1\ 502\},\{501,1\ 503\}$$
$$\{1\ 001\},\{1\ 002\}$$

这样 A 中的 2 002 个数被划分成 501 对,共 1 002 组.

由于任意数与且只与对应的另一组有关,所以若一组对中一组在 A_1 中,另一组必在 A_2 中. 反之亦然,且 A_1 与 A_2 中不再有有关的数.

故 A 的 M-划分的个数为 2^{501}.

6. 设实数列 $\{x_n\}$ 满足: $x_0 = 0, x_2 = \sqrt[3]{2}x_1, x_3$ 是正整数,且 $x_{n+1} = \dfrac{1}{\sqrt[3]{4}}x_n + \sqrt[3]{4}x_{n-1} + \dfrac{1}{2}x_{n-2}, n \geqslant 2$. 问:这类数列中最少有多少个整数项?

解 设 $n \geqslant 2$,则

$$x_{n+1} - \sqrt[3]{2}x_n - \dfrac{1}{\sqrt[3]{2}}x_{n-1} = \dfrac{1}{\sqrt[3]{4}}x_n - \sqrt[3]{2}x_n + \sqrt[3]{4}x_{n-1} - \dfrac{1}{\sqrt[3]{2}}x_{n-1} + \dfrac{1}{2}x_{n-2}$$

$$= -\dfrac{\sqrt[3]{2}}{2}x_n + \dfrac{\sqrt[3]{4}}{2}x_{n-1} + \dfrac{1}{2}x_{n-2}$$

$$= -\dfrac{\sqrt[3]{2}}{2}\left(x_n - \sqrt[3]{2}x_{n-1} - \dfrac{1}{\sqrt[3]{2}}x_{n-2}\right)$$

由于 $x_2 - \sqrt[3]{2}x_1 - \dfrac{1}{\sqrt[3]{2}}x_0 = 0$,所以

$$x_{n+1} = \sqrt[3]{2}x_n + \dfrac{1}{\sqrt[3]{2}}x_{n-1}, \forall n \geqslant 1 \qquad ①$$

式 ① 的特征方程为 $\lambda^2 = \sqrt[3]{2}\lambda + \dfrac{1}{\sqrt[3]{2}}$,解得

$$\lambda = \dfrac{\sqrt[3]{2}}{2} \pm \sqrt{\dfrac{\sqrt[3]{4}}{4} + \dfrac{1}{\sqrt[3]{2}}} = \dfrac{\sqrt[3]{2}}{2}(1 \pm \sqrt{3})$$

再由 $x_0 = 0$,可得

$$x_n = A\left(\dfrac{\sqrt[3]{2}}{2}\right)^n \left[(1+\sqrt{3})^n - (1-\sqrt{3})^n\right]$$

于是
$$x_3 = \frac{A}{4}[(1+\sqrt{3})^3 - (1-\sqrt{3})^3] = 3\sqrt{3}A$$

故 $A = \dfrac{x_3}{3\sqrt{3}}$.

由此可得
$$x_n = \frac{x_3}{3\sqrt{3}}\left(\frac{\sqrt[3]{2}}{2}\right)^n [(1+\sqrt{3})^n - (1-\sqrt{3})^n] \qquad ②$$

记
$$a_n = \frac{1}{\sqrt{3}}[(1+\sqrt{3})^n - (1-\sqrt{3})^n]$$

显然，$\{a_n\}$ 为偶数列，且由 x_3 为正整数和式 ② 知 x_n 为整数的必要条件是 $3\mid n$. 而
$$a_{3k} = \frac{3}{3\sqrt{3}}[(1+\sqrt{3})^{3k} - (1-\sqrt{3})^{3k}]$$
$$= \frac{3}{3\sqrt{3}}[(10+6\sqrt{3})^k - (10-6\sqrt{3})^k]$$

所以，$3 \mid a_{3k}$.

令 $b_n = (1+\sqrt{3})^n + (1-\sqrt{3})^n, n=0,1,2,\cdots$，则 $\{b_n\}$ 也是偶数列，且易知对任意非负整数 m,n，有
$$\begin{cases} a_{n+m} = \dfrac{1}{2}(a_n b_m + a_m b_n) \\ b_{n+m} = \dfrac{1}{2}(b_n b_m + 3a_n a_m) \end{cases} \qquad ③$$

在式 ③ 中令 $m=n$，则有
$$\begin{cases} a_{2n} = a_n b_n \\ b_{2n} = \dfrac{1}{2}(b_n^2 + 3a_n^2) \end{cases} \qquad ④$$

设 $a_n = 2^{k_n} p_n, b_n = 2^{l_n} q_n$，其中 n, k_n, l_n 为正整数，p_n, q_n 为奇数.

由于 $a_1 = b_1 = 2$，即 $k_1 = l_1 = 1$，由式 ④ 可知
$$k_2 = 2, l_2 = 3$$
$$k_4 = 5, l_4 = 3$$
$$k_8 = 8, l_8 = 5$$

用归纳法可得
$$k_{2^m} = \begin{cases} 1, m=0 \\ 2, m=1 \\ 2^{m-1}+m+1, m \geqslant 2 \end{cases}$$

$$l_{2^m} = \begin{cases} 1, m=0 \\ 3, m=1 \\ 2^{m-1}+1, m \geqslant 2 \end{cases}$$

任取 $m_1 > m_2 \geqslant 2$，由式 ③ 可得

$$\begin{cases} a_{2^{m_1}+2^{m_2}} = \dfrac{1}{2}(a_{2^{m_1}}b_{2^{m_2}} + a_{2^{m_2}}b_{2^{m_1}}) \\ b_{2^{m_1}+2^{m_2}} = \dfrac{1}{2}(b_{2^{m_1}}b_{2^{m_2}} + 3a_{2^{m_1}}a_{2^{m_2}}) \end{cases}$$

由此易知

$$\begin{cases} k_{2^{m_1}+2^{m_2}} = 2^{m_1-1} + 2^{m_2-1} + m_2 + 1 \\ l_{2^{m_1}+2^{m_2}} = 2^{m_1-1} + 2^{m_2-1} + 1 \end{cases}$$

用归纳法可知,对于 $m_1 > m_2 > \cdots > m_r \geqslant 2$，有

$$\begin{cases} k_{2^{m_1}+2^{m_2}+\cdots+2^{m_r}} = 2^{m_1-1} + 2^{m_2-1} + \cdots + 2^{m_r-1} + m_r + 1 \\ l_{2^{m_1}+2^{m_2}+\cdots+2^{m_r}} = 2^{m_1-1} + 2^{m_2-1} + \cdots + 2^{m_r-1} + 1 \end{cases}$$

即当 $n = 2^r p$，其中 $r(r \geqslant 2)$ 是整数，p 是奇数时，有

$$\begin{cases} k_n = \dfrac{n}{2} + r + 1 \\ l_n = \dfrac{n}{2} + 1 \end{cases} \qquad ⑤$$

当 $n = 4m+1$ 时，由式 ③ 可得

$$a_{4m+1} = \frac{1}{2}(a_{4m}b_1 + a_1 b_{4m}) = a_{4m} + b_{4m}$$

由式 ⑤ 可知 $k_{4m+1} = 2m + 1$.

同理，由

$$a_{4m+2} = \frac{1}{2}(a_{4m}b_2 + b_{4m}a_2) = 2(2a_{4m} + b_{4m})$$

$$a_{4m+3} = \frac{1}{2}(a_{4m}b_3 + b_{4m}a_3) = 2(5a_{4m} + 3b_{4m})$$

知 $k_{4m+2} = k_{4m+3} = 2m + 2$.

综上可知

$$k_n = \begin{cases} \dfrac{n}{2} + \dfrac{1}{2}, \text{当 } n \text{ 为奇数时} \\ \dfrac{n}{2} + 1, \text{当 } n \equiv 2 (\bmod 4) \text{ 时} \\ \dfrac{n}{2} + r + 1, \text{当 } n = 2^r p, r \geqslant 2, p \text{ 为奇数时} \end{cases}$$

当 $3 \mid n$ 时，由式 ② 得

$$x_n = \frac{x_3}{3} 2^{-\frac{2}{3}n} a_n = \frac{x_3}{3} 2^{k_n - \frac{2}{3}n} p_n$$

其中 $3 \mid p_n$.

由于 $k_3 = 2 = \frac{2}{3} \times 3, k_6 = 4 = \frac{2}{3} \times 6, k_{12} = 9 > \frac{2}{3} \times 12, k_{24} = 16 = \frac{2}{3} \times 24$.

从而,x_3, x_6, x_{12}, x_{24} 均为整数.

若 $n \not\equiv 0 (\bmod\ 4)$,则 $k_n \leqslant \frac{n}{2} + 1$,于是

$$k_n - \frac{2}{3}n \leqslant 1 - \frac{n}{6} < 0, \forall n > 6 \qquad ⑥$$

若 $n \equiv 0 (\bmod\ 4)$,由于 $3 \mid n$,则 $n = 2^r \times 3^k q$,其中 $r \geqslant 2, k \geqslant 1, q$ 不含 3 的因子.

由式 ⑤ 可知,$k_n = 2^{r-1} \times 3^k q + r + 1$. 于是

$$k_n - \frac{2}{3}n = 2^{r-1} \times 3^k q + r + 1 - 2^{r+1} \times 3^{k-1} q = r + 1 - 2^{r-1} \times 3^{k-1} q \leqslant r + 1 - 2^{r-1}$$

等号当且仅当 $k = q = 1$ 时成立.

当 $r > 3$ 时,$2^{r-1} = (1+1)^{r-1} > r+1$. 由此可知,当 $r > 3$ 或 $2 \leqslant r \leqslant 3$,但 k, q 中有一个不为 1 时,有

$$k_n - \frac{2}{3}n < 0 \qquad ⑦$$

由式 ⑥ 和式 ⑦ 知 $\{x_n\}$ 中仅有 $x_0, x_3, x_6, x_{12}, x_{24}$ 为整数.

综上得数列中最少有 5 个整数项.

2004 年第十九届中国数学奥林匹克国家集训队选拔试题及解答

1. 设 $\angle XOY = 90^\circ$，P 为 $\angle XOY$ 内的一点，且 $OP = 1$，$\angle XOP = 30^\circ$，过点 P 任意作一条直线分别交射线 OX，OY 于点 M，N. 求 $OM + ON - MN$ 的最大值.

解　先作一圆 O_1 过点 P 且与射线 OX，OY 相切（切点为 A，B），且点 P 在优弧 AB 上.

分别以射线 OX，OY 为 x 轴，y 轴建立直角坐标系，如图 1 所示，则有 $P\left(\frac{\sqrt{3}}{2}, \frac{1}{2}\right)$. 设 $O_1(a, a)$，则有

$$\left(\frac{\sqrt{3}}{2} - a\right)^2 + \left(\frac{1}{2} - a\right)^2 = a^2$$

图 1

即

$$a^2 - (\sqrt{3} + 1)a + 1 = 0$$

所以，$\Delta = (\sqrt{3} + 1)^2 - 4 = 2\sqrt{3}$.

故 $a = \dfrac{\sqrt{3} + 1 - \sqrt{2\sqrt{3}}}{2} = \dfrac{\sqrt{3} + 1 - \sqrt[4]{12}}{2}$（取较小根）.

因为 $30^\circ < 45^\circ$，且 $\dfrac{1}{2} > a = \dfrac{\sqrt{3} + 1 - \sqrt[4]{12}}{2}$，所以，过点 P 的圆 O_1 的切线与射线 OX，OY 都相交.

如图 2 所示，设 MN 是过点 P 的圆 O_1 的切线，M，N 分别在射线 OX，OY 上，设 M_1N_1 是过点 P 的任一直线，且与圆 O_1 相交，M_1，N_1 分别在射线 OX，OY 上.

将 M_1N_1 向远离点 O 的方向平移，直至与圆 O_1 相切所得直线为 M_2N_2（切点为 Q），M_2，N_2 分别在射线 OX，OY 上.

由切线长定理有

$$\begin{aligned} OM_1 + ON_2 - M_1N_1 &< OM_2 + ON_2 - M_2N_2 \\ &= (OB + BN_2) + (OA + AM_2) - \\ &\quad (N_2Q + QM_2) = 2OA \end{aligned}$$

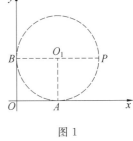

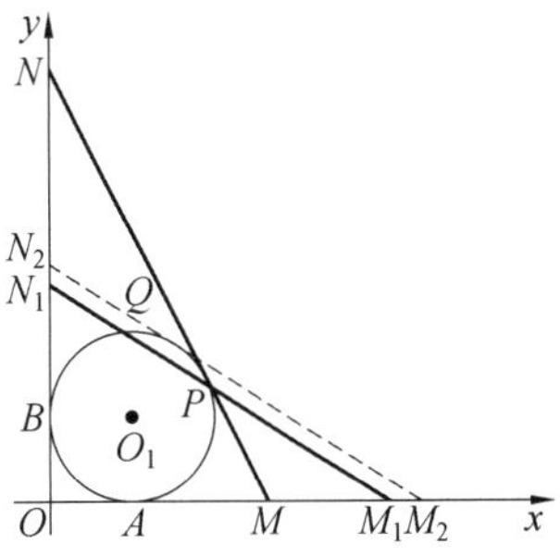

图 2

同理，$2OA = OM + ON - MN$.

综上可得，当 MN 是过点 P 的圆 O_1 的切线时，$OM + ON - MN$ 取得最大值，且最大

值为 $2OA=2a=\sqrt{3}+1-\sqrt[4]{12}$.

2. 设 u 为任一给定的正整数. 证明: 方程 $n!=u^a-u^b$ 至多有有限多组正整数解 (n,a,b).

证明 先证明一个引理.

引理: 设 p 是一个给定的奇质数, 整数 $u>1$ 且 $p\nmid u$, d 是 u 模 p 的阶, 并设 $u^d-1=p^v k$, 这里 $v\geqslant 1$, $p\nmid k$. 又 m 是正整数, $p\nmid m$, 则对任意整数 $t(t\geqslant 0)$, 有 $u^{dmp^t}=1+p^{t+v}k_t$, 其中 $p\nmid k_t$.

引理的证明: 对 t 归纳. 当 $t=0$ 时, 由 $u^d=1+p^v k$ $(p\nmid k)$ 及二项式定理知 (注意 $p\nmid m$)
$$u^{md}=(1+p^v k)^m=1+p^v km+p^{2v}k^2 C_m^2+\cdots$$
$$=1+p^v(km+p^v k^2 C_m^2+\cdots)=1+p^v k_1$$

其中 $p\nmid k_1$.

若结论对 t 已成立, 则由二项式定理可知
$$u^{dmp^{t+1}}=(1+p^{t+v}k_t)^p=1+p^{t+1+v}(k_t+C_p^2 p^{t+v-1}k_t^2+\cdots)=1+p^{t+1+v}k_{t+1}$$

其中 $p\nmid k_{t+1}$ (注意 p 是奇质数, 故 $p\mid C_p^2$). 这就完成了引理的证明.

下面证明原题.

首先, 方程可化为
$$n!=u^r(u^s-1), r,s \text{ 为正整数} \qquad ①$$

对引理中取定的奇质数 p, 可设 $n>p$ (否则结论已成立). 设 $p^a\parallel n!$, 则 $a\geqslant 1$. 由 $p\nmid u$ 及式 ① 知 $p^a\parallel(u^s-1)$. 特别地 $p\mid (u^s-1)$.

设 d 是 u 模 p 的阶, 则 $d\mid s$.

设 $s=dmp^t$, 其中 $t\geqslant 0$, $p\nmid m$. 由 $u^s-1=p^a M$, $p\nmid M$ 及引理知 $a=t+v$, 即 $t=a-v$. 故
$$u^s-1=u^{dmp^{a-v}}-1 \qquad ②$$

熟知
$$a=\sum_{i=1}^{\infty}\left[\frac{n}{p^i}\right]\geqslant \left[\frac{n}{p}\right]>an \qquad ③$$

其中 a 是一个仅与 p 有关的正数.

记 $b=u^{dp^{-v}}$. 由于 d,p,u,v 均是固定的正整数, 故 b 是大于 1 的正常数. 于是, 由式 ②③ 得
$$u^s-1\geqslant u^{dp^{a-v}}-1>b^{an}-1 \qquad ④$$

但当 n 充分大时, 易知
$$b^{p^{an}}-1>n^n-1 \qquad ⑤$$

(此即 $b^{p^{an}}\geqslant n^n$, 即 $p^{an}>n\log_b n$.)

因此, 由式 ②③④⑤ 知, 当 n 充分大时, 有 $u^s-1>n!$, 更有 $u^r(u^s-1)>n!$.

所以, n 充分大时, 方程 ① 无解. 从而, 方程 ① 的正整数解至多有有限多组.

注: $p^a\parallel a$ 表示 $p^a\mid a$, 而 $p^{a+1}\nmid a$, 这里 p 是质数, $a\in \mathbf{N}^*$.

3. 设 $n_1,n_2,\cdots,n_k$ 是 $k(k\geqslant 2)$ 个正整数, 且 $1<n_1<n_2<\cdots<n_k$, 正整数 a,b 满足

$$\left(1-\frac{1}{n_1}\right)\left(1-\frac{1}{n_2}\right)\cdots\left(1-\frac{1}{n_k}\right) \leqslant \frac{a}{b} < \left(1-\frac{1}{n_1}\right)\left(1-\frac{1}{n_2}\right)\cdots\left(1-\frac{1}{n_{k-1}}\right)$$

证明：$n_1 n_2 \cdots n_k \leqslant (4a)^{2^{k-1}}$.

证明 先证明一个引理.

引理：若正整数 $n_1, n_2, \cdots, n_k$ 及 a, b 满足题设中的不等式，则必有一个 $r(1 \leqslant r \leqslant k)$，使得

$$n_1 n_2 \cdots n_r \leqslant (2^{r+1} a)^r$$

引理的证明：我们先证明，存在 $n_i (1 \leqslant i \leqslant k)$，使得 $n_i \leqslant 2^{i+1} a$.

注意到 $\frac{a}{b} < \prod_{i=1}^{k-1}\left(1-\frac{1}{n_i}\right) < 1$ 及 a, b 为正整数，则有 $b \geqslant a+1$.

若所有的 n_i 均满足 $n_i > 2^{i+1} a$，则易知

$$\frac{a}{a+1} \geqslant \frac{a}{b} \geqslant \prod_{i=1}^{k-1}\left(1-\frac{1}{n_i}\right) > 1 - \prod_{i=1}^{k-1}\frac{1}{n_i}$$
$$> 1 - \frac{1}{a}\sum_{i=1}^{k-1}\frac{1}{2^{i+1}} > 1 - \frac{1}{2a}$$

即 $1 - \frac{1}{a+1} > 1 - \frac{1}{2a}$，则 $2a < a+1$. 这是不可能的，故所证结论成立.

现在设 r 是最小的下标 i，使得 $n_i \leqslant 2^{i+1} + a$.

由于 $n_1 < n_2 < \cdots < n_r$，则

$$n_1 n_2 \cdots n_r \leqslant n_r^r \leqslant (2^{r+1} a)^r \qquad ①$$

引理得证.

下面证明原题. 对 k 用数学归纳法.

对 $k=1$，我们要从

$$1 - \frac{1}{n_1} \leqslant \frac{a}{b} < 1 \qquad ②$$

导出 $n_1 \leqslant (4a)^{2^1 - 1}$. 这是显然的，因为式②意味着 $b > a$，从而 $b \geqslant a+1$，故 $1 - \frac{1}{n_1} \leqslant \frac{a}{a+1} = 1 - \frac{1}{a+1}$，得 $n_1 \leqslant a+1 < 4a$.

假设在 k 换为任意较小的正整数时结论已成立，现证明在 k 时结论也成立.

设 r 是上述引理所确定的一个正整数，又设 $1 \leqslant r \leqslant k-1$，由已知条件得

$$\prod_{i=r+1}^{k}\left(1-\frac{1}{n_i}\right) \leqslant \frac{A}{B} < \prod_{i=r+1}^{k-1}\left(1-\frac{1}{n_i}\right)$$

这里 $A = a\prod_{i=1}^{r} n_i$，$B = b\prod_{i=1}^{r}(n_i - 1)$.

由归纳假设知

$$\prod_{i=r+1}^{k} n_i \leqslant (4A)^{2^{k-r}-1} = (4a)^{2^{k-r}-1}\left(\prod_{i=1}^{r} n_i\right)^{2^{k-r}-1}$$

故由引理得
$$\prod_{i=1}^{k} n_i \leqslant (4a)^{2^{k-r}-1}\left(\prod_{i=1}^{r} n_i\right)^{2^{k-r}-1} \leqslant (4a)^{2^{k-r}-1}(2^{r+1}a)^{r2^{k-r}} \quad ③$$

注意,由引理知,上述不等式在 $r=k$ 时也成立(无需证明归纳假设的结论).

由式 ③ 可见,为了完成归纳证明,只须证明
$$4^{2^{k-r}-1} \cdot 2^{r(r+1)2^{k-r}} \leqslant 4^{2^k-1} \text{ 及 } a^{2^{k-r}-1} \cdot a^{r2^{k-r}} \leqslant a^{2^k-1}$$

利用 $2+r(r+1) \leqslant 2^{r+1}$ 及 $1+r \leqslant 2^r$ (对 $r \geqslant 1$),易知上述两个不等式都成立. 这就完成了归纳证明.

4. 点 D, E, F 分别在锐角 $\triangle ABC$ 的边 BC, CA, AB 上(均异于端点),满足 $EF \parallel BC$, D_1 是边 BC 上一点(异于点 B, D, C),过点 D_1 作 $D_1 E_1 \parallel DE$, $D_1 F_1 \parallel DF$,分别交边 AC, AB 于点 E_1, F_1,联结 $E_1 F_1$,再在 BC 上方(与点 A 同侧)作 $\triangle PBC$,使得 $\triangle PBC \backsim \triangle DEF$,联结 PD_1. 求证: $EF, E_1 F_1, PD_1$ 三线共点.

证明 如图 3 所示,记 $PD_1, D_1 E_1, D_1 F_1$ 分别交 EF 于点 D_2, E_2, F_2,则只须证明 E_1, D_2, F_1 三点共线. 因为 $\triangle E_1 D_1 C \backsim \triangle E_1 E_2 E$,所以
$$\frac{D_1 E_1}{E_1 E_2} = \frac{D_1 C}{E E_2} \quad ①$$

因为 $\triangle F_1 F F_2 \backsim \triangle F_1 B D_1$,所以
$$\frac{F_2 F_1}{F_1 D_1} = \frac{F F_2}{B D_1} \quad ②$$

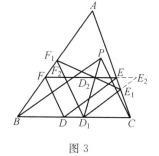

图 3

因为 $\triangle PBC$ 和 $\triangle D_1 E_2 F_2$ 都相似于 $\triangle DEF$,且它们的对应边平行,所以 $\triangle PBC \backsim \triangle D_1 E_2 F_2$,且对应边互相平行.

而 PD_1 和 $D_1 D_2$ 是这对相似三角形中处于对应位置的线段,所以
$$\frac{E_2 D_2}{D_2 F_2} = \frac{B D_1}{D_1 C} \quad ③$$

式 ①×式 ②×式 ③,又因为 $EE_2 = DD_1 = FF_2$ (四边形 $DD_1 E_2 E$ 和四边形 $DD_1 F_2 F$ 都是平行四边形),则
$$\frac{D_1 E_1}{E_1 E_2} \cdot \frac{E_2 D_2}{D_2 F_2} \cdot \frac{F_2 F_1}{F_1 D_1} = \frac{D_1 C}{E E_2} \cdot \frac{B D_1}{D_1 C} \cdot \frac{F F_2}{B D_1} = \frac{F F_2}{E E_2} = 1$$

对 $\triangle D_1 E_2 F_2$,由梅涅劳斯定理的逆定理知 E_1, D_2, F_1 三点共线.

5. 已知 $p_1, p_2, \cdots, p_{25}$ 为给定的不超过 2 004 的 25 个互不相同的质数,求最大的正整数 T,使得任何不大于 T 的正整数,总可以表示成 $(p_1 p_2 \cdots p_{25})^{2004}$ 的互不相同的正约数之和(如 $1, p_1, 1+p_1^2+p_1 p_2+p_3$ 等均是 $(p_1 p_2 \cdots p_{25})^{2004}$ 的互不相同的正约数之和).

解 当 $p_1 > 2$ 时,2 不能表示成 $(p_1 p_2 \cdots p_{25})^{2004}$ 的不同正约数之和,此时 $T=1$.

设 $p_1 = 2$,我们证明如下更一般的结论:

如果 $p_1, p_2, \cdots, p_k$ 为 k 个互不相同的质数, $p_i < p_{i+1} \leqslant p_i^{2005}$ ($i=1, 2, \cdots, k$), $p_1 = 2$,则

能表成$(p_1p_2\cdots p_k)^{2004}$的不同正约数之和的正整数所成集合为$\{1,2,3,\cdots,T_k\}$,其中
$$T_k = \frac{p_1^{2005}-1}{p_1-1} \cdot \frac{p_2^{2005}-1}{p_2-1} \cdot \cdots \cdot \frac{p_k^{2005}-1}{p_k-1}.$$

注意到$(p_1p_2\cdots p_k)^{2004}$的所有正约数的和为$T_k$. 只要证明,当$1 \leqslant n \leqslant T_k$时,$n$可表示成$(p_1p_2\cdots p_k)^{2004}$的不同正约数之和.

当$k=1$时,设$1 \leqslant n \leqslant T_1 = 1+2+2^2+\cdots+2^{2004}$.

由n可表示成二进制知n可表示成2^{2004}的不同正约数之和.

假设结论对k成立,设$1 \leqslant n \leqslant T_{k+1}$. 由$T_{k+1} = T_k(1+p_{k+1}+\cdots+p_{k+1}^{2004})$知存在$0 \leqslant i \leqslant 2004$,使得
$$T_k(p_{k+1}^{i+1}+p_{k+1}^{i+2}+\cdots+p_{k+1}^{2004}) < n \leqslant T_k(p_{k+1}^i+p_{k+1}^{i+1}+\cdots+p_{k+1}^{2004})$$

当$i=2004$时,不等式左边为0. 于是
$$1 \leqslant n - T_k(p_{k+1}^{i+1}+p_{k+1}^{i+2}+\cdots+p_{k+1}^{2004}) \leqslant T_k p_{k+1}^i$$

取整数m_i,使得
$$0 \leqslant n - T_k(p_{k+1}^{i+1}+p_{k+1}^{i+2}+\cdots+p_{k+1}^{2004}) - m_i p_{k+1}^i < p_{k+1}^i$$

所以,$0 \leqslant m_i \leqslant T_k$.

将$n - T_k(p_{k+1}^{i+1}+p_{k+1}^{i+2}+\cdots+p_{k+1}^{2004}) - m_i p_{k+1}^i$表成$p_{k+1}$进制,则
$$n - T_k(p_{k+1}^{i+1}+p_{k+1}^{i+2}+\cdots+p_{k+1}^{2004}) - m_i p_{k+1}^i = m_0 + m_1 p_{k+1} + \cdots + m_{i-1} p_{k+1}^{i-1}$$

当$j \leqslant i-1$时
$$0 \leqslant m_j \leqslant p_{k+1}-1 \leqslant p_k^{2005}-1 \leqslant \frac{p_1^{2005}-1}{p_1-1} \cdot \frac{p_2^{2005}-1}{p_2-1} \cdot \cdots \cdot \frac{p_k^{2005}-1}{p_k-1} = T_k$$

(这里用到了$p_{n+1}-1 \leqslant p_n^{2005}-1, p_1-1=1$.)

令$m_{i+1}=m_{i+2}=\cdots=m_{2004}=T_k$,则$n = m_0+m_1 p_{k+1}+\cdots+m_{2004}p_{k+1}^{2004}$ $(0 \leqslant m_i \leqslant T_k, 0 \leqslant i \leqslant 2004)$.

由归纳假设知,每一个非零m_i均可表成$(p_1p_2\cdots p_k)^{2004}$的不同正约数之和,结论得证.

所以,当$p_1 > 2$时,$T=1$;当$p_1 = 2$时
$$T = \frac{p_1^{2005}-1}{p_1-1} \cdot \frac{p_2^{2005}-1}{p_2-1} \cdot \cdots \cdot \frac{p_{25}^{2005}-1}{p_{25}-1}$$

6. 设a,b,c是周长不超过2π的三角形的三条边长. 证明:$\sin a, \sin b, \sin c$可构成三角形的三条边长.

证明 由题设得$0 < a,b,c < \pi$. 故
$$\sin a > 0, \sin b > 0, \sin c > 0$$
$$|\cos a| < 1, |\cos b| < 1, |\cos c| < 1$$

不妨设$\sin a \leqslant \sin b \leqslant \sin c$.

若$a = \frac{\pi}{2}$,则$b=c=\frac{\pi}{2}$.

故$\sin a = \sin b = \sin c = 1$,结论显然成立.

设 $a \neq \dfrac{\pi}{2}$.

(1) 当 $a+b+c=2\pi$ 时,有
$$\sin c = \sin(2\pi - a - b) = -\sin(a+b)$$
$$\leqslant \sin a \cdot |\cos b| + \sin b \cdot |\cos a| < \sin a + \sin b$$

(2) 当 $a+b+c<2\pi$ 时,由于 a,b,c 构成三角形的三边,故存在一个三面角使得 a,b,c 分别为其面角,如图 4 所示.

这里 OR, OP, OQ 不在同一平面上,$OQ = OP = OR = 1$,$\angle QOR = a, \angle QOP = b, \angle POR = c$.

过点 Q 作平面 POQ 的垂线,垂足为 H. 过 H 作 OR 的垂线,垂足为 G. 设 $\angle QOH = \phi, \angle HOR = \theta$,则
$$0 < \phi < \dfrac{\pi}{2}, 0 \leqslant \theta < 2\pi$$

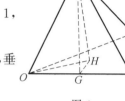

图 4

由勾股定理得
$$\sin a = QG = \sqrt{QH^2 + GH^2}$$
$$= \sqrt{\sin^2\phi + \cos^2\phi \cdot \sin^2\theta} = \sqrt{\sin^2\theta + \sin^2\phi \cdot \cos^2\theta}$$
$$\geqslant |\sin\theta| \qquad ①$$

类似有
$$\sin b = \sqrt{\sin^2(c-\theta) + \sin^2\phi \cdot \cos^2(\theta-c)} \geqslant |\sin(c-\theta)| \qquad ②$$

我们断言,式 ① 和式 ② 中的等号不能同时成立. 若不然,由 $\sin^2\phi \neq 0$ 得 $\cos\theta = \cos(c-\theta) = 0$,故
$$\theta = \dfrac{\pi}{2} \text{ 或 } \dfrac{3\pi}{2}, c - \theta = \pm\dfrac{\pi}{2} \text{ 或 } \pm\dfrac{3\pi}{2}$$

这与 $0 < c < \pi$ 矛盾. 因此
$$\sin a + \sin b > |\sin\theta| + |\sin(c-\theta)| \geqslant |\sin(\theta + c - \theta)| = \sin c$$

2005年第二十届中国数学奥林匹克国家集训队选拔试题及解答

1. 设圆 O 的内接凸四边形 $ABCD$ 的两条对角线 AC,BD 的交点为 P，过 P,B 两点的圆 O_1 与过 P,A 两点的圆 O_2 相交于两点 P,Q，且圆 O_1，圆 O_2 分别与圆 O 相交于另一点 E,F．求证：直线 PQ,CE,DF 共点或者互相平行．

证明 如图 1 所示，设直线 EC 交圆 O_1 于点 I，直线 FD 交圆 O_2 于点 J．

因为 $\angle PJF = \angle PAF = \angle CAF = \angle CDF$，所以 $PJ \parallel CD$．

同理，$IP \parallel CD$．

故 I,P,J 三点共线．

又 $\angle EFD = 180° - \angle ECD = 180° - \angle EIJ$，故 E,F,J,I 四点共圆．

这样，由根轴定理，知四边形 $IEFJ$ 的外接圆，圆 O_1，圆 O_2 两两的公共弦 IE,PQ,JF（所在的直线）共点或者互相平行，即直线 PQ,CE,DF 共点或者互相平行．

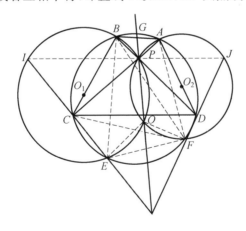

图 1

2. 给定正整数 $n(n \geqslant 2)$，求最大的 λ，使得若有 n 个袋子，每一个袋子中都有一些质量为 2 的整数次幂的小球，且各个袋子中的小球的总质量都相等，则必有某一质量的小球的总个数至少为 λ．（同一个袋子中可以有相等质量的小球．）

解 不妨设最重的小球质量为 1．先证

$$\lambda_{\max} \geqslant \left[\frac{n}{2}\right] + 1$$

设每个袋子中小球的总质量为 G，则 $G \geqslant 1$．

假设任一质量的小球的总个数都不大于 $\left[\dfrac{n}{2}\right]$. 考察这 n 个袋子中所有小球的总质量,得

$$n \leqslant nG < \left[\dfrac{n}{2}\right](1+2^{-1}+2^{-2}+\cdots) = 2\left[\dfrac{n}{2}\right] \leqslant 2 \cdot \dfrac{n}{2} = n$$

矛盾.

反之,取充分大的正整数 s,使得 $2-2^{-s} \geqslant \dfrac{2n}{n+1}$.

由于 $\left[\dfrac{n}{2}\right]+1 \geqslant \dfrac{n+1}{2}$,故 $2-2^{-s} \geqslant \dfrac{2n}{n+1} \geqslant \dfrac{n}{\left[\dfrac{n}{2}\right]+1}$.

从而,$\left(\left[\dfrac{n}{2}\right]+1\right)(1+2^{-1}+\cdots+2^{-s}) \geqslant n \times 1$.

因此,可在

$$\underbrace{1,1,\cdots,1}_{\left(\left[\frac{n}{2}\right]+1\right)\uparrow}, \underbrace{2^{-1},\cdots,2^{-1}}_{\left(\left[\frac{n}{2}\right]+1\right)\uparrow}, \cdots, \underbrace{2^{-s},2^{-s},\cdots,2^{-s}}_{\left(\left[\frac{n}{2}\right]+1\right)\uparrow}$$

中从前至后取出和为 1 的连续若干项,且至少可取 n 次,所以 $\lambda_{\max} \leqslant \left[\dfrac{n}{2}\right]+1$.

综上可知,$\lambda_{\max} = \left[\dfrac{n}{2}\right]+1$.

3. n 是正整数,$a_j(j=1,2,\cdots,n)$ 为复数,且对集合 $\{1,2,\cdots,n\}$ 的任一非空子集 I,均有 $\left|\prod\limits_{j\in I}(1+a_j)-1\right| \leqslant \dfrac{1}{2}$. 证明:$\sum\limits_{j=1}^{n}|a_j| \leqslant 3$.

证明 设 $1+a_j = r_j \mathrm{e}^{\mathrm{i}\theta_j}$,$|\theta_j| \leqslant \pi$,$j=1,2,\cdots,n$,则题设条件变为

$$\left|\prod_{j\in I} r_j \cdot \mathrm{e}^{\mathrm{i}\sum\limits_{j\in I}\theta_j} - 1\right| \leqslant \dfrac{1}{2} \qquad ①$$

先证如下引理.

引理:设 r,θ 为实数,$r \geqslant 0$,$|\theta| \leqslant \pi$,$|r\mathrm{e}^{\mathrm{i}\theta}-1| \leqslant \dfrac{1}{2}$,则

$$\dfrac{1}{2} \leqslant r \leqslant \dfrac{3}{2}, \quad |\theta| \leqslant \dfrac{\pi}{6}, \quad |r\mathrm{e}^{\mathrm{i}\theta}-1| \leqslant |r-1|+|\theta|$$

引理的证明:如图 2 所示,由复数的几何意义,有 $\dfrac{1}{2} \leqslant r \leqslant \dfrac{3}{2}$,$|\theta| \leqslant \dfrac{\pi}{6}$. 于是,有

$$\begin{aligned}
|r\mathrm{e}^{\mathrm{i}\theta}-1| &= |r(\cos\theta+\mathrm{i}\sin\theta)-1| \\
&= |(r-1)(\cos\theta+\mathrm{i}\sin\theta)+ \\
&\quad [(\cos\theta-1)+\mathrm{i}\sin\theta]| \\
&\leqslant |r-1|+\sqrt{(\cos\theta-1)^2+\sin^2\theta} \\
&= |r-1|+\sqrt{2(1-\cos\theta)}
\end{aligned}$$

$$=|r-1|+2\left|\sin\frac{\theta}{2}\right|\leqslant|r-1|+|\theta|$$

引理得证.

由式 ① 及引理,对 $|I|$ 用数学归纳法,知

$$\frac{1}{2}\leqslant\prod_{j\in I}r_j\leqslant\frac{3}{2},\left|\sum_{j\in I}\theta_j\right|\leqslant\frac{\pi}{6} \qquad ②$$

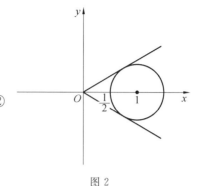

图 2

由式 ① 及引理,知

$$|a_j|=|r_j\mathrm{e}^{\mathrm{i}\theta_j}-1|\leqslant|r_j-1|+|\theta_j|$$

因此

$$\sum_{j=1}^n|a_j|\leqslant\sum_{j=1}^n|r_j-1|+\sum_{j=1}^n|\theta_j|$$
$$=\sum_{r_j\geqslant 1}|r_j-1|+\sum_{r_j<1}|r_j-1|+\sum_{\theta_j\geqslant 0}|\theta_j|+\sum_{\theta_j<0}|\theta_j|$$

由式 ②,知

$$\sum_{r_j\geqslant 1}|r_j-1|=\sum_{r_j\geqslant 1}(r_j-1)\leqslant\prod_{r_j\geqslant 1}(1+r_j-1)-1\leqslant\frac{3}{2}-1=\frac{1}{2}$$
$$\sum_{r_j<1}|r_j-1|=\sum_{r_j<1}(1-r_j)\leqslant\prod_{r_j<1}[1-(1-r_j)]^{-1}-1\leqslant 2-1=1$$
$$\sum_{\theta_j\geqslant 0}\theta_j-\sum_{\theta_j<0}\theta_j\leqslant\frac{\pi}{6}-\left(-\frac{\pi}{6}\right)\leqslant\frac{\pi}{3}$$

综上所述,有 $\sum_{j=1}^n|a_j|\leqslant\frac{1}{2}+1+\frac{\pi}{3}<3$.

4. 设 $a_1,a_2,\cdots,a_6;b_1,b_2,\cdots,b_6;c_1,c_2,\cdots,c_6$ 都是 $1,2,\cdots,6$ 的排列. 求 $\sum_{i=1}^6 a_ib_ic_i$ 的最小值.

解 记 $S=\sum_{i=1}^6 a_ib_ic_i$. 由平均不等式,得

$$S\geqslant 6\sqrt[6]{\prod_{i=1}^6 a_ib_ic_i}=6\sqrt[6]{(6!)^3}=6\sqrt{6!}=72\sqrt{5}>160$$

下面证明 $S>161$.

因为 $a_1b_1c_1,a_2b_2c_2,\cdots,a_6b_6c_6$ 这 6 个数的几何平均值为 $12\sqrt{5}$,而 $26<12\sqrt{5}<27$,所以 $a_1b_1c_1,a_2b_2c_2,\cdots,a_6b_6c_6$ 中必有 1 个数不小于 27,也必有 1 个数不大于 26,而 26 不是 1,2,3,4,5,6 中某 3 个数(可以重复)的积,于是,必有 1 个数不大于 25. 不妨设 $a_1b_1c_1\geqslant 27$, $a_2b_2c_2\leqslant 25$,于是,有

$$S=(\sqrt{a_1b_1c_1}-\sqrt{a_2b_2c_2})^2+2\sqrt{a_1b_1c_1a_2b_2c_2}+(a_3b_3c_3+a_4b_4c_4)+(a_5b_5c_5+a_6b_6c_6)$$
$$\geqslant(\sqrt{27}-\sqrt{25})^2+2\sqrt{a_1b_1c_1a_2b_2c_2}+2\sqrt{a_3b_3c_3a_4b_4c_4}+2\sqrt{a_5b_5c_5a_6b_6c_6}$$
$$\geqslant(3\sqrt{3}-5)^2+2\times 3\sqrt[6]{\prod_{i=1}^6 a_ib_ic_i}$$

$$= (3\sqrt{3} - 5)^2 + 72\sqrt{5} > 161$$

所以,$S \geqslant 162$.

又当 $a_1, a_2, \cdots, a_6; b_1, b_2, \cdots, b_6; c_1, c_2, \cdots, c_6$ 分别为 $1,2,3,4,5,6;5,4,3,6,1,2;5,4,3,1,6,2$ 时,有

$$S = 1 \times 5 \times 5 + 2 \times 4 \times 4 + 3 \times 3 \times 3 + 4 \times 6 \times 1 + 5 \times 1 \times 6 + 6 \times 2 \times 2 = 162$$

故 S 的最小值为 162.

5. 设 n 是任意给定的正整数,x 是正实数. 证明

$$\sum_{k=1}^{n}\left(x\left[\frac{k}{x}\right] - (x+1)\left[\frac{k}{x+1}\right]\right) \leqslant n$$

其中 $[a]$ 表示不超过实数 a 的最大整数.

证明 首先证明一个引理.

引理:对任意大于零的实数 α, β,有整数 u 及实数 v,使得 $\alpha = \beta u + v$,其中 $0 \leqslant v < \beta$,且 u 及 v 唯一确定.

引理的证明:取 $u = \left[\dfrac{\alpha}{\beta}\right]$ 及 $v = \alpha - \beta\left[\dfrac{\alpha}{\beta}\right]$,易知 $0 \leqslant v < \beta$. 此外,若另有整数 u' 及实数 $v'(0 \leqslant v' < \beta)$,满足 $\alpha = \beta u' + v'$,则 $\beta(u - u') = v' - v$.

因上式左边的绝对值或是 0 或不小于 β,而右边的绝对值小于 β,故必须 $u = u'$ 及 $v' = v$. 这就证明了所说的唯一性.

下面证明原题.

由引理知,对任意的 $k = 1, 2, \cdots, n$,有

$$k = a_k x + b_k = c_k(x+1) + d_k \qquad ①$$

这里 $a_k = \left[\dfrac{k}{x}\right], c_k = \left[\dfrac{k}{x+1}\right], 0 \leqslant b_k < x, 0 \leqslant d_k < x+1$.

记不等式左边的和为 S,则

$$S = \sum_{k=1}^{n}[a_k x - c_k(x+1)] = \sum_{k=1}^{n}[(k - b_k) - (k - d_k)] = \sum_{k=1}^{n} d_k - \sum_{k=1}^{n} b_k \qquad ②$$

记 $I = \{1 \leqslant k \leqslant n \mid d_k > 1\}$.

令 $f(k) = k - c_k - 1$,因当 $k \in I$ 时,有 $k = c_k(x+1) + d_k > c_k + 1$,故 $0 < f(k) < n$.

于是,f 是 I 到集合 $\{1, 2, \cdots, n\}$ 的一个映射.

我们证明 f 必是单射.

事实上,若有 $k, l \in I (k \neq l)$,使 $f(k) = f(l)$,则 $k - l = c_k - c_l$,结合式 ①,易知

$$(c_k - c_l)x = d_l - d_k \qquad ⑥$$

另外,因 $k, l \in I$,知 $d_k, d_l \in (1, x+1)$,故 $|d_k - d_l| < |x|$.

但 $|c_k - c_l| \cdot |x| = |k - l| \cdot |x| \geqslant |x|$,从而,式 ③ 两边的绝对值不等. 矛盾.

此外,由 $k = c_k(x+1) + d_k$,易知 $f(k) = c_k x + (d_k - 1)$.

因当 $k \in I$ 时,有 $0 < d_k - 1 < x$,故由引理中的唯一性,知 $c_k = a_{f(k)}$ 及 $d_k - 1 = b_{f(k)}$.

因此，由式 ② 可知（注意对所有 k 有 $b_k \geqslant 0$）
$$S = \sum_{k \in I} d_k + \sum_{k \in I} d_k - \sum_{k=1}^{n} b_k \leqslant \sum_{k \in I} d_k - \sum_{k \in I} d_{f(k)} + \sum_{k \notin I} d_k$$
$$= \sum_{k \in I} [d_k - b_{f(k)}] + \sum_{k \notin I} d_k$$
$$= \sum_{k \in I} 1 + \sum_{k \notin I} d_k$$
$$\leqslant |I| + (n - |I|) = n.$$

6. 设 a 是给定的正实数. 求所有的函数 $f : \mathbf{N}_+ \to \mathbf{R}$，使得对任意满足条件 $am \leqslant k < (a+1)m$ 的正整数 k, m，都有 $f(k+m) = f(k) + f(m)$.

解 所求函数为 $f(n) = bn$，b 为任意给定的实数.

首先证明：当 $n \geqslant 2a + 3$ 时，有 $f(n+1) - f(n) = f(n) - f(n-1)$.

只要证明存在正整数 u，使得
$$f(n+1) - f(n) = f(u+1) - f(u) \qquad ①$$
$$f(n) - f(n-1) = f(u+1) - f(u) \qquad ②$$

式 ① 等价于
$$f(n+1) + f(u) = f(n) + f(u+1)$$

由题设条件知，只要有
$$a(n+1) \leqslant u < (a+1)(n+1)$$
$$an \leqslant u+1 < (a+1)n$$

即可. 也就是
$$a(n+1) \leqslant u < u+1 < (a+1)n \qquad ③$$

同理，式 ② 等价于
$$an \leqslant u < u+1 < (a+1)(n-1) \qquad ④$$

由式 ③④ 知，只要存在正整数 u，使得 $a(n+1) \leqslant u < u+1 < (a+1)(n-1)$.
由 $(a+1)(n-1) - a(n+1) = n - 2a - 1 \geqslant 2$，知上式成立.

其次，设 n_0 为整数，$n_0 - 1 < 2a + 3 \leqslant n_0$，则 $n_0 \geqslant 3$. 由上述知
$$f(n+1) - f(n) = f(n_0) - f(n_0 - 1), n \geqslant n_0 - 1$$

因此
$$f(n) = (n - n_0 + 1)[f(n_0) - f(n_0 - 1)] + f(n_0 - 1), n \geqslant n_0 - 1 \qquad ⑤$$

取正整数 k, m，使得 $m \geqslant n_0, am \geqslant n_0, am \leqslant k < (a+1)m$.
又由 $f(k+m) = f(k) + f(m)$，知
$$(k + m - n_0 + 1)[f(n_0) - f(n_0 - 1)] + f(n_0 - 1)$$
$$= (k - n_0 + 1)[f(n_0) - f(n_0 - 1)] + f(n_0 - 1) +$$
$$(m - n_0 + 1)[f(n_0) - f(n_0 - 1)] + f(n_0 - 1)$$

由此得 $(n_0 - 1)f(n_0) = n_0 f(n_0 - 1)$.

令 $f(n_0-1)=b(n_0-1)$,则 $f(n_0)=bn_0$.

代入式 ⑤,知 $f(n)=bn, n \geq n_0-1$.

下面证明:对所有正整数 n,有 $f(n)=bn$.

若不然,设使得 $f(n) \neq bn$ 的最大正整数为 n_1.

当 $a>1$ 时,取正整数 k,使得 $an_1 \leq k < (a+1)n_1$,则 $k>n_1, k+n_1>n_1, f(k+n_1)=f(k)+f(n_1)$.

因此,$f(n_1)=f(k+n_1)-f(k)=(k+n_1)b-kb=n_1 b$.

矛盾.

当 $a \leq 1$ 时,有 $an_1 \leq n_1 < (a+1)n_1$. 因此,$b \cdot 2n_1 = f(2n_1) = f(n_1)+f(n_1)$.

从而,$f(n_1)=n_1 b$,矛盾.

又当 $f(n)=bn$,b 为任意给定的实数时,显然满足题意.

综上所述,所求的函数为 $f(n)=bn$,b 为任意给定的实数.

2006年第二十一届中国数学奥林匹克国家集训队选拔试题及解答

1. 设 H 为 $\triangle ABC$ 的垂心，D,E,F 为 $\triangle ABC$ 的外接圆上三点，使得 $AD \parallel BE \parallel CF$，$S,T,U$ 分别为 D,E,F 关于边 BC,CA,AB 的对称点。求证：S,T,U,H 四点共圆。

证明 先证明如下引理。

引理：设 O,H 分别为 $\triangle ABC$ 的外心和垂心，P 为 $\triangle ABC$ 的外接圆上任意一点，P 关于 BC 的中点的对称点为 Q，则 QH 的垂直平分线与直线 AP 关于 OH 的中点对称。

引理的证明：事实上，如图1所示，过点 A 作 $\triangle ABC$ 的外接圆的直径 AA'，则点 A' 与 $\triangle ABC$ 的垂心 H 也关于 BC 的中点对称，所以 $QH \underline{\parallel} A'P$。又 $A'P \perp AP$，因此，$QH \perp AP$。设 D,N 分别为 AP,QH 的中点，则 $A'P = 2OD$，$QH = 2NH$，于是，$OD \underline{\parallel} NH$，而 $AP \perp OD$，故 QH 的垂直平分线与直线 AP 关于 OH 的中点对称。

再证原题。如图2所示，过点 D 作 BC 的平行线与 $\triangle ABC$ 的外接圆交于另一点 P。由 $AD \parallel BE \parallel CF$ 易知 $PE \parallel CA$，$PF \parallel AB$。因 $PD \parallel BC$，S 是点 D 关于 BC 的对称点，所以点 P 关于 BC 的中点的对称点是 S。于是，设 $\triangle ABC$ 的外心为 O，OH 的中点为 M，由引理，知直线 AP 关于点 M 的对称直线是 HS 的垂直平分线；同理，直线 BP,CP 关于点 M 的对称直线分别是 HT 的垂直平分线和 HU 的垂直平分线。而 AP,BP,CP 有公共点 P，因此 HS,HT,HU 这三条线段的三条垂直平分线交于一点。故 S,T,U,H 四点共圆。

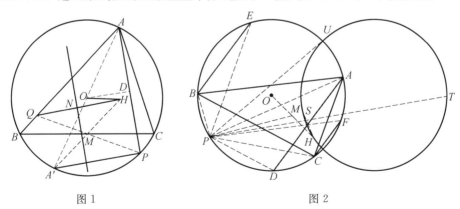

图1　　　图2

2. 给定正整数 n，求最大的实数 C，满足：若一组大于1的整数（可以有相同的）的倒数之和小于 C，则一定可以将这一组数分成不超过 n 组，使得每一组数的倒数之和都小于1。

解 所求的 $C_{\max} = \dfrac{n+1}{2}$。

取这一组数为 $a_1, a_2, \cdots, a_s$,若 $a_1 = a_2 = \cdots = a_s = 2$,知 $C_{\max} \leqslant \dfrac{n+1}{2}$.

下面对 n 用数学归纳法证明:若一组大于 1 的整数 $a_1, a_2, \cdots, a_s$ 满足
$$\sum_{i=1}^{s} \frac{1}{a_i} \leqslant \frac{n+1}{2}$$
则可将 $a_1, a_2, \cdots, a_s$ 分成不超过 n 组,使得每组数的倒数之和小于 1. 由此知 $C_{\max} \geqslant \dfrac{n+1}{2}$,从而 $C_{\max} = \dfrac{n+1}{2}$.

(1) $n = 1$ 时,结论成立.

(2) 假设 $n - 1$ 时结论成立,讨论 n 的情形.

注意到 $a_1 \geqslant 2$,即 $\dfrac{1}{a_1} \leqslant \dfrac{1}{2}$. 设 t 为最大的正整数,使得
$$\sum_{i=1}^{t-1} \frac{1}{a_i} < \frac{1}{2}$$
若 $t = k + 1$,则结论成立. 若 $t \leqslant k$,则
$$\sum_{i=1}^{t-1} \frac{1}{a_i} < \frac{1}{2} \leqslant \sum_{i=1}^{t} \frac{1}{a_i}$$
又 $\sum\limits_{i=1}^{t} \dfrac{1}{a_i} < \dfrac{1}{2} + \dfrac{1}{a_{t+1}} \leqslant 1$,在 $t = k$ 时结论成立.

下设 $t < s$,则
$$\sum_{i=t+1}^{s} \frac{1}{a_i} < \frac{n+1}{2} - \sum_{i=1}^{t} \frac{1}{a_i} < \frac{n}{2}$$

由归纳假设知 $a_{t+1}, \cdots, a_s$ 可分成 $n - 1$ 组,每一组的倒数之和小于 1. 又 $a_1, a_2, \cdots, a_t$ 的倒数之和小于 1,故 $a_1, a_2, \cdots, a_s$ 可分成 n 组,每一组的倒数之和小于 1.

由数学归纳法原理知结论对所有 $n \geqslant 1$ 成立.

3. 对正整数 M,如果存在整数 a, b, c, d,使得
$$M \leqslant a < b \leqslant c < d \leqslant M + 49, ad = bc$$
那么称 M 为"好数",否则称 M 为"坏数". 试求最大的好数和最小的坏数.

解 最大的好数是 576,最小的坏数是 443. 先证明一个引理.

引理:若正整数 a, b, c, d 满足 $a < b \leqslant c < d, ad = bc$,则存在正整数 u, v,使得
$$a \leqslant (u-1)(v-1) < uv \leqslant d$$
从而(不妨设 $u \leqslant v$)
$$a \leqslant (u-1)(v-1) < (u-1)v \leqslant u(v-1) < uv \leqslant d$$
$$[(u-1)(v-1)][uv] = [(u-1)v][u(v-1)]$$

引理的证明:由 $ad = bc$,知 $\dfrac{a}{(a,c)} \cdot \dfrac{d}{(b,d)} = \dfrac{b}{(b,d)} \cdot \dfrac{c}{(a,c)}$.

因为 $\left(\dfrac{a}{(a,c)}, \dfrac{c}{(a,c)}\right)=1, \left(\dfrac{d}{(b,d)}, \dfrac{b}{(b,d)}\right)=1$,故
$$\dfrac{a}{(a,c)}=\dfrac{b}{(b,d)}=s, \dfrac{d}{(b,d)}=\dfrac{c}{(a,c)}=t$$
因此
$$a=(a,c)s, b=(b,d)s, c=(a,c)t, d=(b,d)t$$
由 $a<b$,知 $(a,c)<(b,d)$,由 $a<c$,知 $s<t$.
令 $u=(b,d), v=t$,则
$$a=(a,c)s \leqslant (u-1)(v-1), d=uv$$
引理得证.

(1) 576 是最大的好数.

由 $576=24\times 24<24\times 25=25\times 24<25\times 25=625$,知 576 为好数.

设 $M\geqslant 577$,若 M 为好数,则由引理知存在正整数 $u,v,u\leqslant v$,使得
$$M\leqslant (u-1)(v-1)<uv\leqslant M+49$$
由此知 $uv-(u-1)(v-1)\leqslant 49$,即 $u+v\leqslant 50$.

另外,由 $577\leqslant M\leqslant (u-1)(v-1)\leqslant \left(\dfrac{u+v-2}{2}\right)^2$,知 $(u+v-2)^2\geqslant 2308>48^2$,从而 $u+v-2\geqslant 49$,即 $u+v\geqslant 51$,矛盾.

所以 576 为最大的好数.

(2) 当 $1\leqslant M\leqslant 288$ 时,取整数 n,使得
$$13n\leqslant M+49<13(n+1)$$
则 $13n\leqslant M+49\leqslant 337$. 从而 $n\leqslant 25$.

这样 $12(n-1)=13(n+1)-n-25\geqslant M+50-n-25\geqslant M$,即
$$M\leqslant 12(n-1)<13n\leqslant M+49$$
因此,当 $1\leqslant M\leqslant 288$ 时,M 为好数.

取
$$\{(u_i,v_i)\}_{i=1}^{23}=\{(13,26),(14,25),(19,19),(14,26),(15,25),(19,20),(15,26),$$
$$(20,20),(17,24),(19,22),(20,21),(13,33),(18,24),(20,22),$$
$$(21,21),(15,30),(19,24),(16,29),(18,26),(19,25),(20,24),$$
$$(21,23),(14,35)\}$$

验证知
$$u_i v_i \leqslant (u_{i-1}-1)(v_{i-1}-1)+50, i=2,3,\cdots,23$$
$$(u_1-1)(v_1-1)=300, u_1 v_1=338, (u_{23}-1)(v_{23}-1)=442$$
当 $288<M\leqslant 300$ 时,$M\leqslant (u_1-1)(v_1-1)<u_1 v_1\leqslant M+49$.

当 $(u_{i-1}-1)(v_{i-1}-1)<M\leqslant (u_i-1)(v_i-1)$ 时
$$M\leqslant (u_i-1)(v_i-1)<u_i v_i \leqslant (u_{i-1}-1)(v_{i-1}-1)+50\leqslant M+49, i=2,3,\cdots,23$$

因此,当 $288 \leqslant M \leqslant 442$ 时,M 为好数.

下证 443 为坏数.

假设 443 为好数,则由引理知存在正整数 $u,v,u \leqslant v$,使得
$$443 \leqslant (u-1)(v-1) < uv \leqslant 492$$

因此 $uv-(u-1)(v-1) \leqslant 49$,即 $u+v \leqslant 50$.

又 $443 \leqslant (u-1)(v-1) \leqslant \left(\dfrac{u+v-2}{2}\right)^2$,得 $u+v \geqslant 45$.

由 $443 \leqslant (u-1)(v-1) = uv-u-v+1 \leqslant uv-2\sqrt{uv}+1 = (\sqrt{uv}-1)^2$,知 $\sqrt{uv} \geqslant 22$,$uv \geqslant 484$. 故 $uv=484,485,486,487,488,489,490,491,492$ 中满足 $45 \leqslant u+v \leqslant 50$ 的只有 $(u,v)=(14,35),(18,27)$,而 $13 \times 34=442,17 \times 26=442$ 与 $(u-1)(v-1) \geqslant 443$ 矛盾,所以 443 为最小的坏数.

4. 设 $k(k \geqslant 3)$ 是奇数. 证明:存在一个次数为 k 的非整系数的整值多项式 $f(x)$,具有下面的性质:

(1) $f(0)=0,f(1)=1$.

(2) 有无穷多个正整数 n,使得若方程
$$n=f(x_1)+f(x_2)+\cdots+f(x_s)$$
有整数解 $x_1,x_2,\cdots,x_s$,则 $s \geqslant 2^k-1$.

(若对每个整数 x,都有 $f(x) \in \mathbf{Z}$,则称 $f(x)$ 为整值多项式.)

解 我们需要一个引理.

引理:存在一个 k 次整值多项式 $f(x)$,系数不全是整数,满足 $f(0)=0,f(1)=1$,以及
$$f(x) \equiv \begin{cases} 0(\bmod 2^k), & \text{当 } x \text{ 为偶数} \\ 1(\bmod 2^k), & \text{当 } x \text{ 为奇数} \end{cases}$$

引理的证明:熟知,满足 $f(0)=0,f(1)=1$ 的 k 次整值多项式 $f(x)$ 可表示为
$$f(x) = a_k F_k(x) + a_{k-1} F_{k-1}(x) + \cdots + a_1 F_1(x) \qquad ①$$

其中 $F_i(x) = \dfrac{x(x-1)\cdots(x-i+1)}{i!}$,$a_k,a_{k-1},\cdots,a_1$ 为整数,$a_k>0,a_1=1$.

容易验证 $F_i(x+2)=F_i(x)+2F_{i-1}(x)+F_{i-2}(x)$,故由式 ① 易知
$$f(x+2)-f(x) = 2a_k F_{k-1}(x) + \sum_{i=1}^{k-1}(2a_i+a_{i+1})F_{i-1}(x) \qquad ②$$

现在我们取 $a_k,a_{k-1},\cdots,a_2$ 满足
$$\begin{cases} 2a_k = 2^k \\ 2a_i + a_{i+1} = 0, 1 \leqslant i \leqslant k-1 \end{cases}$$

则易解得(注意 $a_1=1$),$a_k=2^{k-1},a_{k-1}=-2^{k-2},\cdots,a_2=-2$. 从而式 ② 化为
$$f(x+2)-f(x) = 2^k F_{k-1}(x)$$

由此立得,对所有整数 x,有
$$f(x+2)-f(x) \equiv 0(\bmod 2^k) \qquad ③$$

由于 $f(0)=0, f(1)=1$,故由式 ③ 易推出多项式
$$f(x)=2^{k-1}F_k(x)-2^{k-2}F_{k-1}(x)+\cdots-2F_2(x)+F_1(x)$$
满足引理的要求(注意 x^k 的系数是 $\dfrac{2^{k-1}}{k!}$,这在 $k\geqslant 3$ 时是非整数).

回到原问题,取 $n\equiv -1(\bmod 2^k)$,则若有整数 $x_1, x_2, \cdots, x_s$,使得 $f(x_1)+f(x_2)+\cdots+f(x_s)=n$,则更有
$$f(x_1)+f(x_2)+\cdots+f(x_s)\equiv -1(\bmod 2^k) \qquad ④$$
由引理可知,式 ④ 中左边每一项 $\bmod 2^k$ 是 0 或 1,故加项至少有 2^k-1 个,即 $s\geqslant 2^k-1$.

5. 给定正整数 $m, a, b, (a,b)=1$. A 是正整数集的非空子集,使得对任意的正整数 n,都有 $an\in A$ 或 $bn\in A$. 对所有满足上述性质的集合 A,求 $|A\cap\{1,2,\cdots,m\}|$ 的最小值.

解 (1) $a=b=1$ 时,$A\cap\{1,2,\cdots,m\}=\{1,2,\cdots,m\}$,$|A\cap\{1,2,\cdots,m\}|=m$.

(2) 不妨设 $a>b$. 令
$$A_1=\{k\mid \text{若 } a^\alpha\mid k, a^{\alpha+1}\nmid k, \text{则 } \alpha \text{ 为奇数}\}$$

则 A_1 满足题中的条件.

任取正整数 n,设 $n=a^\alpha n_1, a\nmid n_1$.

若 $2\mid \alpha$,则 $an=a^{\alpha+1}n_1\in A_1$.

若 $2\nmid \alpha$,则 $bn=a^\alpha bn_1\in A_1$.

我们有
$$|A_1\cap\{1,2,\cdots,m\}|=\sum_{i=1}^{\infty}(-1)^{i+1}\left[\frac{m}{a^i}\right]$$

(3) 对任何正整数 n,取 $c_n=a$ 或 b,使 $nc_n\in A$. 令 $B=\{c_1, 2c_2, 3c_3, \cdots\}$.

因此
$$|A\cap\{1,2,\cdots,m\}|\geqslant |B\cap\{1,2,\cdots,m\}| \qquad ①$$

对任何 n,设 $n=a^\alpha n_1, a$ 不整除 n_1,取
$$d_n=\begin{cases} a, \text{若 } 2\mid \alpha \\ b, \text{若 } 2\nmid \alpha \end{cases}$$

令
$$B_n=\{d_1, 2d_2, \cdots, nd_n, (n+1)c_{n+1}, (n+2)c_{n+2}, \cdots\}, B_0=B$$

我们将证明
$$|B_i\cap\{1,2,\cdots,m\}|\geqslant |B_{i+1}\cap\{1,2,\cdots,m\}|, i=0,1,2,\cdots \qquad ②$$

对 i 用归纳法.

当 $i=0$ 时,若 $c_1=b$,则 $c_1<ic_i(i\geqslant 2)$,并且
$$|B_0\cap\{1,2,\cdots,m\}|=1+|\{2c_2, 3c_3, \cdots\}\cap\{1,2,\cdots,m\}|$$
$$|B_1\cap\{1,2,\cdots,m\}|\leqslant 1+|\{2c_2, 3c_3, \cdots\}\cap\{1,2,\cdots,m\}|\leqslant |B_0\cap\{1,2,\cdots,m\}|$$

若 $c_1=a$,则 $B_0=B_1$. 因此对 $i=0$,式 ② 成立.

下设 $i\geqslant 1$,假设 $c_{i+1}\neq d_{i+1}, i+1=a^\alpha n_i, a\nmid n_i$.

若 $2\mid \alpha$,则 $d_{i+1}=a$,从而 $c_{i+1}=b$.

此时,$(i+1)c_{i+1}=a^{\alpha}bn_i$,$a\nmid bn_i$.

由于 $d_1,2d_2,\cdots,id_i$ 中每一个含 a 的最高幂均为奇数,$2\mid \alpha$,故
$$(i+1)c_{i+1}\neq d_1,2d_2,\cdots,id_i$$

当 $j>i+1$ 时
$$(i+1)c_{i+1}=(i+1)b<jb<jc_j$$

此时,若 $(i+1)c_{i+1}\leqslant m$,则
$$\begin{aligned}|B_i\cap\{1,2,\cdots,m\}|&=1+|\{d_1,2d_2,\cdots,id_i,(i+2)c_{i+2},\cdots\}\cap\{1,2,\cdots,m\}|\\&\geqslant|\{d_1,2d_2,\cdots,id_i,(i+1)d_{i+1},(i+2)c_{i+2},\cdots\}\\&\quad\cap\{1,2,\cdots,m\}|\\&=|B_{i+1}\cap\{1,2,\cdots,m\}|\end{aligned}$$

若 $(i+1)c_{i+1}>m$,则
$$(i+1)d_{i+1}=(i+1)a>(i+1)b=(i+1)c_{i+1}>m$$

此时式 ② 中等号成立.

若 $2\nmid \alpha$,则 $d_{i+1}=b$,从而 $c_{i+1}=a$. 此时
$$(i+1)d_{i+1}=a^{\alpha}bn_i=i'd_{i'},i'=a^{\alpha-1}bn_i<i+1$$

因此
$$\begin{aligned}|B_i\cap\{1,2,\cdots,m\}|&=|\{d_1,2d_2,\cdots,id_i,(i+1)c_{i+1},\cdots\}\cap\{1,2,\cdots,m\}|\\&\geqslant|\{d_1,2d_2,\cdots,id_i,(i+2)c_{i+2},\cdots\}\cap\{1,2,\cdots,m\}|\\&=|\{d_1,2d_2,\cdots,id_i,(i+1)d_{i+1},(i+2)c_{i+2},\cdots\}\cap\{1,2,\cdots,m\}|\\&=|B_{i+1}\cap\{1,2,\cdots,m\}|\end{aligned}$$

即式 ② 成立.

这就证明了式 ② 对所有 i 成立.

设 n 为最大的正整数,使得 $nd_n\leqslant m$,则由式 ①② 知
$$\begin{aligned}|A\cap\{1,2,\cdots,m\}|&\geqslant|B\cap\{1,2,\cdots,m\}|=|B_0\cap\{1,2,\cdots,m\}|\\&\geqslant|B_n\cap\{1,2,\cdots,m\}|=|A_1\cap\{1,2,\cdots,m\}|\\&=\sum_{i=1}^{\infty}(-1)^{i+1}\left[\frac{m}{a^i}\right]\end{aligned}$$

6. 已知 $\triangle ABC$ 覆盖凸多边形 M. 证明:存在一个与 $\triangle ABC$ 全等的三角形,能够覆盖 M,并且它的一条边所在的直线与 M 的一条边所在的直线平行或者重合.

证明 首先我们不妨设 M 有三个顶点位于 $\triangle ABC$ 的边上(图 3)或 M 有一个顶点与 $\triangle ABC$ 的某顶点重合(比如 B),M 的另一顶点位于点 B 的对边上,如图 4.

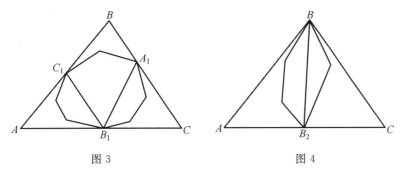

图 3   图 4

设初始状态下 $\angle AC_1B_1 = \theta_0$, 我们分别将点 M 绕点 C_1 顺时针和逆时针旋转. 设顺时针转 δ_1 时, M 第一次出现某一边与 $\triangle ABC$ 某一边平行, 逆时针转 δ_2 时 M 第一次出现某一边与 $\triangle ABC$ 某一边平行. 对 $\theta \in [\theta_1, \theta_2]$, $\theta_1 = \theta_0 - \delta_1$, $\theta_2 = \theta_0 + \delta_2$, 设 M 首先绕点 C_1 旋转到相应的 θ 角度, 然后再分别作以点 A 和 B 为中心的位似变换, 使得 M 的像(记为 M_θ)的相应的两顶点重新分别位于 AC 和 BC 上. 设 $C_1B_1 = mf(\theta)$, $A_1B_1 = nf(\theta)$, $f(\theta_0) = 1$, 其中 m, n 分别是初始状态下相应的距离. 令 $\varphi = \angle B + \angle C_1B_1A_1$(为定值), 则

$$AC = AB_1 + B_1C = \frac{mf(\theta)\sin\theta}{\sin A} + \frac{nf(\theta)}{\sin C}\sin(\varphi - \theta)$$

故

$$f(\theta) = \frac{AC\sin A \cdot \sin C}{m\sin\theta \cdot \sin C + n\sin(\varphi - \theta) \cdot \sin A} = \frac{AC\sin A \cdot \sin C}{a\sin(\theta + \varphi_1)}$$

其中 a, φ_1 为常数.

由于 $\sin(\theta + \varphi_1)$ 为上凸函数, 故其必然在端点达到最小值. 故 $\max\{f(\theta_1), f(\theta_2)\} \geqslant f(\theta_0) = 1$, 故 M_{θ_1} 或 M_{θ_2} 与 M 相似比例常数不小于 1, 并且位于 $\triangle ABC$ 中.

对于第二种情况可以类似讨论. 设 $BB_2 = mf(\theta)$, $f(\theta_0) = 1$, $AB_2 = \frac{BB_2}{\sin A} \cdot \sin\theta$, $CB_2 = \frac{BB_2}{\sin C} \cdot \sin(B - \theta)$. 从而

$$AC = \frac{mf(\theta)\sin\theta}{\sin A} + \frac{mf(\theta)}{\sin C}\sin(B - \theta) = \frac{f(\theta)a\sin(\theta + \varphi_1)}{\sin A \cdot \sin C}$$

故

$$f(\theta) = \frac{AC\sin A \cdot \sin C}{a\sin(\theta + \varphi_1)}$$

结论一样.

2007年第二十二届中国数学奥林匹克国家集训队选拔试题及解答

1. 已知 AB 是圆 O 的弦，M 是弧 AB 的中点，C 是圆 O 外任一点，过点 C 作圆 O 的切线 CS,CT，联结 MS,MT 分别交 AB 于点 E,F. 过点 E,F 作 AB 的垂线，分别交 OS,OT 于点 X,Y，再过点 C 任作圆 O 的割线，交圆 O 于点 P,Q，联结 MP 交 AB 于点 R，设 Z 是 $\triangle PQR$ 的外心. 求证：X,Y,Z 三点共线.

证明 如图 1，先联结 OM，由垂径定理易知 $\triangle XES$ 与 $\triangle OMS$ 位似，于是，$\triangle XES$ 是等腰三角形，故可以 X 为圆心，XE 和 XS 为半径作圆，该圆同时与弦 AB 及直线 CS 相切.

再作 $\triangle PQR$ 的外接圆，并联结 MA,MC. 易证明

$$MR \cdot MP = MA^2 = ME \cdot MS \qquad \text{①}$$

又由切割线定理得

$$CQ \cdot CP = CS^2 \qquad \text{②}$$

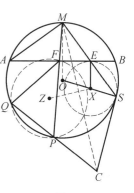

图 1

式①②表明点 M,C 关于圆 Z、圆 X 的幂都相等. 于是，MC 就是上述两圆的根轴.

因此，$ZX \perp MC$. 同理，$ZY \perp MC$.

所以，X,Y,Z 三点共线.

2. 称满足如下条件的有理数 x 为"好的"：$x = \dfrac{p}{q} > 1$，其中 p,q 是互质的正整数，且存在常数 α,N，使得对任意正整数 $n \geqslant N$，都有 $|\{x^n\} - \alpha| \leqslant \dfrac{1}{2(p+q)}$，其中 $\{a\}$ 表示 a 的小数部分. 求出所有好的有理数.

解 显然，每个大于 1 的整数是好的.

下证每个好的有理数也必是大于 1 的整数.

设 $m_n = [x^{n+1}] - [x^n]$. 当 $n \geqslant N$ 时

$$|(x-1)x^n - m_n| = |\{x^{n+1}\} - \{x^n\}| \leqslant |\{x^{n+1}\} - \alpha| + |\{x^n\} - \alpha| \leqslant \dfrac{1}{p+q}$$

注意到 $(x-1)x^n - m_n$ 是一个分母为 q^{n+1} 的最简分数，则 $|(x-1)x^n - m_n| < \dfrac{1}{p+q}$.

故

$$|qm_{n+1} - pm_n| = |q[(x-1)x^{n+1} - m_{n+1}] - p[(x-1)x^n - m_n]|$$

$$< \frac{p}{p+q} + \frac{q}{p+q} = 1$$

所以 $m_{n+1} = \frac{p}{q} m_n$. 从而, $m_{n+k} = \frac{p^k}{q^k} m_n$.

又当 n 充分大时, $m_n > (x-1)x^n - 1 > 0$, 得到 $q = 1$, 即 $x > 1$ 为整数.

3. 在半径为 10 的圆 C 上任给 63 个点, 设以这些点为顶点且三边长都大于 9 的三角形的个数为 S. 求 S 的最大值.

解 设圆 C 的圆心为 O, 内接正 n 边形的边长为 a_n, 则 $a_6 = 10 > 9$, 且
$$a_7 < 10 \times \frac{2\pi}{7} < 10 \times \frac{2 \times 3.15}{7} = 9$$

(1) 作圆 C 的内接正六边形 $A_1 A_2 A_3 A_4 A_5 A_6$, 则 $A_i A_{i+1} = a_6 > 9$, 故可在弧 $A_i A_{i+1}$ 内取一点 B_i, 使 $B_i A_{i+1} > 9$. 于是, $\angle B_i O A_{i+1} > \frac{2\pi}{7}$. 从而

$$\angle A_i O B_i = \angle A_i O A_{i+1} - \angle B_i O A_{i+1} < \frac{2\pi}{6} - \frac{2\pi}{7} < \frac{2\pi}{7}$$

所以, $A_i B_i < 9 (i = 1, 2, \cdots, 6, A_7 = A_1)$.

故弧 $A_i B_i$ 上任意两点的距离小于 9.

又 $63 = 6 \times 10 + 3$, 则可在弧 $A_1 B_1$、弧 $A_2 B_2$、弧 $A_3 B_3$ 内各任取 11 个点, 在弧 $A_4 B_4$、弧 $A_5 B_5$、弧 $A_6 B_6$ 内各任取 10 个点, 将取出的这 63 个点组成集 M. 于是, M 内位于 6 条弧 $A_i B_i (i = 1, 2, \cdots, 6)$ 中同一条弧上任意两点的距离小于 9, 而位于不同弧上任意两点的距离大于 9. 故以 M 中的点为顶点且三边长都大于 9 的三角形个数为

$$S_0 = C_3^3 \times 11^3 + C_3^2 C_3^1 \times 11^2 \times 10 + C_3^1 C_3^2 \times 11 \times 10^2 + C_3^3 \times 10^3 = 23\,121$$

于是, 所求 S 的最大值大于或等于 S_0.

(2) 接下来证明: 所求的最大值等于 S_0.

为此, 将用到下面三个引理.

引理 1: 在圆 C 上任给 n 个点, 以圆 C 上一点 P 为中心, 长度等于圆周长的 $\frac{2}{7}$ 的弧 BPC(含点 B, C) 称为点 P 的 $\frac{2}{7}$ 圆弧, 则给定的 n 个点中必存在一点 P, 它的 $\frac{2}{7}$ 圆弧至少覆盖给定点中的 $\left[\frac{n+5}{6}\right]$ 个点.

引理 1 的证明: 如图 2 所示, 取一个给定的点 A, 它的 $\frac{2}{7}$ 圆弧为 $A_1 A A_6$. 以 A_1, A_6 为端点不含 A 的另一段弧记为弧 $A_1 B A_6$, 并将弧 $A_1 B A_6$ 五等分, 分点依次为 A_2, A_3, A_4, A_5. 于是, 弧 $A_i A_{i+1}$ 恰是整个圆 C 的 $\frac{1}{7} (i = 1, 2, \cdots, 5)$.

因为弧 $A_1 A A_6$ 上的给定点都被点 A 的 $\frac{2}{7}$ 圆弧覆盖, 若弧 $A_i A_{i+1} (i = 1, 2, \cdots, 5)$ 上有

给定点 P_i,则弧 A_iA_{i+1} 上的所有给定点都被点 P_i 的 $\frac{2}{7}$ 圆弧覆盖,所以所有 n 个给定点至多被其中 6 个给定点的 $\frac{2}{7}$ 圆弧覆盖.

由抽屉原理知,其中必有一个给定点的 $\frac{2}{7}$ 圆弧至少覆盖 $\left[\frac{n-1}{6}\right]+1=\left[\frac{n+5}{6}\right]$ 个给定点.

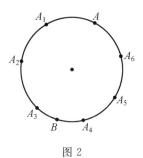

图 2

引理 2:在半径为 10 的圆 C 上任取一条长度等于圆周长的 $\frac{5}{7}$ 的弧 A_1BA_6. 在弧 A_1BA_6 上任给 $5m+r$(m,r 为非负整数,$0\leqslant r<5$)个点,则以给定点为端点,长度大于 9 的线段数至多为 $10m^2+4rm+\frac{1}{2}r(r-1)$.

引理 2 的证明:如图 2 所示,将弧 A_1BA_6 五等分,分点依次为 A_2,A_3,A_4,A_5,则弧 $A_iA_{i+1}(i=1,2,\cdots,5)$ 恰为整个圆周长的 $\frac{1}{7}$. 于是,同一弧 A_iA_{i+1} 上任意两点的距离不超过 $a_7<9$.

设弧 A_iA_{i+1} 上有 m_i 个已知点,则以已知点为端点且距离大于 9 的线段数至多为
$$l=\sum_{1\leqslant i<j\leqslant 5}m_im_j \qquad ①$$
其中 $m_1+m_2+\cdots+m_5=5m+r$.

因满足式 ① 的非负整数组 $(m_1,m_2,\cdots,m_5)$ 的个数有限,所以 l 的最大值必存在.

下面证明:当 l 取最大值时,必有 $|m_i-m_j|\leqslant 1(1\leqslant i<j\leqslant 5)$.

否则,若 l 取最大值时,存在 $i,j(1\leqslant i<j\leqslant 5)$ 使得 $|m_i-m_j|\geqslant 2$. 不妨设 $m_1-m_2\geqslant 2$.

令 $m_1'=m_1-1,m_2'=m_2-1,m_i'=m_i(3\leqslant i\leqslant 5)$,并令对应的整数为 l',则
$$m_1'+m_2'=m_1+m_2$$
且
$$m_1'+m_2'+m_3'+m_4'+m_5'=m_1+m_2+m_3+m_4+m_5$$
故
$$l'-l=(m_1'm_2'-m_1m_2)+[(m_1'+m_2')-(m_1+m_2)](m_3+m_4+m_5)$$
$$=m_1-m_2-1\geqslant 1$$

这与 l 为最大值矛盾.

因此,当 l 取最大值时,$m_1,m_2,\cdots,m_5$ 中有 r 个 $m+1$,$5-r$ 个 m.

所以,以给定点为端点且长度大于 9 的线段数不超过
$$C_r^2(m+1)^2+C_r^1C_{5-r}^1(m+1)m+C_{5-r}^2m^2=10m^2+4rm+\frac{1}{2}r(r-1)$$

引理 3:在半径为 10 的圆 C 上任给 n 个点组成点集 M,且 $n=6m+r$(m,r 为非负整数,

$0 \leqslant r < 6$),设以 M 中的点为顶点,三边长都大于 9 的三角形个数为 S_n,则
$$S_n \leqslant 20m^3 + 10rm^2 + 2r(r-1)m + \frac{1}{6}r(r-1)(r-2)$$

引理 3 的证明:对 n 用数学归纳法.

当 $n=1$ 或 2 时,$S_n=0$,结论显然成立.

设当 $n=k(k \geqslant 2)$ 时,结论成立,并设 $k=6m+r(m,r$ 为非负整数,且 $0 \leqslant r < 6)$,则
$$S_k \leqslant 20m^3 + 10rm^2 + 2r(r-1)m + \frac{1}{6}r(r-1)(r-2)$$

当 $n=k+1$ 时,由引理 1 知,给定的 $k+1$ 个点中必存在一点 P,它的 $\frac{2}{7}$ 圆弧 A_1PA_6 至少覆盖给定点中的 $\left[\frac{k+1+5}{6}\right] = m+1$ 个点.显然,这些点到点 P 的最大距离
$$d \leqslant PA_1 = PA_6 = a_7 < 9$$

故给定点中至多有 $(k+1)-(m+1)=5m+r$ 个点到点 P 的距离大于 9,且这些点全在以 A_1, A_6 为端点但不含点 P 的另一段弧 A_1BA_6 上,而这段弧的长度为整个圆周长的 $\frac{5}{7}$.

由引理 2 知,以这些点为端点,长度大于 9 的线段至多为 $10m^2 + 4rm + \frac{1}{2}r(r-1)$(当 $r=5$ 时,由引理 2 知,至多有 $10(m+1)^2$,结论也成立),即以给定点为顶点的三角形中其三边长都大于 9,且有一个顶点为 P 的三角形个数不多于 $S_P = 10m^2 + 4rm + \frac{1}{2}r(r-1)$.

去掉点 P,还剩 $k=6m+r$ 个点.

设以这 k 个点为顶点,且三边长都大于 9 的三角形个数为 S_k,则由归纳假设有
$$S_k \leqslant 20m^3 + 10rm^2 + 2r(r-1)m + \frac{1}{6}r(r-1)(r-2)$$

故
$$\begin{aligned}
S_{k+1} &= S_k + S_P \\
&\leqslant 20m^3 + 10rm^2 + 2r(r-1)m + \frac{1}{6}r(r-1)(r-2) + 10m^2 + 4rm + \frac{1}{2}r(r-1) \\
&= 20m^3 + 10(r+1)m^2 + 2(r+1)rm + \frac{1}{6}(r+1)r(r-1)
\end{aligned}$$

因此,当 $n=k+1=6m+(r+1)$ 时,结论成立.

此外,当 $r=5$ 时,$m=k+1=6(m+1)$,上式化为 $S_{k+1}=20(m+1)^3$,结论也成立.

回到原题.

当 $n=63=6 \times 10+3$ 时,由引理 3 得
$$S \leqslant 20 \times 10^3 + 10 \times 3 \times 10^2 + 2 \times 3 \times 2 \times 10 + \frac{1}{6} \times 3 \times 2 \times 1 = 23\ 121$$

故 $S_{\max} = 23\ 121$.

4.求所有的函数 $f: \mathbf{Q}^+ \to \mathbf{Q}^+$,使得

$$f(x)+f(y)+2xyf(xy)=\frac{f(xy)}{f(x+y)} \qquad ①$$

其中,$\mathbf{Q}^+$ 表示正有理数集合.

证明 (1) $f(1)=1$.

一方面,在式 ① 中,令 $y=1$,记 $f(1)=a$,则 $f(x)+a+2xf(x)=\dfrac{f(x)}{f(x+1)}$,即

$$f(x+1)=\frac{f(x)}{(1+2x)f(x)+a} \qquad ②$$

则 $f(2)=\dfrac{a}{4a}=\dfrac{1}{4}$,$f(3)=\dfrac{1}{5+4a}$,$f(4)=\dfrac{1}{7+5a+4a^2}$.

另一方面,在式 ① 中取 $x=y=2$,得 $2f(2)+8f(4)=\dfrac{f(4)}{f(4)}=1$.

从而 $\dfrac{1}{2}+\dfrac{8}{7+5a+4a^2}=1$,解得 $a=1$,即 $f(1)=1$.

(2) 用数学归纳法证明

$$f(x+n)=\frac{f(x)}{(n^2+2nx)f(x)+1} \quad (n=1,2,\cdots) \qquad ③$$

又由式 ②,得

$$f(x+1)=\frac{f(x)}{(1+2x)f(x)+1}$$

假设 $f(x+k)=\dfrac{f(x)}{(k^2+2kx)f(x)+1}$,则

$$f(x+k+1)=\frac{f(x+k)}{[1+2(x+k)]f(x+k)+1}=\frac{f(x)}{[(k+1)^2+2(k+1)x]f(x)+1}$$

在式 ③ 中令 $x=1$,由 $f(1)=1$,有

$$f(1+n)=\frac{1}{n^2+2n+1}=\frac{1}{(n+1)^2}$$

即

$$f(n)=\frac{1}{n^2},n=1,2,\cdots$$

(3) 再证

$$f\left(\frac{1}{n}\right)=n^2=\frac{1}{\left(\frac{1}{n^2}\right)^2},n=1,2,\cdots \qquad ④$$

事实上,在式 ③ 中取 $x=\dfrac{1}{n}$,有

$$f\left(\frac{1}{n}+n\right)=\frac{f\left(\dfrac{1}{n}\right)}{(n^2+2)f\left(\dfrac{1}{n}\right)+1}$$

另外，在式 ① 中取 $y=\dfrac{1}{x}$，有
$$f(x)+f\left(\dfrac{1}{x}\right)+2=\dfrac{1}{f\left(x+\dfrac{1}{x}\right)}$$

从而
$$f(n)+f\left(\dfrac{1}{n}\right)+2=\dfrac{1}{f\left(n+\dfrac{1}{n}\right)}=n^2+2+\dfrac{1}{f\left(\dfrac{1}{n}\right)}$$
$$\Rightarrow \dfrac{1}{n^2}+f\left(\dfrac{1}{n}\right)=n^2+\dfrac{1}{f\left(\dfrac{1}{n}\right)}\Rightarrow f^2\left(\dfrac{1}{n}\right)+\left(\dfrac{1}{n^2}-n^2\right)f\left(\dfrac{1}{n}\right)-1=0$$
$$\Rightarrow \left[f\left(\dfrac{1}{n}\right)+n^2\right]\left[f\left(\dfrac{1}{n}\right)+\dfrac{1}{n^2}\right]=0$$

所以 $f\left(\dfrac{1}{n}\right)=n^2=\dfrac{1}{\left(\dfrac{1}{n}\right)^2}$.

(4) 最后证明，若 $q=\dfrac{n}{m}$，$(n,m)=1$，则 $f(q)=\dfrac{1}{q^2}$.

对正整数 $m,n,(n,m)=1$，在式 ① 中取 $x=n$，$y=\dfrac{1}{m}$，有
$$f\left(\dfrac{1}{m}\right)+f(n)+\dfrac{2n}{m}f\left(\dfrac{n}{m}\right)=\dfrac{f\left(\dfrac{n}{m}\right)}{f\left(n+\dfrac{1}{m}\right)}$$

在式 ③ 中取 $x=\dfrac{1}{m}$，有
$$f\left(n+\dfrac{1}{m}\right)=\dfrac{f\left(\dfrac{1}{m}\right)}{\left(n^2+\dfrac{2n}{m}\right)f\left(\dfrac{1}{m}\right)+1}=\dfrac{1}{n^2+2\dfrac{n}{m}+\dfrac{1}{m^2}}$$

因此
$$\dfrac{1}{n^2}+m^2+\dfrac{2n}{m}f\left(\dfrac{n}{m}\right)=\left(n+\dfrac{1}{m}\right)^2 f\left(\dfrac{n}{m}\right)$$
即
$$\dfrac{1}{n^2}+m^2=\left(n^2+\dfrac{1}{m^2}\right)f\left(\dfrac{n}{m}\right)$$
所以
$$f(q)=f\left(\dfrac{n}{m}\right)=\dfrac{\dfrac{1}{n^2}+m^2}{n^2+\dfrac{1}{m^2}}=\left(\dfrac{m}{n}\right)^2=\dfrac{1}{q^2}$$

于是 $f(x) = \dfrac{1}{x^2}$.

经验证, $f(x) = \dfrac{1}{x^2}$ 满足原方程, 故 $f(x) = \dfrac{1}{x^2}$ 为原问题的解.

5. 设 $x_1, x_2, \cdots, x_n$ 是 $n(n \geqslant 2)$ 个实数, 满足 $A = \left|\sum_{i=1}^{n} x_i\right| \neq 0, B = \max_{1 \leqslant i < j \leqslant n} |x_j - x_i| \neq 0$. 求证: 对平面上的任意 n 个向量 $\boldsymbol{\alpha}_1, \boldsymbol{\alpha}_2, \cdots, \boldsymbol{\alpha}_n$, 存在 $1, 2, \cdots, n$ 的一个排列 $k_1, k_2, \cdots, k_n$, 使得 $\left|\sum_{i=1}^{n} x_{k_i} \boldsymbol{\alpha}_i\right| \geqslant \dfrac{AB}{2A+B} \max_{1 \leqslant i \leqslant n} |\boldsymbol{\alpha}_i|$.

证明 设 $|\boldsymbol{\alpha}_k| = \max_{1 \leqslant i \leqslant n} |\boldsymbol{\alpha}_i|, k \in \{1, 2, \cdots, n\}$, 只须证明 $\max_{(k_1, k_2, \cdots, k_n) \in S_n} \left|\sum_{i=1}^{n} x_{k_i} \boldsymbol{\alpha}_i\right| \geqslant \dfrac{AB}{2A+B} |\boldsymbol{\alpha}_k|$, 其中, S_n 为 $1, 2, \cdots, n$ 的排列的集合.

不妨设 $|x_n - x_1| = \max_{1 \leqslant i < j \leqslant n} |x_j - x_i| = B, |\boldsymbol{\alpha}_n - \boldsymbol{\alpha}_1| = \max_{1 \leqslant i < j \leqslant n} |\boldsymbol{\alpha}_j - \boldsymbol{\alpha}_i|$.

一方面, 考虑两个向量
$$\boldsymbol{\beta}_1 = x_1 \boldsymbol{\alpha}_1 + x_2 \boldsymbol{\alpha}_2 + \cdots + x_{n-1} \boldsymbol{\alpha}_{n-1} + x_n \boldsymbol{\alpha}_n$$
$$\boldsymbol{\beta}_2 = x_n \boldsymbol{\alpha}_1 + x_2 \boldsymbol{\alpha}_2 + \cdots + x_{n-1} \boldsymbol{\alpha}_{n-1} + x_1 \boldsymbol{\alpha}_n$$

则
$$\max_{(k_1, k_2, \cdots, k_n) \in S_n} \left|\sum_{i=1}^{n} x_{k_i} \boldsymbol{\alpha}_i\right| \geqslant \max\{|\boldsymbol{\beta}_1|, |\boldsymbol{\beta}_2|\}$$
$$\geqslant \frac{1}{2}(|\boldsymbol{\beta}_1| + |\boldsymbol{\beta}_2|) \geqslant \frac{1}{2}|\boldsymbol{\beta}_1 - \boldsymbol{\beta}_2|$$
$$= \frac{1}{2}|x_1 \boldsymbol{\alpha}_n + x_n \boldsymbol{\alpha}_1 - x_1 \boldsymbol{\alpha}_1 - x_n \boldsymbol{\alpha}_n|$$
$$= \frac{1}{2}|x_n - x_1| \cdot |\boldsymbol{\alpha}_n - \boldsymbol{\alpha}_1| = \frac{1}{2} B |\boldsymbol{\alpha}_n - \boldsymbol{\alpha}_1| \quad \text{①}$$

设 $|\boldsymbol{\alpha}_n - \boldsymbol{\alpha}_1| = x |\boldsymbol{\alpha}_k|$.

由三角形不等式易知 $0 \leqslant x \leqslant 2$.

因此, 式 ① 中的不等式可写为
$$\max_{(k_1, k_2, \cdots, k_n) \in S_n} \left|\sum_{i=1}^{n} x_{k_i} \boldsymbol{\alpha}_i\right| \geqslant \frac{1}{2} Bx |\boldsymbol{\alpha}_k| \quad \text{②}$$

另一方面, 考虑 n 个向量
$$\boldsymbol{\gamma}_1 = x_1 \boldsymbol{\alpha}_1 + x_2 \boldsymbol{\alpha}_2 + \cdots + x_{n-1} \boldsymbol{\alpha}_{n-1} + x_n \boldsymbol{\alpha}_n$$
$$\boldsymbol{\gamma}_2 = x_2 \boldsymbol{\alpha}_1 + x_3 \boldsymbol{\alpha}_2 + \cdots + x_n \boldsymbol{\alpha}_{n-1} + x_1 \boldsymbol{\alpha}_n$$
$$\cdots$$
$$\boldsymbol{\gamma}_n = x_n \boldsymbol{\alpha}_1 + x_1 \boldsymbol{\alpha}_2 + \cdots + x_{n-2} \boldsymbol{\alpha}_{n-1} + x_{n-1} \boldsymbol{\alpha}_n$$

则

$$\max_{(k_1,k_2,\cdots,k_n)\in S_n} \left|\sum_{i=1}^n x_{k_i}\boldsymbol{\alpha}_i\right| \geqslant \max_{1\leqslant i\leqslant n}|\boldsymbol{\gamma}_i| \geqslant \frac{1}{n}\sum_{i=1}^n |\boldsymbol{\gamma}_i|$$

$$= \frac{A}{n}\left|\sum_{i=1}^n \boldsymbol{\alpha}_i\right| = \frac{A}{n}\left|n\boldsymbol{\alpha}_k - \sum_{j\neq k}(\boldsymbol{\alpha}_k-\boldsymbol{\alpha}_j)\right|$$

$$\geqslant \frac{A}{n}\left(n|\boldsymbol{\alpha}_k| - \sum_{j\neq k}|\boldsymbol{\alpha}_j - \boldsymbol{\alpha}_k|\right)$$

$$\geqslant \frac{A}{n}\left[n|\boldsymbol{\alpha}_k| - \sum_{j\neq k}|\boldsymbol{\alpha}_j - \boldsymbol{\alpha}_k|\right]$$

$$= \frac{A}{n}\left[n|\boldsymbol{\alpha}_k| - (n-1)x|\boldsymbol{\alpha}_k|\right]$$

$$= A\left(1 - \frac{n-1}{n}x\right)|\boldsymbol{\alpha}_k| \qquad ③$$

结合式②③得

$$\max_{(k_1,k_2,\cdots,k_n)\in S_n}\left|\sum_{i=1}^n x_{k_i}\boldsymbol{\alpha}_i\right| \geqslant \max\left\{\frac{Bx}{2}, A\left(1-\frac{n-1}{n}x\right)\right\}|\boldsymbol{\alpha}_k|$$

$$\geqslant \frac{\frac{Bx}{2}\cdot A\cdot\frac{n-1}{n} + A\left(1-\frac{n-1}{n}x\right)\cdot\frac{B}{2}}{A\cdot\frac{n-1}{n}+\frac{B}{2}}|\boldsymbol{\alpha}_k|$$

$$= \frac{AB}{2A+B-\frac{2A}{n}}|\boldsymbol{\alpha}_k| \geqslant \frac{AB}{2A+B}|\boldsymbol{\alpha}_k|$$

6. 设 n 为正整数, $A\subseteq\{1,2,\cdots,n\}$, A 中任两个数的最小公倍数都不超过 n. 求证: $|A|\leqslant 1.9\sqrt{n}+5$.

证明 对于 $a\in(\sqrt{n},\sqrt{2n}]$, 有 $[a,a+1]=a(a+1)>n$, 则

$$|A\cap(\sqrt{n},\sqrt{2n}]|\leqslant \frac{1}{2}(\sqrt{2}-1)\sqrt{n}+1$$

对于 $a\in(\sqrt{2n},\sqrt{3n}]$, 有

$$[a,a+1]=a(a+1)>n$$
$$[a+1,a+2]=(a+1)(a+2)>n$$
$$[a,a+2]\geqslant \frac{1}{2}a(a+2)>n$$

则

$$|A\cap(\sqrt{2n},\sqrt{3n}]|\leqslant \frac{1}{3}(\sqrt{3}-\sqrt{2})\sqrt{n}+1$$

同理, $|A\cap(\sqrt{3n},2\sqrt{n}]|\leqslant \frac{1}{4}(\sqrt{4}-\sqrt{3})\sqrt{n}+1$. 故

$$|A\cap[1,2\sqrt{n}]|\leqslant \sqrt{n}+\frac{1}{2}(\sqrt{2}-1)\sqrt{n}+\frac{1}{3}(\sqrt{3}-\sqrt{2})\sqrt{n}+\frac{1}{4}(\sqrt{4}-\sqrt{3})\sqrt{n}+3$$

$$= \left(1 + \frac{\sqrt{2}}{6} + \frac{\sqrt{3}}{12}\right)\sqrt{n} + 3$$

对于正整数 k,设 $a,b \in \left(\frac{n}{k+1}, \frac{n}{k}\right], a > b$,并令 $[a,b] = as = bt$,则 $\frac{a}{(a,b)}s = \frac{b}{(a,b)}t$,由 $\frac{a}{(a,b)}$ 与 $\frac{b}{(a,b)}$ 互质,知 s 为 $\frac{b}{(a,b)}$ 的倍数.

从而

$$[a,b] = as \geqslant \frac{ab}{(a,b)} \geqslant \frac{ab}{a-b} = b + \frac{b^2}{a-b} > \frac{n}{k+1} + \frac{\left(\frac{n}{k+1}\right)^2}{\frac{n}{k} - \frac{n}{k+1}} = n$$

由此知 $\left| A \cap \left(\frac{n}{k+1}, \frac{n}{k}\right] \right| \leqslant 1.$

取正整数 T,使 $\frac{n}{T+1} \leqslant 2\sqrt{n} < \frac{n}{T}$,则

$$| A \cap (2\sqrt{n}, n] | \leqslant \sum_{k=1}^{T} \left| A \cap \left(\frac{n}{k+1}, \frac{n}{k}\right] \right| \leqslant T < \frac{\sqrt{n}}{2}$$

综上,有 $|A| \leqslant \left(\frac{3}{2} + \frac{\sqrt{2}}{6} + \frac{\sqrt{3}}{12}\right)\sqrt{n} + 3 < 1.9\sqrt{n} + 5.$

2008年第二十三届中国数学奥林匹克国家集训队选拔试题及解答

1. 在 $\triangle ABC$ 中,$AB > AC$,它的内切圆切边 BC 于点 E,联结 AE,交内切圆于点 D(不同于点 E).在线段 AE 上取异于点 E 的一点 F,使得 $CE = CF$,联结 CF 并延长,交 BD 于点 G.求证:$CF = FG$.

证明 如图 1,过点 D 作内切圆的切线 MNK,分别交 AB,AC,BC 于点 M,N,K.
由 $\angle KDE = \angle AEK = \angle EFC$,知 $MK \parallel CG$.
由牛顿定理,知 BN,CM,DE 三线共点.

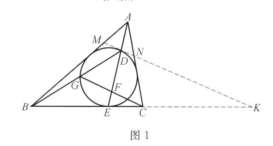

图 1

由塞瓦定理,有
$$\frac{BE}{EC} \cdot \frac{CN}{NA} \cdot \frac{AM}{MB} = 1 \qquad ①$$

由梅涅劳斯定理有
$$\frac{BK}{KC} \cdot \frac{CN}{NA} \cdot \frac{AM}{MB} = 1 \qquad ②$$

① ÷ ② 得
$$BE \cdot KC = EC \cdot BK \qquad ③$$

由梅涅劳斯定理和式 ③ 有
$$1 = \frac{BE}{EC} \cdot \frac{CF}{FG} \cdot \frac{GD}{DB} = \frac{BE}{EC} \cdot \frac{CF}{FG} \cdot \frac{KC}{BK} = \frac{CF}{FG}$$

所以 $CF = FG$.

2. 数列 $\{x_n\}$ 定义为 $x_1 = 2, x_2 = 12, x_{n+2} = 6x_{n+1} - x_n (n = 1, 2, \cdots)$.设 p 是一个奇质数,q 是 x_p 的一个质因子,证明:若 $q \neq 2, 3$,则 $q \geq 2p - 1$.

证明 易知 $x_n = \frac{1}{2\sqrt{2}}[(3+2\sqrt{2})^n - (3-2\sqrt{2})^n](n \in \mathbf{N}_+)$.

设 $a_n, b_n \in \mathbf{N}_+$,定义 $(3+2\sqrt{2})^n = a_n + b_n\sqrt{2}$,则 $(3-2\sqrt{2})^n = a_n - b_n\sqrt{2}$.

易知 $x_n = b_n, a_n^2 - 2b_n^2 = 1(n \in \mathbf{N}_+)$.

设 $q \neq 2, 3$. 由于 $q \mid x_p$, 即 $q \mid b_p$, 从而, 数列 $\{b_n\}$ 中有被 q 整除的项, 设 d 为使得 $q \mid b_d$ 的最小的正整数, 有下面的引理.

引理: 对正整数 n, 当且仅当 $d \mid n$ 时, 有 $q \mid b_n$.

引理的证明: 对整数 a, b, c, d, 用记号 $a + b\sqrt{2} \equiv c + d\sqrt{2} \pmod{q}$ 表示 $a \equiv c \pmod{q}$, $b \equiv d \pmod{q}$. 若 $d \mid n$, 设 $n = du$, 则
$$a_n + b_n \sqrt{2} = (3 + 2\sqrt{2})^{du} \equiv a_d^u \pmod{q}$$
故 $b_n \equiv 0 \pmod{q}$, 即 $q \mid b_n$.

反之, 若 $q \mid b_n$, 设 $n \equiv du + r (0 \leqslant r < d)$.

若 $r \geqslant 1$, 则由 $a_n \equiv (3 + 2\sqrt{2})^n \equiv (3 + 2\sqrt{2})^{du}(3 + 2\sqrt{2})^r \equiv a_d^u(a_r + b_r\sqrt{2}) \pmod{q}$.
可知
$$a_d^u b_r \equiv 0 \pmod{q} \qquad ①$$

但 $a_d^2 - 2b_d^2 = 1$, 而 $q \mid b_d$, 故 $q \nmid a_d^2$. 因为 q 是质数, 所以 $q \nmid b_d$. 进而, $(q, a_d^u) = 1$.

于是由式 ① 知 $q \mid b_r$, 与 d 的定义相违.

因此, $r = 0$, 即 $d \mid n$, 引理得证.

回到原题, 因为 q 是质数, 所以, $\mathrm{C}_q^i (1 \leqslant i \leqslant q-1)$ 都是 q 的倍数, 又 $q \neq 2, 3$, 由费马小定理知, $3^q \equiv 3 \pmod{q}$, $2^q \equiv 2 \pmod{q}$. 进而, $2^{\frac{q-1}{2}} \equiv \pm 1 \pmod{q}$.

由二项式定理得
$$(3 + 2\sqrt{2})^q = \sum_{i=0}^{q} \mathrm{C}_q^i \cdot 3^{q-i}(2\sqrt{2})^i \equiv 3^q + (2\sqrt{2})^q$$
$$= 3^q + 2^q \cdot 2^{\frac{q-1}{2}} \cdot \sqrt{2} \equiv 3 \pm 2\sqrt{2} \pmod{q} \qquad ②$$

因而, 类似于式 ② 的处理可得
$$(3 + 2\sqrt{2})^{q^2} \equiv (3 \pm 2\sqrt{2})^q \equiv 3 + 2\sqrt{2} \pmod{q} \qquad ③$$

由式 ③ 得
$$(a_{q^2-1} + b_{q^2-1}\sqrt{2})(3 + 2\sqrt{2}) \equiv 3 + 2\sqrt{2} \pmod{q}$$
所以
$$\begin{cases} 3a_{q^2-1} + 4b_{q^2-1} \equiv 2 \pmod{q} \\ 2a_{q^2-1} + 3b_{q^2-1} \equiv 2 \pmod{q} \end{cases}$$

进而, $q \mid b_{q^2-1}$.

又 $q \mid b_p$, 故由引理得 $d \mid p$.

因为 p 是质数, 所以 $d = 1$ 或 p.

若 $d = 1$, 则 $q \mid b_1 = 2$, 这与假设不符, 故 $d = p$, 但 $q \mid b_{q^2-1}$, 故由引理知 $d \mid (q^2-1)$, 即 $p \mid (q^2-1)$. 从而, $p \mid (q-1)$ 或 $p \mid (q+1)$.

注意到 $q-1$ 和 $q+1$ 都是偶数, 于是, $q \geqslant 2p - 1$.

3. 将每个正整数任意染红、蓝两色之一. 证明：总存在一个无穷的正整数序列 $a_1 < a_2 < \cdots < a_n < \cdots$，使得无穷序列 $a_1, \dfrac{a_1+a_2}{2}, a_2, \dfrac{a_2+a_3}{2}, a_3, \dfrac{a_3+a_4}{2}, \cdots$ 是一个同色的正整数序列.

证明　引理 1：若正整数集 $\mathbf{N}_+$ 中存在一个无穷的等差数列，则结论成立.

事实上，设无穷序列 $c_1 < c_2 < \cdots < c_n < \cdots$ 是一个 $\mathbf{N}_+$ 中的红色的等差数列，则取 $a_i \equiv c_{2i-1} (i \in \mathbf{N}_+)$，便得到一个满足要求的无穷的红色正整数序列 $a_1 < \dfrac{a_1+a_2}{2} < a_2 < \dfrac{a_2+a_3}{2} < a_3 < \dfrac{a_3+a_4}{2} < \cdots$.

引理 2：若对任意 $i \in \mathbf{N}_+$，存在 $j \in \mathbf{N}_+ (j > 0)$，使得 $i, \dfrac{i+j}{2}, j$ 同色，则结论成立.

事实上，取 $a_1 = 1$，并设 a_1 为红色. 由于存在 $k \in \mathbf{N}_+$，使得 $a_1, \dfrac{a_1+k}{2}, k$ 同色. 因此，可取 $a_2 = k$；再由存在 $l \in \mathbf{N}_+$，使得 $a_2, \dfrac{a_2+l}{2}, l$ 同色. 因此，可取 $a_3 = l$. 如此下去，使得到一个满足要求的无穷的红色正整数序列
$$a_1 < \dfrac{a_1+a_2}{2} < a_2 < \dfrac{a_2+a_3}{2} < a_3 < \dfrac{a_3+a_4}{2} < \cdots$$

引理 3：若 $\mathbf{N}_+$ 中不存在无穷项的同色的等差数列，且存在 $i_0 \in \mathbf{N}_+$，使得对任意 $j \in \mathbf{N}_+ (j > i_0)$，得 $i_0, \dfrac{i_0+j}{2}, j$ 不同色（即引理 1,2 的条件不成立），则存在一个同色的奇数的无穷正整数序列满足要求.

事实上，不妨设 $i_0 = 1$. 否则，考虑 $\{i \cdot i_0 \mid i = 1, 2, \cdots\}$，而不改变问题的性质.

结论 ①：设 1 为红色，则对任意 $j \in \mathbf{N}_+ (j \geq 2)$，都有 $j, 2j-1$ 不同为红色.

由于不存在无穷项的同色的等差数列，则 $\mathbf{N}_+$ 中存在无穷多个蓝色的奇数，任取其中一个记为 a_1.

下面证明：存在以 a_1 为首项的无穷奇数数列 $a_1 < a_2 < \cdots < a_n < \cdots$，使得无穷序列
$$a_1 < \dfrac{a_1+a_2}{2} < a_2 < \dfrac{a_2+a_3}{2} < a_3 < \dfrac{a_3+a_4}{2} < \cdots$$
的所有项都为蓝色.

对 n 用数学归纳法.

当 $n = 1$ 时，a_1 的存在性已证.

假设蓝色的奇数数列 $a_1 < a_2 < \cdots < a_n < \cdots$ 存在，接下来证明满足要求的 a_{n+1} 一定存在.

先考虑对任意 $i \in \mathbf{N}_+$，$a_n + i, a_n + 2i$ 不同色的情况.

结论 ②：假设此时没有满足要求的 a_{n+1}，即不存在 $a_{n+1} > a_n$，使得 $a_n, \dfrac{a_n+a_{n+1}}{2}, a_{n+1}$ 同

为蓝色.

由于不存在无穷项的同色的等差数列,则 $\mathbf{N}_+$ 中红蓝两色的数均有无穷多个,故存在某个 i,使得 a_n+i 为红色,此时,a_n+2i 为蓝色,记 $a_n=2k+1$,则现有 $2k+1$ 为蓝色,$2k+i+1$ 为红色,$2k+2i+1$ 为蓝色,由结论 ① 知 $2(2k+i+1)-1=4k+2i+1$ 为蓝色.

再由结论 ② 知 $\dfrac{(2k+1)+(4k+2i+1)}{2}=3k+i+1$ 为红色.

再由结论 ① 知 $2(3k+i+1)-1=6k+2i+1$ 为蓝色.

如此递归下去,便得到一个蓝色的无穷序列 $\{2nk+2i+1\}_{n=1}^{\infty}$,它们的所有项都是蓝色.但注意到它是一个等差数列,矛盾.这说明满足要求的 a_{n+1} 一定存在.

再考虑存在 $i\in\mathbf{N}_+$,使得 a_n+i,a_n+2i 同色的情况.

设 $a_n=2k+1$.

(i) 若 a_n+i,a_n+2i 同为蓝色,则取 $a_{n+1}=a_n+2i$ 即可.

(ii) 若 a_n+i,a_n+2i 同为红色,由结论 ① 知 $2(2k+i+1)-1=4k+2i+1$ 及 $2(2k+2i+1)-1=4k+4i+1$ 均为蓝色.

因此,若 $\dfrac{(2k+1)+(4k+4i+1)}{2}=3k+2i+1$ 为蓝色,取 $a_{n+1}=4k+4i+1$ 即可;若 $\dfrac{(2k+1)+(4k+4i+1)}{2}=3k+2i+1$ 为红色,再由结论 ① 知 $2(3k+2i+1)-1=6k+4i+1$ 为蓝色.此时,$\dfrac{(2k+1)+(6k+4i+1)}{2}=4k+2i+1$ 为蓝色,取 $a_{n+1}=6k+4i+1$ 即可,至此引理 3 证完.

综上,由三个引理便知结论成立.

4. 证明:对任意正整数 $n(n\geqslant 4)$,可以将集合 $G_n=\{1,2,\cdots,n\}$ 的元素个数不小于 2 的子集排成一列 $P_1,P_2,\cdots,P_{2^n-n-1}$,使得 $|P_i\cap P_{i+1}|=2(i=1,2,\cdots,2^n-n-2)$.

证明 首先,当 $n\geqslant 3$ 时,对 n 用数学归纳法证明下述命题:

命题:对任意的正整数 $n(n\geqslant 3)$,可以将集合 $G_n=\{1,2,\cdots,n\}$ 的全部非空子集排成一个序列 $P_1,P_2,\cdots,P_{2^n-1}$,使得对任意的 $i\in\{1,2,\cdots,2^n-2\}$,总有 $|P_i\cap P_{i+1}|=1$,且 $P_1=\{1\},P_{2^n-1}=G_n$.

当 $n=3$ 时,序列 $\{1\},\{1,2\},\{2\},\{2,3\},\{1,3\},\{3\},\{1,2,3\}$ 满足要求.

假设当 $n=k(k\geqslant 3)$ 时,存在 G_k 的非空子集的序列 $P'_1,P'_2,\cdots,P'_{2^k-1}$,满足要求,其中 $P'_1=\{1\},P'_{2^k-1}=G_k$.

对于 $n=k+1$,构造如下序列

$$P'_1,P'_{2^k-1},P'_{2^k-2}\bigcup\{k+1\},P'_{2^k-3},P'_{2^k-4}\bigcup\{k+1\},P'_{2^k-5},\cdots,P'_2$$
$$P'_3\bigcup\{k+1\},P'_4,\cdots,P'_{2^k-2},P'_{2^k-1}\bigcup\{k+1\} \qquad ①$$

显然

$$P_1=P'_1=\{1\},P'_{2^{k+1}-1}=P'_{2^k-1}\bigcup\{k+1\}=G_{k+1}$$

因为
$$P'_1 \bigcap P'_{2^k-1} = P'_1, P'_{r+1} \bigcap (P'_r \bigcup \{k+1\}) = P'_{r+1} \bigcap P'_r,$$
$$(P'_2 \bigcup \{k+1\}) \bigcap \{k+1\} = \{k+1\} = \{k+1\} \bigcap (P'_1 \bigcup \{k+1\})$$
$$P'_r \bigcap (P'_{r+1} \bigcup \{k+1\}) = P'_r \bigcap P'_{r+1}, r \leqslant 2^k - 2$$

所以,由归纳假设,知序列 ① 满足要求.

由数学归纳法,命题得证.

回到原题,仍用数学归纳法证明下述加强命题:

加强命题:对任意的正整数 $n(n \geqslant 4)$,可以将集合 $G_n = \{1, 2, \cdots, n\}$ 的全部元素个数不小于 2 的子集排成一序列 $P_1, P_2, \cdots, P_{2^n-n-1}$,使得 $|P_i \bigcap P_{i+1}| = 2(i = 1, 2, \cdots, 2^n - n - 2)$,且 $P_{2^n-n-1} = \{1, n\}$.

当 $n = 4$ 时,序列 $\{1,3\}, \{1,2,3\}, \{2,3\}, \{1,2,3,4\}, \{1,2\}, \{1,2,4\}, \{2,4\}, \{2,3,4\}, \{3,4\}, \{1,3,4\}, \{1,4\}$ 满足要求.

假设 $n = k(k \geqslant 4)$ 时,存在序列 $P_1, P_2, \cdots, P_{2^k-k-1}$,满足要求,且 $P_{2^k-k-1} = \{1, k\}$.

对于 $n = k+1$,知道 $G_{k+1} = G_k \bigcup \{k+1\}$ 的全部子集可以分为两类:一类都不含元素 $k+1$,而另一类都含元素 $k+1$. 由前述命题,存在 G_k 的全部非空子集排成一个序列 $q_1, q_2, \cdots, q_{2^k-1}$,使得对任意的 $i \in \{1, 2, \cdots, 2^n - 2\}$,总有 $|q_i \bigcap q_{i+1}| = 1$,且 $q_1 = G_k, q_{2^k-1} = \{1\}$.

于是,有序列 $P_1, P_2, \cdots, P_{2^k-k-1}, q_1 \bigcup \{k+1\}, q_2 \bigcup \{k+1\}, \cdots, q_{2^k-1} \bigcup \{k+1\}$.

由归纳假设及命题知,上述序列满足要求,且 $P_{2^{k+1}-(k+1)-1} = q_{2^k-1} \bigcup \{k+1\} = \{1, k+1\}$.

由数学归纳法,原命题得证.

5. 设 m, n 都是大于 1 的给定整数,$a_{ij}(i=1,2,\cdots,n; j=1,2,\cdots,m)$ 是不全为 0 的 mn 个非负实数,求 $f = \dfrac{n\sum_{i=1}^{n}(\sum_{j=1}^{m}a_{ij})^2 + m\sum_{j=1}^{m}(\sum_{i=1}^{n}a_{ij})^2}{(\sum_{i=1}^{n}\sum_{j=1}^{m}a_{ij})^2 + mn\sum_{i=1}^{n}\sum_{j=1}^{m}a_{ij}^2}$ 的最大值和最小值.

解 f 的最大值为 1.

先证明 $f \leqslant 1$,这等价于

$$n\sum_{i=1}^{n}(\sum_{j=1}^{m}a_{ij})^2 + m\sum_{j=1}^{m}(\sum_{i=1}^{n}a_{ij})^2 \leqslant (\sum_{i=1}^{n}\sum_{j=1}^{m}a_{ij})^2 + mn\sum_{i=1}^{n}\sum_{j=1}^{m}a_{ij} \quad \text{①}$$

记 $G = (\sum_{i=1}^{n}\sum_{j=1}^{m}a_{ij})^2 + mn\sum_{i=1}^{n}\sum_{j=1}^{m}a_{ij}^2 - n\sum_{i=1}^{n}(\sum_{j=1}^{m}a_{ij})^2 - m\sum_{j=1}^{m}(\sum_{i=1}^{n}a_{ij})^2$.

只需证明 $G \geqslant 0$.

现将所有的 a_{ij} 排成一个 n 行 m 列的数表,使 a_{ij} 位于第 i 行第 j 列,考虑数表中位置构成矩形的 4 个数 $a_{pq}, a_{pr}, a_{sq}, a_{sr}$,并把它们叫作一个矩形数组,记作 $[psqr]$,其中,$1 \leqslant p < s \leqslant n, 1 \leqslant q < r \leqslant m$.

记 $G^* = \sum_{[psqr]}(a_{pq} + a_{sr} - a_{pr} - a_{sq})^2$,其中,求和跑遍所有的矩形数组 $[psqr]$.

下面证明
$$G = G^* \qquad ②$$

首先，比较形如 a_{ij}^2 项的系数．对确定的 i,j，易见 G 中 a_{ij}^2 项的系数为 $mn+1-m-n$．而在 G^* 中，因为以 a_{ij} 为一个顶点的矩形数组恰有 $(m-1)(n-1)$ 个，所以 G^* 中 a_{ij}^2 项的系数为 $(m-1)(n-1) = mn+1-m-n$．这说明 G 和 G^* 中 a_{ij}^2 项的系数相等．

其次，比较形如 $a_{ij}a_{ik}(j \neq k)$ 项的系数．G 中的系数为 $-2(n-1)$．而 G^* 中这种项对应的矩形数组 $[psqr]$ 中还有一个行标 s 有 $n-1$ 种选择．因此，它在 G^* 中的系数也为 $-2(n-1)$．这表明 G 和 G^* 中形如 $a_{ij}a_{ik}(j \neq k)$ 项的系数相等．

再次，与上述类似，G 和 G^* 中形如 $a_{ik}a_{jk}(j \neq i)$ 项的系数都为 $-2(m-1)$．

最后，G 和 G^* 中形如 $a_{pq}a_{st}(p \neq s, q \neq t)$ 项的系数都为 2．

综上所述，式 ② 成立．

从而 $G \geqslant 0$，亦即式 ① 得证．

当所有 $a_{ij}(i=1,2,\cdots,n; j=1,2,\cdots,m)$ 均为 1 时 $f=1$，故 f 的最大值为 1．

f 的最小值为 $\dfrac{m+n}{mn+\min\{m,n\}}$．

先证明：$f \geqslant \dfrac{m+n}{mn+\min\{m,n\}}$．

不妨设 $n \leqslant m$，此时，只需证明
$$f \geqslant \frac{m+n}{mn+n} \qquad ③$$

记 $S = \dfrac{n^2(m+1)}{m+n}\sum\limits_{i=1}^{n}r_i^2 + \dfrac{mn(m+1)}{m+n}\sum\limits_{j=1}^{m}c_j^2 - (\sum\limits_{i=1}^{n}\sum\limits_{j=1}^{m}a_{ij})^2 - mn\sum\limits_{i=1}^{n}\sum\limits_{j=1}^{m}a_{ij}^2$，其中，$r_i = \sum\limits_{j=1}^{m}a_{ij}(i=1,2,\cdots,n)$，$c_j = \sum\limits_{i=1}^{m}a_{ij}(j=1,2,\cdots,m)$．

欲证式 ③，只需证明
$$S \geqslant 0 \qquad ④$$

在拉格朗日恒等式 $(\sum\limits_{i=1}^{n}a_ib_i)^2 = (\sum\limits_{i=1}^{n}a_i^2)(\sum\limits_{i=1}^{n}b_i^2) - \sum\limits_{1 \leqslant k < l \leqslant n}(a_kb_l - a_lb_k)^2$ 中，令 $a_i = r_i$，$b_i = 1(i=1,2,\cdots,n)$ 得
$$-(\sum_{i=1}^{n}\sum_{j=1}^{m}a_{ij})^2 = -n\sum_{i=1}^{n}r_i^2 + \sum_{1 \leqslant k < l \leqslant n}(r_k - r_l)^2$$

将上式代入 S 的表达式，可得
$$S = \frac{mn(n-1)}{m+n}\sum_{i=1}^{n}r_i^2 + \frac{mn(m+1)}{m+n}\sum_{j=1}^{m}c_j^2 - mn\sum_{i=1}^{n}\sum_{j=1}^{m}a_{ij}^2 + \sum_{1 \leqslant k < l \leqslant n}(r_k - r_l)^2$$

因为 $mn = \dfrac{mn(n-1)}{m+n} + \dfrac{mn(m+1)}{m+n}$，所以上面的 S 可重写为

$$S = \frac{mn(n-1)}{m+n}\sum_{j=1}^{m}\sum_{i=1}^{n}a_{ij}(r_i - a_{ij}) + \frac{mn(m+1)}{m+n}\sum_{j=1}^{m}\sum_{i=1}^{n}a_{ij}(c_j - a_{ij})^2 + \sum_{1\leqslant k<l\leqslant n}(r_k - r_l)^2$$
⑤

因为所有的 $a_{ij} \geqslant 0$, 且 $r_i - a_{ij} \geqslant 0, c_j - a_{ij} \geqslant 0 (i=1,2,\cdots,n; j=1,2,\cdots,m)$, 所以由式⑤, 便知 $S \geqslant 0$, 即式 ④ 成立.

当 $a_{11} = a_{22} = \cdots = a_{nn} = 1$, 其他元素都取 0 时, $f = \frac{m+n}{mn+n}$. 所以, f 的最小值为 $\frac{m+n}{mn+n}$.

同理, 当 $n \geqslant m$ 时, f 的最小值为 $\frac{m+n}{mn+n}$.

因此, f 的最小值为 $\frac{m+n}{mn + \min\{m,n\}}$.

6. 求最大的常数 $M(M>0)$, 使得对任意正整数 n, 存在正实数数列 $a_1, a_2, \cdots, a_n$ 及 $b_1, b_2, \cdots, b_n$ 满足:

(1) $\sum_{k=1}^{n} b_k = 1, 2b_k \geqslant b_{k-1} + b_{k+1} (k=2,3,\cdots,n-1)$.

(2) $a_k^2 \leqslant 1 + \sum_{i=1}^{n} a_i b_i (k=1,2,\cdots,n, a_n = M)$.

解 先证明一个引理.

引理: $\max_{1\leqslant k\leqslant n} a_k < 2, \max_{1\leqslant k\leqslant n} b_k < \frac{2}{n-1}$.

引理的证明: 令 $L = \max_{1\leqslant k\leqslant n} a_k$. 由 (2) 得 $L^2 \leqslant 1 + L$, 所以 $L < 2$.

令 $b_m = \max_{1\leqslant k\leqslant n} \{b_k\}$. 由 (1) 得

$$b_k \geqslant \begin{cases} \frac{(k-1)b_m + (m-k)b_1}{m-1} \geqslant \frac{k-1}{m-1}b_m, 1 \leqslant k \leqslant m \\ \frac{(k-m)b_n + (n-k)b_m}{n-m} \geqslant \frac{n-k}{n-m}b_m, m \leqslant k \leqslant n \end{cases}$$

故 $1 = \sum_{k=1}^{n} b_k = \sum_{k=1}^{m} b_k + \sum_{k=m+1}^{n} b_k > \frac{m}{2}b_m + \frac{n-m-1}{2}b_m = \frac{n-1}{2}b_m$.

此即 $b_m < \frac{2}{n-1}$, 引理得证.

回到原题, 令

$$f_0 = 1, f_k = 1 + \sum_{i=1}^{k} a_i b_i \quad (k=1,2,\cdots,n)$$

$$f_k - f_{k-1} = a_k b_k \leqslant b_k \sqrt{f_k}$$

由此可得

$$\sqrt{f_k} - \sqrt{f_{k-1}} \leqslant b_k \frac{\sqrt{f_k}}{\sqrt{f_k} + \sqrt{f_{k-1}}} = b_k \left[\frac{1}{2} + \frac{f_k - f_{k-1}}{2(\sqrt{f_k} + \sqrt{f_{k-1}})^2}\right]$$

$$< b_k \left[\frac{1}{2} + \frac{2b_k}{2(\sqrt{f_k} + \sqrt{f_{k-1}})^2} \right]$$
$$< b_k \left(\frac{1}{2} + \frac{b_k}{4} \right) < b_k \left[\frac{1}{2} + \frac{1}{2(n-1)} \right]$$

对 k 从 1 到 n 求和,得
$$M = a_n \leqslant \sqrt{f_n} < \sqrt{f_0} + \sum_{k=1}^{n} b_k \left[\frac{1}{2} + \frac{1}{2(n-1)} \right] = \frac{3}{2} + \frac{1}{2(n-1)}$$

由 n 的任意性,得 $M_{\max} \leqslant \frac{3}{2}$.

$M = \frac{3}{2}$ 是能够达到的. 例子如下
$$a_k = 1 + \frac{k}{2n}, b_k = \frac{1}{n} \quad (k = 1, 2, \cdots, n)$$

则 $a_k^2 = (1 + \frac{k}{2n})^2 \leqslant 1 + \sum_{i=1}^{k} \frac{1}{n}(1 + \frac{i}{2n})$ 成立.

综上所述,M 的最大值为 $\frac{3}{2}$.

2009年第二十四届中国数学奥林匹克国家集训队选拔试题及解答

1. 设 D 是 $\triangle ABC$ 的边 BC 上一点,满足 $\angle CAD = \angle CBA$.圆 O 经过点 B,D.并分别与线段 AB,AD 交于点 E,F. BF 和 DE 交于点 G,M 是 AG 的中点.求证: $CM \perp AO$.

证明 如图1,联结 EF 并延长,交 BC 于点 P,联结 GP 交 AD 于点 K,并交 AC 的延长线于点 L.

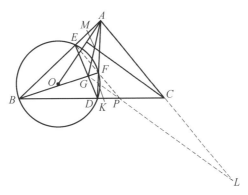

图1

如图2,在 AP 上取一点 Q,满足 $\angle PQF = \angle AEF = \angle ADB$.

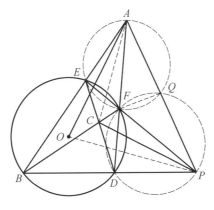

图2

易知 A,E,F,Q 和 F,D,P,Q 分别四点共圆,记圆 O 的半径为 r. 根据圆幂定理,知

$$AP^2 = AQ \cdot AP + PQ \cdot AP = AF \cdot AD + PF \cdot PE = (AO^2 - r^2) + (PO^2 - r^2) \quad ①$$

类似得

$$AG^2 = (AO^2 - r^2) + (GO^2 - r^2) \quad ②$$

由式①②得 $AP^2 - AG^2 = PO^2 - GO^2$.

于是,由平方差原理即知 $PG \perp AO$.

如图3所示,对 $\triangle PFD$ 及截线 AEB 应用梅涅劳斯定理得

$$\frac{DA}{AF} \cdot \frac{FE}{EP} \cdot \frac{PB}{BD} = 1 \qquad ③$$

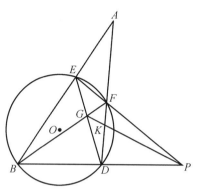

图3

对 $\triangle PFD$ 及形外一点 G 应用塞瓦定理,得

$$\frac{DK}{KF} \cdot \frac{FE}{EP} \cdot \frac{PB}{BD} = 1 \qquad ④$$

③÷④ 即得

$$\frac{DA}{AF} = \frac{DK}{KF} \qquad ⑤$$

式⑤表明,A 与 K,F 与 D 构成调和点列,即 $AF \cdot KD = AD \cdot FK$.

再代入点列的欧拉公式,知

$$AK \cdot FD = AF \cdot KD + AD \cdot FK \qquad ⑥$$

而由 B,D,F,E 四点共圆,得 $\angle DBA = \angle EFA$. 又 $\angle CAD = \angle CBA$,故 $\angle CAF = \angle EFA$. 这表明 $AC \parallel EP$. 由此

$$\frac{CP}{PD} = \frac{AF}{FD} \qquad ⑦$$

在 $\triangle ACD$ 中,对截线 LPK 应用梅涅劳斯定理,得

$$\frac{AL}{LC} \cdot \frac{CP}{PD} \cdot \frac{DK}{KA} = 1 \qquad ⑧$$

将式⑥⑦代入式⑧,即得 $\frac{AL}{LC} = 2$.

最后,在 $\triangle AGL$ 中,由 M,C 分别是 AG,AL 的中点,知 MC 是其中位线,得 $CM \parallel GL$. 而已证 $GL \perp AO$,因此,$CM \perp AO$.

2. 给定整数 $n(n \geq 2)$. 求具有下述性质的最大常数 $\lambda(n)$:若实数序列 $a_0, a_1, \cdots, a_n$ 满足 $0 = a_0 \leq a_1 \leq \cdots \leq a_n$ 及 $a_i \geq \frac{1}{2}(a_{i+1} + a_{i-1})(i = 1, 2, \cdots, n-1)$,则 $\left(\sum_{i=1}^{n} i a_i\right)^2 \geq \lambda(n) \sum_{i=1}^{n} a_i^2$.

解 令 $a_1=a_2=\cdots=a_n=1$,得 $\lambda(n) \leqslant \dfrac{n(n+1)^2}{4}$.

接下来证明:对任何满足条件的序列 $a_0,a_1,\cdots,a_n$,有不等式

$$\left(\sum_{i=1}^n ia_i\right)^2 \geqslant \dfrac{n(n+1)^2}{4}\left(\sum_{i=1}^n a_i^2\right) \quad ①$$

先来证明:$a_1 \geqslant \dfrac{a_2}{2} \geqslant \cdots \geqslant \dfrac{a_n}{n}$.

事实上,由条件有 $2ia_i \geqslant i(a_{i+1}+a_{i-1})$,对任意的 $i(i=1,2,\cdots,n-1)$ 成立.

对于给定的正整数 $l(1 \leqslant l \leqslant n-1)$,将此式对 $i(i=1,2,\cdots,l)$ 求和,得 $(l+1)a_l \geqslant la_{l+1}$,即 $\dfrac{a_l}{l} \geqslant \dfrac{a_{l+1}}{l+1}$ 对任意的 $l(l=1,2,\cdots,n-1)$ 成立.

再证明:对于 $i,j,k \in \{1,2,\cdots,n\}$,若 $i>j$,则 $\dfrac{2ik^2}{i+k} > \dfrac{2jk^2}{j+k}$.

事实上,上式等价于 $2ik^2(j+k) > 2jk^2(i+k)$,即 $(i-j)k^3 > 0$,显然成立.

现在证明式 ①.

对于 $i,j(1 \leqslant i < j \leqslant n)$,来估计 a_i,a_j 的下界.

由前述知 $\dfrac{a_i}{i} \geqslant \dfrac{a_j}{j}$,即 $ja_i - ia_j \geqslant 0$.

因为 $a_i - a_j \leqslant 0$,所以 $(ja_i - ia_j)(a_j - a_i) \geqslant 0$,即

$$a_i a_j \geqslant \dfrac{i}{i+j}a_j^2 + \dfrac{j}{i+j}a_i^2$$

这样有

$$\left(\sum_{i=1}^n ia_i\right)^2 = \sum_{i=1}^n ia_i^2 + 2\sum_{1\leqslant i<j\leqslant n} ija_ia_j \geqslant \sum_{i=1}^n i^2a_i^2 + 2\sum_{1\leqslant i<j\leqslant n}\left(\dfrac{i^2j}{i+j}a_j^2 + \dfrac{ij^2}{i+j}a_i^2\right)$$

$$= \sum_{i=1}^n \left(a_i^2 \sum_{k=1}^n \dfrac{2ik^2}{i+k}\right)$$

记 $b_i = \sum_{k=1}^n \dfrac{2ik^2}{i+k}$.

由前面证明,知 $b_1 \leqslant b_2 \leqslant \cdots \leqslant b_n$.

又 $a_1^2 \leqslant a_2^2 \leqslant \cdots \leqslant a_n^2$,由切比雪夫不等式,有

$$\sum_{i=1}^n a_i^2 b_i \geqslant \dfrac{1}{n}\left(\sum_{i=1}^n a_i^2\right)\left(\sum_{i=1}^n b_i\right)$$

因此,$\left(\sum_{i=1}^n ia_i\right)^2 \geqslant \dfrac{1}{n}\left(\sum_{i=1}^n a_i^2\right)\left(\sum_{i=1}^n b_i\right)$.

而

$$\sum_{i=1}^n b_i = \sum_{i=1}^n \sum_{k=1}^n \dfrac{2ik^2}{i+k} = \sum_{i=1}^n i^2 + 2\sum_{1\leqslant i<j\leqslant n}\left(\dfrac{i^2j}{i+j}+\dfrac{ij^2}{i+j}\right) = \sum_{i=1}^n i^2 + 2\sum_{1\leqslant i<j\leqslant n} ij$$

$$= \left(\sum_{i=1}^n i\right)^2 = \dfrac{n^2(n+1)^2}{4}$$

于是，$\left(\sum_{i=1}^{n} i a_i\right)^2 \geqslant \dfrac{n(n+1)^2}{4} \sum_{i=1}^{n} a_i^2$.

故式①得证.

综上可知，$\lambda(n) = \dfrac{n(n+1)^2}{4}$.

3. 求证：对于任意的奇质数 p，满足 $p \mid (n!+1)$ 的正整数 n 的个数不超过 $cp^{\frac{3}{2}}$. 这里，c 是一个与 p 无关的常数.

证明 显然，符合要求的 n 应满足 $1 \leqslant n \leqslant p-1$. 设这样的 n 的全体是 $n_1 < n_2 < \cdots < n_k$. 只须证明 $k \leqslant 12 p^{\frac{2}{3}}$.

在 $k \leqslant 12$ 时，结论是显然成立的.

下设 $k > 12$，将 $n_{i+1} - n_i (1 \leqslant i \leqslant k-1)$ 重排成不减数列 $1 \leqslant \mu_1 \leqslant \mu_2 \leqslant \cdots \leqslant \mu_{k-1}$，则显然有

$$\sum_{i=1}^{k-1} \mu_i = \sum_{i=1}^{k-1} (n_{i+1} - n_i) = n_k - n_1 < p \qquad ①$$

首先证明：对 $s \geqslant 1$，有

$$|\{1 \leqslant i \leqslant k-1 : \mu_i = s\}| \leqslant s \qquad ②$$

等价于给定的 S 的 μ_i 至多有 s 个.

事实上，设 $n_{i+1} - n_i = s$，则 $n_i! + 1 \equiv n_{i+1}! + 1 \equiv 0 \pmod{p}$.

由此知 $(p, n_i!) = 1$，故 $(n_i + s)(n_i + s - 1) \cdots (n_i + 1) \equiv 1 \pmod{p}$.

从而，n_i 是 s 次同余方程 $(x+s)(x+s-1) \cdots (x+1) \equiv 1 \pmod{p}$ 的一个解.

又 p 是质数，由拉格朗日定理知，上述同余方程至多有 s 个解.

故满足 $n_{i+1} - n_i = s$ 的 n_i 至多只有 s 个值.

从而，式②得证.

再证明，对任意的正整数 l，只要 $\dfrac{l(l+1)}{2} + 1 \leqslant k-1$，就有 $\mu_{\frac{l(l+1)}{2}+1} \geqslant l+1$.

假设结论不成立，即 $\mu_{\frac{l(l+1)}{2}+1} \leqslant l$，则 $\mu_1, \mu_2, \cdots, \mu_{\frac{l(l+1)}{2}+1}$ 都是 1 到 l 的正整数.

而由式②知，在 $\mu_1, \mu_2, \cdots, \mu_{\frac{l(l+1)}{2}+1}$ 中 1 至多出现 1 次，2 至多出现 2 次，$\cdots \cdots$，l 至多出现 l 次，即从 1 到 l 的正整数总共至多出现 $1+2+\cdots+l = \dfrac{l(l+1)}{2}$ 次，这与 $\dfrac{l(l+1)}{2}+1$ 个数 $\mu_1, \mu_2, \cdots, \mu_{\frac{l(l+1)}{2}+1}$ 都是不超过 l 的正整数矛盾.

设 m 是满足 $\dfrac{m(m+1)}{2} + 1 \leqslant k-1$ 的最大正整数，则

$$\dfrac{m(m+1)}{2} + 1 \leqslant k - 1 < \dfrac{(m+1)(m+2)}{2} + 1 \qquad ③$$

故

$$\sum_{i=1}^{k-1} \mu_i \geqslant \sum_{i=0}^{m-1} \left[\mu_{\frac{i(i+1)}{2}+1} + \mu_{\frac{i(i+1)}{2}+2} + \cdots + \mu_{\frac{(i+1)(i+2)}{2}} \right]$$

$$\geqslant \sum_{i=0}^{m-1}(i+1)\mu_{\frac{i(i+1)}{2}+1}$$
$$\geqslant \sum_{i=0}^{m-1}(i+1)^2 = \frac{m(m+1)(2m+1)}{6} > \frac{m^3}{3}$$

由于 $k > 12$，故 $m \geqslant 4$.

因此，结合式①③得
$$k < 2 + \frac{(m+1)(m+2)}{2} < 4m^2 < 4\left(3\sum_{i=1}^{k-1}\mu_i\right)^{\frac{2}{3}} < 4(3p)^{\frac{2}{3}}$$

这就证明了结论.

4. 设正实数 a,b 满足 $b-a > 2$. 求证: 对区间 $[a,b)$ 中任意两个不同的整数 m,n. 总存在一个由区间 $[ab,(a+1)(b+1))$ 中某些整数组成的（非空）集合 S. 使得 $\dfrac{\prod\limits_{x \in S} x}{mn}$ 是一个有理数的平方.

证明 先证明一个引理.

引理: 设整数 u 满足 $a \leqslant u < u+1 < b$，则区间 $[ab,(a+1)(b+1))$ 中有两个不同整数 x,y，使得 $\dfrac{xy}{u(u+1)}$ 是一个整数的平方.

引理的证明: 取 v 是大于或等于 $\dfrac{ab}{u}$ 的最小整数，即整数 v 满足
$$\frac{ab}{u} \leqslant v < \frac{ab}{u} + 1 \Rightarrow ab \leqslant uv < ab + u (< ab + a + b + 1) \qquad ①$$

从而
$$ab < (u+1)v = uv + v < ab + u + \frac{ab}{u} + 1$$
$$< ab + a + b + 1 \text{（因 } a \leqslant u < b\text{）} \qquad ②$$

这里，应用了一个熟知的事实，函数 $f(t) = t + \dfrac{ab}{t}(a \leqslant t \leqslant b)$ 在 $t = a$ 或 b 时取得最大值.

由式①②知，uv 和 $(u+1)v$ 为区间 $I = [ab,(a+1)(b+1))$ 中的两个不同整数. 取 $x = uv, y = (u+1)v$，则 $\dfrac{xy}{u(u+1)} = v^2$ 是一个整数的平方.

回到原题.

设 $m < n$，则 $a \leqslant m \leqslant n-1 < b$.

由引理知，对于 $k = m, m+1, \cdots, n-1$，分别有区间 $[ab,(a+1)(b+1))$ 中的两个不同整数 x_k, y_k，都存在一个整数 A_k，使得 $\dfrac{x_k y_k}{k(k+1)} = A_k^2$.

将所有这些等式相乘，得 $\dfrac{\prod\limits_{k=m}^{n-1} x_k y_k}{mn(m+1)^2 \cdots (n-1)^2} = \sum\limits_{k=m}^{n-1} A_k^2$ 是一个整数的平方.

令 S 为 $x_i, y_i (m \leqslant i \leqslant n-1)$ 中出现奇数次的数的集合.

若 S 非空,则由上式易知,$\dfrac{\prod\limits_{x \in S} x}{mn}$ 是一个有理数的平方.

若 S 是空集,则 mn 是一个整数的平方.

而由 $a+b > 2\sqrt{ab}$,知 $ab+a+b+1 > ab+2\sqrt{ab}+1$,即 $\sqrt{(a+1)(b+1)} > \sqrt{ab}+1$,即区间 $[\sqrt{ab}, \sqrt{(a+1)(b+1)})$ 中至少有一个整数,故在区间 $[ab, (a+1)(b+1))$ 中至少有一个完全平方数.

设 $r^2 \in [ab, (a+1)(b+1)) (r \in \mathbf{Z})$,令 $S' = \{r^2\}$,则 $\dfrac{\prod\limits_{x \in S'} x}{mn}$ 是一个有理数的平方.

5. 设 m 是大于 1 的整数,n 是一个奇数,且 $3 \leqslant n < 2m$. 数 $a_{ij} (i, j \in \mathbf{N}, 1 \leqslant i \leqslant m, 1 \leqslant j \leqslant n)$ 满足:

(1) 对于任意的 $j (1 \leqslant j \leqslant n)$,$a_{1j}, a_{2j}, \cdots, a_{mj}$ 是 $1, 2, \cdots, m$ 的一个排列.

(2) 对于任意的 $i, j (1 \leqslant i \leqslant m, 1 \leqslant j \leqslant n-1)$,有 $|a_{ij} - a_{ij+1}| \leqslant 1$.

求 $M = \max\limits_{1 \leqslant i \leqslant m} \sum\limits_{j=1}^{n} a_{ij}$ 的最小值.

解 令 $n = 2l+1$.

由 $3 \leqslant n < 2m$,得 $1 \leqslant l \leqslant m-1$.

下面先估计 M 的下界.

由条件(1)知存在唯一的一个 $i_0 (1 \leqslant i_0 \leqslant m)$,使 $a_{i_0 (l+1)} = m$.

考虑 $a_{i_0 l}$ 与 $a_{i_0 (l+2)}$.

情形 1:$a_{i_0 l}$ 与 $a_{i_0 (l+2)}$ 中至少有一个为 m.

由对称性,不妨设 $a_{i_0 l} = m$.

由条件(2) 有

$$a_{i_0 (l-1)} \geqslant m-1, a_{i_0 (l-2)} \geqslant m-2, \cdots, a_{i_0 1} \geqslant m-l+1$$

及

$$a_{i_0 (l+2)} \geqslant m-1, a_{i_0 (l+3)} \geqslant m-2, \cdots, a_{i_0 (2l+1)} \geqslant m-l$$

故

$$M \geqslant \sum_{j=1}^{n} a_{i_0 j} \geqslant (m-l) + 2[(m-l+1) + (m-l+2) + \cdots + m] = (2l+1)m - l^2$$

情形 2:$a_{i_0 l}$ 与 $a_{i_0 (l+2)}$ 都不为 m.

由条件(1)知存在 $i_1 (1 \leqslant i_1 \leqslant m, i_1 \neq i_0)$,使 $a_{i_1 l} = m$.

由条件(1)(2) 易知 $a_{i_1 (l-1)} = m-1, a_{i_1 (l-2)} = m$.

再利用条件(2) 有

$$a_{i_1 (l-1)} \geqslant m-1, a_{i_1 (l-2)} \geqslant m-2, \cdots, a_{i_1 1} \geqslant m-l+1$$

及

$$a_{i_1(l+3)} \geqslant m-1, a_{i_1(l+4)} \geqslant m-2, \cdots, a_{i_1(2l+1)} \geqslant m-l+1$$

故

$$M \geqslant \sum_{j=1}^{n} a_{i_1 j} \geqslant 2[(m-l+1)+(m-l+2)+\cdots+m]+(m-1)$$
$$= (2l+1)m - (l^2-l+1)$$

综合情形 1,2 知 $M \geqslant (2l+1)m - l^2$.

另外,令

$$a_{ij} = f(2i+j) = 2i+j \quad (2i+j \leqslant m)$$
$$a_{ij} = f(2i+j) = (2m+1)-(2i+j) \quad (m+1 \leqslant 2i+j \leqslant 2m)$$
$$a_{ij} = f(2i+j) - 2m \quad (2m+1 \leqslant 2i+j \leqslant 3m)$$
$$a_{ij} = f(2i+j) = (4m+1)-(2i+j) \quad (3m+1 \leqslant 2i+j \leqslant 4m)$$

于是,对于任意的 $i,j(1 \leqslant i \leqslant m, 1 \leqslant j \leqslant n-1)$,若 $m \nmid (2i+j)$,则 $|a_{ij} - a_{i(j+1)}| = |f(2i+j) - f(2i+j+1)| = 1$.

若 $m \mid (2i+j)$,则 $|a_{ij} - a_{i(j+1)}| = |f(2i+j) - f(2i+j+1)| = 0$.

即满足条件(2).

接下来证明满足条件(1).

事实上,只须证明对任意的整数 $j(1 \leqslant j \leqslant n)$ 及 $k(1 \leqslant k \leqslant m)$,存在一个整数 $i(1 \leqslant i \leqslant m)$,使得 $a_{ij} = k$ 即可.

当 $j \equiv k \pmod 2$ 时,由 $1 \leqslant j \leqslant n, 1 \leqslant k \leqslant m$ 及 $n < 2m$,知 $-2m < k-j < m$,故 $-m < \dfrac{k-j}{2} < m$,且 $\dfrac{k-j}{2}$ 是一个整数.

因此,$\dfrac{k-j}{2}$ 与 $\dfrac{k-j}{2}+m$ 至少有一个在集合 $\{1,2,\cdots,m\}$ 中,取这个数为 i 即可.

当 $j \not\equiv k \pmod 2$ 时,由 $1 \leqslant j \leqslant n, 1 \leqslant k \leqslant m$ 及 $n < 2m$,知
$$-2m < (2m+1)-(j+k) < 2m$$

因此,$\dfrac{(2m+1)-(j+k)}{2}$ 是一个整数.

故 $\dfrac{(2m+1)-(j+k)}{2}$ 与 $\dfrac{(2m+1)-(j+k)}{2}+m$ 至少有一个在集合 $\{1,2,\cdots,m\}$ 中,取这个数为 i 即可.

现在,估计此时的 M.

由于满足条件(1),故对任意的 $1 \leqslant i_1 < i_2 \leqslant m, 1 \leqslant j \leqslant n$,有 $f(2i_1+j) \neq f(2i_2+j)$,即对于奇偶性相同且满足 $3 \leqslant x < y \leqslant 2m+n$ 及 $y-x < 2m$ 的整数 x,y,有 $f(x) \neq f(y)$.

因此,对于给定的 $i, a_{i1}, a_{i3}, \cdots, a_{i(2i+1)}$ 两两不同,$a_{i2}, a_{i4}, \cdots, a_{i(2t)}$ 两两不同.

于是,$\sum_{j=1}^{n} a_{ij} \leqslant (m-l)+2[(m-l+1)+(m-l+2)+\cdots+m] = (2l+1)m - l^2$.

此时，$M = \max\limits_{1 \leqslant i \leqslant n} \sum\limits_{j=1}^{n} a_{ij} \leqslant (2l+1)m - l^2$.

综上，M 的最小值为 $(2l+1)m - l^2 = mn - \left(\dfrac{n-1}{2}\right)^2$.

6. 求证：在 40 个不同的正整数所组成的等差数列中，至少有一项不能表示成 $2^k + 3^l (k, l \in \mathbf{N})$ 的形式.

证明 假设存在一个各项不同且均能表示成 $2^k + 3^l (k, l \in \mathbf{N})$ 形式的 40 项等差数列.

设这个等差数列为 $a, a+d, a+2d, \cdots, a+39d$. 其中, $a, d \in \mathbf{N}_+$.

设 $a + 39d = 2^p + 3^q, m = [\log_2(a+39d)], n = [\log_3(a+39d)]$，其中，$[x]$ 表示不超过实数 x 的最大整数，则 $p \leqslant m, q \leqslant n$. 我们研究这个数列中最大的 14 项 $a+26d, a+27d, \cdots, a+39d$.

首先证明：$a+26d, a+27d, \cdots, a+39d$ 中至多有一个不能表示成 $2^m + 3^l$ 或 $2^k + 3^n (k, l \in \mathbf{N})$ 的形式.

若 $a+26d, a+27d, \cdots, a+39d$ 中的某个 $a+hd$ 不能表示成 $2^m + 3^l$ 或 $2^k + 3^n$ 的形式，由假设，一定存在非负整数 b, c，使得 $a + hd = 2^b + 3^c$.

由 m, n 的定义，知 $b \leqslant m, c \leqslant n$.

又因为 $a + hd = 2^b + 3^c$ 不能表示成 $2^m + 3^l$ 或 $2^k + 3^n$ 的形式，所以 $b \leqslant m-1, c \leqslant n-1$.

若 $b \leqslant m-2$，则 $a + hd \leqslant 2^{m-2} + 3^{n-1} = \dfrac{1}{4} \times 2^m + \dfrac{1}{3} \times 3^n \leqslant \dfrac{7}{12}(a+39d) < a+26d$，矛盾.

若 $c \leqslant n-2$，则

$$a + hd \leqslant 2^{m-1} + 3^{n-2} = \dfrac{1}{2} \times 2^m + \dfrac{1}{9} \times 3^n$$

$$= \dfrac{1}{2} \times 2^{[\log_2(a+39d)]} + \dfrac{1}{9} \times 3^{[\log_3(a+39d)]}$$

$$\leqslant \dfrac{1}{2}(a+39d) + \dfrac{1}{9}(a+39d)$$

$$= \dfrac{11}{18}(a+39d)$$

$$= \dfrac{11}{18}a + \dfrac{429}{18}d$$

$$< a + 26d$$

与 $a + hd \in \{a+26d, a+27d, \cdots, a+39d\}$ 矛盾；

因此，只有 $b = m-1, c = n-1$.

即 $a+26d, a+27d, \cdots, a+39d$ 中至多有一个不能表示成 $2^m + 3^l$ 或 $2^k + 3^n (k, l \in \mathbf{N})$

的形式.

所以 $a+26d, a+27d, \cdots, a+39d$ 中至少有 13 个不能表示成 2^m+3^l 或 $2^k+3^n(k,l \in \mathbf{N})$ 的形式.

由抽屉原理,至少有 7 个能表示成 2^m+3^l 或 $2^k+3^n(k,l \in \mathbf{N})$ 中的同一种形式.

(1) 若有 7 个能表示成 2^m+3^l 的形式,设为
$$2^m+3^{l_1}, 2^m+3^{l_2}, \cdots, 2^m+3^{l_7} (l_1 < l_2 < \cdots < l_7)$$
则 $3^{l_1}, 3^{l_2}, \cdots, 3^{l_7}$ 是某个公差为 d 的 14 项等差数列中的 7 项.

然而 $13d \geqslant 3^{l_7}-3^{l_1}$. 显然
$$l_7 \geqslant 5+l_2, l_1 \leqslant 1-l_2$$
所以
$$13d \geqslant 3^{l_7}-3^{l_1} \geqslant (3^5-3^{-1}) \times 3^{l_2} > 13(3^{l_2}-3^{l_1}) \geqslant 13d$$
矛盾.

(2) 若有 7 个能表示成 2^k+3^n 的形式. 设为
$$2^{k_1}+3^n, 2^{k_2}+3^n, \cdots, 2^{k_7}+3^n \quad (k_1 < k_2 < \cdots < k_7)$$
则 $2^{k_1}, 2^{k_2}, \cdots, 2^{k_7}$ 是某个公差为 d 的 14 项等差数列中的 7 项.

然而
$$13d \geqslant 2^{k_7}-2^{k_1} \geqslant (2^5-2^{-1}) \times 2^{k_2} > 13(2^{k_2}-2^{k_1}) \geqslant 13d$$
矛盾.

综上,假设不成立,故原题得证.

2010 年第二十五届中国数学奥林匹克国家集训队选拔试题及解答

1. 在锐角 $\triangle ABC$ 中，$AB > AC$，M 是边 BC 的中点，P 是 $\triangle AMC$ 内一点，使得 $\angle MAB = \angle PAC$. 设 $\triangle ABC$，$\triangle ABP$，$\triangle ACP$ 的外心分别为 O, O_1, O_2. 证明：直线 AO 平分线段 O_1O_2.

证法 1 如图 1 所示，作 $\triangle ABC$，$\triangle ABP$，$\triangle ACP$ 的外接圆，延长 AP 交圆 O 于点 D，联结 BD，并做出圆 O 在点 A 处的切线，分别与圆 O_1，圆 O_2 交于点 E, F，联结 BE.

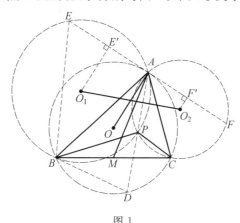

图 1

易证 $\triangle AMC \sim \triangle ABD \Rightarrow \dfrac{AB}{BD} = \dfrac{AM}{MC}$.

又 $\triangle EAB \sim \triangle PDB$，得 $\dfrac{AB}{BD} = \dfrac{AE}{PD}$.

所以，$\dfrac{AM}{MC} = \dfrac{AE}{PD}$，即 $AE = \dfrac{AM \cdot PD}{MC}$.

同理，$AF = \dfrac{AM \cdot PL}{MB}$.

因此，$AE = AF$.

再分别作 $O_1 E' \perp AE$，$O_2 F' \perp AF$ 于点 E', F'. 由垂径定理，知 E', F' 分别是 AE, AF 的中点. 故由式 ① 即知 A 也是 $E'F'$ 的中点.

在直角梯形 $O_1 E' F' O_2$ 中，OA 即直角梯形 $O_1 E' F' O_2$ 的中位线所在直线，故它一定平分 $O_1 O_2$.

证法 2 联结 AO_1, OO_1, AO_2, OO_2. 记直线 AO 与线段 $O_1 O_2$ 的交点为 Q，则 $\dfrac{O_1 Q}{Q O_2} = $

$$\frac{S_{\triangle AOO_1}}{S_{\triangle AOO_2}} = \frac{AB \cdot OO_1}{AC \cdot OO_2}, 其中 \frac{AB}{AC} = \frac{\sin\angle ACB}{\sin\angle ABC}.$$

而 $\angle OO_1Q = \angle BAP = \angle CAM$, $\angle OO_2Q = \angle CAP = \angle BAM$, 则

$$\frac{OO_1}{OO_2} = \frac{\sin\angle OO_2Q}{\sin\angle OO_1Q} = \frac{\sin\angle BAM}{\sin\angle CAM}$$

故

$$\frac{O_1Q}{QO_2} = \frac{\sin\angle ACM}{\sin\angle CAM} \cdot \frac{\sin\angle BAM}{\sin\angle ABM} = \frac{AM}{CM} \cdot \frac{BM}{AM} = \frac{BM}{CM}$$

注意到 M 是 BC 的中点, 则 $O_1Q = QO_2$, 故直线 AO 平分线段 O_1O_2.

2. 已知 $A = \{a_1, a_2, \cdots, a_{2010}\}$ 和 $B = \{b_1, b_2, \cdots, b_{2010}\}$ 是复数集的两个子集, 且满足

$$\sum_{1 \leqslant i < j \leqslant 2010} (a_i + a_j)^n = \sum_{1 \leqslant i < j \leqslant 2010} (b_i + b_j)^n$$

对 $n = 1, 2, \cdots, 2010$ 成立. 证明: $A = B$.

证明 记 $T_k = \sum_{1 \leqslant i < s \leqslant 2010}(a_i + a_j)^k$, $S_k = \sum_{1 \leqslant i < j \leqslant 2010} a_i^k$, $S_{k,l} = \sum_{1 \leqslant i < j \leqslant 2010} a_i^k a_j^l$.

对集合 B 类似地定义 T'_k, S'_k, S'_{kl}.

接下来用数学归纳法证明 $S_k = S'_k \ (k = 1, 2, \cdots, 2010)$.

由题设知, $T_k = T'_k$ 对任意的 $k \ (k = 1, 2, \cdots, 2010)$ 成立. 易知 $T_1 = 2009 S_1$, $T'_1 = 2009 S'_1$, 则 $S_1 = S'_1$. 假设 $k = 1, 2, \cdots, t \ (t \leqslant 2009)$ 时, 均有 $S_k = S'_k$.

考虑 $k = t + 1$ 的情况.

(1) 如果 $t + 1 = 2m$ 是偶数, 那么有下面的恒等式

$$T_{2m} = 2009 S_{2m} + C_{2m}^1(S_{1, 2m-1} + S_{2m-1, 1}) + \cdots + C_{2m}^{m-1}(S_{m-1, m+1} + S_{m+1, m-1}) + C_{2m}^m S_{m,m}$$

$$S_1 S_{2m-1} = S_{2m} + (S_{1, 2m-1} + S_{2m-1, 1})$$
$$S_2 S_{2m-2} = S_{2m} + (S_{2, 2m-2} + S_{2m-2, 2})$$
$$\cdots\cdots$$
$$S_m S_m = S_{2m} + 2 S_{m,m}$$

将 $T_k, S_k, S_{k,l}$ 换成 $T'_k, S'_k, S'_{k,l}$, 上述恒等式仍成立.

由 $T_{2m} = T'_{2m}$, 得

$$2009(S_{2m} - S'_{2m}) + C_{2m}^1(S_{1,2m-1} + S_{2m-1,1} - S'_{1,2m-1} - S'_{2m-1,1}) + \cdots +$$
$$C_{2m}^{m-1}(S_{m-1,m+1} + S_{m+1,m-1} - S'_{m-1,m+1} - S'_{m+1,m-1}) + C_{2m}^m(S_{m,m} - S'_{m,m}) = 0 \qquad ①$$

由归纳假设

$$S_1 S_{2m-1} = S'_1 S'_{2m-1}$$
$$S_2 S_{2m-2} = S'_2 S'_{2m-2}$$
$$\cdots\cdots$$
$$S_m S_m = S'_m S'_m$$

故

$$(S_{2m} - S'_{2m}) + (S_{1,2m-1} + S_{2m-1,1} - S'_{1,2m-1} - S'_{2m-1,1}) = 0$$
$$\cdots\cdots$$

$$(S_{2m} - S'_{2m}) + 2(S_{m,m} - S'_{m,m}) = 0$$

将上述等式代入式①得

$$2\,009(S_{2m} - S'_{2m}) - [C_{2m}^1(S_{2m} - S'_{2m}) + \cdots + C_{2m}^{m-1}(S_{2m} - S'_{2m}) + \frac{1}{2}C_{2m}^m(S_{2m} - S'_{2m})] = 0$$

即 $(2\,010 - 2^{2m-1})(S_{2m} - S'_{2m}) = 0$.

所以，$S_{2m} = S'_{2m}$.

(2) 如果 $t+1 = 2m+1$ 是奇数，那么类似(1)可得

$$T_{2m+1} = 2\,009 S_{2m+1} + C_{2m+1}^1(S_{1,2m} + S_{2m,1}) + \cdots + C_{2m+1}^m(S_{m,m+1} + S_{m+1,m})$$

$$S_1 S_{2m} = S_{2m+1} + (S_{1,2m} + S_{2m,1})$$

$$S_2 S_{2m-1} = S_{2m+1} + (S_{2,2m-1} + S_{2m-1,2})$$

......

$$S_m S_{m+1} = S_{2m+1} + (S_{m,m+1} + S_{m+1,m})$$

将 $T_k, S_k, S_{k,l}$ 换成 T'_k, S'_k, S'_{kl}，上述恒等式仍成立.

由 $T_{2m+1} = T'_{2m+1}$，得

$$2\,009(S_{2m+1} - S'_{2m+1}) + C_{2m}^1(S_{1,2m} + S_{2m,1} - S'_{1,2m} - S'_{2m,1}) + \cdots +$$

$$C_{2m+1}^n(S_{m,m+1} + S_{m+1,m} - S'_{m,m+1} - S'_{m+1,m}) = 0 \qquad ②$$

由归纳假设

$$S_1 S_{2m} = S'_1 S'_{2m}$$

$$S_2 S_{2m-1} = S'_2 S'_{2m-1}$$

......

$$S_m S_{m+1} = S'_m S'_{m+1}$$

故

$$(S_{2m+1} - S'_{2m+1}) + (S_{1,2m} + S_{2m,1} - S'_{1,2m} - S'_{2m,1}) = 0$$

......

$$(S_{2m+1} - S'_{2m+1}) + (S_{m,m+1} + S_{m+1,m} - S'_{m,m+1} - S'_{m+1,m}) = 0$$

代入式②得

$$(2\,009 - 2^{2m})(S_{2m+1} - S'_{2m+1}) = 0$$

故 $S_{2m+1} = S'_{2m+1}$.

由数学归纳法，知 $S_k = S'_k$ 对一切的 $k(k=1,2,\cdots,2\,010)$ 均成立.

进一步，设

$$(x-a_1)(x-a_2)\cdots(x-a_{2\,010}) = x^{2\,010} + A_1 x^{2\,009} + \cdots + A_{2\,010} \qquad ③$$

$$(x-b_1)(x-b_2)\cdots(x-b_{2\,010}) = x^{2\,010} + B_1 x^{2\,009} + \cdots + B_{2\,010} \qquad ④$$

则由牛顿公式，知

$$S_k + A_1 S_{k-1} + \cdots + A_{k-1} S_1 + k A_k = 0 \quad (k=1,2,\cdots,2\,010) \qquad ⑤$$

$$S'_k + B S'_{k-1} + \cdots + B_{k-1} S'_1 + k B_k = 0 \quad (k=1,2,\cdots,2\,010) \qquad ⑥$$

由式 ⑤⑥, $S_k = S'_k (k=1,2,\cdots,2\,010)$ 及数学归纳法,得 $A_k = B_k (k=1,2,\cdots,2\,010)$.

因此,式 ③④ 的右边相等,故左边也相等,即 $A = B$.

3. 设 $n_1, n_2, \cdots, n_{26}$ 是 26 个互不相同的正整数,满足:

(1) 每个 n 在十进制表示中的数码均属于集合 $\{1,2\}$.

(2) 对任意的 i, j,在 n_i 的末位后添加若干个数码,不能得到 n_j.

试求 $\sum_{i=1}^{26} S(n_i)$ 的最小值,其中 $S(m)$ 表示正整数 m 的十进制表示的各位数码之和.

解 对于两个十进制正整数 a, b,若在 b 的末位后添加数码可以得到 a,则称"a 包含 b".

先证明一个引理.

引理:给定一些互不相同的正整数 $n_1, n_2, \cdots, n_r$,每一个 n_i 的十进制表示中的数码均为 1 和 2. 若它们当中的任意两个互相不包含,则对任意正整数 t,满足 $S(n_i) \leqslant t$ 的 i 最多有 F_t 个,其中 $\{F_n\}$ 是斐波那契数列,$F_1 = 1, F_2 = 2, F_{n+2} = F_{n+1} + F_n (n \geqslant 1)$.

引理的证明:对 t 进行归纳.

当 $t = 1, 2$ 时,显然($t = 2$ 时,1 和 11 不能同时存在).

若对小于 t 的正整数都成立,考虑 t 的情况.

不妨设 $S(n_1), S(n_2), \cdots, S(n_l)$ 是所有不大于 t 的 $S(n_i)$,其中,$n_1, n_2, \cdots, n_j$ 的首位为 1,$n_{j+1}, n_{j+2}, \cdots, n_l$ 的首位为 2.

若 $n_1, n_2, \cdots, n_j$ 中有一位数,则其必然为 1,此时,$j = 1 \leqslant F_{t-1}$. 若不然,则将 $n_1, n_2, \cdots, n_j$ 首位的 1 去掉,剩下的数仍然互不包含.

由归纳假设知 $j = 1 \leqslant F_{t-1}$.

同理,$l - j \leqslant F_{t-2}$.

因此,$l \leqslant F_{t-1} + F_{t-2} = F_t$.

故引理对 t 也成立.

回到原题.

设将题目中的 26 改为 m 后,$\sum_{i=1}^{m} S(n_i)$ 的最小值为 $f(m)$.

对于任何 $m(m \geqslant 3)$,由 $f(m)$ 的定义,知存在互不包含且各位数码均为 1 或 2 的正整数 $n_1, n_2, \cdots, n_m$,使得它们的各位数码之和满足 $\sum_{i=1}^{m} S(n_i) = f(m)$.

不妨设 $\max_{1 \leqslant i \leqslant m} S(n_i) = S(n_1)$,且 n_1 是所有这些各位数码和为 $S(n_1)$ 的数中最大的一个.

由 $m \geqslant 3$ 知 n_1 不是一位数. 若 n_1 的末位数字为 1,则由 $n_1, n_2, \cdots, n_m$ 互不包含,知 $\dfrac{n_1 - 1}{10}$ 不在 $n_2, n_3, \cdots, n_m$ 中.

注意到 $S\left(\dfrac{n_1-1}{10}\right)=S(n_1)-1$,故 $\dfrac{n_1-1}{10},n_2,\cdots,n_m$ 两两不同且各位数码之和为 $f(m)-1$.

由 $f(m)$ 的定义,知 $\dfrac{n_1-1}{10},n_2,\cdots,n_m$ 中有两个数,一个包含另一个.

由 $n_1,n_2,\cdots,n_m$ 互不包含,知 $n_2,n_3,\cdots,n_m$ 中有一个包含 $\dfrac{n_1-1}{10}$.

不妨设 n_2 包含 $\dfrac{n_1-1}{10}$,则 n_2 的各位数码之和至少比 $\dfrac{n_1-1}{10}$ 的各位数码之和多 2(在 $\dfrac{n_1-1}{10}$ 后添加一个 1 即为 n_1),这说明 $S(n_2)>S(n_1)$,矛盾.

因此,n_1 的末位数码为 2.

若 n_1-1 不在 $n_2,n_3,\cdots,n_m$ 中,则由于 $S(n_1-1)=S(n_1)-1$,故 $n_1-1,n_2,\cdots,n_m$ 两两不同且各位数码之和为 $f(m)-1$.

由 $f(m)$ 的定义,知 $n_1-1,n_2,\cdots,n_m$ 中有两个数,一个包含另一个.

由于 $n_1,n_2,\cdots,n_m$ 互不包含,故只能是 n_1-1 与某个 n_i 间存在包含关系.

若 n_i 包含 n_1-1,则由 $S(n_1-1)=S(n_1)-1$,知这个 n_1 只能是在 n_1-1 的十进制表示的末位加上一个 1,即 $n_i=10(n_1-1)+1$.因此,$S(n_i)=S(n_1)$,且 $n_i>n_1$,这与 n_1 的定义矛盾.

若 n_1-1 包含某个 n_i,则 n_1 也包含 n_i(因 n_1 与 n_1-1 仅是末位不同),与假设矛盾.

因此,n_1 的末位数码为 2,且 n_1-1 在 $n_1,n_2,\cdots,n_m$ 中,不妨设 $n_2=n_1-1$,考虑 $\dfrac{n_1-2}{10}$,$n_3,\cdots,n_m$.显然,$n_3,n_4,\cdots,n_m$ 互不包含,$\dfrac{n_1-2}{10}$ 也不可能包含 $n_3,n_4,\cdots,n_m$ 中的任何一个(因 n_1 包含 $\dfrac{n_1-2}{10}$,且包含具有传递性).若 $n_3,n_4,\cdots,n_m$ 中的某一个包含 $\dfrac{n_1-2}{10}$,不妨设为 n_3,由于 $S\left(\dfrac{n_1-2}{10}\right)=S(n_1)-2$,故 n_3 只能是在 $\dfrac{n_1-2}{10}$ 的末位后加上 1,2 或 11 得到.但在 $\dfrac{n_1-2}{10}$ 后加上 1,2 分别构成 n_2,n_1,故只能有 $n_3=100\cdot\dfrac{n_1-2}{10}+11=10n_1-9$,但 $S(n_3)=S(n_1)$ 且 $n_3>n_1$,与 n_1 的定义矛盾.因此,$\dfrac{n_1-2}{10},n_3,\cdots,n_m$ 互不包含.

由 f 的定义,知它们的各位数码之和的总和应不小于 $f(m-1)$,故
$$f(m)-S(n_1)-[S(n_1)-1]+[S(n_1)-2]\geqslant f(m-1)$$
即
$$f(m)\geqslant f(m-1)+S(n_1)+1$$
设 u 是满足 $F_{u-1}<m\leqslant F_u$ 的整数,则由引理,知 $S(n_1),S(n_2),\cdots,S(n_m)$ 中最多有 F_{u-1} 个小于或等于 $u-1$.因此,$S(n_1)\geqslant u$.

由此即得
$$f(m) \geqslant f(m-1) + u + 1 \qquad ①$$
易知,$f(1)=1, f(2)=3$.于是
$$\begin{aligned}
f(26) &= f(2) + \sum_{i=3}^{26} [f(i) - f(i-1)] \\
&= f(2) + [f(3) - f(2)] + [f(5) - f(3)] + [f(8) - f(5)] + \\
&\quad [f(13) - f(8)] + [f(21) - f(13)] + [f(26) - f(21)] \\
&\geqslant 3 + 4 \times 1 + 5 \times 2 + 6 \times 3 + 7 \times 5 + 8 \times 8 + 9 \times 5 (由式①) \\
&= 179
\end{aligned}$$

所以 $\sum_{i=1}^{26} S(n_i) \geqslant 179$.

另一方面,由斐波那契数的性质易知,恰有 8 个由数码 1 和 2 组成,且各位数码之和为 5 的正整数(设为 $a_1, a_2, \cdots, a_8$),恰有 13 个由数码 1 和 2 组成,且各位数码之和为 6 的正整数(设为 $b_1, b_2, \cdots, b_{13}$). 在 $a_1, a_2, \cdots, a_8$ 末位后各添一个 2 组成 8 个新的数 $c_1, c_2, \cdots, c_8$. 在 b_1, b_2, b_3, b_4, b_5 的末位后添上 1 和添上 2 各组成 5 个新的数 d_1, d_2, d_3, d_4, d_5 和 e_1, e_2, e_3, e_4, e_5. 考虑 $c_1, c_2, \cdots, c_8, d_1, d_2, \cdots, d_5, e_1, e_2, \cdots, e_5, b_6, b_7, \cdots, b_{13}$ 这 26 个数,它们均由数码 1 和 2 组成,各位数码之和的总和为 $7 \times 8 + 7 \times 5 + 8 \times 5 + 6 \times 8 = 179$,且没有两个互相包含(事实上,若有 x 包含 y,考虑到它们的各位数码之和都是 6,7 或 8,且各位数码之和为 8 的数末位都是 2,则 x 应当恰比 y 多一个末位,而将 $d_1, d_2, \cdots, d_5$ 和 $e_1, e_2, \cdots, e_5$ 去掉末位后是 $b_1, b_2, \cdots, b_5$,将 $c_1, c_2, \cdots, c_8$ 去掉末位后是 $a_1, a_2, \cdots, a_8$,均不能与集合中其他数相同).

综上,$\sum_{i=1}^{26} S(n_i)$ 的最小值为 179.

4. 设 $G = G(V; E)$ 是一个简单图,V 是顶点集,E 是边集,$|V| = n$,一个映射 $f: V \to \mathbf{Z}$ 称为"好的",如果 f 满足:

(1) $\sum_{v \in V} f(v) = |E|$.

(2) 将任意若干个顶点染成红色,则总存在一个红色顶点 v,使得 $f(v)$ 不超过与 v 相邻的未染色的顶点个数.

设 $m(G)$ 是所有好的映射 f 的个数. 证明:若 V 中每个顶点都至少与另外一个顶点有边相连,则 $n \leqslant m(G) < n!$.

解 对 V 中顶点的一个排序 $\tau = (v_1, v_2, \cdots, v_n)$,定义 $f_\tau: V \to \mathbf{Z}$ 如下:$f_\tau(v)$ 等于排在 v 之前的与 v 相邻的顶点个数.

下面说明:f_τ 是好的映射.

在计算 $\sum_{v \in V} f_\tau(v)$ 中,每条边恰被计算一次. 这是因为若 $e \in E$,设 e 的两个端点为 u,

$v \in V$,且 u 在 τ 中排在 v 之前,则 e 在 $f_\tau(v)$ 中被计算了一次,故 $\sum_{v \in V} f_\tau(v) = |E|$.

对任意非空子集 $A \subseteq V$(A 中顶点染为红色,其余顶点未染色),取 $v \in A$ 是在排序 τ 下排最前的 A 中的顶点,则由 f_τ 的定义及 v 的选取,可知 $f_\tau(v)$ 不超过与 v 相邻的未染色顶点数. 这样,f_τ 便是一个好的映射.

反之,若 $f:V \to \mathbf{Z}$ 是任意的一个好的映射,接下来说明:一定存在至少一个 V 中顶点的排序 τ,使得 $f = f_\tau$.

首先,取 $A = V$(同上,A 中顶点染为红色,其余顶点未染色).

由条件(2),知存在 $v \in A$,使得 $f(v) \leqslant 0$.

将这些点中任一个记为 v_1.

假设已取出了 $v_1, v_2, \cdots, v_k$,若 $k < n$,取 $A = V - \{v_1, v_2, \cdots, v_k\}$,由条件(2)知,存在顶点 $v \in A$,使得 $f(v)$ 不超过 $v_1, v_2, \cdots, v_k$ 中与 v 相邻的顶点个数. 将其中任一个这样的 v 记为 v_{k+1}. 如此递推地将 V 中顶点排序为 $\tau = (v_1, v_2, \cdots, v_n)$.

由上面的构造,知 $f(v) \leqslant f_\tau(v)$,对任意 $v \in V$ 成立.

由 $|E| = \sum_{v \in V} f(v) \leqslant \sum_{v \in V} f_\tau(v) = |E|$,故 $f(v) = f_\tau(v)$ 对任意 $v \in V$ 成立.

这就证明了对任何顶点的排序 τ,f_τ 是一个好的映射,而任意一个好的映射一定是某个 f_τ.

由于排序 τ 一共有 $n!$ 个,故 $m(G) \leqslant n!$(两个不同的排序可能得到相同的映射).

下面证明 $n \leqslant m(G)$.

先假设 G 是连通图,任取一个 $v \in V$,记为 v_1.

由连通性,可选取 $v_2 \in V - \{v_1\}$,使得 v_2 和 v_1 相邻. 接着可选取 $v_3 \in V - \{v_1, v_2\}$,使得 v_3 与 v_1, v_2 中至少一个相邻. 继续下去,将 V 中顶点排序为 $\tau = \{v_1, v_2, \cdots, v_n\}$,使得当 $2 \leqslant k \leqslant n$ 时,v_k 与排在它之前的至少一个顶点相邻. 于是,$f_\tau(v_1) = 0$. 而对 $2 \leqslant k \leqslant n$ 有 $f_\tau(v_k) > 0$.

由于 v_1 可任意选取,这样便得到至少 n 个好的映射.

一般情况下,可以把 G 分成若干个连通分支 $G_1, G_2, \cdots, G_k$.

由于每个顶点都至少与另外一个顶点有边相连,故每个连通分支的顶点数都不少于 2. 设这些连通分支的顶点数分别为 $n_1, n_2, \cdots, n_k \geqslant 2$. 对每个连通分支 G_i($i = 1, 2, \cdots, k$),至少有 n_i 个好的映射.

易知,把每个 G_i 上的好的映射拼起来得到的是 G 上好的映射,故

$$m(G) \geqslant n_1 n_2 \cdots n_k \geqslant n_1 + n_2 + \cdots + n_k = n$$

综上,$n \leqslant m(G) \leqslant n!$.

5. 给定整数 $a_1 \geqslant 2$,对整数 $n \geqslant 2$,定义 a_n 是与 a_{n-1} 不互质,且不等于 $a_1, a_2, \cdots, a_{n-1}$ 的最小正整数. 证明:每个不小于 2 的整数均在数列 $\{a_n\}$ 中出现.

证明 分三步来证明结论.

(1) 数列 $\{a_n\}$ 中含无穷多个偶数.

假设数列 $\{a_n\}$ 中只有有限个偶数,则必存在整数 c,使得大于 c 的偶数均不出现. 这样,必存在正整数 m,使得当 $n \geqslant m$ 时,a_n 均为大于 c 的奇数. 因而,必存在 $n_1 > m$,使得 a_{n_1} 为大于 c 的奇数,且 $a_{n_1+1} > a_{n_1}$(否则,从 a_{n_1} 开始数列递减,矛盾).

设 p 是 a_{n_1} 的最小质因子,则 $p \geqslant 3$.

由 $(a_{n_1+1} - a_{n_1}, a_{n_1}) = (a_{n_1+1}, a_{n_1}) > 1$,得 $a_{n_1+1} - a_{n_1} \geqslant p \Rightarrow a_{n_1+1} \geqslant a_{n_1} + p$.

另外,$a_{n_1} + p$ 是大于 c 的偶数,故 $a_{n_1} + p$ 在 a_{n_1} 之前未出现.

又 $(a_{n_1} + p, a_{n_1}) > 1$,故必有 $a_{n_1+1} = a_{n_1} + p$,这是一个大于 c 的偶数,矛盾.

(2) 数列 $\{a_n\}$ 中含所有偶数.

假设结论不成立,设 $2k$ 是不属于 $\{a_n\}$ 的最小正偶数,$\{a_{n_i}\}$ 为 $\{a_n\}$ 中所有偶数所成的子列,由(1)的结论知,这是一个无穷数列.

由于 $(a_{n_i}, 2k) > 1 (2k \notin \{a_n\})$,故由该数列的定义知 $a_{n_i+1} \leqslant 2k$.

但 $\{a_{n_i+1}\}$ 是一个无穷整数列,矛盾. 所以数列 $\{a_n\}$ 中含所有偶数.

(3) 数列 $\{a_n\}$ 中含所有大于 1 的奇数.

假设结论不成立,设 $2k+1$ 为最小的大于 1 的奇数,使得 $2k+1 \notin \{a_n\}$.

由(2)的结论,知数列 $\{a_n\}$ 中包含一个无穷子列 $\{a_{m_i}\}$,使得其中每一项均为 $2k+1$ 的偶数倍. 与(2)的证明同理,可知 $a_{m_i+1} \leqslant 2k+1 (i = 1, 2, \cdots)$,矛盾.

综上,数列 $\{a_n\}$ 含所有不小于 2 的整数.

6. 设整数 $n(n \geqslant 2)$,给定区间 $[0, 1]$ 中的实数,$x_1, x_2, \cdots, x_n$. 证明:存在实数 a_0,$a_1, \cdots, a_n$,满足:

(1) $a_0 + a_n = 0$.

(2) $|a_i| \leqslant 1 (i = 0, 1, \cdots, n)$.

(3) $|a_i - a_{i-1}| = x_i (i = 1, 2, \cdots, n)$.

解 对任意 $a \in [0, 1)$,定义 a 的生成数列 $\{a_i\}_{i=0}^n$ 如下:
$a_0 = a$,对 $1 \leqslant i \leqslant n$,若 $a_{i-1} \geqslant 0$,则 $a_i = a_{i-1} - x_i$;若 $a_{i-1} < 0$,则 $a_i = a_{i-1} + x_i$.

记 $f(a) = a_n$.

由数学归纳法易知,对任意的 $i (0 \leqslant i \leqslant n)$,都有 $|a_i| < 1$.

若存在一个 a,使得 $f(a) = -a$,则考虑其生成数列 $a_0 = a, a_1, \cdots, a_n = f(a) = -a$. 显然 $a_0, a_1, \cdots, a_n$,满足条件(1)和条件(3).

又由 $a_0, a_1, \cdots, a_n$ 的递推式易知,它们满足条件(2). 从而,这样的 $a_0, a_1, \cdots, a_n$ 符合要求. 故只要证明存在 $a \in [0, 1)$,满足 $f(a) = -a$.

若某个 $a \in [0, 1)$ 的生成数列 $\{a_i\}_{i=0}^n$ 中,至少有一项为 0,则称 a 为"间断数". 由于每个间断数必然能写成 $\sum_{i=1}^n t_i x_i$ 的形式,其中 $t_i = -1, 0, 1$,因此,间断数的个数是有限的. 显然,0 是间断数.

设所有的间断数从小到大排列为 $0 = b_1 < b_2 < \cdots < b_m < 1$.

先证明:对于任意的 $k(1 \leqslant k \leqslant m-1)$,函数 $f(a)$ 在区间 $[b_k, b_{k-1})$ 上的解析式为
$$f(a) = f(b_k) + (a - b_k)$$

考虑 b_k 与 b_{k+1} 以及它们生成的数列.

设 b_k 的生成数列为 $q_0 = b_k, q_1, q_2, \cdots, q_n$,$b_{k+1}$ 的生成数列为 $r_0 = b_{k+1}, r_1, r_2, \cdots, r_n$,且 $\{r_i\}_{i=0}^n$ 中第一个等于 0 的项是 r_l.

构造数列 $\{s_i\}_{i=0}^n$ 如下
$$s_0 = r_0, s_1 = r_1, \cdots, s_l = r_l = 0, s_{l+1} = -r_{l+1}, \cdots, s_n = -r_n$$

即在 r_2 之前的项与 r_i 相同,之后的项是 r_i 的相反数.

显然,$\{s_i\}_{i=0}^n$ 满足 $s_0 = b_{k+1}$.

对 $1 \leqslant i \leqslant n$,若 $s_{i-1} > 0$,则 $s_i = s_{i-1} - x_i$;若 $s_{i-1} \leqslant 0$,则 $s_i = s_{i-1} + x_i$(即变为逢 0 则加).

下面用数学归纳法证明 $q_i s_i \geqslant 0$,且 $s_i - q_i = b_{k+1} - b_k$.

当 $i = 0$ 时,结论显然成立.

若结论对 $i-1$ 成立,则 $q_{i-1} s_{i-1} \geqslant 0$,且 $s_{i-1} - q_{i-1} = b_{k+1} - b_k > 0$. 这说明 $q_{i-1} \geqslant 0, s_{i-1} > 0$ 或 $q_{i-1} < 0, s_{i-1} \leqslant 0$.

若是前者,则 $q_i = q_{i-1} - x_i, s_i = s_{i-1} - x_i$,故 $s_i - q_i = s_{i-1} - q_{i-1} = b_{k+1} - b_k$.

同理,若是后者,也有 $s_i - q_i = b_{k+1} - b_k$.

若 $q_i s_i < 0$,则只能是 $q_i < 0 < s_i$.

取 $b' = b_{k+1} - s_i = b_k + (-q_i) \in (b_k, b_{k+1})$.

考虑由 b' 生成的数列 $u_0 = b', u_1, \cdots, u_n$.

由数学归纳法易知,对 $0 \leqslant j \leqslant i$,有 $s_j - u_j = s_0 - u_0 = s_i$($q$ 和 s 在前面每一项都是同加或者同减,u 位于它们之间,递推式也必然与它们相同),但这导致 $u_i = s_i - s_i = 0$,即 b' 是间断数,而这与 b_k, b_{k+1} 是两个连续的间断数矛盾,故 $q_i s_i \geqslant 0$,且 $s_i - q_i = b_{k+1} - b_k$,对任意 $0 \leqslant i \leqslant n$ 都成立.

由 $f(b_k) = q_n, f(b_{k+1}) = r_n = -s_n$,知 $f(b_k) + f(b_{k+1}) = b_k - b_{k+1}$. 且由上面的证明,知对 $b_k < b' < b_{k+1}$,b' 的生成数列的递推公式应与 $\{q_i\}_{i=0}^n, \{s_i\}_{i=0}^n$ 相同,即 $f(b') = f(b_k) + (b' - b_k)$,即前述的结论得证.

最后,证明本题的结论.

若存在 k,使 $f(b_k) = -b_k$,则结论已然成立;若存在 k,使 $f(b_k) = b_k$,则考虑 b_k 的生成数列,将其中第一个 0 之后的每项都取相反数,得到一新数列 $z_0 = b_k, z_1, \cdots, z_n = -b_k$ 满足题目中的三个条件,此时,结论也成立.

下设对每个 k 都有 $|f(b_k)| \neq b_k$,分两种情形讨论.

情形 1:若 $|f(b_m)| < b_m$,则由 $|f(b_1)| > b_1 = 0$,知存在一个 k,使得 $|f(b_k)| > b_k$,$|f(b_{k+1})| < b_{k+1}$.

由 $f(b_k) + f(b_{k+1}) = b_k - b_{k+1}$,得

$$f(b_k) - b_k = -[f(b_{k+1}) + b_{k+1}] < 0$$

故 $f(b_k) < -b_k$.

由 $f(b_k) + f(b_{k+1}) = b_k - b_{k+1}$,得

$$f(b_k) = b_k - b_{k+1} - f(b_{k+1}) > b_k - 2b_{k+1}$$

即 $b_k - 2b_{k+1} < f(b_k) < -b_k$.

令 $b' = \dfrac{b_k - f(b_k)}{2}$,则 $b_k < b' < b_{k+1}$,故

$$f(b') = f(b_k) + (b' - b_k) = (b_k - 2b') + (b' - b_k) = -b'$$

此时结论成立.

情形 2:若 $|f(b_m)| > b_m$,由于 $(b_m, 1)$ 中没有间断数,故仿照前面的推理易知,对 $b' \in (b_m, 1)$,b' 的生成数列与 b_m 的生成数列应有相同的递推式,故有

$$f(b') = f(b_m) + (b' - b_m)$$

由 $|f(1)| \leqslant 1$,得 $f(b_m) \leqslant b_m$,故

$$f(b_m) < -b_m$$

因此,$-1 \leqslant f(b_m) < -b_m$.

令 $b' = \dfrac{b_m - f(b_m)}{2}$,则 $b_m = \dfrac{b_m - (-b_m)}{2} < b' < \dfrac{b_m - (-1)}{2} = \dfrac{b_m + 1}{2} < 1$ 及 $f(b') = f(b_m) + (b' - b_m) = (b_m - 2b') + (b' - b_m) = -b'$.

故此时结论也成立.

2011年第二十六届中国数学奥林匹克国家集训队选拔试题及解答

1. 给定整数 $n(n \geqslant 3)$. 求最大的实数 M, 使得对任意正实数列 $x_1, x_2, \cdots, x_n$, 都存在其一个排列 $y_1, y_2, \cdots, y_n$, 满足
$$\sum_{i=1}^{n} \frac{y_i^2}{y_{i+1}^2 - y_{i+1} y_{i+2} + y_{i+2}^2} \geqslant M$$
其中, $y_{n+1} = y_1, y_{n+2} = y_2$.

解 令
$$F(x_1, x_2, \cdots, x_n) = \sum_{i=1}^{n} \frac{x_i^2}{x_{i+1}^2 - x_{i+1} x_{i+2} + x_{i+2}^2}$$

首先, 取 $x_1 = x_2 = \cdots = x_{n-1} = 1, x_n = \varepsilon$, 此时, 所有排列在循环意义下是同一个, 则
$$F(x_1, x_2, \cdots, x_n) = n - 3 + \frac{2}{1 - \varepsilon + \varepsilon^2} + \varepsilon^2$$

令 $\varepsilon \to 0^+$. 故上式 $\to n - 1$.

于是, $M \leqslant n - 1$.

其次证明: 对任意的正实数 $x_1, x_2, \cdots, x_n$, 都存在一个排列 $y_1, y_2, \cdots, y_n$, 满足 $F(y_1, y_2, \cdots, y_n) \geqslant n - 1$.

事实上, 取排列 $y_1, y_2, \cdots, y_n$, 满足
$$y_1 \geqslant y_2 \geqslant \cdots \geqslant y_n$$

利用不等式
$$a^2 - ab + b^2 \leqslant \max\{a^2, b^2\}$$

对正实数 a, b 成立, 可知
$$F(y_1, y_2, \cdots, y_n) \geqslant \frac{y_1^2}{y_2^2} + \frac{y_2^2}{y_3^2} + \cdots + \frac{y_{n-1}^2}{y_1^2} \geqslant n - 1$$

最后一个不等式是均值不等式.

综上, $M = n - 1$.

2. 已知 $n(n > 1)$ 为整数, k 是 n 的不同质因子的个数. 证明: 存在整数 $a\left(1 < a < \dfrac{n}{k} + 1\right)$, 使得 $n \mid (a^2 - a)$.

证明 设 $n = p_1^{\alpha_1} p_2^{\alpha_2} \cdots p_k^{\alpha_k}$ 是 n 的标准分解.

由于 $p_1^{\alpha_1}, p_2^{\alpha_2}, \cdots, p_k^{\alpha_k}$ 两两互质, 由中国剩余定理知, 对每一个 $i(1 \leqslant i \leqslant k)$, 同余方程

组 $\begin{cases} x \equiv 1 (\bmod\ p_i^{a_i}) \\ x \equiv 0 (\bmod\ p_j^{a_j}) \end{cases}, j \neq i$ 有解 x_i.

对于满足 $x_0^2 \equiv x_0 (\bmod\ n)$ 的任一个解 x_0,有
$$x_0(x_0 - 1) \equiv 0 (\bmod\ n)$$
可见,对每个 $i(i = 1, 2, \cdots, k)$,有
$$x_0 \equiv 0 (\bmod\ p_i^{a_i})$$
或
$$x_0 \equiv 1 (\bmod\ p_i^{a_i})$$
又集合 $\{x_1, x_2, \cdots, x_k\}$ 的任一子集 A 的元素和 $S(A)$ (特别地,$S(\varnothing) = 0$) 显然满足
$$S(A)[S(A) - 1] \equiv 0 (\bmod\ n)$$
这是因为由 x_i 的选取,知 $S(A)$ 模 $p_i^{a_i}$ 为 0 或 1.

又当 $A \neq A'$ 时,有
$$S(A) \not\equiv S(A') (\bmod\ n)$$
故 $\{x_1, x_2, \cdots, x_n\}$ 的全部子集对应的和恰是 $x(x-1) \equiv 0 (\bmod\ n)$ 的全部解.

令 $S_0 = n, S_r$ 是 $x_1 + x_2 + \cdots + x_r (r = 1, 2, \cdots, k)$ 模 n 的最小非负剩余,则 $S_k = 1$. 对一切 $r (1 \leqslant r \leqslant k - 1), S_r \neq 0$.

由于 $k + 1$ 个数 $S_0, S_1, \cdots, S_k$ 均在 $[1, n]$ 中,由抽屉原理知,存在 $l, m (0 \leqslant l < m \leqslant k)$,使得 S_l, S_m 在同一个区间 $\left(\dfrac{jn}{k}, \dfrac{(j+1)n}{k}\right] (0 \leqslant j \leqslant k-1)$ 中,且 $l = 0$ 与 $m = k$ 不同时成立.

于是,$|S_l - S_m| < \dfrac{n}{k}$.

记 $y_1 = S_1, y_r = S_r - S_{r-1} (r = 2, 3, \cdots, k)$,则 $y_r \equiv x_r (\bmod\ n) (r = 1, 2, \cdots, k)$ 中任意若干个之和满足要求.

若 $S_m - S_l > 1$,则
$$a = y_{l+1} + y_{l+2} + \cdots + y_m = S_m - S_l \in \left(1, \dfrac{n}{k}\right)$$
是方程 $x^2 - x \equiv 0 (\bmod\ n)$ 的解.

若 $S_m - S_l = 1$,则
$$n \Big| \Big(\sum_{i=1}^{l} y_i + \sum_{i=m+1}^{k} y_i\Big)$$
即 $n \Big| \Big(\sum_{i=1}^{l} x_i + \sum_{i=m+1}^{k} x_i\Big)$.

注意到 $m > l$,这与 x_i 的定义相矛盾.

若 $S_m - S_l = 0$,则
$$n \mid (y_{l+1} + y_{l+2} + \cdots + y_m)$$
即 $n \mid (x_{l+1} + x_{l+2} + \cdots + x_m)$.

这也与 x_i 的定义相矛盾.

若 $S_m - S_l < 0$, 此时
$$a = \sum_{i=1}^{l} y_i + \sum_{i=m+1}^{k} y_i = S_k - (S_m - S_l) = 1 - (S_m - S_l)$$
是方程 $x^2 - x \equiv 0(\bmod n)$ 的解, 且 $1 < a < 1 + \dfrac{n}{k}$.

综上, 满足条件的 a 总存在.

3. 设简单图 G 的顶点数为 $3n^2 (n \geqslant 2, n \in \mathbf{Z})$. 已知图 G 的每个顶点的度不超过 $4n$, 至少有一个顶点的度为 1, 且任意两个不同顶点之间都有一条长度不超过 3 的路径. 证明: 图 G 边数的最小值为 $\dfrac{7}{2}n^2 - \dfrac{3}{2}n$.

注: 图 G 的两个不同顶点 u, v 之间的一条长度为 k 的路径是指一个顶点序列 $u = v_0, v_1, \cdots, v_k = v$, 其中, v_i 与 $v_{i+1}(i = 0, 1, \cdots, k-1)$ 相邻.

证明 对任意两个不同顶点 u, v, 如果它们之间的最短路径长度为 k, 则称它们之间的距离为 k.

考虑图 G, 其顶点集为
$$\{x_1, x_2, \cdots, x_{3n^2 - n}, y_1, y_2, \cdots, y_n\}$$
其中, y_i 与 $y_j (1 \leqslant i < j \leqslant n)$ 相邻, x_i 与 $x_j (1 \leqslant i < j \leqslant 3n^2 - n)$ 不相邻, x_i 与 y_i 相邻, 当且仅当 $i \equiv j(\bmod n)$. 这样每个 x_i 的度等于 1, y_i 的度不超过
$$n - 1 + \frac{3n^2 - n}{n} = 4n - 2$$

易知 x_i 与 y_i 的距离不超过 3, 图 G 符合条件, G 共有
$$N = 3n^2 - n + C_n^2 = \frac{7}{2}n^2 - \frac{3}{2}n$$
条边.

下面证明: 满足题设条件的图 $G = G(V, E)$ 的边数至少为 N.

设 $X \subseteq V$ 是所有度等于 1 的顶点的集合, $Y \subseteq (V \backslash X)$ 为剩余顶点中与 X 中某个顶点相邻的所有顶点的集合, $Z \subseteq V \backslash (X \cup Y)$ 为剩余顶点中与 Y 中某个顶点相邻的所有顶点的集合, $W = V \backslash (X \cup Y \cup Z)$.

接下来指出下面的事实.

性质 $1: Y$ 中的任意两个顶点都相邻.

这是因为若 $y_1, y_2 \in Y$ 是两个不同顶点, 设 $x_1, x_2 \in X$ 分别与 y_1, y_2 相邻, 由 x_1 与 x_2 的距离不超过 3, 可知 y_1 与 y_2 相邻.

性质 $2: W$ 中的顶点与每个 Y 中的顶点的距离均为 2.

若不然, 设 $w_0 \in W, y_0 \in Y$ 的距离不小于 3(距离显然不小于 2), 设 $x_0 \in X$ 与 y_0 相邻, 则 w_0 与 x_0 的距离不小于 4, 与题设矛盾. 性质 2 成立, 并且由此可知, 每个 W 中的点都

与某个 Z 中的点相邻.

记 x,y,z,w 分别为集合 X,Y,Z,W 的元素个数. 计算边数, Y 之间的边恰好 C_y^2 条, X 到 Y 的边恰好 x 条, Z 到 Y 的边至少 z 条, W 到 Z 的边至少 w 条.

于是, 当 $y \geqslant n$ 时
$$|E| \geqslant C_y^2 + x + z + w = 3n^2 + C_y^2 - y \geqslant 3n^2 + C_n^2 - n = N$$
下设 $y \leqslant n-1$. 由于每个顶点的度不超过 $4n$, 故
$$x + z \leqslant y[4n - (y-1)] = y(4n+1-y) \leqslant (n-1)(3n+2) = 3n^2 - n - 2$$
$$w \geqslant 3n^2 - y - y(4n+1-y) \geqslant 3$$
在 W 中选取一点 P, 使得 P 与集合 Z 中尽量少的顶点相邻. 设与 a 个集合 Z 中的顶点相邻, $a>0$ (由性质 2 知), 记这 a 个顶点的集合为 $N_P \subseteq Z$.

下面再计算边数, Y 之间的边恰好 C_y^2 条, 从 X 到 Y 的边恰好 x 条, 从 N_P 到 Y 的边至少 y 条 (这是由于性质 2, P 到每个集合 Y 中的顶点的距离等于 2), 从 $Z \backslash N_P$ 到 Y 的边至少 $z-a$ 条, 从 W 到 Z 的边至少 aw 条. 于是
$$|E| \geqslant C_y^2 + x + y + z - a + aw = 3n^2 - 1 + C_y^2 + (a-1)(w-1)$$
若 $a > 1$, 则
$$|E| \geqslant 3n^2 - 1 + C_y^2 + w - 1 \geqslant 3n^2 - 2 + C_y^2 + 3n^2 - y - y(4n+1-y) > N.$$
若 $a = 1$, 以 aw 计算从 W 到 Z 的边时每个 W 中顶点的度被计算一次, 由于每个 W 中的顶点的度至少为 2, 故还至少有 $\frac{1}{2}w$ 条边没有被计算, 此时
$$|E| \geqslant 3n^2 - 1 + C_y^2 + \frac{1}{2}w \geqslant 3n^2 - 1 + C_y^2 + \frac{1}{2}[3n^2 - y - y(4n+1-y)] > N$$

综上, 图 G 边数的最小值为 $\frac{7}{2}n^2 - \frac{3}{2}n$.

4. 如图 1 所示, 设 H 是锐角 $\triangle ABC$ 的垂心, P 是其外接圆弧 $\overparen{BC}$ 上一点, 联结 PH 与 $\overparen{AC}$ 交于点 M, $\overparen{AB}$ 上有一点 K, 使得直线 KM 平行于点 P 关于 $\triangle ABC$ 的西姆松线, 弦 $QP \parallel BC$, 弦 KQ 与边 BC 交于点 J. 求证: $\triangle KMJ$ 是等腰三角形.

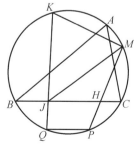

图 1

证明 首先证明 $JK = JM$.

如图 2 所示, 过点 P 作 BC 的垂线, 与外接圆交于点 S, 与 BC 交于点 L, 设 P 在 AB 上

的投影为 N,联结 AS, NL, NP, BP.

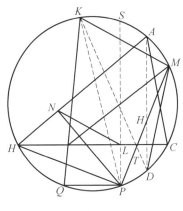

图 2

由 B, P, L, N 四点共圆,知
$$\angle SLN = \angle NBP = \angle ABP = \angle ASP$$
所以,$NL \parallel AS$.

又 $NL \parallel KM$,则 $KM \parallel SA$.

设 BC 与 PH 交于点 T,AH 与外接圆交于另一点 D. 由 K, Q, P, M 四点共圆及 $BC \parallel PQ$,知 K, J, T, M 四点共圆,联结 KT, TD,则
$$\angle JKM = \angle MTC, \angle KMJ = \angle KTJ$$
故只需证 $\angle MTC = \angle KTJ$.

易知,点 D 与 H 关于直线 BC 对称,则
$$\angle SPM = \angle SPH = \angle THD = \angle HDT$$
又 $\overset{\frown}{KS} = \overset{\frown}{AM}$,则 $\angle ADM = \angle KPS$,故
$$\angle TDM = \angle HDT + \angle ADM = \angle SPM + \angle KPS = \angle KPM = \angle KDM$$
这表明 K, T, D 三点共线.

从而,$\angle KTJ = \angle DTC = \angle MTC$,故 $\angle JKM = \angle KMJ$.

因此,$JK = JM$,即 $\triangle KMJ$ 是等腰三角形.

5. 设 $a_1, a_2, \cdots$ 为全体正整数的一个排列. 证明:存在无穷多个正整数 i,使得 $(a_i, a_{i+1}) \leqslant \frac{3}{4}i$.

证明 假设结论不成立,则存在 i_0,当 $i \geqslant i_0$ 时,有
$$(a_i, a_{i+1}) > \frac{3}{4}i$$
取定一个正整数 $M (M > i_0)$.

当 $i \geqslant 4M$ 时,有
$$(a_i, a_{i+1}) > \frac{3}{4}i \geqslant 3M$$
从而,$a_i \geqslant (a_i, a_{i+1}) > 3M$.

由于 $a_1,a_2,\cdots$ 是正整数的一个排列,则
$$\{1,2,\cdots,3M\}\subseteq\{a_1,a_2,\cdots,a_{4M-1}\}$$
故
$$|\{1,2,\cdots,3M\}\bigcap\{a_{2M},a_{2M+1},\cdots,a_{4M-1}\}|\geqslant 3M-(2M-1)=M+1$$

由抽屉原理,知存在 $j_0(2M\leqslant j_0<4M-1)$,使得 $a_{j_0},a_{j_0+1}\leqslant 3M$. 故 $(a_{j_0},a_{j_0+1})\leqslant \frac{1}{2}\max\{a_{j_0},a_{j_0+1}\}\leqslant \frac{3M}{2}=\frac{3}{4}\times 2M\leqslant \frac{3}{4}j_0$,矛盾. 所以,存在无穷多个 i,使得
$$(a_i,a_{i+1})\leqslant \frac{3}{4}i$$

6. 直角坐标平面上的一个点列 $(A_0,A_1,\cdots,A_n)$,如果每个 A_i 的横、纵坐标都是正整数,直线 $OA_0,OA_1,\cdots,OA_n$ 的斜率严格递增(O 是原点),并且 $\triangle OA_iA_{i+1}(0\leqslant i\leqslant n-1)$ 的面积均为 $\frac{1}{2}$,则称该点列为"有趣的".

在一个点列 $(A_0,A_1,\cdots,A_n)$ 的某相邻两点 A_i,A_{i+1} 之间插入一个点 A,满足 $\overrightarrow{OA}=\overrightarrow{OA_i}+\overrightarrow{OA_{i+1}}$,则称新点列 $(A_0,A_1,\cdots,A_i,A,A_{i+1},\cdots,A_n)$ 为原点列的一次"扩张".

设 $(A_0,A_1,\cdots,A_n)$ 与 $(B_0,B_1,\cdots,B_m)$ 是任意两个有趣点列. 证明:若 $A_0=B_0,A_n=B_m$,则可对两个点列分别作有限次扩张得到相同的点列.

证明 由条件可知,一个有趣点列作一次扩张之后得到的点列仍是有趣的.

首先证明:存在一个有趣点列 $(C_0,C_1,\cdots,C_k)$,包含这两个点列中的所有点,且
$$C_0=A_0=B_0,C_k=A_n=B_m$$

由皮克定理,知格点三角形的面积等于 $\frac{1}{2}$,当且仅当其内部和边界上除顶点外无其他格点.

因为 $\triangle OA_iA_{i+1}$ 的面积等于 $\frac{1}{2}$,所以在它的边界和内部除顶点外无其他整点.

特别地,线段 OA_i 的内部无整点.

同理,线段 OB_j 的内部也无整点.

从而,若直线 OA_i 和 OB_j 的斜率相等,则 $A_i=B_j$.

其次,将 A_i,B_j 中所有不同点按到原点的斜率严格递增记为 $D_0,D_1,\cdots,D_l$.

若点列 (D_i,D_{i+1}) 不是有趣的,则可以添加若干个点 $E_1,E_2,\cdots,E_s$,使得点列 $(D_i,E_1,E_2,\cdots,E_s,D_{i+1})$ 是有趣的.

事实上,如图3所示,考虑 $\triangle OD_iD_{i+1}$ 的边界和内部除点 O 外的所有整点的凸包 P,它是一个凸多边形,或者是线段 D_iD_{i+1}(看作退化的凸多边形).

于是,P 的边界被 D_i,D_{i+1} 分成两部分,其中一部分即为线段 D_iD_{i+1},将沿着另一部分边界从 D_i 到 D_{i+1} 依次经过的整点记为 $E_1,E_2,\cdots,E_s$,则 $D_i,E_1,E_2,\cdots,E_s,D_{i+1}$ 是一个有趣的序列.

于是,可在某些 D_i,D_{i+1} 之间添加若干个点,得到所要求的有趣点列 $(C_0,C_1,\cdots,C_k)$.

最后证明:经过一系列的扩张,可从有趣点列 $(A_0,A_1,\cdots,A_n)$ 变为有趣点列 $(C_0,C_1,\cdots,C_k)$.

同理,也可从 $(B_0,B_1,\cdots,B_m)$ 变为 $(C_0,C_1,\cdots,C_k)$.

这只需证明 $n=1$ 时的情形.

事实上,对 $(A_i,A_{i+1})(i=0,1,\cdots,n-1)$ 分别运用 $n=1$ 时的结论即可.

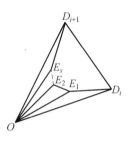

图 3

于是,设 $C_0=A_0,C_k=A_1$.

下面对 k 归纳证明:可以经过一系列的扩张,从有趣点列 (A_0,A_1) 变为有趣点列 $(C_0,C_1,\cdots,C_k)$.

当 $k=1$ 时,无需作任何扩张.

假设结论对小于 k 的所有正整数成立.考虑 $k(k\geq 2)$ 时的情形.

记 A 为整点,满足 $\overrightarrow{OA}=\overrightarrow{OA_0}+\overrightarrow{OA_1}$,则 A 必为 $C_1,C_2,\cdots,C_{k-1}$ 中某一点.

如若不然,由于线段 OA 内部无整点,存在 $i(0\leq i<k)$ 使得点 A 落在由射线 OC_i 和 OC_{i+1} 所夹的角形区域内部.

不妨假设 $i>0$.否则,可将整个图形关于直线 $x=y$ 作对称后,再作讨论.

如图 4 所示,由于平行四边形 OA_0AA_1 的面积为 1,故点 C_i 在平行四边形 OA_0AA_1 的外部,点 C_{i+1} 或者在这个平行四边形外部或者 $C_{i+1}=A_1$.

不论何种情形,取点 B,使得 $\overrightarrow{OB}=\overrightarrow{OC_i}+\overrightarrow{OC_{i+1}}$.

取点 B',使得 $C_{i+1}B'\parallel OA_0,C_iB'\parallel A_0A$,则点 A 在四边形 $OC_{i+1}B'C_i$ 的内部或边界上.

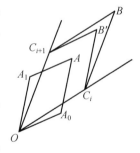

图 4

于是,点 A 在平行四边形 OC_iBC_{i+1} 的内部,这与平行四边形 OC_iBC_{i+1} 的面积等于 1 矛盾.

因此,对 (A_0,A_1) 作一次扩张后,所插入的点 A 是某个 C_i,对 (A_0,A) 和 (A,A_1) 分别用归纳假设即可.

2012 年第二十七届中国数学奥林匹克国家集训队选拔试题及解答

1. 如图 1 所示,在锐角 $\triangle ABC$ 中,$\angle A > 60°$,H 为 $\triangle ABC$ 的垂心,点 M, N 分别在边 AB, AC 上,$\angle HMB = \angle HNC = 60°$,$O$ 为 $\triangle HMN$ 的外心,点 D 与 A 在直线 BC 的同侧,使得 $\triangle DBC$ 为正三角形. 证明:H, O, D 三点共线.

证法1 如图 2 所示,设 T 为 $\triangle HMN$ 的垂心,延长 HM, CA 交于点 P,延长 HN, BA 交于点 Q. 易知,N, M, P, Q 四点共圆.

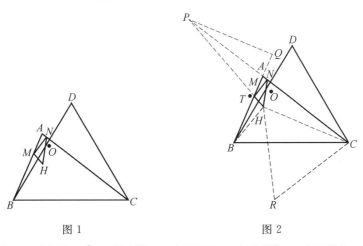

图 1 图 2

由 $\angle THM = \angle OHN$,知 $\angle PQH - \angle OHN = \angle NMH - \angle THM = 90°$,故
$$HO \perp PQ \qquad ①$$

设 R 为点 C 关于 HP 的对称点,则 $HC = HR$.

由
$$\angle HPC + \angle HCP = (\angle BAC - 60°) + (90° - \angle BAC) = 30°$$

知 $\angle CHR = 60°$.

因此,$\triangle HRC$ 为正三角形.

由
$$\angle HPC = \angle HQB, \angle HCP = \angle HBQ$$
$$\Rightarrow \triangle PHC \backsim \triangle QHB$$
$$\Rightarrow \triangle PHR \backsim \triangle QHB$$
$$\Rightarrow \triangle QHP \backsim \triangle BHR$$

用 $\angle(UV, XY)$ 表示向量 $\overrightarrow{UV}$ 与 $\overrightarrow{XY}$ 的夹角(逆时针方向为正).

由于 $\angle PHR = 150°$,所以,$\angle(PQ, RB) = \angle(HP, HR) = 150°$.

因为 $\triangle BCD$ 与 $\triangle RCH$ 均为正三角形,所以 $\triangle BRC \cong \triangle DHC$,故
$$\angle(RB, HD) = \angle(CR, CH) = -60°$$

故
$$\angle(PQ, HD) = \angle(PQ, RB) + \angle(RB, HD)$$
$$= 150° - 60° = 90°$$
$$\Rightarrow DH \perp PQ \qquad \text{②}$$

由式①,② 即知 H, O, D 三点共线.

证法 2 以 O 为原点建立复平面,以每点的字母表示这点所对应的复数.
设 $H = 1, N = e^{2\alpha i}, M = e^{-2\beta i}$,则
$$|NH| = 2\sin\alpha, \quad |MH| = 2\sin\beta$$
$$\angle HCA = \angle HBA = \frac{5\pi}{6} - (\alpha + \beta)$$

由 $\dfrac{C-H}{N-H} = e^{-(\alpha+\beta-\frac{\pi}{6})i} \cdot \dfrac{\sin\frac{\pi}{3}}{\sin(\frac{5\pi}{6} - \alpha - \beta)}$,得

$$C = e^{-(\alpha+\beta-\frac{\pi}{6})i} \cdot \frac{\sin\frac{\pi}{3}}{\sin(\frac{5\pi}{6} - \alpha - \beta)} \cdot 2\sin\alpha \cdot e^{(\alpha+\frac{\pi}{2})i} + 1 = \frac{\sqrt{3}\sin\alpha \cdot e^{(\frac{2\pi}{3}-\beta)i}}{\cos(\alpha+\beta-\frac{\pi}{3})} + 1 \qquad \text{③}$$

同理
$$B = e^{(\alpha+\beta-\frac{\pi}{6})i} \cdot \frac{\sin\frac{\pi}{3}}{\sin(\frac{5\pi}{6} - \alpha - \beta)} \cdot 2\sin\beta \cdot e^{-(\beta+\frac{\pi}{2})i} + 1 = \frac{\sqrt{3}\sin\beta \cdot e^{(\alpha-\frac{2\pi}{3})i}}{\cos(\alpha+\beta-\frac{\pi}{3})} + 1 \qquad \text{④}$$

由 $\triangle BCD$ 为正三角形,知 $D = -\omega B - \omega^2 C \Rightarrow \overline{D} = -\omega^2 \overline{B} - \omega \overline{C}$.
于是,要证 H, O, D 三点共线,只需证 $B + \omega C = \omega \overline{B} + \overline{C}$.
将式③④代入得

$$B + \omega C = \frac{\sqrt{3}\sin\beta \cdot e^{(\alpha-\frac{2\pi}{3})i}}{\cos(\alpha+\beta-\frac{\pi}{3})} + 1 + \frac{\sqrt{3}\sin\alpha \cdot e^{(\frac{4\pi}{3}-\beta)i}}{\cos(\alpha+\beta-\frac{\pi}{3})} + \omega$$

$$\omega \overline{B} + \overline{C} = \frac{\sqrt{3}\sin\alpha \cdot e^{(\beta-\frac{2\pi}{3})i}}{\cos(\alpha+\beta-\frac{\pi}{3})} + 1 + \frac{\sqrt{3}\sin\beta \cdot e^{(\frac{4\pi}{3}-\alpha)i}}{\cos(\alpha+\beta-\frac{\pi}{3})} + \omega$$

于是,只需证明
$$\sin\beta \cdot e^{(\alpha-\frac{2\pi}{3})i} + \sin\alpha \cdot e^{(\frac{4\pi}{3}-\beta)i} = \sin\beta \cdot e^{(\frac{4\pi}{3}-\alpha)i} + \sin\alpha \cdot e^{(\beta-\frac{2\pi}{3})i}$$

比较左右两边的实部与虚部,即知这是成立的,得证.

2. 证明:对任意给定的整数 $k(k \geqslant 2)$,存在 k 个互不相同的正整数 $a_1, a_2, \cdots, a_k$,使得

对任意整数 $b_1, b_2, \cdots, b_k (a_i \leqslant b_i \leqslant 2a_i, i=1,2,\cdots,k)$，及任意非负整数 $c_1, c_2, \cdots, c_k$，只要 $\prod\limits_{i=1}^{k} b_i^{c_i} < \prod\limits_{i=1}^{k} b_i$，就有 $k \prod\limits_{i=1}^{k} b_i^{c_i} < \prod\limits_{i=1}^{k} b_i$.

证明 我们证明更强的命题：

对任意正实数 k，以及任意正整数 n，都存在 n 个正整数 $a_1, a_2, \cdots, a_n$，满足 $a_{i+1} > 2a_i (1 \leqslant i \leqslant n-1)$，且对任意实数 $b_1, b_2, \cdots, b_n (a_i \leqslant b_i \leqslant 2a_i, i=1,2,\cdots,n)$，及任意非负整数 $c_1, c_2, \cdots, c_n$，只要 $\prod\limits_{i=1}^{n} b_i^{c_i} < \prod\limits_{i=1}^{n} b_i$，就有 $k \prod\limits_{i=1}^{n} b_i^{c_i} < \prod\limits_{i=1}^{n} b_i$.

不妨设 $k > 1$.

对 n 用数学归纳法证明上述命题.

当 $n=1$ 时，$c_1 = 0$，只需取 $a_1 > k$ 即可.

假设命题对 n 成立，有 $x_1 < x_2 < \cdots < x_n$ 满足要求，且 $x_{i+1} > 2x_i (1 \leqslant i \leqslant n-1)$.

现考虑 $n+1$ 的情形.

先取定一个正整数 $x_{n+1} > 2x_n$，满足

$$\frac{x_{n+1}}{2x_n} > k\left(\frac{2x_n}{x_1}\right)^n \qquad ①$$

再令 $a_i = tx_i (i=1,2,\cdots,n+1)$，$t$ 取充分大的正整数，使得

$$a_1^{n+1} > 2^n a_2 a_3 \cdots a_{n+1} \qquad ②$$

及

$$k \cdot 2^{n-1} a_{n+1}^{n-1} < a_1 a_2 \cdots a_n \qquad ③$$

下面证明 $a_i (1 \leqslant i \leqslant n+1)$ 满足要求.

设实数 $b_i \in [a_i, 2a_i] (1 \leqslant i \leqslant n+1)$（注意到，$b_1 < b_2 < \cdots < b_{n+1}$），以及非负整数 $c_i (1 \leqslant i \leqslant n+1)$，满足 $\prod\limits_{i=1}^{n+1} b_i^{c_i} < \prod\limits_{i=1}^{n+1} b_i$.

(1) 若 $\sum\limits_{i=1}^{n+1} c_i \leqslant n$，则利用式 ③ 得

$$k \prod\limits_{i=1}^{n+1} b_i^{c_i} \leqslant k b_{n+1}^n \leqslant k \cdot 2^{n-1} a_{n+1}^{n-1} b_{n+1} < a_1 a_2 \cdots a_n b_{n+1} \leqslant \prod\limits_{i=1}^{n+1} b_i$$

(2) 若 $\sum\limits_{i=1}^{n+1} c_i \geqslant n+2$，则利用式 ② 得

$$\prod\limits_{i=1}^{n+1} b_i^{c_i} \geqslant b_1^{n+2} \geqslant a_1^{n+1} b_1 > 2^n a_2 a_3 \cdots a_{n+1} b_1 \geqslant \prod\limits_{i=1}^{n+1} b_i$$

矛盾.

(3) 若 $\sum\limits_{i=1}^{n+1} c_i = n+1$，再考虑三种情形.

若 $c_{n+1} \geqslant 2$，则利用式 ① 得

$$\frac{\prod\limits_{i=1}^{n+1} b_i^{c_i}}{\prod\limits_{i=1}^{n+1} b_i} \geqslant \frac{b_{n+1}}{b_n}\left(\frac{b_1}{b_n}\right)^{n-1} \geqslant \frac{a_{n+1}}{2a_n}\left(\frac{a_1}{2a_n}\right)^{n-1} = \frac{x_{n+1}}{2x_n}\left(\frac{x_1}{2x_n}\right)^{n-1} > 1$$

矛盾.

若 $c_{n+1}=1$, 则 $\dfrac{\prod\limits_{i=1}^{n+1} b_i^{c_i}}{\prod\limits_{i=1}^{n+1} b_i} = \dfrac{\prod\limits_{i=1}^{n} b_i^{c_i}}{\prod\limits_{i=1}^{n} b_i}$. 注意到, $\dfrac{b_i}{t} \in [x_i, 2x_i](1 \leqslant i \leqslant n)$.

由归纳假设, 知 $k\prod\limits_{i=1}^{n+1} b_i^{c_i} < \prod\limits_{i=1}^{n+1} b_i$.

若 $c_{n+1}=0$, 则利用式 ① 得

$$\frac{\prod\limits_{i=1}^{n+1} b_i}{\prod\limits_{i=1}^{n+1} b_i^{c_i}} = \frac{b_{n+1}}{b_n}\left(\frac{b_1}{b_n}\right)^{n} \geqslant \frac{a_{n+1}}{2a_n}\left(\frac{a_1}{2a_n}\right)^{n} = \frac{x_{n+1}}{2x_n}\left(\frac{x_1}{2x_n}\right)^{n} > k$$

综上, 所取的 $a_1, a_2, \cdots, a_{n+1}$ 满足条件.

3. 求满足下面条件的最小实数 c:

对任意一个首项系数为 1 的 2 012 次实系数多项式

$$P(x) = x^{2\,012} + a_{2\,011}x^{2\,011} + a_{2\,010}x^{2\,010} + \cdots + a_1 x + a_0$$

都可以将其中的一些系数乘以 -1, 其余的系数不变, 使新得到的多项式的每个根 z 都满足 $|\operatorname{Im} z| \leqslant c|\operatorname{Re} z|$, 其中, $\operatorname{Re} z$ 和 $\operatorname{Im} z$ 分别表示复数 z 的实部和虚部.

解 首先证明: $c \geqslant \cot\dfrac{\pi}{4\,022}$.

考虑多项式 $P(x) = x^{2\,012} - x$.

通过改变 $P(x)$ 的系数的符号, 得到四个多项式 $P(x), -P(x), Q(x) = x^{2\,012} + x$ 和 $-Q(x)$.

注意到, $P(x)$ 与 $-P(x)$ 有相同的根, 其中之一为 $z_1 = \cos\dfrac{1\,006}{2\,011}\pi + \mathrm{i}\sin\dfrac{1\,006}{2\,011}\pi$.

此外, $Q(x)$ 与 $-Q(x)$ 有相同的根, 且为 $P(x)$ 的所有根的相反数, 故 $Q(x)$ 有一根 $z_2 = -z_1$. 由此得 $c \geqslant \min\left\{\dfrac{|\operatorname{Im} z_1|}{|\operatorname{Re} z_1|}, \dfrac{|\operatorname{Im} z_2|}{|\operatorname{Re} z_2|}\right\} = \cot\dfrac{\pi}{4\,022}$.

其次证明: $c = \cot\dfrac{\pi}{4\,022}$ 满足题目要求. 对任意

$$P(x) = x^{2\,012} + a_{2\,011}x^{2\,011} + a_{2\,010}x^{2\,010} + \cdots + a_1 x + a_0$$

将其系数适当改变符号后, 可以得到多项式

$$R(x) = b_{2\,012}x^{2\,012} + b_{2\,011}x^{2\,011} + \cdots + b_1 x + b_0$$

其中 $b_{2\,012}=1$; 对 $j=0,1,\cdots,2\,011$, $b_j = \begin{cases} |a_j|, & j \equiv 0,1 \pmod{4} \\ -|a_j|, & j \equiv 2,3 \pmod{4} \end{cases}$.

下面,用反证法证明:$R(x)$ 的每一个根 z 都满足 $|\operatorname{Im} z| \leqslant c |\operatorname{Re} z|$.

假设 $R(x)$ 有一个根 z_0,使得 $|\operatorname{Im} z_0| > c |\operatorname{Re} z_0|$,则 $z_0 \neq 0$,并且要么 z_0 与 i 的夹角小于 $\theta = \dfrac{\pi}{4\,022}$,要么 z_0 与 $-$i 的夹角小于 θ.

假设 z_0 与 i 的夹角小于 θ,另一种情形只需考虑 z_0 的共轭虚根.

分两种情形.

(1) z_0 在第一象限(或虚轴上).

设 $\measuredangle(z_0, \mathrm{i}) = \alpha < \theta$,其中,$\measuredangle(z_0, \mathrm{i})$ 为将 z_0 按逆时针方向旋转到与 i 相同方向的最小角度.

对 $0 \leqslant j \leqslant 2\,012$,若 $j \equiv 0, 2 \pmod 4$,则 $\measuredangle(b_j z_0^j, 1) = j\alpha \leqslant 2\,012\alpha < 2\,012\theta$;若 $j \equiv 1, 3 \pmod 4$,则 $\measuredangle(b_j z_0^j, \mathrm{i}) = j\alpha < 2\,011\theta$. 又 $\measuredangle(b_1 z_0, \mathrm{i}) = \alpha$,故每个 $b_j z_0^j$ 的辐角主值在 $[2\pi - 2\,012\alpha, 2\pi) \cup [0, \dfrac{\pi}{2} - \alpha]$ 中. 此角状区域的顶角为

$$2\,012\alpha + \dfrac{\pi}{2} - \alpha = \dfrac{\pi}{2} + 2\,011\alpha < \pi$$

又 $b_j z_0^j (0 \leqslant j \leqslant 2\,012)$ 不全为 0,于是,其和不能等于 0.

(2) z_0 在第二象限.

设 $\measuredangle(\mathrm{i}, z_0) = \alpha < \theta$.

若 $j \equiv 0, 2 \pmod 4$,则 $\measuredangle(1, b_j z_0^j) = j\alpha < 2\,012\theta$.

若 $j \equiv 1, 3 \pmod 4$,则 $\measuredangle(\mathrm{i}, b_j z_0^j) = j\alpha \leqslant 2\,011\alpha < \dfrac{\pi}{2}$.

于是,每个 $b_j z_0^j$ 的辐角主值都在 $[0, \dfrac{\pi}{2} + 2\,011\alpha]$ 中.

由于 $\dfrac{\pi}{2} + 2\,011\alpha < \pi$,而 $b_j z_0^j (0 \leqslant j \leqslant 2\,012)$ 不全为 0,于是,其和不能等于 0.

综上,所求的最小实数 c 为 $\cot \dfrac{\pi}{4\,022}$.

4. 给定整数 $n(n \geqslant 4)$,设 $A, B \subseteq \{1, 2, \cdots, n\}$. 已知对任意 $a \in A, b \in B, ab+1$ 为平方数. 证明:$\min\{|A|, |B|\} \leqslant \log_2 n$.

证明 先证明一个引理.

引理:设正整数 $a < a'$ 为 A 中元素,$b < b'$ 为 B 中元素,则 $a'b' > 4ab$.

引理的证明:注意到

$$(ab+1)(a'b'+1) > (ab'+1)(a'b+1)(\Leftrightarrow (a'-a)(b'-b) > 0)$$

则

$$\sqrt{(ab+1)(a'b'+1)} > \sqrt{(ab'+1)(a'b+1)}$$

但由条件,此式左右两边均为整数,由此得到

$$(ab+1)(a'b'+1) \geqslant [\sqrt{(ab'+1)(a'b+1)} + 1]^2$$

将上式两边展开,得
$$ab + a'b' \geqslant ab' + a'b + 2\sqrt{(ab'+1)(a'b+1)} + 1 > ab' + a'b + 2\sqrt{ab'a'b}$$
因为 $a < a', b < b'$,所以 $ab' + a'b > ab$.

结合上式,得到 $a'b' > 2\sqrt{ab'a'b}$.

从而,$a'b' > 4ab$.

回到原题.

设 $A = \{a_1, a_2, \cdots, a_m\}, B = \{b_1, b_2, \cdots, b_p\}, a_1 < a_2 < \cdots < a_m, b_1 < b_2 < \cdots < b_p$. 不妨设 $m \leqslant p$.

由于 $a_1 b_1 + 1$ 为平方数,故 $a_1 b_1 \neq 1, 2$.

若 $a_1 b_1 = 3$,不妨设 $a_1 = 1, b_1 = 3$,则由 $a_1 b_2 + 1, a_2 b_1 + 1$ 为完全平方数,及 $a_1 < a_2$,$b_1 < b_2$,易知 $a_2 \geqslant 5, b_2 \geqslant 8$.

从而,$a_2 b_2 > 4^2$.

因此,$a_1 b_1 \geqslant 4$ 或 $a_2 b_2 > 4^2$.

应用引理,知 $a_{k+1} b_{k+1} > 4 a_k b_k (k = 1, 2, \cdots, m-1)$.

从而,若 $a_1 b_1 \geqslant 4$,则 $n^2 \geqslant a_m b_m > 4 a_{m-1} b_{m-1} > \cdots > 4^{m-1} a_1 b_1 \geqslant 4^m$.

若 $a_2 b_2 > 4^2$,则 $n^2 \geqslant a_m b_m > 4 a_{m-1} b_{m-1} > \cdots > 4^{m-2} a_2 b_2 > 4^m$.

故总有 $m \leqslant \log_2 n$.

5. 求所有具有下述性质的整数 $k(k \geqslant 3)$:存在整数 m, n,满足
$$1 < m < k, 1 < n < k, (m, k) = (n, k) = 1, m + n > k$$
且 $k \mid (m-1)(n-1)$.

解 若 k 有平方因子,设 $t^2 \mid k, t > 1$,取 $m = n = k - \dfrac{k}{t} + 1$ 即满足条件.

下设 k 无平方因子.

若存在两个质数 p_1, p_2,使得 $(p_1 - 2)(p_2 - 2) \geqslant 4, p_1 p_2 \mid k$.

设 $k = p_1 p_2 \cdots p_r$,其中,$p_1, p_2, \cdots, p_r (r \geqslant 2)$ 两两不同.

由于 $(p_1 - 1) p_2 p_3 \cdots p_r + 1$ 与 $(p_1 - 2) p_2 p_3 \cdots p_r + 1$ 中至少有 1 个数与 p_1 互质(否则,p_1 整除它们的差,即 $p_2 p_3 \cdots p_r$,矛盾),取这个数为 m,则 $1 < m < k, (m, k) = 1$.

同理,可在 $(p_2 - 1) p_1 p_3 \cdots p_r + 1$ 与 $(p_2 - 2) p_1 p_3 \cdots p_r + 1$ 两数中取一个数 n,使
$$1 < n < k, (n, k) = 1$$
从而,$p_1 p_2 \cdots p_r \mid (m-1)(n-1)$,且
$$m + n \geqslant (p_1 - 2) p_2 p_3 \cdots p_r + 1 + (p_2 - 2) p_1 p_3 \cdots p_r + 1$$
$$= k + [(p_1 - 2)(p_2 - 2) - 4] p_3 p_4 \cdots p_r + 2$$
$$> k$$

这样的 m, n 满足条件.

若不存在两个质数 p_1, p_2,使 $(p_1 - 2)(p_2 - 2) \geqslant 4, p_1 p_2 \mid k$,易验证这样的整数

$k(k \geqslant 3)$ 只可能等于 $15, 30$ 或者形如 $p, 2p$ (p 为奇质数).

易知,当 $k = p, 2p, 30$ 时,不存在满足条件的 m, n;当 $k = 15$ 时,$m = 11, n = 13$ 满足条件.

综上,整数 $k(k \geqslant 3)$ 满足题设,当且仅当 k 不是奇质数、奇质数的两倍及 30.

6. 由 $2\,012 \times 2\,012$ 个单位方格构成的正方形棋盘的一些小方格中停有甲虫,一个小方格中至多停有一只甲虫. 某一时刻,所有的甲虫飞起并再次全部落在这个棋盘的方格中,每一个小方格中仍至多停有一只甲虫. 一只甲虫飞起前所在小方格的中心指向再次落下后所在小方格的中心的向量称为该甲虫的"位移向量",所有甲虫的位移向量之和称为"总位移向量".

就甲虫的个数及始、末位置的所有可能情形,求总位移向量长度的最大值.

解 以棋盘中心 O 为原点,平行于格线建立直角坐标系. 将所有小方格的中心点记为集合 S,初始时停有甲虫的小方格中心点记为集合 $M_1 \subseteq S$,再次落下后停有甲虫的小方格中心点记为集合 $M_2 \subseteq S$. 同一甲虫前后两次停留的小方格给出了 M_1 到 M_2 的一一对应 f,于是,总位移向量

$$\boldsymbol{V} = \sum_{\boldsymbol{v} \in M_1} [f(\boldsymbol{v}) - \boldsymbol{v}] = \sum_{\boldsymbol{u} \in M_2} \boldsymbol{u} - \sum_{\boldsymbol{v} \in M_1} \boldsymbol{v} \qquad ①$$

注意到,式 ① 与 f 无关. 故只需对所有 $M_1, M_2 \subseteq S$,$|M_1| = |M_2|$,求式 ① 的最大值.

不妨设 $M_1 \cap M_2 = \varnothing$,否则,将 M_1, M_2 同时减去其交集后,式 ① 不改变.

由于 M_1, M_2 的选取方式有限,设对某一对 (M_1, M_2),$|\boldsymbol{V}|$ 取得最大值. 显然,$\boldsymbol{V} \neq \boldsymbol{0}$,过点 O 作垂直于 $\boldsymbol{V}$ 的直线 l.

下面证明两个引理.

引理 1:直线 l 不过 S 中任意一点,且 M_1 为直线 l 某一侧的所有 S 中的点,M_2 为直线 l 另一侧的所有 S 中的点.

引理 1 的证明:首先,$M_1 \cup M_2 = S$. 否则,由于 $|S|$ 为偶数,至少有两个点 a, b 不在 $M_1 \cup M_2$ 中,不妨设 $\boldsymbol{a} - \boldsymbol{b}$ 与 $\boldsymbol{V}$ 的夹角不超过 $90°$,则 $|\boldsymbol{V} + (\boldsymbol{a} - \boldsymbol{b})| > |\boldsymbol{V}|$,故将 $\boldsymbol{a}$ 加入 M_2,$\boldsymbol{b}$ 加入 M_1 后,$|\boldsymbol{V}|$ 严格增大,这与 $|\boldsymbol{V}|$ 的最大性矛盾.

其次,$M_2 = -M_1$. 否则,M_1, M_2 中都包含一对对称点,即存在 $\boldsymbol{a}, \boldsymbol{b} \in S$,使得 $\boldsymbol{a}, -\boldsymbol{a} \in M_1, \boldsymbol{b}, -\boldsymbol{b} \in M_2$.

不妨设 $\boldsymbol{a} - \boldsymbol{b}$ 与 $\boldsymbol{V}$ 的夹角不超过 $90°$,则

$$|\boldsymbol{V}| < |\boldsymbol{V} + 2(\boldsymbol{a} - \boldsymbol{b})| = \left| \sum_{\boldsymbol{u} \in (M_2 \setminus \{\boldsymbol{b}\}) \cup \{\boldsymbol{a}\}} \boldsymbol{u} - \sum_{\boldsymbol{v} \in (M_1 \setminus \{\boldsymbol{a}\}) \cup \{\boldsymbol{b}\}} \boldsymbol{v} \right|$$

与 $|\boldsymbol{V}|$ 的最大性矛盾. 故 M_1, M_2 是对称的点集.

再次,直线 l 不过 S 中任意一点. 否则,设直线 l 过 $\boldsymbol{a}, -\boldsymbol{a} \in S, \boldsymbol{a} \in M_1, -\boldsymbol{a} \in M_2$,则将 $\boldsymbol{a}$ 换入 M_2,$-\boldsymbol{a}$ 换入 M_1 后,总位移向量为 $\boldsymbol{V} + 4\boldsymbol{a}$.

注意到,$\boldsymbol{a}$ 与 $\boldsymbol{V}$ 的夹角等于 $90°$,则 $|\boldsymbol{V} + 4\boldsymbol{a}| > |\boldsymbol{V}|$,矛盾.

最后说明,M_2 是直线 l 一侧的所有 S 中的点($\boldsymbol{V}$ 指向的那一侧),M_1 是直线 l 另一侧的

所有 S 中的点. 否则, 在 V 指向的一侧有 $a \in M_1$, 另一侧有 $b \in M_2$, 则 $a-b$ 与 V 的夹角小于 $90°$, 将 a 换入 M_2, b 换入 M_1, V 变为 $V+2(a-b)$, 长度严格变大, 与 $|V|$ 的最大性矛盾.

引理 2: 设
$$S_k = \{(x,y) \in S \mid |x| = k-\frac{1}{2} \text{ 或 } |y| = k-\frac{1}{2}\}, k=1,2,\cdots,1\,006$$
l 是过点 O 的一条直线, 且不过 S_k 中的点, S_k 在 l 一侧的所有点记为 A_k, 另一侧的所有点记为 B_k, 记 $|V_k| = \left| \sum_{u \in A_k} u - \sum_{v \in B_k} v \right|$, 则 $|V_k|$ 的最大值在 l 水平(或垂直)时取得, 此时, V_k 的方向为垂直(或水平).

引理 2 的证明: S_k 的点落在一个正方形边界上, 每边上有 $2k$ 个点. 设该正方形的四个顶点分别为
$$A(k-\frac{1}{2}, k-\frac{1}{2}), \quad B(-k+\frac{1}{2}, k-\frac{1}{2})$$
$$C(-k+\frac{1}{2}, -k+\frac{1}{2}), \quad D(k-\frac{1}{2}, -k+\frac{1}{2})$$

由对称性, 不妨设 l 过 AD 内部, 且斜率非负, l 与 AD 的交点在 AD 上从上往下第 $t(1 \leqslant t \leqslant k)$ 个 S_k 中的点和第 $t+1$ 个 S_k 中的点之间, 如图 3 所示.

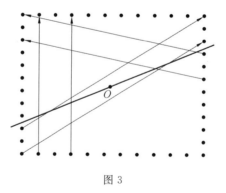

图 3

此时算得
$$V_k = (2k-2)(2k-1)j + (2k-t)[-(2k-1)i + tj] + t[(2k-1)i + (2k-t)j]$$
$$= -2(2k-1)(k-t)i + 2[-(k-t)^2 + 3k^2 - 3k + 1]j$$

其中, i, j 分别表示水平、垂直的单位向量.

记 $(k-t)^2 = u (0 \leqslant u \leqslant k^2)$, 则
$$\frac{1}{4}|V_k|^2 = (2k-1)^2 u + u^2 - 2(3k^2 - 3k + 1)u + (3k^2 - 3k + 1)^2$$
$$= u^2 - (2k^2 - 2k + 1)u + (3k^2 - 3k + 1)^2$$

上式作为关于 u 的二次函数, 对称轴在 $u = k^2 - k + \frac{1}{2}$ 处.

易知, 当 $u=0$ 时, $\frac{1}{4}|V_k|^2$ 取最大值, 即 $|V_k|$ 取最大值. 此时, $t=k$, 即 l 是水平直线,

故 V_k 为垂直方向.

回到原题.

由对称性,只需考虑直线 l 的斜率非负且小于 1 的情形,M_1,M_2 分别为直线 l 的两侧所有点.

记 $M_2 \bigcap S_k = A_k$,$M_1 \bigcap S_k = B_k$,$V_k = \sum_{u \in A_k} u - \sum_{v \in B_k} v$,则

$$|V| = \left|\sum_{k=1}^{1006} V_k\right| \leqslant \sum_{k=1}^{1006} |V_k| \qquad ②$$

故 $|V|_{\max} \leqslant \sum_{k=1}^{1006} |V_k|_{\max}$.

当 l 为水平直线,M_2 为上半平面中所有的点,M_1 为下半平面中所有的点时,各 $|V_k|$ 取得最大值,且 V_k 方向都垂直向上,式 ② 中三角不等式也取得等号,故此时 $|V|$ 的确取得最大值,且 $|V|_{\max} = 2 \times 1006^3$.

2013年第二十八届中国数学奥林匹克国家集训队选拔试题及解答

1. 给定整数 $n \geq 2$,对任意互质的正整数 $a_1, a_2, \cdots, a_n$,记 $A = a_1 + a_2 + \cdots + a_n$. 对 $i = 1, 2, \cdots, n$,设 A 与 a_i 的最大公约数为 d_i;从 $a_1, a_2, \cdots, a_n$ 中删去 a_i 后余下的 $n-1$ 个数的最大公约数为 D_i. 求 $\prod_{i=1}^{n} \dfrac{A - a_i}{d_i D_i}$ 的最小值.

解 考虑 $D_1 = (a_2, a_3, \cdots, a_n)$ 与 $d_2 = (a_2, A) = (a_2, a_1 + a_2 + \cdots + a_n)$.

设 $(D_1, d_2) = d$,则 $d \mid a_2, d \mid a_3, \cdots, d \mid a_n, d \mid A$,故 $d \mid a_1$,从而,$d \mid (a_1, a_2, \cdots, a_n)$.

当 $a_1, a_2, \cdots, a_n$ 互质时,有 $d = 1$.

注意到,$D_1 \mid a_2, d_2 \mid a_2$,且 $(D_1, d_2) = 1$. 于是,$D_1 d_2 \mid a_2 \Rightarrow D_1 d_2 \leq a_2$.

同理,$D_2 d_3 \leq a_3, \cdots, D_n d_1 \leq a_1$,故

$$\prod_{i=1}^{n} d_i D_i = (D_1 d_2)(D_2 d_3) \cdots (D_n d_1) \leq a_2 a_3 \cdots a_n a_1 = \prod_{i=1}^{n} a_i \qquad ①$$

考虑到

$$\prod_{i=1}^{n}(A - a_i) = \prod_{i=1}^{n} \left(\sum_{j \neq i} a_j \right) \geq \prod_{i=1}^{n} \left[(n-1)\left(\prod_{j \neq i} a_j \right)^{\frac{1}{n-1}} \right] = (n-1)^n \prod_{i=1}^{n} a_i \qquad ②$$

由式 ①,② 易知

$$\prod_{i=1}^{n} \dfrac{A - a_i}{d_i D_i} \geq (n-1)^n$$

另外,当 $a_1 = a_2 = \cdots = a_n = 1$ 时

$$\prod_{i=1}^{n} \dfrac{A - a_i}{d_i D_i} = (n-1)^n$$

综上,$\prod_{i=1}^{n} \dfrac{A - a_i}{d_i D_i}$ 的最小值为 $(n-1)^n$.

2. 如图1所示,设 $\triangle ABC$ 内接于圆 O,P 为 $\overparen{BAC}$ 的中点,Q 为 P 的对径点,I 为 $\triangle ABC$ 的内心,PI 与边 BC 交于点 D,$\triangle AID$ 的外接圆与 PA 的延长线交于点 F,点 E 在线段 PD 上,满足 $DE = DQ$. 记 $\triangle ABC$ 的外接圆、内切圆的半径分别为 R, r. 若 $\angle AEF = \angle APE$,证明:$\sin^2 \angle BAC = \dfrac{2r}{R}$.

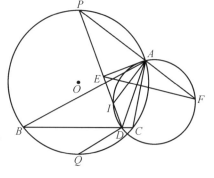

图1

证明 由 $\angle AEF = \angle APE$,知 $AF \cdot PF = EF^2$.

又由 A, I, D, F 四点共圆,得 $PA \cdot PF = PI \cdot PD$. 故
$$PF^2 = AF \cdot PF + PA \cdot PF = EF^2 + PI \cdot PD$$
如图 2 所示,联结 PQ, AQ, DF.

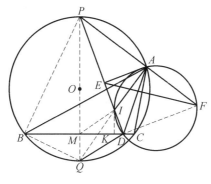

图 2

由于 PQ 为圆 O 的直径,且点 I 在 AQ 上,故 $AI \perp AP$.
从而,$\angle IDF = \angle IAP = 90°$,即
$$PF^2 - EF^2 = PD^2 - ED^2$$
结合式 ①,得 $PI \cdot PD = PD^2 - ED^2$,则
$$QD^2 = ED^2 = PD^2 - PI \cdot PD = ID \cdot PD$$
于是
$$\triangle QID \backsim \triangle PQD \qquad ②$$
记 PQ 垂直平分 BC 于点 M,联结 MI, BP, BQ,则 $BP \perp BQ$.
再由 I 为 $\triangle ABC$ 的内心,得 $QI^2 = QB^2 = QM \cdot QP$. 从而
$$\triangle QMI \backsim \triangle QIP \qquad ③$$
由式 ②③ 知
$$\angle IQD = \angle QPD = \angle QPI = \angle QIM$$
所以 $MI \parallel QD$.

作 $IK \perp BC$ 于点 K,则 $IK \parallel PM$,故 $\dfrac{PM}{IK} = \dfrac{PD}{ID} = \dfrac{PQ}{MQ}$.

结合圆幂定理和正弦定理,得
$$PQ \cdot IK = PM \cdot MQ = BM \cdot MC = (\tfrac{1}{2}BC)^2 = (R\sin\angle BAC)^2$$
则 $\sin^2 \angle BAC = \dfrac{PQ \cdot IK}{R^2} = \dfrac{2Rr}{R^2} = \dfrac{2r}{R}$.

3. 分别持有 $1, 2, \cdots, 101$ 张卡片的 101 个人按任意顺序围坐在圆桌旁. 一次传递是指某人将自己手中的一张卡片传给与其相邻的两个人之一. 求最小的正整数 k, 使得无论座次如何, 总能经过不超过 k 次传递, 使得每个人持有的卡片数相同.

解 将最初持有 i 张卡片的人记为 $[i - 51]$.

假设在一组传递后每人均持有 51 张卡片. 由于各卡片的传递可以交换顺序,故只需考虑每张卡片的传递路径,且每张卡片的传递次数之和即为总的传递次数.

若某张卡片 u 最初在 A 手中,经过一些传递后最终又回到 A 手中,则可让该卡片始终留在 A 手中不参与传递,这样不改变最终结果,但总传递次数减少.

若某张卡片 u 最初在 A 手中,经过路径 C_1 传递到 B 手中,又有某张卡片 v,最初在 B 手中,经过路径 C_2 传递到 C 手中(C 与 A 可能是同一人),则让卡片 v 始终留在 B 手中,让卡片 u 先经 C_1,再经 C_2 传递到 C 手中,这样不改变最终结果,但参与传递的卡片数减少.

反复进行上面两种操作. 于是,在考虑最少的传递次数时,不妨假设仅有 $[i](i=1,2,\cdots,50)$ 手中的 i 张卡片参与传递,这些卡片传递给了 $[-1],[-2],\cdots,[-50]$,使得 $[-i]$ 最终获得 i 张卡片.

不妨设圆周长为 101,相邻两人之间的弧长为 1,圆周上两点间的距离是指其间劣弧的长度.

当一张卡片确定了起点和终点后,在考虑最少传递次数时,可认为该卡片沿着这两点之间的劣弧传递过去,传递次数即为这两点之间的距离,并将此卡片对应于起点指向终点的有向弧.

考虑图 3 所示的座次.

将 $[i]$ 手中的 i 张卡片都传递给 $[-i](i=1,2,\cdots,50)$. 由于 $[i]$ 与 $[-i]$ 的距离为 i,故可经过 $1^2+2^2+\cdots+50^2=42\,925$ 次传递,使得每人都有 51 张卡片.

下面说明,无法经过更少次数的传递满足要求.

假设某种传递方式实现了最少的总传递数,则有以下结论.

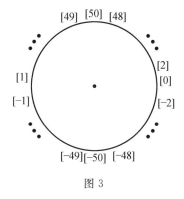

图 3

(1) 设卡片 u,v 分别对应 A 指向 B, C 指向 D 的有向弧,若这两条弧有重叠部分,则重叠部分必有相同方向. 否则,让卡片 u 从 A 传递给 D,卡片 v 从 C 传递给 B,这不改变最终结果,但总传递次数减少,与最少传递次数的假设矛盾.

(2) 设卡片 u,v 分别对应 A 指向 B, C 指向 D 的有向弧. 若在圆周上 A,C,B,D 依次排列,则可让卡片 u 从 A 传递给 D,卡片 v 从 C 传递给 B,这不改变最终结果,也不改变总传递次数,但各张卡片传递次数的平方和严格增大.

反复进行上述操作,直至不再出现上述情形.

于是,任意两条有向弧,若有重叠部分,则其中一条完全包含另一条.

从而,$[50]$ 的 50 张卡片一定全部传递给 $[-50]$. 事实上,若 $[50]$ 的一张卡片最终传递给某个 $[-i](0<i<50)$,由(1),(2),知在劣弧 $\overline{[50][-i]}$ 上的每个 $[j](0<j<50)$ 的卡片也均传递给劣弧 $\overline{[50][-i]}$ 上的 $[-m](0<m\leqslant i)$. 考虑传出和收到的卡片数,即知不能使每个人最终都有相同数目的卡片.

同理,对 $i=49,48,\cdots,1$,依次有 $[i]$ 的 i 张卡片一定全部传递给 $[-i]$. 此时,总传递次数为 42 925.

下面我们证明:对任意的座次,总可经过不超过 42 925 次传递,使每人手中都有 51 张卡片.

为此,先证明两个引理.

引理 1:设 $c,a_0,a_1,\cdots,a_{n-1}$ 是整数,总和为零,且 $c\geqslant 0, a_0\leqslant a_1\leqslant\cdots\leqslant a_{n-1}$. 有 $n+1$ 个人分别持有 $N+c, N+a_0, N+a_1, \cdots, N+a_{n-1}$ 张卡片,将其记为 $[c],[a_0],[a_1],\cdots,[a_{n-1}]$,其中,$N$ 是正整数,且 $N+a_0>0$. 将其排列在数轴的 $0,1,\cdots,n$ 处,使得 $[c]$ 在 n 处,则可经过不超过 $cn+\sum_{i=0}^{n-1}ia_i$ 次传递,使得每个人都持有 N 张卡片.

引理 1 的证明:设 $a_{n-1}\geqslant a_{n-2}\geqslant\cdots\geqslant a_s>0\geqslant a_{s-1}\geqslant\cdots\geqslant a_0$.

对 $M=a_{n-1}+a_{n-2}+\cdots+a_s$ 归纳,证明结论.

若 $M=0$,则只需将 $[c]$ 手中的 c 张卡片传递给 $[a_i](0\leqslant i\leqslant s-1)$,使 $[a_i]$ 得到 $-a_i$ 张卡片.

设 $a_i(0\leqslant i\leqslant n-1)$ 站在 x_i 处,则 $x_0,x_1,\cdots,x_{n-1}$ 是 $0,1,\cdots,n-1$ 的排列. 于是,一张卡片从 $[c]$ 传递到 $[a_i]$ 只需传递 $n-x_i$ 次. 所以,共需要传递的次数为
$$\sum_{i=0}^{s-1}(n-x_i)(-a_i)=cn+\sum_{i=0}^{s-1}x_ia_i\leqslant cn+\sum_{i=0}^{s-1}ia_i\leqslant cn+\sum_{i=0}^{n-1}ia_i$$

假设结论对较小的 M 均成立.

考虑 M 的情形.

假设 $a_{n-1}=a_{n-2}=\cdots=a_{n-s}>a_{n-s-1}, a_l>a_{l-1}=a_{l-2}=\cdots=a_0$,则 $[a_{n-1}],[a_{n-2}],\cdots,[a_{n-s}]$ 中有一个人同 $[a_0],[a_1],\cdots,[a_{l-1}]$ 中一个人的距离不超过 $n-s-l+1$,不妨设 $[a_{n-s}]$ 与 $[a_{l-1}]$ 的距离不超过 $n-s-l+1$.

将 $[a_{n-s}]$ 手中的一张卡片 u 传递给 $[a_{l-1}]$,传递次数不超过 $n-s-l+1$.

再对 c 和

$a_{n-1}\geqslant a_{n-2}\geqslant\cdots\geqslant a_{n-s+1}>a_{n-s}-1\geqslant a_{n-s-1}\geqslant\cdots\geqslant a_l\geqslant a_{l-1}+1>a_{l-2}\geqslant\cdots\geqslant a_1\geqslant a_0$

用归纳假设,知可经过不超过

$$L=cn+(n-1)a_{n-1}+\cdots+(n-s+1)a_{n-s+1}+(n-s)(a_{n-s}-1)+$$
$$(n-s-1)a_{n-s-1}+\cdots+la_l+(l-1)(a_{l-1}+1)+$$
$$(l-2)a_{l-2}+\cdots+0\cdot a_0$$

次传递,使得每个人都持有 N 张卡片,再算上卡片 u 的传递次数,即知不超过 $L+(n-s-l+1)=cn+\sum_{i=0}^{n-1}ia_i$ 次传递.

引理 2:对于 $[-50],[-49],\cdots,[49],[50]$ 在圆周上的任意一个排列,总存在一个人 $[c]$,使得此人与圆心的连线将圆周分成两部分后,每部分上方括号内各数之和(包括 c)与 c 符号相同(即同非负,或同非正).

引理 2 的证明:设圆周上排列为 $[a_1],[a_2],\cdots,[a_{101}]$. 作有向直线 l, 使得 l 的右侧为 $[a_1],[a_2],\cdots,[a_{50}]$, 左侧为 $[a_{51}],[a_{52}],\cdots,[a_{101}]$.

若 $\sum_{i=1}^{50} a_i = 0$, 则选取 $[a_{51}]$ 即满足要求.

假设 $\sum_{i=1}^{50} a_i \neq 0$. 将 l 顺时针旋转,依次将 $[a_{51}]$ 归于右侧,将 $[a_1]$ 归于左侧,将 $[a_{52}]$ 归于右侧,将 $[a_2]$ 归于左侧,…… 将 $[a_{101}]$ 归于右侧. 此时, l 的右侧为 $[a_{51}],[a_{52}],\cdots,[a_{101}]$, 恰与最初时反向. 于是, l 的右侧所有方括号内的数之和在某一时刻改变符号.

假设 l 的右侧在增添或去掉 $[c]$ 的时刻改变符号,则选取 $[c]$ 即符合条件.

由引理 2, 选取 $[c]$, 使得过 $[c]$ 的直径任一侧方括号内的数之和(包含 c)与 $[c]$ 同号. 不妨设 $c \geqslant 0$. 否则,将每个 $[a_i]$ 换成 $[-a_i]$, 将所有有向弧反向即可.

于是, $c = c_1 + c_2 (c_1, c_2 \geqslant 0)$, 使得 c_1 与一侧方括号内的数(不含 c)之和为零.

将这一侧的 50 个方括号内的数从小到大记为 $a_0 \leqslant a_1 \leqslant \cdots \leqslant a_{49}$;将另一侧 50 个方括号内的数从小到大记为 $b_0 \leqslant b_1 \leqslant \cdots \leqslant b_{49}$, 则 c_2 与 $b_0, b_1, \cdots, b_{49}$ 之和也为零.

对 $c_1, a_0, a_1, \cdots, a_{49}$ 与 $c_2, b_0, b_1, \cdots, b_{49}$ 分别运用引理 1, 得所需传递次数不超过

$$L = 50c_1 + \sum_{j=0}^{49} j a_j + 50c_2 + \sum_{j=0}^{49} j b_j$$

又 $c, a_0, \cdots, a_{49}, b_0, \cdots, b_{49}$ 是 $-50, -49, \cdots, 50$ 的排列,由排序不等式知

$$L = 50c + \sum_{j=0}^{49} j(a_j + b_j) \leqslant 50^2 + \sum_{j=0}^{49} j(2j - 50 + 2j - 49) = 42\,925$$

综上,正整数 k 的最小值为 42 925.

4. 已知 p 为质数, a, k 为正整数, 满足 $p^a < k < 2p^a$. 证明:存在正整数 n, 使得 $n < p^{2a}$, 且 $C_n^k \equiv n \equiv k \pmod{p^a}$.

证明 $C_{k+tp^a}^k (t = -1, 0, 1, \cdots, p^a - 2)$ 这 p^a 个数构成模 p^a 的一个完全剩余系.

约定 $v_p(m)$ 为 m 的质因数分解中质数 p 的次数,令 $r_p(m) = \dfrac{m}{p^{v_p(m)}}$.

注意到, $p^a < k < 2p^a$, 故对每个 $t \in \{-1, 0, 1, \cdots, p^a - 2\}$, 有

$$C_{k+tp^a}^k = \prod_{i=1}^{k} \frac{i + tp^a}{i} = \frac{p^a + tp^a}{p^a} \prod_{\substack{i=1 \\ i \neq p^a}}^{k} \frac{p^{v_p(i)} r_p(i) + tp^a}{p^{v_p(i)} r_p(i)}$$

$$= (1+t) \prod_{\substack{i=1 \\ i \neq p^a}}^{k} \frac{r_p(i) + tp^{a-v_p(i)}}{r_p(i)} = (1+t) \frac{M(t)}{M}$$

其中

$$M(t) = \prod_{\substack{i=1 \\ i \neq p^a}}^{k} [r_p(i) + tp^{a-v_p(i)}]$$

$$M = \prod_{\substack{i=1 \\ i \neq p^a}}^{k} r_p(i)$$

当 $1 \leqslant i \leqslant k, i \neq p^a$ 时,由 $v_p(i) \leqslant a-1$,知 $(r_p(i)+tp^{a-v_p(i)}, p) = (r_p(i), p) = 1$. 从而,$(M(t), p) = (M, p) = 1$.

假设存在整数 $t, s(-1 \leqslant t < s \leqslant p^a - 2)$,使 $C_{k+tp^a}^k \equiv C_{k+sp^a}^k \pmod{p^a}$,则
$$(1+t)M(t) = MC_{k+tp^a}^k \equiv MC_{k+sp^a}^k = (1+s)M(s) \pmod{p^a}$$

记 $s - t = p^b l$,其中,$b = v_p(s-t), l = r_p(s-t)$,则 $b \leqslant a-1, (l, p) = 1$,故
$$\begin{aligned}
(1+t)M(t) &\equiv (1+s)M(s) \\
&= (1+t+p^b l)M(s) \\
&= p^b l M(s) + (1+t)\prod_{\substack{i=1 \\ i \neq p^a}}^k [r_p(i) + (t+p^b l)p^{a-v_p(i)}] \\
&= lM(s)p^b + (1+t)\prod_{\substack{i=1 \\ i \neq p^a}}^k [r_p(i) + tp^{a-v_p(i)} + lp^{a-1-v_p(i)}p^{b+1}] \\
&\equiv lM(s)p^b + (1+t)M(t) \pmod{p^{b+1}}
\end{aligned}$$

因此,$lM(s)p^b \equiv 0 \pmod{p^{b+1}}$,而 $(l, p) = (M(s), p) = 1$,矛盾.

所以,对任意 $t, s(-1 \leqslant t < s \leqslant p^a - 2)$,必有 $C_{k+tp^a}^k \not\equiv C_{k+sp^a}^k \pmod{p^a}$.

这表明,$C_{k+tp^a}^k(t = -1, 0, 1, \cdots, p^a - 2)$ 构成模 p^a 的一个完全剩余系.

取 $t \in \{-1, 0, 1, \cdots, p^a - 2\}$,使得 $C_{k+tp^a}^k \equiv k \pmod{p^a}$,并取 $n = k + tp^a$.

此时,$0 < n < 2p^a + (p^a - 2)p^a = p^{2a}$,且 $C_n^k \equiv n \equiv k \pmod{p^a}$.

5. 设整数 n 不小于 2,$a_1, a_2, \cdots, a_n, b_1, b_2, \cdots, b_n$ 为非负实数. 证明
$$\left(\frac{n}{n-1}\right)^{n-1}\left(\frac{1}{n}\sum_{i=1}^n a_i^2\right) + \left(\frac{1}{n}\sum_{i=1}^n b_i\right)^2 \geqslant \prod_{i=1}^n (a_i^2 + b_i^2)^{\frac{1}{n}}$$

证明 记 $\lambda = \left(\frac{n}{n-1}\right)^{n-1}$,显然 $\lambda > 1$.

对 $i \in \{1, 2, \cdots, n\}$,将 $a_j, b_j(j \neq i)$ 都固定,同时固定 $p = a_i^2 + b_i^2$,于是,不等式右边固定不变,此时,不等式左边为
$$\frac{\lambda}{n}\left(p - b_i^2 + \sum_{j \neq i} a_j^2\right) + \frac{1}{n^2}\left(b_i + \sum_{j \neq i} b_j\right)^2$$

将其视作 b_i 的二次函数,$b_i \in [0, \sqrt{p}]$,其首项系数为 $-\frac{\lambda}{n} + \frac{1}{n^2} < 0$,于是,最小值在端点处取得,即 $b_i = 0$ 或 $a_i = 0$.

对每个 i 都进行上述调整,假设 $a_i b_i = 0 (i = 1, 2, \cdots, n)$.

情形 1:每个 $a_i = 0$,则由均值不等式即得 $\left(\frac{1}{n}\sum_{i=1}^n b_i\right)^2 \geqslant \prod_{i=1}^n b_i^{\frac{2}{n}}$.

情形 2:每个 $b_i = 0$,则由均值不等式得 $\lambda\left(\frac{1}{n}\sum_{i=1}^n a_i^2\right) \geqslant \frac{1}{n}\sum_{i=1}^n a_i^2 \geqslant \prod_{i=1}^n a_i^{\frac{2}{n}}$.

情形 3:不妨设
$$b_1 = b_2 = \cdots = b_k = 0$$

$$a_{k+1}=a_{k+2}=\cdots=a_n=0$$

其中,$1\leqslant k<n$.

设 $\prod_{i=1}^{k}a_i=a^k$,$\prod_{i=k+1}^{n}b_i=b^{n-k}(a,b\geqslant 0)$,则由均值不等式有

$$\sum_{i=1}^{k}a_i^2\geqslant ka^2,\sum_{i=k+1}^{n}b_i\geqslant (n-k)b$$

只需证明

$$\frac{\lambda k}{n}a^2+\frac{(n-k)^2}{n^2}b^2\geqslant a^{\frac{2k}{n}}b^{\frac{2(n-k)}{n}} \quad ①$$

利用均值不等式,知式 ① 左边为

$$\underbrace{\frac{\lambda}{n}a^2+\cdots+\frac{\lambda}{n}a^2}_{k\text{个}}+\underbrace{\frac{n-k}{n^2}b^2+\cdots+\frac{n-k}{n^2}b^2}_{n-k\text{个}}\geqslant \lambda^{\frac{k}{n}}a^{\frac{2k}{n}}\left(\frac{n-k}{n}\right)^{\frac{n-k}{n}}b^{\frac{2(n-k)}{n}}$$

因此,只需证明 $\lambda^{\frac{k}{n}}\left(\frac{n-k}{n}\right)^{\frac{n-k}{n}}\geqslant 1$,即证明 $\left(\frac{n}{n-k}\right)^{n-k}\leqslant \lambda^k$.

事实上

$$\underbrace{\frac{n}{n-k}\cdot\frac{n}{n-k}\cdot\cdots\cdot\frac{n}{n-k}}_{n-k\text{个}}\cdot\underbrace{1\cdot 1\cdot\cdots\cdot 1}_{nk-n\text{个}}\leqslant \left[\frac{n+(nk-n)}{nk-k}\right]^{nk-k}=\left(\frac{n}{n-1}\right)^{(n-1)k}\leqslant \lambda^k$$

故结论成立.

6. 在直角坐标平面上,设点集 P,Q 是顶点均为整点的凸多边形区域(包括内部和边界),$T=P\cap Q$. 证明:若点集 T 非空且不含整点,则 T 是非退化的凸四边形区域.

证明 由 P,Q 都是闭凸多边形,知 T 是一个(可能退化的)闭凸多边形.

若 T 是一个点,此时,T 必然是 P 或 Q 的顶点,则其是整点,矛盾.

若 T 是一条线段,此时,T 必然是 P 的一条边与 Q 的一条边的交集,则其包含 P 或 Q 的顶点,与 T 不含整点矛盾.

从而,T 是非退化的闭凸多边形.

注意到,若 T 有两条相邻的边同在 P(或 Q)的边上,则这两条边的公共顶点必是 P(或 Q)的顶点,从而,与 T 不含整点矛盾.因此,T 是偶数边形,且其边界是由 P 和 Q 的边(或其一部分)交替出现构成的,并且 T 的每个顶点必然是 P 的一条边与 Q 的一条边的交点.

若 P 的边 e 与 Q 的边 f 相交,则 e 必然也和 Q 的另一条边相交,故只需排除 T 的边数至少是 6 的情形.

反证法.

设 T 有不少于六条边,且 P 除顶点外另包含 k 个整点.

(1) $k=0$.

则 P 是本原整点三角形,或是面积为 1 的平行四边形.这样,存在两条平行直线 l_1,l_2,

其间的开区域中无整点,且 P 完全落在 l_1 和 l_2 之间的闭区域中.由于 T 至少有六条边,从而,P 至少有三条边会有一部分构成 T 的边.

① 如图4.

对本原整点三角形的情形,P 是 $\triangle ABC$,DE,FG,HI 是闭凸多边形 Q 的边,D 与 F,G 与 H,E 与 I 分别可能重合.直线 FG,HI,l_1,l_2 交成凸四边形.由于直线 DE 经过其内部且不与线段 BC 相交,于是,直线 DE 与 FG 的交点或直线 DE 与 HI 的交点在 l_1 和 l_2 之间的开区域中,从而,Q 有顶点在 l_1 和 l_2 之间的开区域中,矛盾.

② 对平行四边形的情形,设 P 是 $\square ABCD$.在图5中,闭凸多边形 P 有边在 AD,AB,BC 上,直线 EF 与 HG 的交点在 l_1 和 l_2 之间.

而在图6中,闭凸多边形 P 有三条边在 AB,BC,CD 上,且没有边在 AD 上,与①中情形类似,也可证明直线 EF 与 HG 的交点或直线 EF 与 IJ 的交点在 l_1 和 l_2 之间的开区域中,矛盾.

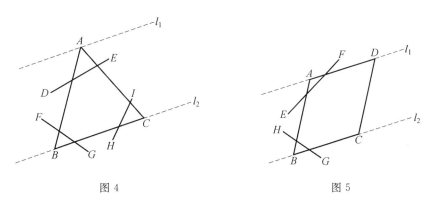

图4   图5

(2) $k \geqslant 1$.考虑 P 中不是顶点的整点 X.

由于 $X \notin T$,从而,存在 T 中一条边 MN.使得 T,X 分别在 MN 所在直线 l 的两侧(图7),这样,MN 是闭凸多边形 Q 的边界的一部分.

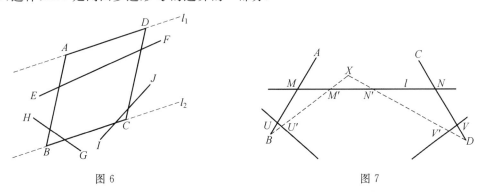

图6   图7

点 M 在闭凸多边形 P 的边 AB 上,点 N 在闭凸多边形 P 的边 CD 上,点 A,C,X 在 l 同侧(A 与 C 可能重合,但由 T 至少有六条边的假设,知点 B 和 D 必不重合),这样,AB 上还有 T 的另一顶点 U,CD 上还有 T 的另一顶点 V.

取闭凸多边形 P 在 l 下方的所有顶点，考虑这些点和 X 的凸包（记为 P'），则在 BD 连线下方，P' 与 P 重合；而 P' 在 BD 连线上方的部分即为 $\triangle BXD$.

于是，将 $T' = P' \cap Q$ 与 T 比较，知 $T' \subset T$，且 T' 的边界与 T 的边界的差别仅是将 MN 替换为 $M'N'$，将 MU 替换为 $M'U'$，将 NV 替换为 $N'V'$，即 T' 与 T 的边数相同，而 P' 包含的非顶点的整点数严格小于 P 中除顶点外的整点数. 经有限次操作，得到闭凸多边形 P,Q 之一除顶点外不含整点的情形，且两个多边形的交集的边数在上述操作中保持不变，即至少是 6.

由 (1) 知此情形不会发生.

2014年第三十届中国数学奥林匹克
国家集训队选拔试题及解答

1. 如图 1 所示，设锐角 $\triangle ABC$ 的外心为 O，点 A 在边 BC 上的射影为 H_A，AO 的延长线与 $\triangle BOC$ 的外接圆交于点 A'，点 A' 在直线 AB，AC 上的射影分别是 D，E，$\triangle DEH_A$ 的外心为 O_A，类似定义点 H_B，O_B 及 H_C，O_C. 证明：$O_A H_A$，$O_B H_B$，$O_C H_C$ 三线共点.

证明 如图 2 所示，设 T 是点 A 关于 BC 的对称点，A' 在边 BC 上的射影为点 F，T 在直线 AC 上的射影为点 M.

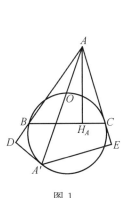

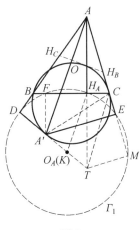

图 1 图 2

由 $AC = CT$，知 $\angle TCM = 2\angle TAM$，又

$$\angle TAM = \frac{\pi}{2} - \angle ACB = \angle OAB$$

则

$$\angle TCM = 2\angle OAB = \angle A'OB = \angle A'CF$$

且

$$\angle TCH_A = \angle A'CF + \angle A'CT = \angle TCM + \angle A'CT = \angle A'CE$$

注意到，$\angle CH_A T$，$\angle CMT$，$\angle CEA'$，$\angle CFA'$ 均为直角，故

$$\frac{CH_A}{CM} = \frac{CH_A}{CT} \cdot \frac{CT}{CM} = \frac{\cos\angle TCH_A}{\cos\angle TCM} = \frac{\cos\angle A'CE}{\cos\angle A'CF}$$

$$= \frac{CE}{CA'} \cdot \frac{CA'}{CF} = \frac{CE}{CF}$$

$$\Rightarrow CH_A \cdot CF = CM \cdot CE$$

从而,H_A,F,M,E 四点共圆 Γ_1.

同理,设 T 在直线 AB 上的射影为 N(图中未画出),则 H_A,F,N,D 四点共圆 Γ_2.

由四边形 $A'FH_AT$ 及四边形 $A'EMT$ 均为直角梯形,知线段 H_AF 与 EM 的中垂线交于线段 $A'T$ 的中点 K,即圆 Γ_1 的圆心为 K,半径为 KF.

同理,圆 Γ_2 的圆心也为 K,半径也为 KF.

故圆 Γ_1 与 Γ_2 重合,即 D,N,F,H_A,E,M 六点共圆,所以,O_A 即为线段 $A'T$ 的中点 K.

从而,$O_AH_A \parallel AA'$.

由 $\angle H_CAO + \angle AH_CH_B = \dfrac{\pi}{2} - \angle ACB + \angle ACB = \dfrac{\pi}{2}$,知 $AA' \perp H_BH_C$.

因此,$O_AH_A \perp H_BH_C$,故 O_AH_A, O_BH_B, O_CH_C 三线共点于 $\triangle H_AH_BH_C$ 的垂心.

2. 设 $A_1A_2\cdots A_{101}$ 是正 101 边形,将每个顶点染上红、蓝两色之一. 记 N 是满足如下条件的钝角三角形的个数:三角形的三个顶点均为该 101 边形的顶点,两个锐角顶点的颜色相同,且与钝角顶点的颜色不同. 求:

(1) N 的最大可能值.

(2) 使得 N 取得最大值的不同染色方法数(对于两种染色方法,只要有某个 A_i 上的颜色不同,就认为是不同的染色方法).

解 用 $x_i=0$ 或 1 分别表示 A_i 为红色或蓝色. 对于任一钝角 $\triangle A_{i-a}A_iA_{i+b}$,其中,顶点 A_i 是钝角顶点,即 $a+b \leqslant 50$.

三顶点满足题述条件的染色当且仅当
$$(x_i - x_{i-a})(x_i - x_{i+b}) = 1 \qquad \text{①}$$

否则,等于 0,这里下标在模 101 意义下,故
$$N = \sum_{i=1}^{101} \sum_{(a,b)} (x_i - x_{i-a})(x_i - x_{i+b}) \qquad \text{②}$$

其中,"$\sum_{(a,b)}$" 是对所有满足 $a+b \leqslant 50$ 的有序正整数对 (a,b) 求和,这样的正整数对共有 $49+48+\cdots+1=1\,225$(对).

将式 ① 代入式 ② 得
$$\begin{aligned}
N &= \sum_{i=1}^{101} \sum_{(a,b)} (x_i - x_{i-a})(x_i - x_{i+b}) \\
&= \sum_{i=1}^{101} \sum_{(a,b)} (x_i^2 - x_ix_{i-a} - x_ix_{i+b} + x_{i-a}x_{i+b}) \\
&= 1\,225 \sum_{i=1}^{101} x_i^2 + \sum_{i=1}^{101} \sum_{k=1}^{50} [k-1-2(50-k)]x_ix_{i+k} \\
&= 1\,225n + \sum_{i=1}^{101} \sum_{k=1}^{50} (3k-101)x_ix_{i+k} \qquad \text{③}
\end{aligned}$$

其中,n 是蓝色顶点的个数.

对任意两个顶点 $A_i, A_j (1 \leq i \leq j \leq 101)$，令
$$d(A_i, A_j) = d(A_j, A_i) = \min\{j-i, 101-j+i\}$$
设 $B \subseteq \{A_1, A_2, \cdots, A_{101}\}$ 是所有蓝色顶点的集合，则式 ③ 可写为
$$N = 1225n - 101C_n^2 + 3\sum_{\{P,Q\} \subseteq B} d(P,Q) \qquad ④$$
其中，$\{P, Q\}$ 取遍集合 B 的所有二元子集.

不妨设 n 为偶数，否则，将每个顶点的颜色改变，N 的值不改变.

设 $n = 2t (0 \leq t \leq 50)$，将所有蓝色顶点从某一点起按顺时针方向重新记为 $P_1, P_2, \cdots, P_{2t}$，故

$$\sum_{\{P,Q\} \subseteq B} d(P,Q) = \sum_{i=1}^{t} d(P_i, P_{i+t}) + \frac{1}{2} \sum_{i=1}^{t} \sum_{j=1}^{t-1} [d(P_i, P_{i+j}) + d(P_{i+j}, P_{i+t}) + d(P_{i+t}, P_{i-j}) + d(P_{i-j}, P_i)]$$
$$\leq 50t + \frac{101}{2} t(t-1) \qquad ⑤$$

其中，P_i 的下标在模 $2t$ 意义下，并且利用了不等式 $d(P_i, P_{i+1}) \leq 50$，及
$$d(P_i, P_{i+j}) + d(P_{i+j} + P_{i+t}) + d(P_{i+t}, P_{i-j}) + d(P_{i-j}, P_i) \leq 101 \qquad ⑥$$

结合式 ④⑤ 得
$$N \leq 1225n - 101C_n^2 + 3\left[50t + \frac{101}{2} t(t-1)\right] = -\frac{101}{2} t^2 + \frac{5099}{2} t$$

上式右侧在 $t = 25$ 时取得最大值，故 $N \leq 32175$.

只需考虑满足 $N = 32175$ 的充要条件.

首先，$t = 25$，即恰有 50 个蓝点.

其次，对 $1 \leq i \leq t$，有 $d(P_i, P_{i+t}) = 50$.

当 $d(P_i, P_{i+t}) = 50$ 时，式 ⑥ 等号一定成立.

因此，取 50 个蓝点，使 N 取得最大值的方法数为从最长的 101 条对角线中取 25 条，使得任意两条对角线均在内部相交（等价于无公共顶点）.

将 $A_i (i = 1, 2, \cdots, 101)$ 与 A_{i+50} 连线构成图 G. 注意到，50 与 101 互素.

故 $1 + 50n (0 \leq n \leq 100)$ 构成模 101 的完全剩余系，即图 G 是恰有 101 条边的圈. 因此，将 50 个顶点染为蓝色，使 N 取最大值的方法数为 S，等于从图 G 中选 25 条边，使其在图 G 中两两不相邻的方法数.

现固定图 G 中的一条边 e，由于含有边 e 的取法数为 C_{75}^{24}，而不含边 e 的取法数为 C_{76}^{25}，故取法数为 $S = C_{75}^{24} + C_{76}^{25}$.

再考虑 50 个红点的情形下也有 S 种染色方法，因此，使 N 取得最大值的染色方法数为 $2S$.

综上，N 的最大值为 32175，相应的染色方法数为 $2S = 2(C_{75}^{24} + C_{76}^{25})$.

3. 证明：不定方程

$$(x+1)(x+2)\cdots(x+2\,014)=(y+1)(y+2)\cdots(y+4\,028)$$

没有正整数解 (x,y).

证明 对 $n=2^k m$ (k 为非负整数,m 为奇数),记 $v(n)=2^k$.

反证法.

假设 (x,y) 是原方程的正整数解.

设 $v(x+i)=\max\limits_{1\leqslant j\leqslant 2\,014}\{v(x+j)\}$,则当 $1\leqslant j\leqslant 2\,014$ ($j\neq i$) 时,有

$$v(x+j)=v[x+i+(j-i)]=v(j-i)$$

故

$$v\Big[\prod_{\substack{1\leqslant j\leqslant 2\,014\\ j\neq i}}(x+j)\Big]=v[(2\,014-j)!\,(j-1)!\,]\leqslant v(2\,013!\,)$$

又 $\prod\limits_{j=1}^{2\,014}(x+j)=\prod\limits_{j=1}^{4\,028}(y+j)$ 为 $4\,028!$ 的倍数,则

$$x+i\geqslant v(x+i)\geqslant v\Big(\frac{4\,028!}{2\,013!}\Big)>2^{1\,007}$$

因此,$x>2^{1\,006}$,故

$$(y+4\,028)^{4\,028}>\prod_{j=1}^{4\,028}(y+j)=\prod_{j=1}^{2\,014}(x+j)>2^{1\,006\times 2\,014}$$

从而,$y+4\,028>2^{503}$,所以,$y>2^{502}$.

先证明一个引理.

引理:设 $0\leqslant x_i<\dfrac{1}{2}$ ($1\leqslant i\leqslant n$).

若 $x=\dfrac{1}{n}\sum\limits_{i=1}^{n}x_i$,$y=2\max\limits_{1\leqslant i\leqslant n}\{x_i^2\}$,则 $1-x\geqslant\Big[\prod\limits_{i=1}^{n}(1-x_i)\Big]^{\frac{1}{n}}\geqslant 1-x-y$.

引理的证明:左边的不等式由均值不等式易得,右边的不等式成立是因为

$$\Big[\prod_{i=1}^{n}(1-x_i)\Big]^{\frac{1}{n}}\geqslant\frac{n}{\sum\limits_{i=1}^{n}\dfrac{1}{1-x_i}}\geqslant\frac{n}{\sum\limits_{i=1}^{n}(1+x_i+2x_i^2)}=\frac{n}{n+nx+2\sum\limits_{i=1}^{n}x_i^2}$$

$$\geqslant\frac{1}{1+x+y}\geqslant 1-x-y$$

回到原题.

设 $w=x+2\,015>2^{1\,007}$,$z=y+\dfrac{4\,029}{2}>2^{502}$,则原式等价于

$$w\Big[(1-\dfrac{1}{w})(1-\dfrac{2}{w})\cdots(1-\dfrac{2\,014}{w})\Big]^{\frac{1}{2\,014}}=z^2\Big[(1-\dfrac{1}{4z^2})(1-\dfrac{3^2}{4z^2})\cdots(1-\dfrac{4\,027^2}{4z^2})\Big]^{\frac{1}{2\,014}}$$

由引理知

$$w(1-\dfrac{2\,015}{2w})>w\Big[(1-\dfrac{1}{w})(1-\dfrac{2}{w})\cdots(1-\dfrac{2\,014}{w})\Big]^{\frac{1}{2\,014}}$$

$$> w\left(1 - \frac{2\,015}{2w} - \frac{2 \times 2\,014^2}{w^2}\right) > w\left(1 - \frac{2\,015}{2w}\right) - \frac{1}{8}$$

故 $w\left[(1-\frac{1}{w})(1-\frac{2}{w})\cdots(1-\frac{2\,014}{w})\right]^{\frac{1}{2\,014}}$ 的小数部分在 $\left(\frac{3}{8}, \frac{1}{2}\right)$ 内.

另外,由引理知

$$z^2\left(1 - \frac{1^2 + 3^2 + \cdots + 4\,027^2}{4z^2 \times 2\,014}\right) > z^2\left[(1-\frac{1}{4z^2})(1-\frac{3^2}{4z^2})\cdots(1-\frac{4\,027^2}{4z^2})\right]^{\frac{1}{2\,014}}$$
$$> z^2\left[1 - \frac{1^2 + 3^2 + \cdots + 4\,027^2}{4z^2 \times 2\,014} - \frac{2 \times 4\,027^4}{(4z^2)^2}\right]$$

则

$$z^2 - \frac{4 \times 2\,014^2 - 1}{12} > z^2\left[(1-\frac{1}{4z^2})(1-\frac{3^2}{4z^2})\cdots(1-\frac{4\,027^2}{4z^2})\right]^{\frac{1}{2\,014}}$$
$$> z^2 - \frac{4 \times 2\,014^2 - 1}{12} - \frac{4\,027^4}{8z^2}$$
$$> z^2 - \frac{4 \times 2\,014^2 - 1}{12} - \frac{1}{8}$$

由 $z^2 - \frac{4 \times 2\,014^2 - 1}{12}$ 为整数,知 $z^2\left[(1-\frac{1}{4z^2})(1-\frac{3^2}{4z^2})\cdots(1-\frac{4\,027^2}{4z^2})\right]^{\frac{1}{2\,014}}$ 的小数部分在 $(\frac{7}{8}, 1)$ 内,矛盾.

故 $\prod_{j=1}^{2\,014}(x+j) = \prod_{j=1}^{4\,028}(y+j)$ 无正整数解 (x, y).

4.设 $k(k > 3)$ 是给定的奇数.证明:存在无穷多个正奇数 n,使得有两个正整数 d_1, d_2,满足 $d_1 \mid \frac{n^2+1}{2}$, $d_2 \mid \frac{n^2+1}{2}$,且 $d_1 + d_2 = n + k$.

证明 考虑不定方程

$$[(k-2)^2 + 1]xy = (x + y - k)^2 + 1 \quad \text{①}$$

只需证明:方程 ① 有无穷多组正奇数解 (x, y).

显然,$(1, 1)$ 是一组正奇数解.

令 $(x_1, y_1) = (1, 1)$.

假设 $(x_i, y_i)(x_i \leq y_i)$ 是方程 ① 的一组正奇数解.令

$$x_{i+1} = y_i, \quad y_{i+1} = (k-1)(k-3)y_i + 2k - x_i$$

方程 ① 可整理为

$$x^2 - [(k-1)(k-3)y + 2k]x + (y-k)^2 + 1 = 0$$

由韦达定理,知 (x_{i+1}, y_{i+1}) 仍是满足方程 ① 的整数解.

因为 x_i, y_i, k 均为正奇数,且 $k \geq 5$,所以 x_{i+1} 也为正奇数.

而 $y_{i+1} = (k-1)(k-3)y_i + 2k - x_i \equiv -x_i = 1 \pmod{2}$,且 $y_{i+1} \geq 8y_i + 2k - x_i > y_i >$

0，故 (x_{i+1}, y_{i+1}) 也是满足方程 ① 的正奇数解，且 $x_i + y_i < x_{i+1} + y_{i+1}$.

由 (x_1, y_1) 及上述构造，得到满足方程 ① 的正奇数解 $(x_i, y_i)(i=1,2,\cdots)$，且 $x_1 + y_1 < x_2 + y_2 < \cdots$.

对任意大于 k 的整数 i，有 $x_i + y_i > k$.

取 $n = x_i + y_i - k, d_1 = x_i, d_2 = y_i$，则 n 为正奇数，且 $[(k-2)^2 + 1]d_1 d_2 = n^2 + 1$.

由 $(k-2)^2 + 1$ 为偶数，知 $d_1 \mid \dfrac{n^2+1}{2}, d_2 \mid \dfrac{n^2+1}{2}$，且 $d_1 + d_2 = n + k$.

于是，这个 n 便满足题述要求.

故有无穷多个正奇数 n 满足题设要求.

5. 设 $n(n > 1)$ 是给定的整数，求最大的常数 $\lambda(n)$，使得对任意 n 个非零复数 $z_1, z_2, \cdots, z_n$，有 $\sum_{k=1}^{n} |z_k|^2 \geqslant \lambda(n) \min_{1 \leqslant k \leqslant n} \{|z_{k+1} - z_k|^2\} (z_{n+1} = z_1)$.

解 令

$$\lambda_0(n) = \begin{cases} \dfrac{n}{4}, & \text{当 } n \text{ 为偶数} \\ \dfrac{n}{4\cos^2 \dfrac{\pi}{2n}}, & \text{当 } n \text{ 为奇数时} \end{cases}$$

接下来证明：$\lambda_0(n)$ 为所求最大常数值.

若存在正整数 $k(1 \leqslant k \leqslant n)$ 使得 $|z_{k+1} - z_k| = 0$，则原不等式显然成立.

以下不妨设

$$\min_{1 \leqslant k \leqslant n} \{|z_{k+1} - z_k|^2\} = 1 \qquad ①$$

在此条件下，只需证明：$\sum_{k=1}^{n} |z_k|^2$ 的最小值为 $\lambda_0(n)$.

当 n 为偶数时，由于

$$\sum_{k=1}^{n} |z_k|^2 = \dfrac{1}{2}\sum_{k=1}^{n}(|z_k|^2 + |z_{k+1}|^2) \geqslant \dfrac{1}{4}\sum_{k=1}^{n}|z_{k+1} - z_k|^2$$

$$\geqslant \dfrac{n}{4}\min_{1 \leqslant k \leqslant n}\{|z_{k+1} - z_k|^2\} = \dfrac{n}{4}$$

当 $(z_1, z_2, \cdots, z_n) = \left(\dfrac{1}{2}, -\dfrac{1}{2}, \cdots, \dfrac{1}{2}, -\dfrac{1}{2}\right)$ 时，上式等号成立.

因此，$\sum_{k=1}^{n} |z_k|^2$ 的最小值为 $\dfrac{n}{4} = \lambda_0(n)$.

当 n 为奇数时，令 $\theta_k = \arg \dfrac{z_{k+1}}{z_k} \in [0, 2\pi)(k=1,2,\cdots,n)$.

对每个 $k(k=1,2,\cdots,n)$，若 $\theta_k \leqslant \dfrac{\pi}{2}$ 或 $\theta_k \geqslant \dfrac{3\pi}{2}$，则由式 ① 得

$$|z_k|^2 + |z_{k+1}|^2 = |z_k - z_{k+1}|^2 + 2|z_k||z_{k+1}|\cos\theta_k \geqslant |z_k - z_{k+1}|^2 \geqslant 1 \qquad ②$$

若 $\theta_k \in \left(\dfrac{\pi}{2}, \dfrac{3\pi}{2}\right)$，则由 $\cos\theta_k < 0$ 及式 ① 知

$$\begin{aligned}
1 \leqslant |z_k - z_{k+1}|^2 &= |z_k|^2 + |z_{k+1}|^2 - 2|z_k||z_{k+1}|\cos\theta_k \\
&\leqslant (|z_k|^2 + |z_{k+1}|^2)[1 + (-2\cos\theta_k)] \\
&= (|z_k|^2 + |z_{k+1}|^2) 2\sin^2\dfrac{\theta_k}{2}
\end{aligned}$$

故

$$|z_k|^2 + |z_{k+1}|^2 \geqslant \dfrac{1}{2\sin^2\dfrac{\theta_k}{2}} \qquad ③$$

考虑两种情形．

(1) 若对所有 $k (k=1, 2, \cdots, n)$，有 $\theta_k \in \left(\dfrac{\pi}{2}, \dfrac{3\pi}{2}\right)$，则由式 ③ 得

$$\sum_{k=1}^{n} |z_k|^2 = \dfrac{1}{2}\sum_{k=1}^{n}(|z_k|^2 + |z_{k+1}|^2) \geqslant \dfrac{1}{4}\sum_{k=1}^{n} \dfrac{1}{\sin^2\dfrac{\theta_k}{2}} \qquad ④$$

因为 $\prod\limits_{k=1}^{n}\dfrac{z_{k+1}}{z_k} = \dfrac{z_{n+1}}{z_1} = 1$，所以

$$\sum_{k=1}^{n} \theta_k = \arg\left(\prod_{k=1}^{n}\dfrac{z_{k+1}}{z_k}\right) + 2m\pi = 2m\pi \qquad ⑤$$

其中，m 是某个正整数，且 $m < n$．

注意到，n 为奇数，故

$$0 < \sin\dfrac{m\pi}{n} \leqslant \sin\dfrac{(n-1)\pi}{2n} = \cos\dfrac{\pi}{2n} \qquad ⑥$$

令 $f(x) = \dfrac{1}{\sin^2 x}\left(x \in \left[\dfrac{\pi}{4}, \dfrac{3\pi}{4}\right]\right)$，易见，$f(x)$ 为下凸函数．

由式 ④ 及琴生不等式，并结合 ⑤⑥ 两式得

$$\sum_{k=1}^{n} |z_k|^2 \geqslant \dfrac{1}{4}\sum_{k=1}^{n}\dfrac{1}{\sin^2\dfrac{\theta_k}{2}} \geqslant \dfrac{n}{4} \cdot \dfrac{1}{\sin^2\left(\dfrac{1}{n}\sum\limits_{k=1}^{n}\dfrac{\theta_k}{2}\right)}$$

$$= \dfrac{n}{4} \cdot \dfrac{1}{\sin^2\dfrac{m\pi}{n}} \geqslant \dfrac{n}{4} \cdot \dfrac{1}{\cos^2\dfrac{\pi}{2n}} = \lambda_0(n)$$

(2) 若存在 $j (1 \leqslant j \leqslant n)$，使 $\theta_j \notin \left(\dfrac{\pi}{2}, \dfrac{3\pi}{2}\right)$．

记 $I = \left\{j \mid \theta_j \notin \left(\dfrac{\pi}{2}, \dfrac{3\pi}{2}\right), j = 1, 2, \cdots, n\right\}$．

由式 ②，知对 $j \in I$，有 $|z_j|^2 + |z_{j+1}|^2 \geqslant 1$．

由式 ③，知对 $j \notin I$，有 $|z_j|^2 + |z_{j+1}|^2 \geqslant \dfrac{1}{2\sin^2\dfrac{\theta_j}{2}} \geqslant \dfrac{1}{2}$．

故
$$\sum_{k=1}^{n}|z_k|^2 = \frac{1}{2}\left[\sum_{j\in I}(|z_j|^2+|z_{j+1}|^2)+\sum_{j\notin I}(|z_j|^2+|z_{j+1}|^2)\right]$$
$$\geqslant \frac{1}{2}|I|+\frac{1}{4}(n-|I|)=\frac{1}{4}(n+|I|)\geqslant \frac{n+1}{4} \qquad ⑦$$

注意到
$$\frac{n+1}{4}\geqslant \frac{n}{4}\cdot\frac{1}{\cos^2\frac{\pi}{2n}}\Leftrightarrow \cos^2\frac{\pi}{2n}\geqslant \frac{n}{n+1}\Leftrightarrow \sin^2\frac{\pi}{2n}\leqslant 1-\frac{n}{n+1}=\frac{1}{n+1} \qquad ⑧$$

当 $n=3$ 时,式 ⑧ 成立.

当 $n\geqslant 5$ 时
$$\sin^2\frac{\pi}{2n}<\left(\frac{\pi}{2n}\right)^2<\frac{\pi^2}{2n}\cdot\frac{1}{n+1}<\frac{1}{n+1}$$

故式 ⑧ 也成立.

从而,对一切奇数 $n\geqslant 3$,有 $\frac{n+1}{4}\geqslant \frac{n}{4}\cdot\frac{1}{\cos^2\frac{\pi}{2n}}$,结合式 ⑦,知

$$\sum_{k=1}^{n}|z_k|^2\geqslant \frac{n}{4}\cdot\frac{1}{\cos^2\frac{\pi}{2n}}=\lambda_0(n)$$

另外,当 $z_k=\frac{1}{2\cos\frac{\pi}{2n}}\cdot e^{\frac{i(n-1)k\pi}{n}}(k=1,2,\cdots,n)$ 时,有 $|z_k-z_{k+1}|=1(k=1,2,\cdots,n)$,此时,$\sum_{k=1}^{n}|z_k|^2$ 可取到最小值 $\lambda_0(n)$.

综上,$\lambda(n)$ 的最大值为 $\lambda_0(n)=\begin{cases}\dfrac{n}{4},n\text{ 为偶数}\\ \dfrac{n}{4\cos^2\frac{\pi}{2n}},n\text{ 为奇数}\end{cases}.$

6. 对整数 $k(k>1)$,记 $f(k)$ 是将 k 分解为大于 1 的正整数之积的分解方法数(不计乘积中因子的次序),如 $f(12)=4$,这是因为 12 有如下四种分解:$12,2\times 6,3\times 4,2\times 2\times 3$. 若 n 是大于 1 的整数,p 是 n 的任一素因子,证明:$f(n)\leqslant \frac{n}{p}$.

证明 用 $P(n)$ 表示 n 的最大素因子,并规定 $P(1)=f(1)=1$.
先证明两个引理.

引理 1:对于正整数 n 及素数 p,$p\mid n$,有 $f(n)\leqslant \sum_{d\mid \frac{n}{p}}f(d)$.

引理 1 的证明:为了叙述方便,将 n 的一种符合要求的分解方法简称为一个分解.
对于 n 的任一分解 $n=n_1 n_2\cdots n_k$,由于 $p\mid n$,故必存在 $i\in\{1,2,\cdots,k\}$,使得 $p\mid n_i$(若

这样的 i 多于一个,则任选其中一个),不妨设 $i=1$. 将该分解对应到 $d=\dfrac{n}{n_1}$ 的分解 $d=n_2n_3\cdots n_k$.

对 n 的两个不同的分解 $n=n_1n_2\cdots n_k(p\mid n)$ 与 $n=n_1'n_2'\cdots n_l'(p\mid n_1')$.

当 $n_1=n_1'$ 时,$d=n_2n_3\cdots n_k$ 和 $d=n_2'n_3'\cdots n_k'$ 是 $d(d\mid \dfrac{n}{p})$ 的两个不同的分解.

当 $n_1\neq n_1'$ 时,$d=\dfrac{n}{n_1}\neq \dfrac{n}{n_1'}=d'$.

于是,这两个分解分别对应于 $d(d\mid\dfrac{n}{p})$ 及 $d'(d'\mid\dfrac{n}{p})$ 的分解.

因此,$f(n)\leqslant \sum\limits_{d\mid\frac{n}{p}}f(d)$.

引理 2:对任意正整数 n,令 $g(n)=\sum\limits_{d\mid n}\dfrac{d}{P(d)}$,则 $g(n)\leqslant n$.

引理 2 的证明:对 d 的不同素因子个数归纳.

当 $d=1$ 时,$g(1)=1$.

当 $n=p^a$ 为素数幂时,$g(n)=1+1+p+\cdots+p^{a-1}=1+\dfrac{p^a-1}{p-1}\leqslant 1+p^a-1=n$.

假设 n 的不同素因子个数为 k 时,$g(n)\leqslant n$.

考虑 n 有 $k+1$ 个不同素因子的情形.

设 n 的标准分解式为
$$n=p_1^{a_1}p_2^{a_2}\cdots p_{k+1}^{a_{k+1}} \quad (p_1<p_2<\cdots<p_{k+1})$$
并记 $n=mp_{k+1}^{a_{k+1}}$. 于是
$$g(n)=g(m)+\sum_{d\mid m}\sum_{i=1}^{a_{k+1}}\dfrac{dp_{k+1}^i}{p_{k+1}}=g(m)+\sigma(m)\dfrac{p_{k+1}^{a_{k+1}}-1}{p_{k+1}-1}$$

其中,$\sigma(m)$ 是 m 的所有正约数之和

由归纳假设,知 $g(m)\leqslant m$,而
$$\sigma(m)\dfrac{p_{k+1}^{a_{k+1}}-1}{p_{k+1}-1}=\Big(\prod_{i=1}^{k}\dfrac{p_i^{a_i+1}-1}{p_i-1}\Big)\dfrac{p_{k+1}^{a_{k+1}}-1}{p_{k+1}-1}\leqslant \Big(\prod_{i=1}^{k}\dfrac{p_i^{a_i+1}-1}{p_{i+1}-1}\Big)(p_{k+1}^{a_{k+1}}-1)$$
$$\leqslant \Big(\prod_{i=1}^{k}\dfrac{p_i^{a_i+1}-1}{p_i}\Big)(p_{k+1}^{a_{k+1}}-1)$$
$$\leqslant \Big(\prod_{i=1}^{k}p_i^{a_i}\Big)(p_{k+1}^{a_{k+1}}-1)=n-m$$

从而,$g(n)\leqslant n$.

回到原题.

为证原不等式,只需证明:对一切正整数 n,均有 $f(n)\leqslant \dfrac{n}{P(n)}$.

对 n 用数学归纳法.

当 $n=1$ 时,$f(1) \leqslant \dfrac{1}{P(1)}$ 的两边均为 1,显然成立.

假设对 $n=k$,均有 $f(n) \leqslant \dfrac{n}{P(n)}$,则当 $n=k+1$ 时,由引理 1,2 及归纳假设,得

$$f(k+1) \leqslant \sum_{d \mid \frac{k+1}{P(k+1)}} f(d) \leqslant \sum_{d \mid \frac{k+1}{P(k+1)}} \frac{d}{P(d)} = g\left[\frac{k+1}{P(k+1)}\right] \leqslant \frac{k+1}{P(k+1)}$$

2015 年第三十一届中国数学奥林匹克
国家集训队选拔试题及解答

1. 如图 1 所示,在等腰 $\triangle ABC$ 中,$AB=AC>BC$,D 为 $\triangle ABC$ 内一点,满足 $DA=DB+DC$. 边 AB 的中垂线与 $\angle ADB$ 的外角平分线交于点 P,边 AC 的中垂线与 $\angle ADC$ 的外角平分线交于点 Q. 证明:B,C,P,Q 四点共圆.

证明 先证明:A,B,D,P 四点共圆.

事实上,如图 2 所示,取 $\overset{\frown}{ADB}$ 的中点 P',则 P' 在线段 AB 的中垂线上.

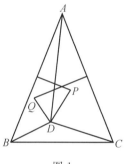

图1

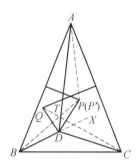

图2

任取 BD 延长线上一点 X,则由 $P'A=P'B$ 及 A,B,D,P' 四点共圆,知 $\angle P'DA=\angle P'BA=\angle P'AB=\angle P'DX$,即点 P' 在 $\angle ADB$ 的外角平分线上.

故点 P' 与 P 重合,即 A,B,D,P 四点共圆.

接下来,由托勒密定理得
$$AB\cdot DP+BD\cdot AP=AD\cdot BP$$
结合 $PA=PB$ 及 $AD=BD+CD$,知
$$AB\cdot DP=AD\cdot BP-BD\cdot AP$$
$$=AP(AD-BD)=AP\cdot CD$$
$$\Rightarrow \frac{AP}{DP}=\frac{AB}{CD}$$

记 BP 与 AD 的交点为 T.

注意到,$\angle BAP+\angle BDP=180°$,故
$$\frac{AT}{TD}=\frac{S_{\triangle ABP}}{S_{\triangle DBP}}=\frac{\frac{1}{2}AB\cdot AP\sin\angle BAP}{\frac{1}{2}DB\cdot DP\sin\angle BDP}$$

$$= \frac{AB}{DB} \cdot \frac{AP}{DP} = \frac{AB}{DB} \cdot \frac{AB}{CD} = \frac{AB^2}{BD \cdot CD}$$

类似地，A,C,D,Q 四点共圆，且若记 CQ 与 AD 的交点为 T'，则

$$\frac{AT'}{T'D} = \frac{AC^2}{BD \cdot CD}$$

又 $AB = AC$，于是，$\frac{AT'}{T'D} = \frac{AT}{TD}$.

因此，点 T' 与 T 重合.

由圆幂定理得

$$TB \cdot TP = TA \cdot TD = TC \cdot TQ$$

从而，B,C,P,Q 四点共圆.

2. 设 X 为非空有限集合，$A_1, A_2, \cdots, A_k$ 为 X 的 k 个子集，满足：

(1) $|A_i| \leqslant 3 (i=1,2,\cdots,k)$.

(2) X 中任意一个元素属于 $A_1, A_2, \cdots, A_k$ 中的至少四个集合.

证明：可从 $A_1, A_2, \cdots, A_k$ 中选出 $\left[\frac{3}{7}k\right]$ 个集合，使得它们的并集为 X，其中，$[x]$ 表示不超过实数 x 的最大整数.

证明 从 $A_1, A_2, \cdots, A_k$ 中选取尽可能多的互不相交的三元集，设选取了 x 个集合，不妨设为 $A_1, A_2, \cdots, A_x$.

对 $i(x < i \leqslant k)$，令 $B_i = A_i \setminus (\bigcup_{j=1}^{x} A_j)$. 于是，$|B_i| \leqslant 2$（否则，若某个 B_i 为三元集，则 A_i 为与 $A_1, A_2, \cdots, A_x$ 不交的三元集，这与 x 的最大性矛盾）.

设 $X_1 = X \setminus (\bigcup_{j=1}^{x} A_j)$.

由条件(2)，知集合 X_1 中的每个元素均属于 $B_{x+1}, B_{x+2}, \cdots, B_k$ 中的至少四个集合.

再从 $B_{x+1}, B_{x+2}, \cdots, B_k$ 中选取尽可能多的互不相交的二元集，设选取了 y 个集合，不妨设为 $B_{x+1}, B_{x+2}, \cdots, B_{x+y}$.

对 $i(x+y < i \leqslant k)$，令 $C_i = B_i \setminus (\bigcup_{j=x+1}^{x+y} B_j)$，则 $|C_i| \leqslant 1$.

设 $X_2 = X_1 \setminus (\bigcup_{j=x+1}^{x+y} B_j)$，则集合 X_2 中的每个元素均属于 $C_{x+y+1}, C_{x+y+2}, \cdots, C_k$ 中的至少四个集合，再从 $C_{x+y+1}, C_{x+y+2}, \cdots, C_k$ 中选取 $z = |X_2|$ 个集合，它们的并集为 X_2，不妨设选取了 $C_{x+y+1}, C_{x+y+2}, \cdots, C_{x+y+z}$.

考虑集合 $A_1, A_2, \cdots, A_{x+y+z}$.

首先有

$$\bigcup_{i=1}^{x+y+z} A_i = (\bigcup_{i=1}^{x} A_i) \cup (\bigcup_{i=x+1}^{x+y} B_i) \cup (\bigcup_{i=x+y+1}^{x+y+z} C_i)$$
$$= (X \setminus X_1) \cup (X_1 \setminus X_2) \cup X_2 = X \qquad ①$$

其次证明：$x + y + z < \frac{3}{7}k$.

显然
$$|X_1| = |X| - 3x$$
$$|X_2| = |X_1| - 2y = |X| - 3x - 2y$$

由条件(1),(2)易知
$$4|X| \leqslant \sum_{i=1}^{k} |A_i| \leqslant 3k$$

类似地,由 B_i 及 C_j 的上述性质,得
$$4(|X| - 3x) = 4|X_1| \leqslant \sum_{i=x+1}^{k} |B_i| \leqslant 2(k-x)$$
$$4(|X| - 3x - 2y) = 4|X_2| \leqslant \sum_{i=x+y+1}^{k} |C_i| \leqslant k - x - y$$

以上三式整理得
$$|X| \leqslant \frac{3k}{4}$$
$$5x \geqslant 2|X| - k$$
$$11x + 7y \geqslant 4|X| - k$$

故
$$\begin{aligned}
x + y + z &= x + y + |X| - 3x - 2y \\
&= |X| - 2x - y \\
&= |X| - \frac{3}{35} \times 5x - \frac{1}{7}(11x + 7y) \\
&\leqslant |X| - \frac{3}{35}(2|X| - k) - \frac{1}{7}(4|X| - k) \\
&= \frac{9}{35}|X| + \frac{8}{35}k \leqslant \frac{9}{35} \times \frac{3}{4}k + \frac{8}{35}k \\
&= \frac{59}{140}k < \frac{3}{7}k
\end{aligned}$$

记 $t = \left[\frac{3}{7}k\right]$,则 $x + y + z \leqslant t$.

由式 ①,知 $A_1, A_2, \cdots, A_{x+y+z}, \cdots, A_t$ 的并集为 X.

3. 设 a, b 为正整数,且 a 与 b 的最大公约数至少有两个不同的素因子. 设 $S = \{n \in \mathbf{Z}_+ \mid n \equiv a \pmod{b}\}$.

对集合 S 中的元素 x,若 x 不能表示成 S 中两个或更多个元素的乘积(这些元素允许相同),则称 x 为"不可约的". 证明:存在正整数 t,使得集合 S 中的每个元素均可表示成 S 中不超过 t 个不可约元素的乘积.

证明 首先注意到,集合 S 中每个元素总能表示成 S 中若干个不可约元素的乘积,且表示方法不一定唯一.

此外,若 $x \in S$ 可表示为 S 中 $m(m \geqslant 2)$ 个元素之积,将这一表示等式模 b,得

$$a^m \equiv a \pmod b$$

因此,若不存在 $m \geqslant 2$,使得
$$a^m \equiv a \pmod b$$
则集合 S 中的每个元素均是不可约的,结论显然成立.

现假设存在 $m \geqslant 2$,使得
$$a^m \equiv a \pmod b$$
并设 m_0 为满足该条件的最小正整数.

接下来证明
$$a^n \equiv a \pmod b \Leftrightarrow n \equiv 1 \pmod {m_0 - 1} \qquad ①$$

事实上,若 $a^n \equiv a \pmod b$,设
$$n - 1 = (m_0 - 1)q + r \quad (0 \leqslant r < m_0 - 1)$$

当 $q > 0$ 时,由
$$n = (m_0 - 1)(q - 1) + r + m_0$$
知
$$a \equiv a^n \equiv a^{(m_0-1)(q-1)+r+1} = a^{(m_0-1)(q-2)+r+m_0}$$
$$\equiv a^{(m_0-1)(q-2)+r+1} \equiv \cdots \equiv a^{r+1} \pmod b$$

当 $q = 0$ 时,仍有
$$a^{r+1} \equiv a \pmod b$$

假如 $r > 0$,则 $r + 1 \geqslant 2$.

又 $r + 1 < m_0$,结合式 ②,知这与 m_0 的最小性矛盾.

因此,$r = 0$,故 $n \equiv 1 \pmod {m_0 - 1}$.

反过来,若 $n \equiv 1 \pmod {m_0 - 1}$,同上可证 $a^n \equiv a \pmod b$.

因此,结论 ① 成立.

由结论①,知若 $x \in S$ 可写成集合 S 中至少两个元素之积,则 x 必能写成 S 中 m_0 个元素之积.

事实上,设
$$x = x_1 x_2 \cdots x_l \quad (x_1, x_2, \cdots, x_l \in S, l > 1)$$
则
$$a^l \equiv a \pmod b \Rightarrow l \equiv 1 \pmod {m_0 - 1} \Rightarrow l - m_0 + 1 \equiv 1 \pmod {m_0 - 1}$$

考虑 $x' = x_{m_0} \cdots x_l$,则 $x' \equiv a^{l-m_0+1} \equiv a \pmod b$,故 $x' \in S$.

因而,x 可表示为集合 S 中 m_0 个元素 $x_1, \cdots, x_{m_0-1}, x'$ 的乘积.

设 $(a, b) = p_1^{\alpha_1} p_2^{\alpha_2} \cdots p_k^{\alpha_k}$ 为 (a, b) 的标准分解.

由条件知 $k \geqslant 2$.

以下用 $v_p(n)$ 表示正整数 n 中素因子 p 的幂次.

对 $i = 1, 2, \cdots, k$,由 $p_i^{\alpha_i} \| (a, b)$ 及 $a^{m_0} \equiv a \pmod b (m_0 \geqslant 2)$,知 $v_{p_i}(b) = \alpha_i$.

设 $b = p_1^{\alpha_1} p_2^{\alpha_2} \cdots p_k^{\alpha_k} c ((c, p_1 p_2 \cdots p_k) = 1)$.

对 $i = 1, 2, \cdots, k$, 令 $\delta_i = \delta_c(p_i)$ 为 p_i 模 c 的阶.

下面证明:集合 S 中每个元素 x 均可表示为 S 中不超过
$$t = m_0 + \left[\frac{\delta_1 - 1}{\alpha_1}\right] + (m_0 - 1)\left[\frac{\delta_2 - 1}{\alpha_2}\right]$$
个不可约元素的乘积.

注意到,正整数
$$x \in S \Leftrightarrow x \equiv a \pmod{b}$$
$$\Leftrightarrow \begin{cases} x \equiv a \equiv 0 \pmod{p_1^{\alpha_1} p_2^{\alpha_2} \cdots p_k^{\alpha_k}} \\ x \equiv a \pmod{c} \end{cases}$$
$$\Leftrightarrow \begin{cases} v_{p_i}(x) \geq \alpha_i (1 \leq i \leq k) \\ x \equiv a \pmod{c} \end{cases}$$

结合 $p_i^{\delta_i} \equiv 1 \pmod{c}$, 知:

若 $x \in S$, 则 $p_i^{\delta_i} x \in S$.

若 $x \in S$, 且 $v_{p_i}(x) \geq \alpha_i + \delta_i$, 则 $p_i^{-\delta_i} x \in S$.

对任意 $x \in S$, 若 x 是可约的, 由前知 x 可表示为集合 S 中 m_0 个元素之积.

设 $x = y_1 y_2 \cdots y_{m_0} (y_1, y_2, \cdots, y_{m_0} \in S)$, 不妨再设 $v_{p_1}(y_1) \in [\alpha_1, \alpha_1 + \delta_1)$.

否则, 若 $v_{p_1}(y_1) \geq \alpha_1 + \delta_1$, 则可取正整数 u, 使得
$$v_{p_1}(y_1) - u\delta_1 \in [\alpha_1, \alpha_1 + \delta_1)$$
于是, $p_1^{-\delta_1 u} y_1, p_1^{\delta_1 u} y_2 \in S$, 故分别用 $p_1^{-\delta_1 u} y_1, p_1^{\delta_1 u} y_2$ 代替 y_1, y_2 即可.

类似地, 对每个 $i (2 \leq i \leq m_0)$, 可不妨设 $v_{p_2}(y_i) \in [\alpha_2, \alpha_2 + \delta_2)$, 否则, 若有 $v_{p_2}(y_i) \geq \alpha_2 + \delta_2$, 则取正整数 u', 使得
$$v_{p_2}(y_i) - u'\delta_2 \in [\alpha_2, \alpha_2 + \delta_2)$$
分别用 $p_2^{-\delta_2 u'} y_i, p_2^{\delta_2 u'} y_1$ 代替 y_i, y_1 即可.

由于集合 S 的每个元素所含的 p_1 的幂次至少为 α_1, 而 $v_{p_1}(y_1) < \alpha_1 + \delta_1$, 因此, y_1 可分解为集合 S 中不超过 $\left[\frac{\alpha_1 + \delta_1 - 1}{\alpha_1}\right]$ 个不可约元素之积.

类似地, 考虑素因子 p_2 的幂次, 知每个 $y_i (2 \leq i \leq m_0)$ 可分解为集合 S 中不超过 $\left[\frac{\alpha_2 + \delta_2 - 1}{\alpha_2}\right]$ 个不可约元素之积.

因此, $x = y_1 y_2 \cdots y_{m_0}$ 可表示为集合 S 中不超过
$$\left[\frac{\alpha_1 + \delta_1 - 1}{\alpha_1}\right] + (m_0 - 1)\left[\frac{\alpha_2 + \delta_2 - 1}{\alpha_2}\right] = m_0 + \left[\frac{\delta_1 - 1}{\alpha_1}\right] + (m_0 - 1)\left[\frac{\delta_2 - 1}{\alpha_2}\right]$$
个不可约元素的乘积.

4. 给定整数 $n (n \geq 2)$, 设 $x_1, x_2, \cdots, x_n$ 为单调不减的正数序列, 并使 $x_1, \frac{x_2}{2}, \cdots, \frac{x_n}{n}$ 构

成一个单调不增的序列. 证明
$$\frac{A_n}{G_n} \leqslant \frac{n+1}{2\sqrt[n]{n!}}$$
其中,A_n 与 G_n 分别表示 $x_1, x_2, \cdots, x_n$ 的算术平均数与几何平均数.

证明 由条件知 $x_1 \leqslant x_2 \leqslant \cdots \leqslant x_n$,及 $x_1 \geqslant \frac{x_2}{2} \geqslant \cdots \geqslant \frac{x_n}{n} \Rightarrow \frac{1}{x_1} \leqslant \frac{2}{x_2} \leqslant \cdots \leqslant \frac{n}{x_n}$.

由切比雪夫不等式,得
$$\left(\frac{1}{n}\sum_{i=1}^{n} x_i\right)\left(\frac{1}{n}\sum_{i=1}^{n} \frac{i}{x_i}\right) \leqslant \frac{1}{n}\sum_{i=1}^{n} x_i \cdot \frac{i}{x_i} = \frac{n+1}{2} \qquad ①$$

又由均值不等式得
$$\frac{1}{n}\sum_{i=1}^{n} \frac{i}{x_i} \geqslant \sqrt[n]{\frac{n!}{x_1 x_2 \cdots x_n}} = \frac{\sqrt[n]{n!}}{G_n} \qquad ②$$

结合式 ①②,即得 $\frac{A_n}{G_n} \leqslant \frac{n+1}{2\sqrt[n]{n!}}$.

5. 将 2 015 阶完全图 G 的每条边染红、蓝两色之一. 对于图 G 的顶点集 V 的任意一个二元子集 $\{u, v\}$,定义
$$L(u, v) = \{u, v\} \bigcup \{w \in V \mid \text{以 } u, v, w \text{ 为顶点的三角形中恰有两条红边}\}$$

证明:当 $\{u, v\}$ 取遍顶点集 V 的所有二元子集时,至少可以得到 120 个不同的集合 $L(u, v)$.

证明 任取一点 $v \in V$.

一方面,若 $V \backslash \{v\}$ 中有 120 个顶点 $u_i (1 \leqslant i \leqslant 120)$,使得 vu_i 为蓝边,则对任意 $i (1 \leqslant i \leqslant 120)$,由定义知 $u_i \in L(v, u_i)$.

另一方面,由于对任意 $i, j (1 \leqslant i < j \leqslant 120)$,$v, u_i, u_j$ 之间已连有 vu_i, vu_j 两条蓝边,故 $u_i \notin L(v, u_j)$.

结合 $u_i \in L(v, u_i)$,知 $L(v, u_i) \neq L(v, u_j)$.

因此,$L(v, u_i)(1 \leqslant i \leqslant 120)$ 为 120 个互不相同的集合,结论成立.

若 $V \backslash \{v\}$ 中至多有 119 个顶点 u,使得 vu 为蓝边,设 W 为 $V \backslash \{v\}$ 中满足 vw 为红边的所有顶点 w 的集合,则
$$|W| \geqslant |V| - 1 - 119 = 2\,015 - 120 = 1\,895$$

考虑所有的 $L(v, w)(w \in W)$.

若其中至少有 120 个不同的集合,则结论成立.

以下设上述不同的 $L(v, w)$ 不超过 119 个,记 $[x]$ 表示不小于实数 x 的最小整数.

由抽屉原理,知集合 W 中必存在
$$l \geqslant \left\lceil\frac{|W|}{119}\right\rceil \geqslant \left\lceil\frac{1\,895}{119}\right\rceil = 16$$

个互不相同的点 $w_1, w_2, \cdots, w_l$,使得

$$L(v,w_1) = L(v,w_2) = \cdots = L(v,w_l)$$

注意到,对任意 $i,j(1 \leq i < j \leq 16)$,有 $w_i \in L(v,w_i) = L(v,w_j)$.

又由集合 W 的定义,知 vw_i, vw_j 为红边,故由 $L(v,w_j)$ 的定义,知 w_iw_j 为蓝边,故对任意点 $w_i, w_j, w_k (1 \leq i < j < k \leq 16)$,$w_iw_j, w_jw_k, w_kw_i$ 均为蓝边.

于是,$w_k \notin L(w_i, w_j)$.

由此,对 $i,j(1 \leq i < j \leq 16)$,$L(w_i,w_j)$ 是互不相同的,这共有 $C_{16}^2 = 120$ 个.

从而,不同的 $L(u,v)$ 至少有 120 个.

综上,命题获证.

6. 对正整数 n,定义 $f(n) = \tau(n!) - \tau[(n-1)!]$,其中,$\tau(a)$ 表示正整数 a 的正约数的个数. 证明:存在无穷多个合数 n,使得对任意正整数 $m(m<n)$,均有 $f(m) < f(n)$.

证明 先证明四个引理.

引理 1:对整数 $n > 1$,有 $\tau[(n-1)!] < \tau(n!)$.

引理 1 的证明:由 $(n-1)! \mid n!$,知 $(n-1)!$ 的正约数均为 $n!$ 的约数.

又 $n! > (n-1)!$,则 $n!$ 至少有一个正约数不为 $(n-1)!$ 的约数(如 $n!$).

因此,$\tau[(n-1)!] < \tau(n!)$.

引理 2:对奇素数 p,有 $f(p) > f(m)(m=1,2,\cdots,p-1)$.

引理 2 的证明:由 τ 为可乘函数,知
$$\tau(p!) = \tau(p)\tau[(p-1)!] = 2\tau[(p-1)!]$$
故
$$\begin{aligned}f(p) &= \tau(p!) - \tau[(p-1)!] \\ &= 2\tau[(p-1)!] - \tau[(p-1)!] \\ &= \tau[(p-1)!]\end{aligned}$$

对任意正整数 $m < p$,结合引理 1 得
$$f(m) = \tau(m!) - \tau[(m-1)!] < \tau(m!) \leq \tau[(p-1)!] = f(p)$$

引理 3:对奇素数 $p,q(p \leq q < 2p)$,有 $f(2p) > f(q)$.

引理 3 的证明:设
$$(2p-1)! = 2^\alpha p A, (A, 2p) = 1$$
于是,$(2p)! = 2^{\alpha+1} p^2 A$.

利用 τ 的可乘性知
$$\frac{\tau[(2p)!]}{\tau[(2p-1)!]} = \frac{3(\alpha+2)}{2(\alpha+1)} > \frac{3}{2}$$
故
$$\begin{aligned}f(2p) &= \tau[(2p)!] - \tau[(2p-1)!] \\ &> \frac{3}{2}\tau[(2p-1)!] - \tau[(2p-1)!]\end{aligned}$$

$$= \frac{1}{2}\tau[(2p-1)!]$$

而
$$f(q) = \tau(q!) - \tau[(q-1)!] = \frac{1}{2}\tau(q!)$$

再结合引理1,即得
$$f(q) < f(2p)$$

引理4:对任意奇素数 p,存在整数 $n \in [p, 2p]$,符合题意.

引理4的证明:设 n 满足
$$f(n) = \max\{f(p), f(p+1), \cdots, f(2p)\}$$
若有多个 n 满足条件,取其中最小的一个.

由引理3,知 n 为合数.

由 n 的取法,知对 $p \leqslant m < n$,有 $f(m) < f(n)$.

特别地,$f(p) < f(n)$.

对 $m < p$,由引理1,知
$$f(m) < f(p) < f(n)$$

从而,对所有正整数 $m < n$,有 $f(m) < f(n)$,故 n 符合要求.

回到原题.由引理4,并注意到素数有无限多个,从而满足要求的 n 也有无限多个.

2016 年第三十二届中国数学奥林匹克国家集训队选拔试题及解答

1. 在圆内接六边形 $ABCDEF$ 中,$AB=BC=CD=DE$,若线段 AE 内一点 K 满足 $\angle BKC = \angle KFE$,$\angle CKD = \angle KFA$,证明:$KC=KF$.

分析 圆中角的关系最为灵活也相对简单,由已知圆周角 $\angle AFE = \angle BKD$,注意到 $\overset{\frown}{BD} = \frac{1}{2} \overset{\frown}{AE}$,所以又有 $\angle AFE = \angle BOD$,从而 $\angle BKD = \angle BOD$,B,K,O,D 四点共圆,注意到 OC 为此圆的对称轴,所以在直径上,因此 OK 为 $\angle BKD$ 的外角平分线,这样分别延长 BK,DK 交圆 O 于点 B',D'.这样就可以得到对称性:B,B',D,D' 关于 OK 对称,由此,联系所证,只要 C,F 也关于 OK 对称,即得 $KC = KF$,故不妨设点 C 关于 OK 的对称点为点 F',它显然在圆上,下面设法证明 $F' = F$. 由已知,可想到先证 $\angle BKC = \angle KFE$.

由对称性,有 $\angle BKC = \angle B'KF'$,下面要证的是 $\angle KF'E = \angle B'KF'$,这两个角是"内错角",所以除非直线 $B'D \parallel F'E$,除非 $\overset{\frown}{B'F'} = \overset{\frown}{DE}$,由已知及对称性,知确实有 $\overset{\frown}{B'F'} = \overset{\frown}{DE}$,从而得到 $\angle BKC = \angle KF'E$,延长 $F'K$ 交圆 O 于点 C'. 当点 F' 变化时,$\overset{\frown}{EC'} = 2\angle KF'E$ 也跟着单调变化,所以使得 $\angle BKC = \angle KF'E$ 的点 F' 唯一,又 $\angle BKC = \angle KFE$,所以 $F' = F$,所以 $KC = KF$.

2. 求最小的正实数 λ,使得对任意三个复数 $z_1, z_2, z_3 \in \{z \in \mathbf{C} \mid |z| < 1\}$,若 $z_1 + z_2 + z_k = 0$,则 $|z_1 z_2 + z_2 z_3 + z_3 z_1|^2 + |z_1 z_2 z_3|^2 < \lambda$.

分析 由连续性,问题等价于条件、结论都是 "$\leqslant$" 的情况.

在高等数学中有最大模原理,解析函数在自变量取边界值时达到最大模. 所以,容易想到,当 $|z_1 z_2 + z_2 z_3 + z_3 z_1|^2 + |z_1 z_2 z_3|^2$ 最大时,z_1, z_2, z_3 至少有两个取边界值,即满足 $|z| = 1$,而

$$|z_1 z_2 + z_2 z_3 + z_3 z_1|^2 + |z_1 z_2 z_3|^2 = |(z_1 z_2 + z_2 z_3 + z_3 z_1) e^{i2\theta}|^2 + |z_1 z_2 z_3 e^{i3\theta}|^2$$

故不妨设 $|z_1| = |z_2| = 1$,$\operatorname{Re} z_1 = \operatorname{Re} z_2 = x \geqslant 0$,则 $z_3 = -2x$,$0 \leqslant x \leqslant \frac{1}{2}$,所以

$$|z_1 z_2 + z_2 z_3 + z_3 z_1|^2 + |z_1 z_2 z_3|^2 = |1-4x^2|^2 + |2x|^2 = 1-4x^2+16x^4 \leqslant 1$$

所以 $\lambda_{\min} = 1$.

下面设法证明之.

不妨设 z_1, z_2, z_3 中 z_3 的模最大,因为 $|z_3| \leqslant 1$,将每个数都乘以 $-z_3^{-1}$ 代替原来的数,则左边更大,此时 $z_3 = -1$,因为 $z_1 + z_2 + z_3 = 0$,设 $z_1 = x + yi$,$z_2 = 1-x-yi$,$x, y \in \mathbf{R}$,$y \geqslant 0$,则 $0 \leqslant x \leqslant 1$,代入并化简,得 $f = $ 左边 $= 2(2xy-y)^2 + (x-x^2+y^2-1)^2 +$

$(x-x^2+y^2)^2$,先固定 x,得 $f'_y=8y(x^2-x+y^2)$,所以 f'_y 先负后正,f 先减后增,在两端最大.

当 $y=0$ 时,$f=2(x-x^2-\frac{1}{2})^2+\frac{1}{2}\leqslant 1$.

当 y 最大时,$|z_1|$,$|z_2|$ 至少有一个为1,不妨设 $|z_2|=1$,以下同前面的分析,即旋转为 z_1 在 x 轴负半轴上,设 $z_1=-x(0\leqslant x\leqslant 1)$,则左边 $=(1-x^2)^2+x^2\leqslant 1$,所以 $\lambda_{\min}=1$.

3. 给定整数 $n\geqslant 2$,设集合 $X=\{(a_1,a_2,\cdots,a_n)\mid a_k\in\{0,1,\cdots,k\},k=1,2,\cdots,n\}$,对任意元素 $s=(s_1,s_2,\cdots,s_n)\in X$,$t=(t_1,t_2,\cdots,t_n)\in X$,定义 $s\vee t=(\max\{s_1,t_1\},\cdots,\max\{s_n,t_n\})$,$s\wedge t=(\min\{s_1,t_1\},\cdots,\min\{s_n,t_n\})$,求 X 的非空真子集 A 的元素个数的最大值,使得对任意 $s,t\in A$,均有 $s\vee t\in A$,$s\wedge t\in A$.

分析 如果取 $A=X$,显然满足对任意 $s,t\in A$,均有 $s\vee t\in A$,$s\wedge t\in A$,但是,不满足条件 A 是 X 的真子集,我们考虑去掉 X 的一些元素,使得到的集合 A 满足后面的条件. 为此,考虑某个 a_k 取少一个值 k,这时 A 满足后面的条件,且 $|A|=\frac{k}{k+1}(n+1)!$,当 $k=n$ 时得到此种情形的最大值 $|A|=nn!$,元素能否再增加些呢?如果对此 A 添加一个元素 $(s_1,\cdots,s_{n-1},n)$,那么只有 $s\vee t\in A$,运算才可能产生新的元素,由此运算可知 $\{(a_1,\cdots,a_{n-1},n)\mid a_k\geqslant s_k,k=1,\cdots,n-1\}\subseteq A$,所以如果对原来的 A 添加 $\{(a_1,\cdots,a_{n-1},n)\mid a_{n-1}\neq 0\}$,那么这样的 A 满足所有条件,此时 $|A|=nn!+(n-1)(n-1)!=(n+1)!-(n-1)!$,同理再往下添加,就不行了,如果这是最大值,那么,当 $|A|>(n+1)!-(n-1)!$ 时,就不满足条件,也就是必定会有 A 不是 X 的真子集,即 $A=X$.

下面设法证明:当 $|A|>(n+1)!-(n-1)!$ 时,$A=X$,今对 n 进行归纳证明.

(1)$n=1$ 时,显然.

(2)假设对 $n=k-1$,成立,那么对 $n=k$,将 A 分成 $k+1$ 支 $A_i=\{(a_1,\cdots,a_k)\in A\mid a_k=i\}$,则至少有一支,不妨设为 A_j,有

$$|A_j|\geqslant\frac{|A|}{k+1}>\frac{(k+1)!-(k-1)!}{k+1}>k!-(k-2)!$$

注意到每支都对运算 $s\vee t,s\wedge t$ 封闭,由归纳假设,有 A_j 是满的,即 $A_j=\{(a_1,\cdots,a_k)\in X\mid a_k=j\}$. 因为 A 是 X 的真子集,所以至少有一支是不满的,不妨设为 $A_l(l<j)$,记 $s_i=\max_{(\cdots,a_i,\cdots)\in A_j}a_i$,则由 $s\vee t$ 运算,知 $s=(s_1,\cdots,s_{k-1},l)\in A_l$,再将 s 与 A_j 的元素进行 $s\wedge t$ 运算,知 $\{(a_1,\cdots,a_{k-1},l)\mid a_i\leqslant s_i\}\subseteq A_l$,由 s_i 的定义,知 $\{(a_1,\cdots,a_{k-1},l)\mid a_l\leqslant s_j\}=A_l$,由于 A_l 是不满的,所以至少有一个 $s_i<i$,因此 $|A_l|\leqslant\frac{i}{i+1}k!\leqslant(k-1)\cdot(k-1)!$.

综上,$|A|=|A_1|+\cdots+|A_k|\leqslant kk!+(k-1)(k-1)!=(k+1)!-(k-1)!$,得证.

4. 设整数 $c,d \geqslant 2$, 数列 $\{a_n\}$ 满足 $a_1=c, a_{n+1}=a_n^d+c(n=1,2,\cdots)$, 证明: 对每个整数 $n \geqslant 2$, 存在 a_n 的素因子 p, 使得对 $i=1,2,\cdots,n-1$, 有 $p \nmid a_i$.

分析 像这种不整除的问题, 首先应考虑反证法, 反设对某个 a_n, 不存在这样的 p, 即 a_n 的所有素因子都是 $a_1,\cdots,a_{n-1}$ 的素因子, 我们再来看递推式 $a_{n+1}=a_n^d+c$ 这种非线性递推是比较复杂的, 对此递推的把握容易想到这两点: 整除与增长速度. 考虑整除是因为联系所证的结论, 递推式虽然复杂, 但是考虑整除就不一定复杂了, 比如当 $p \mid a_n$ 时, 有 $a_n^d+c \equiv c(\bmod p)$, 也有 $a_n+c \equiv c(\bmod p)$, 结果都是同样简单的; 考虑增长速度是因为 d 次幂增长非常快, 显然要注意到这个特点, 还有一个原因是, 数论经常结合不等式技巧. 所以应该如何考虑, 应怎样分析, 对水平高的同学来说条理是非常清晰的, 思维更容易直指问题的本质. 而不是乱想, 而后才凑巧想到某个点.

接下来, 考虑比较简单的增长速度(不等式), 有 $a_n=a_{n-1}^d+c>a_{n-1}^2$ (因为 a_{n-1} 可以无限大, 故 c 相对较小, 舍去, 而 d 是有可能等于 2 的) $>a_{n-1}a_{n-2}^2>\cdots>a_1a_2\cdots a_{n-1}$, 即
$$a_n>a_1a_2\cdots a_{n-1} \qquad ①$$

最后, 考虑整除, 注意到 a_n 的所有素因子都是 $a_1,\cdots,a_{n-1}$ 的素因子, 以下比较素数幂是自然的了, 设 $a_n=p_1^{\alpha_1}\cdots p_k^{\alpha_k}, a_1\cdots a_{n-1}=p_1^{\beta_1}\cdots p_k^{\beta_k}$, 由式 ① 知, 至少有一个 $\alpha_i>\beta_i$, 不妨设 $\alpha_1>\beta_1$, 设 $a_1,\cdots,a_{n-1}$ 中 a_i 的 p_1 幂指数最大, 为 γ, 则 $\gamma \leqslant \beta_1$, 要进行比较, 就要考虑唯一的已知条件 $a_{n+1}=a_n^d+c, a_n=a_{n-1}^d+c=(a_{n-2}^d+c)^d+c=\cdots=[(a_1^d+c)^d+\cdots]^d+c$, 因为 $p_1^{d\gamma} \mid a_i^d$, 所以可以考虑 $\bmod p_1^{\gamma+1}$, 有 $0 \equiv a_n \equiv [(0+c)^d+\cdots]^d+c=a_{n-i}(\bmod p_1^{\gamma+1})$, 这样就化简了, 所以 $p_1^{\gamma+1} \mid a_{n-i}$, 这与 α_i 的 p_1 幂指数最大为 γ 矛盾, 所以假设不成立, 得证.

5. 如图 1 所示, 四边形 $ABCD$ 内接于圆 O, $\angle A, \angle C$ 的内角平分线相交于点 I, $\angle B$, $\angle D$ 的内角平分线相交于点 J, 直线 IJ 不经过点 O, 且与边 AB, CD 的延长线分别交于点 P, R, 与边 BC, DA 分别交于点 Q, S, 线段 PR, QS 的中点分别为 M, N, 证明: $OM \perp ON$.

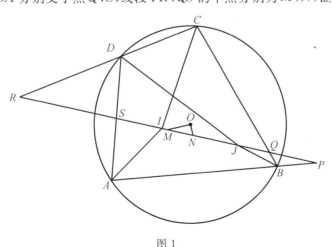

图 1

分析 如图 2 所示, 要证垂直, 联想与垂直有关的知识, 熟知如果分别延长 AI, CI, BJ, DJ 分别与圆 O 交于点 A', C', B', D', 则四边形 $A'B'C'D'$ 为矩形, 这是因为由对称

性,$A'C'$,$B'D'$ 都是圆的直径的缘故.所以只要证明 $\angle MON$ 等于其中一个直角即可,可想到分别证明 $OM \parallel A'B'$, $ON \parallel B'C'$. 再看中点条件,M 为 PR 的中点,而 O 为四边形 $A'B'C'D'$ 的中心,所以如果能证明点 P,R 分别在直线 $A'B'$, $C'D'$ 上,则 OM 就位于平行线 $A'B'$, $C'D'$ 的中间,从而有 $OM \parallel A'B'$, 从而转化为 A',B',R 与 C',D',P 三点共线问题,如果 C',D',P 三点共线,注意到此时会有 $\triangle AIC'$ 与 $\triangle BJD'$ 的对应点的连线交于点 P, 由笛沙格定理,会有这两个三角形的对应边的交点共线,反之亦然,注意到有两对对应边的交点正好是内角平分线的交点 E,F, 这两个点在 AD, BC 所成角的平分线上,设 AD, BC 交于点 G, AC', BD' 交于点 H, 则 E,F,G 三点共线,要证 E,F,H 三点共线,只要再证点 H 在直线 EFG 上即可,证明三点共线,还可联想到帕斯卡定理,考虑圆内接六边形 $AC'CBD'D$, 即得点 F,G,H 三点共线,所以 E,F,H 三点共线,从而对 $\triangle AIC'$ 与 $\triangle BJD'$, 由笛沙格定理,C',D',P 三点共线,同理 A',B',R 也三点共线,所以 $OM \parallel A'B' \parallel C'D'$, 同理 $ON \parallel B'C' \parallel A'D'$, 得证.

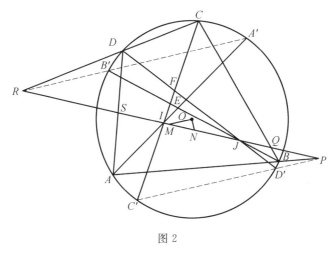

图 2

6.设 m,n 为整数,$n \geq m \geq 2$, S 是一个 n 元整数集合,证明:S 至少有 2^{n-m+1} 个子集,每个子集的元素和均被 m 整除.(这里约定空集的元素和为 0.)

分析 注意到 2^{n-m+1} 恰好是 $n-m+1$ 元集合的所有子集的个数,若取 S 的某个 $n-m+1$ 元子集 A, 则 A 的所有子集(当然也是 S 的子集)的元素和有 2^{n-m+1} 个,这样任取的元素和当然不大可能都被 m 整除,所以,我们应当考虑余下的 $m-1$ 个元素,设所成的集合为 B, 接下来自然考虑对前面的每个和 s_1, 再于 B 中取若干元素的得和 s_2, 使得凑出 $m \mid (s_1+s_2)$, 如果能做到,这样,就可得到 2^{n-m+1} 个子集元素和,都是 m 的倍数,从而完成证明.

由于前面和的任意性,很可能是取遍了模 m 的完系,这就需要 B 满足:B 的子集元素和也取遍模 m 的完系,所以考虑的重点为如何从 S 中取出 $m-1$ 元子集 B, 使得 B 的子集元素和也取遍模 m 的完系? 比如 $B = \{1,1,\cdots,1\}$ 就满足条件,注意,空集的元素和为 0. (严格的写法是,比如 $B = \{1, 1+m, \cdots, 1+(m-2)m\}$, 模 m 下 $1+km$ 与 1 效果一样.)

这个问题是复杂的,如何接着考虑呢?我们可以试试能否复杂问题简单考虑,$m-1$个太多不好把握,我们可以从1个开始,用数学归纳法的思想,从$B=\varnothing$开始,每次添加一个元素,看B能否产生新的子集元素和,如果每次都可以,那么添加到$m-1$个元素时,就得到m个模m各不相同不同的数,也就是得到模m的完系了.证明如下.

$B=\varnothing$时,B的子集元素和为0,有一个,设B的元素小于k个时,在模m下它的有不同子集元素和为$s_1,\cdots,s_k$,任取S的余下元素s,将s添加到B中,如果此时B的子集元素和在模m下能产生新的数,则完成了我们想要的步骤.有以下两种情况.

(1)每次都顺利完成,得到S的$m-1$元子集B,B的子集元素和取遍模m的完系,如上,至少有2^{n-m+1}个S的子集和,每个都被m整除;

(2)对某个$k<m$,B不能产生新的子集元素和,即对任意的S的余下元素s,在模m下$s+s_1,\cdots,s+s_k$不产生新的数,注意到$s+s_1,\cdots,s+s_k$模m各不相同,所以只能是$s_1,\cdots,s_k$的一个排列,所以有$(s+s_1)+\cdots+(s+s_k)\equiv s_1+\cdots+s_k(\bmod m)$,$ks\equiv 0(\bmod m)$,$m\mid ks$,设$(k,m)=d,m=m'd$,则$d<m,m'\mid s$,所以$S$中余下的所有元素($>n-k$),每个都是$m'$的倍数,记为$m'x_1,\cdots,m'x_{n-k}$,又记$S'=\{x_1,\cdots,x_{n-k}\}$,注意到$d\mid x_{i_1}+\cdots+x_{i_j}\Leftrightarrow m=m'd\mid m'x_{i_1}+\cdots+m'x_{i_j}$,所以这种情形下,将$S$的子集元素和为$m$的倍数问题,转化为$S'$的子集元素和为$d$的倍数问题,假设对$m$进行归纳法,则对$d,S'$中至少有$2^{n-k-d+1}$个子集的元素和是$d$的倍数,对应地,$S$中至少有$2^{n-k-d+1}$个子集的元素和是$m$的倍数.

因为$(k,m)=d,k<m$,所以$k\leqslant m-d$,所以$2^{n-k-d+1}\geqslant 2^{n-m+1}$,得证.

小结:在这个困难的问题中,我们将(1)(2)综合起来,一般来说,数学难题都不是单思路的,要善于综合起来思考.一方面是什么,另一方面又是什么,综合起来才得到结论.

2017年第三十三届中国数学奥林匹克国家集训队选拔试题及解答

1. 设 $n \geqslant 4, x_1, x_2, \cdots, x_n$ 为 n 个非负实数, 满足 $x_1 + x_2 + \cdots + x_n = 1$. 求 $x_1 x_2 x_3 + x_2 x_3 x_4 + \cdots + x_n x_1 x_2$ 的最大值.

解 当 $n = 4$ 时, 利用均值不等式, 得

$$x_1 x_2 x_3 + x_2 x_3 x_4 + x_3 x_4 x_1 + x_4 x_1 x_2 = x_1 x_2 (x_3 + x_4) + x_3 x_4 (x_1 + x_2)$$

$$\leqslant \frac{1}{4}(x_1 + x_2)^2(x_3 + x_4) + \frac{1}{4}(x_3 + x_4)^2(x_1 + x_2)$$

$$= \frac{1}{4}(x_1 + x_2)(x_3 + x_4) \leqslant \frac{1}{16}$$

当 $n = 5$ 时, 不妨设 $x_1 = \min\{x_1, x_2, x_3, x_4, x_5\}$, 利用均值不等式, 得

$$x_1 x_2 x_3 + x_2 x_3 x_4 + x_3 x_4 x_5 + x_4 x_5 x_1 + x_5 x_1 x_2$$

$$= x_1 (x_2 + x_4)(x_3 + x_5) + x_3 x_4 (x_2 + x_5 - x_1)$$

$$\leqslant x_1 \left(\frac{x_2 + x_3 + x_4 + x_5}{2}\right)^2 + \left(\frac{x_2 + x_3 + x_4 + x_5 - x_1}{3}\right)^2$$

$$= x_1 \left(\frac{1 - x_1}{2}\right)^2 + \left(\frac{1 - 2x_1}{3}\right)^3$$

$$= \frac{1}{25} - \frac{(5x_1 - 1)^2 (5x_1 + 8)}{2\,700}$$

$$\leqslant \frac{1}{25}$$

当且仅当 $x_1 = x_2 = x_3 = x_4 = x_5 = \frac{1}{5}$, 上式等号成立.

当 $n \geqslant 6$ 时, 若 $n = 3k + 1 \geqslant 7$, 假设 $x_1 = \min\{x_1, x_2, \cdots, x_n\}$, 则 $x_{3k} x_{3k+1} x_1 \leqslant x_{3k} x_{3k+1} x_2, x_{3k+1} x_1 x_2 \leqslant x_{3k+1} x_2 x_3$; 若 $n = 3k + 2 \geqslant 8$, 假设 $x_{3k} = \max\{x_1, x_2, \cdots, x_n\}$, 则 $x_{3k+1} x_{3k+2} x_1 \leqslant x_{3k} x_{3k+2} x_1, x_{3k+2} x_1 x_2 \leqslant x_{3k} x_1 x_2$.

故利用上面的不等式, 得

$$\sum_{i=1}^{n} x_i x_{i+1} x_{i+2} \leqslant (x_1 + x_4 + \cdots)(x_2 + x_5 + \cdots)(x_3 + x_6 + \cdots)$$

再次利用均值不等式, 得

$$\sum_{i=1}^{n} x_i x_{i+1} x_{i+2} \leqslant \left(\frac{x_1 + x_2 + \cdots + x_n}{3}\right)^3 = \frac{1}{27}$$

当 $x_1 = x_2 = x_3 = \frac{1}{3}, x_4 = x_5 = \cdots = x_n = 0$, 上式等号成立.

综上，$\left(\sum_{i=1}^{n} x_i x_{i+1} x_{i+2}\right)_{\max} = \begin{cases} \dfrac{1}{16}, n=4 \\ \dfrac{1}{25}, n=5 \\ \dfrac{1}{27}, n \geqslant 6 \end{cases}$.

2. 设凸四边形 $ABCD$ 的顶点不共圆. 记点 A 在直线 BC, BD, CD 上的射影分别为 P, Q, R，其中，点 P, Q 分别在线段 BC, BD 内，点 R 在 CD 的延长线上；记点 D 在直线 AC, BC, AB 上的射影分别为 X, Y, Z，其中，点 X, Y 分别在线段 AC, BC 上，点 Z 在 BA 的延长线上. 设 $\triangle ABD$ 的垂心为 H. 证明：$\triangle PQR$ 的外接圆与 $\triangle XYZ$ 的外接圆的公共弦平分线段 BH.

证明 由条件，知众点 A, Z, R, D, X, Q 在以 AD 为直径的圆 Γ 上，点 D, X, Y, C 在以 CD 为直径的圆 Γ' 上，延长 AR, XD 交于 $\triangle ACD$ 的垂心 H'，ZX 与 RQ 交于点 K，延长 RZ 与 XQ 交于点 L（若 $RY \parallel QX$，则 $RZ \parallel QX \parallel AD$，由此，$AD \parallel BC$，且 $AB = CD$，与点 A, B, C, D 不共圆矛盾）.

对圆内接六边形 $AZRDQX$ 应用帕斯卡定理，知 L, B, C 三点共线.

由 $\angle LZX = \angle RDX = \angle XYC$，知 L, Z, X, Y 四点共圆.

类似地，L, P, Q, R 四点共圆.

从而，L 为 $\triangle XYZ$ 的外接圆与 $\triangle PQR$ 的外接圆的交点.

而 $KQ \cdot KR = KX \cdot KZ$，于是，点 K 在两圆的根轴上.

下面证明：LK 平分 BH.

事实上，对圆内接六边形 $ARQDXZ$，六边形 $AQRDZX$，六边形 $AQXDZR$ 分别应用帕斯卡定理，知 H', K, B；H, K, C；H, L, H' 分别三点共线.

设直线 LK 与 $HB, H'C$ 分别交于点 S, T.

由 $HB \perp AD, H'C \perp AD$，知 $HB \parallel H'C$.

于是，$\dfrac{H'H}{HL} = \dfrac{BC}{LB}$.

由塞瓦定理，得 $\dfrac{H'H}{HL} \cdot \dfrac{LB}{BC} \cdot \dfrac{CT}{TH'} = 1$，知 $CT = TH'$.

因此，$\dfrac{HS}{SB} = \dfrac{H'T}{TC} = 1$，即 LK 平分 BH.

3. 设 X 为一个 100 元集合. 求具有下述性质的最小正整数 n：对于任意由 X 的子集构成的长度为 n 的序列 $A_1, A_2, \cdots, A_n$，存在 $1 \leqslant i < j < k \leqslant n$，满足 $A_i \subseteq A_j \subseteq A_k$ 或 $A_i \supseteq A_j \supseteq A_k$.

解 答案是 $n = C_{102}^{51} + 1$.

考虑如下的子集序列：$A_1, A_2, \cdots, A_N$，其中，$N = C_{100}^{50} + C_{100}^{49} + C_{100}^{51} + C_{100}^{50} = C_{102}^{51}$.

第一段 C_{100}^{50} 项为所有的 50 元子集，第二段 C_{100}^{49} 项为所有 49 元子集，第三段 C_{100}^{51} 项为

所有 51 元子集,第四段 C_{100}^{50} 项为所有 50 元子集.由于同一段中的集合互不包含,从而,只需考虑三个子集分别取自不同的段.易知,这三个集合 A_i, A_j, A_k 不满足题述条件.

故所求 $n \geqslant C_{102}^{51}+1$.

接下来证明:若子集序列 $A_1, A_2, \cdots, A_m$ 不存在 $A_i, A_j, A_k (i<j<k)$,满足 $A_i \subseteq A_j \subseteq A_k$ 或 $A_i \supseteq A_j \supseteq A_k$,则 $m \leqslant C_{102}^{51}$.

对每个 $1 \leqslant j \leqslant m$,定义集合 B_j 如下:另取两个不属于 X 的元素 x, y.考虑是否存在 $i<j$,满足 $A_i \supseteq A_j$,以及是否存在 $k>j$,满足 $A_k \supseteq A_j$.

若两个均为否定,则令 $B_j=A_j$.

若前者肯定后者否定,则令 $B_j=A_j \bigcup \{x\}$.

若前者否定后者肯定,则令 $B_j=A_j \bigcup \{y\}$.

若两个均肯定,则令 $B_j=A_j \bigcup \{x,y\}$.

下面验证 $B_1, B_2, \cdots, B_m$ 互不包含.

假设 $i<j$,且 $B_i \subseteq B_j$,则 $A_i \subseteq A_j$.

由 B_i 的定义,知 $y \in B_i$,故 $y \in B_j$.

于是,存在 $k>j$,使得 $A_j \subseteq A_k$,从而,导致 $A_i \subseteq A_j \subseteq A_k$,与假设矛盾.

类似地,$B_i \supseteq B_j$ 也不可能.

故 $B_1, B_2, \cdots, B_m$ 为 102 元集合 $X \bigcup \{x,y\}$ 的互不包含的子集,由施佩纳(Sperner)定理得 $m \leqslant C_{102}^{51}$.

4.证明:存在一个 58 次的首一实系数多项式 $P(x)=x^{58}+a_1 x^{57}+\cdots+a_{57}x+a_{58}$,满足:

(1) $P(x)$ 恰有 29 个根为正实数,29 个根为负实数.

(2) $\log_{2017}|a_k|$ ($k=1,2,\cdots,58$) 均为正整数.

证明 用归纳法证明.对于任意的非负整数组 (m,n),均存在一个 $m+n$ 次实系数多项式 $Q_{m,n}(x)$,恰有 m 个互不相同的正根,n 个互不相同的负根,其常数项为 1,且其他各项系数的绝对值均为 2 017 的正整数次幂.

(1) 可取 $Q_{0,1}(x)=2\,017x+1, Q_{1,0}(x)=-2\,017x+1$.

(2) 设 $Q_{m,n}(x)$ 的实根为 $y_1<y_2<\cdots<y_m<0<z_1<z_2<\cdots<z_n$.

则存在非零常数 C,使得 $Q_{m,n}(x)=C\Big[\prod\limits_{i=1}^{m}(x-y_i)\Big]\Big[\prod\limits_{i=1}^{n}(x-z_i)\Big]$.

于是,多项式 $xQ_{m,n}(x)$ 在下述区间

$$\left[y_1-1, \frac{y_1+y_2}{2}\right], \left[\frac{y_1+y_2}{2}, \frac{y_2+y_3}{2}\right], \cdots, \left[\frac{y_{m-1}+y_m}{2}, \frac{y_m}{2}\right],$$

$$\left[\frac{y_m}{2}, \frac{z_1}{2}\right], \left[\frac{z_1}{2}, \frac{z_1+z_2}{2}\right], \cdots, \left[\frac{z_{n-1}+z_n}{2}, z_n+1\right]$$

的每一个的两个端点处取值符号相反.

记 $xQ_{m,n}(x)$ 在这些区间的端点处取值的绝对值的最小值为 ε,并取正整数 b_{m+n+1} 使得 $2\,017^{-b_{m+n+1}}<\varepsilon$,则多项式 $Q_{m,n+1}(x)=2\,017^{b_{m+n+1}}xQ_{m,n}(x)+1$ 在这些区间的每一个的两

个端点处取值符号相反.由于多项式函数的连续性,在每个区间中有一个根,从而,恰有 m 个负根,$n+1$ 个正根,且其常数项为 1,其他各项系数的绝对值均为 2 017 的正整数次幂.

类似可构造 $Q_{m+1,n}(x)$.

最后,取 $P_{m,n}(x) = x^{m+n} Q_{m,n}\left(\dfrac{1}{x}\right)$ 即可.

5. 证明:存在正实数 C,使得下面的结论成立:若正整数 H, N 满足 $H \geq 3, N \geq e^{CH}$,则在前 N 个正整数中任意选取不少于 $CH\dfrac{N}{\ln N}$ 个数,均必能找到 H 个数,其中任意两个数的最大公约数等于这 H 个数的最大公约数.

证明 取 $C = 35$,则 $N \geq e^{35 \times 3} > 2^{105}$.先证明:$\log_2 N < \sqrt[15]{N}$.

事实上,由 $N > 2^{105}$,不妨设 $15k \leq \log_2 N < 15(k+1)$(整数 $k \geq 7$).只需证明 $15(k+1) \leq 2^k$.对 k 进行归纳.

当 $k = 7$ 时,结论显然成立.

若 $15(k+1) < 2^k$,则 $15[(k+1)+1] < 2 \times 15(k+1) < 2^{k+1}$,故对任意的 $k \geq 7$,均有 $15(k+1) < 2^k$,这也表明了 $\log_2 N < \sqrt[15]{N}$.

接下来,先证明一个引理.

引理: $\{1, 2, \cdots, N\}$ 中最大素因子不超过 $\ln N$ 的数不超过 $\dfrac{4N}{\ln N}$ 个.

引理的证明: 记 $\lceil x \rceil$ 表示不小于实数 x 的最小整数,$\lfloor x \rfloor$ 表示不超过实数 x 的最大整数.

由于从 3 开始的任意连续两个正整数中最多只有一个素数,于是,不超过 $\ln N$ 的素数不多于 $\left\lceil \dfrac{\ln N}{2} \right\rceil < \dfrac{\ln N}{2} + 1$ 个.

设它们从小到大依次为 $p_1 = 2, p_2 = 3, \cdots, p_s$.

由于 $1, 2, \cdots, N$ 中最大素因子不超过 $\ln N$ 的数均可写成 $\prod\limits_{i=1}^{s} p_i^{\alpha_i}$ ($\alpha_1, \alpha_2, \cdots, \alpha_s \in \mathbf{N}$) 的形式,且易知 $\alpha_1 \leq \log_2 N, \alpha_2 \leq \log_3 N, \alpha_3 + \alpha_4 + \cdots + \alpha_s \leq \lfloor \log_5 N \rfloor$.

令 $\lfloor \log_5 N \rfloor = t$.由组合计数的基本理论(插空法),知 $\alpha_3, \alpha_4, \cdots, \alpha_s$ 的取值最多有 C_{t+s-2}^{t} 种,故 $1, 2, \cdots, N$ 中最大素因子不超过 $\ln N$ 的数不超过

$$C_{t+s-2}^{t}(\log_2 N + 1)(\log_3 N + 1) < 4 \times 2^{t+s-2}(\log_2 N)^2$$
$$< 4 \times 2^{\log_5 N + \frac{\ln N}{2}}(\log_2 N)^2$$
$$= 4N^{\log_5 2 + \frac{\ln 2}{2}}(\log_2 N)^2$$
$$< 4N^{\frac{4}{5}}(\log_2 N)^2$$

又 $\ln N < \log_2 N < \sqrt[15]{N}$,故 $N^{\frac{4}{5}}(\log_2 N)^2 < \dfrac{N}{\ln N}$.

引理得证.

现将 $1,2,\cdots,N$ 中所有最大素因子超过 $\ln N$ 的数按如下方式分组：1 分到第 1 组，若不小于 2 的正整数 a 的最大素因子为 q，则将 a 分到第 $\dfrac{a}{q}$ 组.

因为 $\dfrac{a}{q} < \dfrac{N}{\ln N}$，所以最多分成 $\left\lfloor \dfrac{N}{\ln N} \right\rfloor$ 组.

由于题目中所选的数不少于 $\dfrac{35HN}{\ln N}$，而最大素因子不超过 $\ln N$ 的数只有不超过 $\dfrac{4N}{\ln N}$ 个，于是，至少有 $\dfrac{(35H-4)N}{\ln N} > \dfrac{HN}{\ln N}$ 个数的最大素因子超过 $\ln N$.

由于它们最多被分成 $\left\lfloor \dfrac{N}{\ln N} \right\rfloor$ 组，据抽屉原理，知至少有一组有多于 H 个数，即至少有一组至少有 H 个不等于 1 的数，设第 $r\left(1 \leqslant r \leqslant \left\lfloor \dfrac{N}{\ln N} \right\rfloor\right)$ 组有 H 个不等于 1 的数，则这些数必形如 $rq_1, rq_2, \cdots, rq_m$ ($q_1, q_2, \cdots, q_m$ 为互不相等的素数)，满足题目条件.

综上，$C = 35$.

6. 将 2017×2017 方格表的每个格染成黑色或白色，且每个格均至少与一个同色格有公共边. 记 V_1 为黑格的集合，V_2 为白格的集合. 对于集合 $V_i (i=1,2)$，若其中的两个格有公共边，则以这两个格的中心为端点连线段，如此得到的几何图形记为 G_i. 证明：若图 G_1, G_2 均为连续的折线（无环路，不分岔），则方格表的中心必定为图 G_1 或图 G_2 的端点.

解 称图 G_1 或图 G_2 的端点为端点，并记 $n = 2k-1 = 2017$.

将方格表从上至下依次标记为第 $1,2,\cdots,n$ 行，从左至右依次标记为第 $1,\cdots,n$ 列，第 i 行第 j 列的格记为 $C_{i,j}$，记其中心为 $O_{i,j}$.

反证法.

假设中心 $O_{k,k}$ 不为端点.

依次考虑 $O_{i,i} (i=1,2,\cdots,n)$.

若 $O_{1,1}$ 不为端点，则 $C_{1,1}, C_{2,1}, C_{1,2}$ 同色. 不妨设均为白色，称这三个格构成一个白色下 L 形，于是 $C_{2,2}$ 为黑色.

若 $O_{2,2}$ 也不为端点，则 $C_{3,2}, C_{2,2}, C_{2,3}$ 均为黑色，这三个格构成一个黑色下 L 形.

于是，$C_{3,3}$ 为白色，如此逐个考虑，一定存在某个 $O_{i,i}$ 为端点，而 $C_{i-1,i-1}, C_{i,i-1}, C_{i-1,i}$ 为同色的下 L 形，且与 $C_{i,i}$ 不同色. 否则，一直到最后 $C_{n-1,n-1}, C_{n,n-1}, C_{n-1,n}$ 为同色的下 L 形，$C_{n,n}$ 为另一种颜色的格，它不与同色格相邻，与条件矛盾.

称 $O_{i,i}$ 为嵌在一个同色下 L 形 $C_{i-1,i-1}, C_{i,i-1}, C_{i-1,i}$ 上的端点.

从而，若 $O_{1,1}$ 不为端点，则一定有某个 $O_{j,j}$ 为嵌在一个同色上 L 形上的端点，称为第一类端点；若 $O_{1,1}$ 为端点，也称 $O_{1,1}$ 为第一类端点. 类似可知，若 $O_{n,n}$ 不为端点，则一定有某个 $O_{j,j}$ 为嵌在一个同色上 L 形上的端点，称 $O_{n,n}$ 或这样的 $O_{j,j}$ 为第二类端点.

第一类端点不同于第二类端点，这是因为若 $O_{1,1}$ 为端点，它不会是第二类的，否则，它嵌在 $C_{2,2}, C_{2,1}, C_{1,2}$ 上，$C_{1,1}$ 没有同色的相邻格. 同样地，若 $O_{n,n}$ 为端点，也不会是第一类的.

对 $1<i<n, O_{i,i}$ 不会既为第一类又为第二类的,否则,它的四个邻格均与它有不同颜色,与条件矛盾.

因此,在一条对角线 $O_{i,i}(i=1,2,\cdots,n)$ 上至少有两个端点.

类似地,在另一条对角线 $O_{i,n+1-i}(i=1,2,\cdots,n)$ 上也至少有两个端点.

由于共有四个端点,于是,所有四个端点均在这两条对角线上.将 $i+j$ 为奇数的格 $C_{i,j}$ 称为奇格,否则称为偶格.沿着图 G_i 的一个端点走到另一个端点,偶格与奇格交替出现,因为 n 是奇数,对角线上的格均为偶格,图 G_i 的两个端点均为偶格,所以图 G_i 上偶格个数比奇格个数多一个.这样,整个方格表中,偶格个数比奇格个数多两个,但整个方格表中,偶格个数仅比奇格个数多一个,矛盾.

因此,假设不成立.

原命题成立.

2018年第三十四届中国数学奥林匹克国家集训队选拔试题及解答

1. 已知圆 O_1 与圆 O_2 相离,半径分别为 $r_1,r_2(r_1<r_2)$,AB,XY 为两圆的两条内公切线,点 A,X 在圆 O_1 上,点 B,Y 在圆 O_2 上,以 AB 为直径的圆与圆 O_1,圆 O_2 的第二个交点分别为 P,Q,若 $\angle AO_1P + \angle BO_2Q = 180°$,求 $\dfrac{PX}{QY}$ 的值(用 r_1,r_2 表示).

解 如图 1 所示.

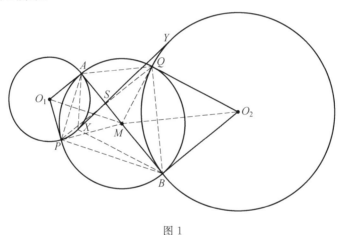

图 1

设 AB 与 XY 交于点 S,则 S 为圆 O_1 与圆 O_2 的内位似中心,$\dfrac{AS}{BS} = \dfrac{r_1}{r_2}$.

设 M 为 AB 的中点.

由 $\angle APB = \angle AQB = 90°$,知 $MA = MP = MB = MQ$,则 MP 与圆 O_1 相切,MQ 与圆 O_2 相切.

由已知条件得
$$\angle PO_1M = \frac{1}{2}\angle AO_1P = \frac{1}{2}(180° - \angle BO_2Q)$$
$$= 90° - \angle BO_2M = \angle BMO_2$$

故
$$\triangle O_1PM \backsim \triangle MBO_2 \Rightarrow \frac{PO_1}{PM} = \frac{BM}{BO_2} = \sqrt{\frac{PO_1}{PM} \cdot \frac{BM}{BO_2}} = \sqrt{\frac{r_1}{r_2}}$$

由 $\angle PAB = \angle PO_1M = \angle BMO_2 = \angle BAQ$,知点 P 与 Q 关于 AB 对称.

设 AB 与 PQ 交于点 S',则

$$\frac{AS'}{S'B} = \frac{S_{\triangle AS'P}}{S_{\triangle PS'B}} = \left(\frac{AP}{BP}\right)^2 = \cot^2 \angle PAB$$
$$= \cot^2 \angle PO_1M = \frac{r_1}{r_2} = \frac{AS}{BS}$$

这表明,点 S' 与 S 重合,即 P,S,Q 三点共线.

由圆幂定理得
$$SP \cdot SQ = SA \cdot SB = SX \cdot SY$$
$$\Rightarrow \triangle SXP \backsim \triangle SQY \Rightarrow \frac{PX}{QY} = \frac{SP}{SY} = \frac{SP}{SB} = \frac{AP}{PB} = \sqrt{\frac{r_1}{r_2}}$$

2. 设 G 为一个 100 阶简单图,已知对任意一个顶点 u,均存在另一个顶点 v,使得 u 与 v 相邻,且不存在与 u,v 均相邻的顶点,求图 G 边数的最大可能值.

解 设 $G = (V, E)$.

对于 $uv \in E$,若不存在另一个顶点与 u,v 均相邻,则称 uv 为"好边".

记 E_0 为所有好边构成的集合,$G_0 = (V, E_0)$,则由题目条件,知图 G 中每个顶点处至少有一条好边,即 G_0 中没有孤立顶点.

对图 G_0 进行如下操作:对于图 G_0 中的一条边 $uv \in E_0$,若点 u,v 在图 G_0 中的度均不小于 2,删去这条边,得到的图仍然没有孤立点.继续上述操作,直至得到一个图 $G_1 = (V, E_1)$,G_1 没有孤立点,并且对于任意一条边 $uv \in E_1$,点 u,v 在图 G_1 中必有一个顶点的度为 1.

首先,考虑图 G_1 的一个连通分支,设有 n 个顶点.

当 $n = 2$ 时,即为 $K_{1,1}$.

假设 $n \geqslant 3$,设 uv 为其中一条边,且 u 的度不小于 2.设 u 与 $v_1, v_2, \cdots, v_k$ 相邻.于是,$v_1, v_2, \cdots, v_k$ 在图 G_1 中的度均为 1,这个连通分支即为星图 $K_{1,k}(k = n-1)$.结合好边的定义,知 $v_1, v_2, \cdots, v_{n-1}$ 在图 G 中均不相邻,则图 G_1 是若干个星图的并.

设图 G_1 有 m 个连通分支,分别有 $n_1, n_2, \cdots, n_m$ 个顶点.于是,$n_i \geqslant 2, \sum_{i=1}^{n} n_i = 100$.

其次,考虑图 G_1 的两个连通分支 K_{1,n_i-1} 与 K_{1,n_j-1} 之间在图 G 中的边数.

设第一个星图中心为 u,悬挂点为 $u_1, u_2, \cdots, u_{n_i-1}$;第二个星图中心为 v,悬挂点为 $v_1, v_2, \cdots, v_{n_j-1}$,以下均在图 G 中考虑.

若 $uv \in E$,则 $u_1, u_2, \cdots, u_{n_i-1}$ 与 v 均不相邻,$v_1, v_2, \cdots, v_{n_j-1}$ 与 u 均不相邻,故这两个连通分支之间的边数至多为 $(n_i-1)(n_j-1)+1$.若 u,v 不相邻,设 u 与 $v_1, v_2, \cdots, v_{n_j-1}$ 中 s 个顶点相邻,记为 $v_1, v_2, \cdots, v_s$.设 v 与 $u_1, u_2, \cdots, u_{n_i-1}$ 中 t 个顶点相邻,记为 $u_1, u_2, \cdots, u_t$,于是,$v_1, v_2, \cdots, v_s$ 不与任何 $u_k(1 \leqslant k \leqslant n_i-1)$ 相邻,$u_1, u_2, \cdots, u_t$ 也不与任何 $u_k(1 \leqslant k \leqslant n_j-1)$ 相邻.故这两个连通分支之间的边数至多为

$$(n_i-t-1)(n_j-s-1)+t+s \leqslant (n_i-1)(n_j-1)+1$$

则

$$|E| \leqslant \sum_{i=1}^{m}(n_i-1) + \sum_{1 \leqslant i < j \leqslant m}[(n_i-1)(n_j-1)+1]$$

$$= \sum_{1 \leqslant i < j \leqslant m} n_i n_j - (100-m)(m-2)$$

$$= \frac{1}{2}\left(100^2 - \sum_{i=1}^{m} n_i^2\right) - (100-m)(m-2)$$

$$\leqslant 5\,000 - \frac{5\,000}{m} - (100-m)(m-2)$$

$$= f(m)$$

当 $17 \leqslant m \leqslant 50$ 时,$(100-m)(m-2) > 1\,200$. 故 $f(m) < 3\,800$.

对 $1 \leqslant m \leqslant 16$ 依次计算,知 $m \neq 8$ 时,$f(m) \leqslant 3\,822$;$f(8) = 3\,823$.

若 $|E| = f(8) = 3\,823$,等号成立时 $n_1 = n_2 = \cdots = n_8$,而 100 不能被 8 整除,故等号不成立.

从而,$|E| \leqslant 3\,822$.

最后,构造 100 阶图 G:先取八个互不相交的星图,其中四个为 $K_{1,11}$,另外四个为 $K_{1,12}$. 对任意两个星图,将它们的中心点相连,将第一个星图的每个非中心点与第二个星图的每个非中心点相连,则

$$n_1 = n_2 = n_3 = n_4 = 12$$
$$n_5 = n_6 = n_7 = n_8 = 13$$

$$|E| = \sum_{i=1}^{8}(n_i-1) + \sum_{1 \leqslant i < j \leqslant 8}[(n_i-1)(n_j-1)+1] = 3\,822$$

注意到,最初星图中的边均为好边. 故每个顶点处均有好边,图 G 满足要求.

综上,图 G 边数的最大可能值为 $3\,822$.

3. 证明:存在常数 $C(C>0)$,使得对任意正整数 m,及任意 m 个正整数 $a_1, a_2, \cdots, a_m$,均有

$$\sum_{i=1}^{m} H(a_i) \leqslant C\left(\sum_{i=1}^{n} ia_i\right)^{\frac{1}{2}}$$

其中,$H(n) = \sum_{k=1}^{n} \frac{1}{k}$.

证明 由排序不等式,不妨设

$$a_1 \geqslant a_2 \geqslant \cdots \geqslant a_m$$

对任意正整数 j,设 s_j 为 $a_1, a_2, \cdots, a_m$ 中不小于 j 的 a_i 的个数,则当 $j > a_1$ 时,$s_j = 0$,且 $s_j \geqslant s_{j+1}$. 故

$$\sum_{i=1}^{m} ia_i = \sum_{i=1}^{m} \sum_{j \leqslant a_i} i = \sum_{j=1}^{a_1} \sum_{i: a_i \geqslant j} i = \sum_{j=1}^{a_1} \sum_{i=1}^{s_j} i$$

$$= \sum_{j=1}^{a_1} \frac{1}{2} s_j(s_j+1) > \sum_{j=1}^{a_1} \frac{1}{2} s_j^2$$

$$\Rightarrow \sum_{j=1}^{a_1} s_j^2 < 2\sum_{i=1}^{m} i a_i$$

设 $\delta(j)$ 为 $a_1, a_2, \cdots, a_n$ 中等于 j 的 a_i 的个数,则 $s_j = \sum_{t \geqslant j} \delta(t)$. 故

$$\sum_{i=1}^{m} H(a_i) = \sum_{j=1}^{a_1} H(j)\delta(j)$$
$$= \sum_{j=1}^{a_1} \left[\sum_{t \geqslant j} \delta(j) - \sum_{t \geqslant j+1} \delta(j)\right] H(j)$$
$$= \sum_{j=1}^{a_1} (s_j - s_{j+1}) H(j)$$
$$= s_1 H(1) + \sum_{j=2}^{a_1} s_j [H(j) - H(j-1)]$$
$$= \sum_{j=1}^{a_1} s_j \cdot \frac{1}{j} \leqslant \left(\sum_{j=1}^{a_1} s_j^2\right)^{\frac{1}{2}} \left(\sum_{j=1}^{a_1} \frac{1}{j^2}\right)^{\frac{1}{2}}$$
$$= \sqrt{\frac{\pi^2}{6}} \left(\sum_{j=1}^{a_1} s_j^2\right)^{\frac{1}{2}} < \sqrt{\frac{\pi^2}{3}} \left(\sum_{i=1}^{m} i a_i\right)^{\frac{1}{2}}$$

因此,取 $C = \sqrt{\dfrac{\pi^2}{3}}$ 满足要求.

4. 设 $A_1, A_2, \cdots, A_n$ 为集合 $\{1, 2, \cdots, 2\,018\}$ 的二元子集,使得集合 $A_i + A_j (1 \leqslant i \leqslant j \leqslant n)$ 互不相同,其中, $A + B = \{a + b \mid a \in A, b \in B\}$.

求 n 的最大可能值.

解 n 的最大值为 $4\,033$.

先来证明 $n \leqslant 4\,033$. 若存在 $A_i = A_j (i \neq j)$,则 $A_i + A_i = A_j + A_j$,这与条件不符.

于是, $A_1, A_2, \cdots, A_n$ 互不相同.

对一个二元集 $A = \{a, b\} (a < b)$,记 A 的"间距"为 $d(A) = b - a$.

按间距分类,设 $d(A_1), d(A_2), \cdots, d(A_n)$ 中共有 m 个不同的值 $d_1, d_2, \cdots, d_m$. 设间距为 d_i 的共有 n_i 个集合,则这 n_i 个集合的最小元素互不相同,构成集合 M_i, $|M_i| = n_i$.

又记 $S_i = \{x - y \mid x, y \in M_i, x > y\}$.

若存在 $i \neq j$, 使得 S_i 与 S_j 相交,则存在 $x, y \in M_i, u, v \in M_j, x > y, u > v$,满足
$$x - y = u - v \Rightarrow x + v = y + u$$

于是,在 $A_1, A_2, \cdots, A_n$ 中有四个集合 $\{x, x+d_i\}, \{y, y+d_i\}, \{u, u+d_j\}, \{v, v+d_j\}$, 满足 $\{x, x+d_i\} + \{v, v+d_j\} = \{y, y+d_i\} + \{u, u+d_j\}$, 与条件不符,故 $S_1, S_2, \cdots, S_m$ 互不相交.

由于集合 M_i 中的元素均不超过 $2\,017$,集合 S_i 中元素均为不超过 $2\,016$ 的正整数,故

$$\sum_{i=1}^{m} |S_i| \leqslant 2\,016 \qquad ①$$

设 $M_i = \{x_1, x_2, \cdots, x_{n_i}\}(x_1 < x_2 < \cdots < x_{n_i})$，则集合 S_i 中至少有 $n_i - 1$ 个不同的数 $x_2 - x_1 < x_3 - x_1 < \cdots < x_{n_i} - x_1$.

于是
$$|S_i| \geqslant n_i - 1, 1 < i \leqslant m \qquad ②$$

结合式①②，并注意到 $d(A_i) \leqslant 2\,017$，有 $m \leqslant 2\,017$. 故

$$2\,016 \geqslant \sum_{i=1}^{m} |S_i| \geqslant \sum_{i=1}^{m}(n_i - 1) = n - m \Rightarrow n \leqslant m + 2\,016 \leqslant 2\,017 + 2\,016 = 4\,033$$

对 $1 \leqslant i \leqslant 2\,017$，令 $A_i = \{1, i+1\}$；对 $2\,018 \leqslant j \leqslant 4\,033$，令 $A_j = \{j - 2\,016, 2\,018\}$.

下面验证 $A_1, A_2, \cdots, A_{4\,033}$ 这 $4\,033$ 个集合满足要求.

注意到，间距为 $1, 2, \cdots, 2\,016$ 的集合各有 2 个，间距为 $2\,017$ 的集合有 1 个，$M_1 = \{1, 2\,017\}$，$M_2 = \{1, 2\,016\}$，$\cdots$，$M_{2\,016} = \{1, 2\}$，$M_{2\,017} = \{1\}$.

对于有限集合 $A \subset \mathbf{Z}$，将 A 平移后使得最小元素为 0，即 $A - \min A$，称为 A 的"标准化". 对两个间距为 d 的二元集 A, B，$A + B$ 的标准化为 $\{0, d\} + \{0, d\} = \{0, d, 2d\}$，即 $A + B$ 为三元集，且是公差为 d 的等差数列. 对两个间距分别为 d_1, d_2 的二元集 A, B，$d_1 \neq d_2$，$A + B$ 的标准化为 $\{0, d_1\} + \{0, d_2\} = \{0, d_1, d_2, d_1 + d_2\}$，$A + B$ 是四元集，且 $A + B$ 的标准化由 d_1, d_2 唯一确定.

由此，要验证 $A_i + A_j(1 \leqslant i < j \leqslant 4\,033)$ 互不相同，只需对每个 $1 \leqslant i \leqslant 2\,017$，验证 $x + y(x, y \in M_i, x \leqslant y)$ 互不相同，及对每个 $1 \leqslant i < j \leqslant 2\,017$，验证 $x + y(x \in M_i, y \in M_j)$ 互不相同. 直接验证即知成立.

5. 在 $\triangle ABC$ 中，$\angle BAC > 90°$，圆 O 为其外接圆，圆 O 在点 A 处的切线分别与在点 B，C 处的切线交于 P, Q 两点，过 P, Q 作 BC 的垂线，垂足分别为 D, E. 点 F, G 为线段 PQ 上不同于点 A 的两点，使得 $A, F, B, E; A, G, C, D$ 分别四点共圆. 设 M 为 DE 的中点. 证明：DF, OM, EG 三线共点.

证明 如图 2 所示.

由 A, F, B, E 四点共圆及弦切角定理，知 $\angle BEF = \angle BAF = \angle ACB$.

于是，$AC \parallel EF$.

类似地，$AB \parallel DG$.

在 BC 上取点 C'，使得 $C'E = CE$，则
$$\angle QC'C = \angle QCC' = \angle PBC \Rightarrow PB \parallel QC'$$

不妨设 $AB < AC$. 于是，射线 CB 与 QP 相交，记交点为 X.

由
$$AB \parallel DG \Rightarrow \frac{AG}{BD} = \frac{XA}{XB} \qquad ①$$

因为 $\triangle XPD \backsim \triangle XQE$，$PB$ 与 QC' 是其中的对应线段，所以
$$\frac{BD}{C'E} = \frac{XB}{XC'} \qquad ②$$

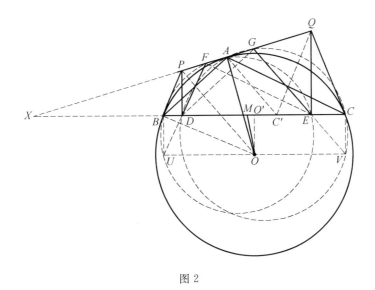

图 2

① × ② 得

$$\frac{AG}{C'E} = \frac{XA}{XC'} \Rightarrow AC' \parallel GE$$

由 Q 为 $\triangle ACC'$ 的外心知

$$\angle BAC' = \angle BAC - \angle C'AC = \angle BAC - \frac{1}{2}\angle C'QC$$

$$= \angle BAC - (90° - \angle QCE) = 90°$$

结合 $AB \parallel DG, AC' \parallel GE$,知 $\angle DGE = 90°$.

类似地,$\angle DFE = 90°$.

延长 FD,与 $\triangle ABE$ 的外接圆交于点 U;延长 GE,与 $\triangle ACD$ 的外接圆交于点 V.

显然,$\angle UBE = \angle UFE = 90°$,即 $BU \perp BC$.

类似地,$CV \perp BC$.

过点 O 作 BC 的垂线,由垂径定理,知垂足即为 BC 的中点 O'.

由

$$\angle OBO' = 90° - \angle PBD = \angle BPD$$

$$\Rightarrow \triangle OBO' \backsim \triangle BPD$$

$$\Rightarrow \frac{OO'}{BD} = \frac{OB}{BP} = \cot\angle BOP = \cot\angle ACB$$

在 Rt$\triangle BDU$ 中,$\frac{BU}{BD} = \cot\angle BUD$.

又 $\angle BUD = \angle BEF = \angle ACB$,知 $OO' = BU$.

类似地,$OO' = CV$.

从而,四边形 $BUCV$ 为矩形,O 为 UV 的中点.

又 $DE \parallel UV$,M 为 DE 的中点,因此,DF,OM,EG 三线共点.

6. 求所有正整数数对 (x,y)，使得 $(xy+1)(xy+x+2)$ 为完全平方数.

证明 不存在正整数 x,y 满足要求.

反证法.

假设存在正整数 x,y，使得 $(xy+1)(xy+x+2)$ 为完全平方数，则 $xy+1=du^2$，$xy+x+2=dv^2$，其中，d,u,v 均为正整数，且 d 不含平方因子. 故

$$dv^2y - du^2(y+1) = y-1 \Rightarrow yv^2 - (y+1)u^2 = \frac{y-1}{d} \quad \text{①}$$

下面证明：对于任意正整数 y，及整数 $k(0\leqslant k<y)$，方程

$$(y+1)u^2 - yv^2 = -k \quad \text{②}$$

没有正整数解 (u,v).

易知，当 $k=0$ 时，方程

$$yv^2 = (y+1)u^2$$

没有正整数解.

接下来考虑 $0<k<y$.

假设 u,v 为方程 ② 的一组正整数解，对于任意整数 m，均有

$$(u\sqrt{y+1} + v\sqrt{y})(\sqrt{y+1}+\sqrt{y})^{2m} \cdot$$
$$(u\sqrt{y+1} - v\sqrt{y})(\sqrt{y+1}-\sqrt{y})^{2m} = -k$$

展开 $(u\sqrt{y+1} + v\sqrt{y})(\sqrt{y+1}+\sqrt{y})^{2m}$ 后形成如 $a\sqrt{y+1} + b\sqrt{y}$ $(a,b\in \mathbf{Z})$，且

$$(u\sqrt{y+1} - v\sqrt{y})(\sqrt{y+1}-\sqrt{y})^{2m} = a\sqrt{y+1} - b\sqrt{y}$$

则 $(y+1)a^2 - yb^2 = -k$，即 (a,b) 也为方程 ② 的整数解，可选取整数 m，使得

$$\frac{1}{2} \leqslant a\sqrt{y+1} + b\sqrt{y} < \frac{1}{2}(\sqrt{y+1}+\sqrt{y})^2$$

由 $yb^2 = (y+1)a^2 + k$，知 $|b|\sqrt{y} > |a|\sqrt{y+1}$. 于是，由上式右边导出 $b>0$.

显然，$a\neq 0$，否则，$yb^2=k$，这与 $0<k<y$ 矛盾.

若 $a<0$，则

$$(-a)\sqrt{y+1} + b\sqrt{y} = \frac{k}{a\sqrt{y+1}+b\sqrt{y}} \leqslant 2k < 2y < \frac{1}{2}(\sqrt{y+1}+\sqrt{y})^2$$

从而，若方程 ② 有正整数解，则一定有一组正整数解 (a,b) 满足

$$a\sqrt{y+1} + b\sqrt{y} < \frac{1}{2}(\sqrt{y+1}+\sqrt{y})^2 \quad \text{③}$$

由 $yb^2 = (y+1)a^2 + k$，知 $b>a$.

再由式 ③ 导出

$$a < \frac{1}{2}(\sqrt{y+1}+\sqrt{y}) < \sqrt{y+1} < y$$

但
$$-k = (y+1)a^2 - yb^2 \leqslant (y+1)a^2 - y(a+1)^2$$
$$= a^2 - 2ay - y \leqslant -y < -k$$

矛盾.

2019 年第三十五届中国数学奥林匹克国家集训队选拔试题及解答

1. 已知 A 为圆 Γ 外一点,直线 AB,AC 分别与圆 Γ 切于点 B,C. 设 P 为劣弧 BC(不含点 B,C) 上的一个动点,过 P 作圆 Γ 的切线,与 AB,AC 分别交于点 D,E,直线 BP,CP 分别与 $\angle BAC$ 的平分线交于点 U,V. 过点 P 作 AB 的垂线,与直线 DV 交于点 M;过点 P 作 AC 的垂线,与直线 EU 交于点 N. 证明:存在一个与点 P 无关的定点 L,使得 M,N,L 三点共线.

证明 先证明一个引理.

引理:在四边形 $XYZW$ 中,$XW \parallel YZ$,点 S,T 分别在边 XY,ZW 上,若 $XT \parallel SZ$,则 $WS \parallel TY$.

引理的证明:若 $XY \parallel ZW$,则四边形 $XYZW$,四边形 $XSZT$ 均为平行四边形.

于是,$YS = XY - XS = ZW - ZT = WT$.

故四边形 $WSYT$ 为平行四边形.

从而,$WS \parallel TY$.

若 XY 与 ZW 不平行,设它们所在的直线交于点 K.

由 $XW \parallel YZ$,$XT \parallel SZ$,知

$$\frac{KX}{KY} = \frac{KW}{KZ}, \frac{KX}{KS} = \frac{KT}{KZ} \Rightarrow \frac{KS}{KY} = \frac{KW}{KT}$$

从而,$WS \parallel TY$.

引理得证.

令 L 为 $\triangle ABC$ 的垂心.

下面证明:L,M,N 三点共线.

仅需考虑点 L,M,N 两两不重合的情况.

如图 1 所示,设圆 Γ 的圆心为 J,则 J 为 $\triangle ADE$ 的 A-旁心.

由

$$\angle PVJ = \angle CAV + \angle ACV$$
$$= \frac{1}{2}\angle BAC + \frac{1}{2}\angle AED = \frac{1}{2}\angle EDB$$
$$= \angle PDJ$$
$$\Rightarrow P,J,D,V \text{ 四点共圆}$$
$$\Rightarrow \angle JVD = \angle JPD = 90°$$

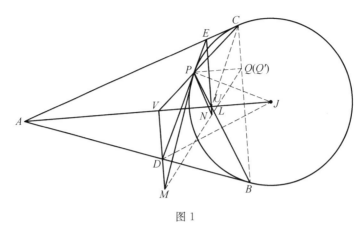

图 1

$\Rightarrow DV \perp AJ$

设直线 ML 与 BC 交于点 Q. 因为 VM, CQ 均垂直于 AJ. CL, PM 均垂直于 AB, 所以, $VM \parallel CQ$, $CL \parallel PM$.

对四边形 $CVMQ$ 及点 P, L, 由引理知 $PQ \parallel VL$, 即 $PQ \perp BC$.

设直线 NL 与 BC 交于点 Q', 类似可知 $PQ' \perp BC$.

于是, 点 Q' 与 Q 重合.

因此, M, N, L, Q 四点共线, 特别地, M, N, L 三点共线.

2. 设 S 为满足 $x_1 + x_2 + \cdots + x_{10} = 2\,019$ 的所有十元非负整数组 $(x_1, x_2, \cdots, x_{10})$ 构成的集合. 对 S 中的一个数组的一次操作定义为选取某个不小于 9 的分量, 将这个分量减去 9, 并将其他每个分量各加上 1.

对 $A, B \in S$, 用 $A \to B$ 表示可经过若干次操作将 A 变成 B. 对整数 $k \geq 0$, 记
$$S_k = \{(x_1, x_2, \cdots, x_{10}) \in S \mid \min\{x_1, x_2, \cdots, x_{10}\} \geq k\}$$

(1) 求具有如下性质的最小的 k: 对任意的 $A, B \in S_k$, 若 $A \to B$, 则 $B \to A$.

(2) 设 k 为 (1) 中所确定的值, 在 S_k 中最多可取出多少个数组, 其中任意一个数组不能经过若干次操作变成另一个数组?

解 将对第 i 个分量减去 9 的操作记为 T_i.

考虑如下两个数组
$$A_0 = (7, 7, \cdots, 7, 1\,956)$$
$$B_0 = (8, 8, \cdots, 8, 1\,947)$$

对 A_0 做 T_{10} 得到 B_0, 但无法对 B_0 做若干次操作得到 A_0.

事实上, 假如可以, 则有一个序列 $B_0, B_1, \cdots, B_n = A_0$, 对每个 $1 \leq i \leq n$, B_i 由 B_{i-1} 操作一次得到. 由于 B_n 中有九个 7, 于是, B_{n-1} 中至少有八个 6, B_{n-2} 中至少有七个 5, 依次往前考虑, 知 B_{n-7} 中至少有两个 0, 但对 B_{n-8} 操作一次不可能有两个分量是 0, 从而, $k \geq 8$.

对 $A = (x_1, x_2, \cdots, x_{10}) \in S$, 令
$$f(A) = (x_1 - x_2, x_1 - x_3, \cdots, x_1 - x_{10}) \pmod{10}$$

如果对 A 操作一次得到数组 B,易知
$$f(A)=f(B)$$
于是,对于 $A,B\in S_8$,若 $f(A)\neq f(B)$,则 $A\not\to B$.

下面证明:若 $A,B\in S_8$,且 $f(A)=(B)$,则 $A\to B$.

注意到,对任意的 $\alpha=(x_1,x_2,\cdots,x_{10})\in S_8$,及 $i,j\in\{1,2,\cdots,10\}(i\neq j)$,若 $x_i\geqslant 18$,则可通过若干次操作,使得 x_i 减少 $10,x_j$ 增加 10,其他分量不变.

事实上,只需依次做 $T_i,T_{i_1},T_{i_2},\cdots,T_{i_8},T_i$ 即可,其中 $i_1,i_2,\cdots,i_8$ 是除 i,j 外的其余 8 个位置. 将这样一组操作合计为操作 $T_{i,j}$.

现考虑 $A,B\in S_8,f(A)=f(B)$,设
$$A=(x_1,x_2,\cdots,x_{10})$$
$$B=(y_1,y_2,\cdots,y_{10})$$

任取下标 i,使得 $x_i\geqslant 200$,操作不超过 9 次 T_i 后,A 变为 $A_1=(z_1,z_2,\cdots,z_{10})$,且 $z_i\equiv y_i(\bmod 10)$. 再由 $f(A_1)=f(A)=f(B)$,知
$$A_1\equiv B(\bmod 10)$$

若 $A_1\neq B$,则存在下标 $i,j(i\neq j)$,使得 $z_i>y_i,z_j<y_j$,做操作 $T_{i,j}$,这保持了每个分量模 10 不变,继续此过程,由于 $\sum_{i=1}^{10}|z_i-y_i|$ 严格减小,于是,若干次操作后可将 A_1 变为 B.

最后,因为 $f(A)$ 中 9 个分量的总和为
$$9x_1-x_2-x_3-\cdots-x_{10}=10x_1-(x_1+x_2+\cdots+x_{10})\equiv -2\ 019(\bmod 10)$$
所以,$f(A)$ 中前八个分量模 10 确定后,第九个分量模 10 也唯一确定,而 $f(A)$ 的前八个分量模 10 有 10^8 种可能,且均可取到. 例如,对给定的 $a_1,a_2,\cdots,a_8\in(0,1,\cdots,9)$,取
$$A=(10,20-a_1,\cdots,20-a_8,b)\in S_8$$
则
$$f(A)=(a_1,a_2,\cdots,a_8,10-b)(\bmod 10)$$
故 S_8 中至多可取出 10^8 个数组,其中任意一个不能通过若干次操作得到另一个.

由此,证明了对任意 $A,B\in S_8$,若 $A\to B$,则 $B\to A$.

3. 设 n 为给定的偶数,$a_1,a_2,\cdots,a_n$ 是和为 1 的 n 个非负实数. 求
$$S=\sum_{1\leqslant i<j\leqslant n}\min\{(j-i)^2,(n-j+i)^2\}a_ia_j$$
的最大可能值.

解法 1 设 $n=2k$.

当 $a_1=a_{k+1}=\dfrac{1}{2}$,其余 a_i 均为 0 时,$S=\dfrac{n^2}{16}$.

设 $\varepsilon=\cos\dfrac{2\pi}{n}+\mathrm{i}\sin\dfrac{2\pi}{n},z=a_1\varepsilon+a_2\varepsilon^2+\cdots+a_n\varepsilon^n$,则

$$0 \leqslant |z|^2 = z\bar{z} = \Big(\sum_{j=1}^n a_j \varepsilon^j\Big)\Big(\sum_{j=1}^n a_j \varepsilon^{-j}\Big)$$
$$= \sum_{i=1}^n a_i^2 + \sum_{1\leqslant i<j\leqslant n} a_i a_j(\varepsilon^{i-j}+\varepsilon^{j-i})$$
$$= \sum_{i=1}^n a_i^2 + \sum_{1\leqslant i<j\leqslant n} 2\cos\frac{2(j-i)\pi}{n}a_i a_j$$
$$= \Big(\sum_{i=1}^n a_i\Big)^2 - 4\sum_{1\leqslant i<j\leqslant n} \sin^2\frac{(j-i)\pi}{n}a_i a_j$$

故 $\sum\limits_{1\leqslant i<j\leqslant n}\sin^2\dfrac{(j-i)\pi}{n}a_i a_j \leqslant \dfrac{1}{4}$.

由于 a_i 均为非负实数,于是,只需证明:对任意 $1\leqslant i<j\leqslant n$,均有
$$\frac{n^2}{4}\sin^2\frac{(j-i)\pi}{n}\geqslant \min\{(j-i)^2,(n-j+i)^2\}$$

即
$$\sin\frac{(j-i)\pi}{2k}\geqslant \frac{\min\{j-i,2k-j+i\}}{k}$$

由 $\sin(\pi-x)=\sin x$,知仅需考虑 $j-i\in\{1,2,\cdots,k\}$ 的情况,即对 $1\leqslant m\leqslant k$,证明
$$\sin\frac{m\pi}{2k}\geqslant \frac{m}{k} \qquad\qquad ①$$

由 $\sin\dfrac{\pi}{k}-\sin 0>\sin\dfrac{2\pi}{k}-\sin\dfrac{\pi}{k}>\cdots>\sin\dfrac{k\pi}{k}-\sin\dfrac{(k-1)\pi}{k}$,易知式 ① 成立.

综上,所求的最大可能值为 $\dfrac{n^2}{16}$.

解法 2 设 $n=2k$.

一方面,当 $a_1=a_{k+1}=\dfrac{1}{2}$,其余 a_i 均为 0 时,$S=\dfrac{n^2}{16}$.

另一方面,由于对任意 $1\leqslant m\leqslant k$,均有
$$\Big(\sum_{i=m}^{m+k-1}a_i\Big)\Big(\sum_{j=m+k}^{m+2k-1}a_j\Big)\leqslant \Big(\frac{1}{2}\sum_{i=1}^{2k}a_i\Big)^2=\frac{1}{4}$$

其中,下标按模 $2k$ 处理.

故
$$\frac{n^2}{16}=\frac{k^2}{4}\geqslant k\sum_{m=1}^k\Big[\Big(\sum_{i=m}^{m+k-1}a_i\Big)\Big(\sum_{j=m+k}^{m+2k-1}a_j\Big)\Big]$$
$$= k\sum_{1\leqslant i<j\leqslant n}\min\{j-i,n-j+i\}a_i a_j$$
$$\geqslant \sum_{1\leqslant i<j\leqslant n}\min\{(j-i)^2,(n-j+i)^2\}a_i a_j$$

综上,所求的最大可能值为 $\dfrac{n^2}{16}$.

4. 是否存在正整数集的两个子集 A,B 同时满足下面三个要求?

(1) A 为含有至少两个元素的有限集,B 为无限集.

(2) 存在正整数 M,使集合 $S=\{a+b\mid a\in A,b\in B\}$ 中大于 M 的任意两个不同元素均互素.

(3) 对任意两个互素的正整数 m,n,存在无穷多个 $x\in S$ 满足 $x\equiv n(\bmod m)$.

解 不存在.

用反证法.假设存在这样的子集 A,B.设
$$A=\{a_1,a_2,\cdots,a_k\}\quad(k\geqslant 2)$$
注意到,素数有无穷多个.

取素数 $p>\max\{a_1,a_2,\cdots,a_k\}$,再取 $M=\dfrac{(2p-1)!}{p}$.

显然,$(M,p)=1$.

于是,由条件知 S 中存在无穷多个模 M 余 p 的数.

对任意 $x\in S$,由 S 的定义知 $x-a_1,x-a_2,\cdots,x-a_k$ 中至少有一个数属于 B.

令 x 取遍 S 中模 M 余 p 的数.由抽屉原理,知存在 $i\in\{1,2,\cdots,k\}$,满足 B 中有无穷多个数模 M 的余数为 $p-a_i$.

因为 $k\geqslant 2$,所以存在 $j\in\{1,2,\cdots,k\}(j\neq i)$,使 S 中有无穷多个数模 M 的余数为 $p-a_i+a_j$.

由 p 的取法知
$$a_i,a_j\in\{1,2,\cdots,p-1\}\quad(a_i\neq a_j)$$
故 $2\leqslant p-a_i+a_j<2p-1$,$p-a_i+a_j\neq p$.

再由 M 的取法,知 M 与 $2,3,\cdots,p-1,p+1,\cdots,2p-1$ 均不互素.特别地,M 与 $p-a_i+a_j$ 有公共素因子.设其中一个公共素因子为 q,则 S 中有无穷多个数为 q 的倍数,矛盾.

因此,不存在这样的 A,B.

5.如图 2,在 $\triangle ABC$ 中,$AB>AC$,M 为边 BC 的中点,圆 M 以线段 BC 为直径,直线 AB,AC 与圆 M 的第二个交点分别为 D,E.已知 $\triangle ABC$ 内的点 P 满足
$$\angle PAB=\angle ACP,\angle CAP=\angle ABP$$
$$BC^2=2DE\cdot MP$$
圆 M 外的点 X 满足 $XM\parallel AP$,且 $\dfrac{XB}{XC}=\dfrac{AB}{AC}$.证明
$$\angle BXC+\angle BAC=90°$$

证明 如图 3,记 $\triangle PBC$ 的外接圆为 $\varGamma$,AP 的延长线与圆 $\varGamma$ 的第二个交点为 N,则
$$\angle BPN=\angle BAP+\angle ABP$$

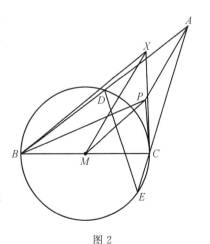

图 2

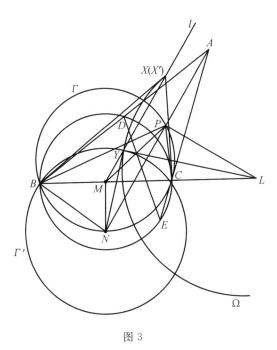

图 3

$$= \angle BAP + \angle CAP = \angle BAC$$

类似地，$\angle CPN = \angle BAC$.

于是，PN 平分 $\angle BPC$，N 为圆 Γ 的 $\overparen{BNC}$ 的中点.

以 N 为圆心，NB 为半径作圆 Γ'；以 M 为端点，$\overrightarrow{PA}$ 方向作射线 l. 设 l 与圆 Γ' 交于点 Y，$\angle BAC = \theta$.

易知，$CD \perp AD$，且 $\triangle ABC \backsim \triangle AED$，则 $\dfrac{DE}{BC} = \dfrac{AD}{AC} = \cos\theta$. 故

$$PM = \dfrac{BC^2}{2DE} = \dfrac{BC}{2\cos\theta} = \dfrac{BM}{\cos\angle NBC} = NB = NY$$

由 $YM \parallel PN \Rightarrow$ 四边形 $PYMN$ 为等腰梯形 $\Rightarrow P,Y,M,N$ 四点共圆.

设 $\angle BPC$ 的外角平分线与 BC 的延长线交于点 L.

易知，$PL \perp PN$，$ML \perp MN$，则 L,P,M,N 四点共圆. 故 L,P,Y,M,N 五点共圆.

从而，$\angle LYN = \angle LMN = 90°$，即 LY 为圆 Γ' 在点 Y 处的切线. 故

$$\triangle LBY \backsim \triangle LYC \Rightarrow \dfrac{YB}{YC} = \dfrac{LB}{LY} = \dfrac{LY}{LC}$$

由条件易知 $\triangle ABP \backsim \triangle CAP$，则 $\dfrac{AB}{AC} = \dfrac{PB}{PA} = \dfrac{PA}{PC}$.

又 PL 为 $\angle BPC$ 的外角平分线，从而，$\dfrac{LB}{LC} = \dfrac{PB}{PC}$. 故

$$\dfrac{YB}{YC} = \sqrt{\dfrac{LB}{LY} \cdot \dfrac{LY}{LC}} = \sqrt{\dfrac{LB}{LC}} = \sqrt{\dfrac{PB}{PC}} = \sqrt{\dfrac{PB}{PA} \cdot \dfrac{PA}{PC}} = \dfrac{AB}{AC}$$

在射线 l 上取一点 X'，满足

$$MX' \cdot MY = MB^2 = MC^2$$

由点 X' 的取法，知
$$\triangle MX'B \backsim \triangle MBY, \triangle MX'C \backsim \triangle MCY$$

则
$$\frac{X'B}{YB} = \frac{BM}{MY} = \frac{CM}{MY} = \frac{X'C}{YC} \Rightarrow \frac{X'B}{X'C} = \frac{YB}{YC} = \frac{AB}{AC}$$

用 Ω 表示平面上满足 $\frac{TB}{TC} = \lambda = \frac{AB}{AC}$ 的点 T 的轨迹，则 Ω 是关于点 B, C 及 λ 的阿波罗尼斯圆. 易知，Ω 与射线 l 至多仅有两个交点.

由点 Y, X' 的取法及以上证明，知 Y, X' 均为 Ω 与 l 的交点. 结合
$$\angle BYC = 90° + \frac{1}{2}\angle BPC = 90° - \angle BAC$$
$$\angle BX'C = \angle BX'M + \angle CX'M = \angle YBM + \angle YCM = 180° - \angle BYC = 90° - \angle BAC$$

知点 Y 在圆 M 内，点 X' 在圆 M 外.

由条件，知 X 亦为 Ω 与 l 的交点，且在圆 M 外.

从而，点 X 与 X' 重合，故 $\angle BXC + \angle BAC = \angle BX'C + \angle BAC = 90°$.

6. 设 p, q 为两个互素且大于 1 的整数. 称不能表示为 $px + qy (x, y \in \mathbf{N})$ 形式的正整数为 "(p, q)-坏数". 记 $S(p, q)$ 为所有 (p, q)-坏数的 2 019 次方之和. 证明：存在正整数 λ, 使得对任意上述 p, q 均有 $(p-1)(q-1) \mid \lambda S(p, q)$.

证明 用数学归纳法证明更一般的结论：对任意正整数 m, 存在正整数 λ_m, 满足对任意两个互素且大于 1 的正整数 p, q, 均有
$$(p-1)(q-1) \mid \lambda_m S_m(p, q)$$
其中，$S_m(p, q)$ 表示所有 (p, q)-坏数的 m 次方之和.

简称 (p, q)-坏数为 "坏数"，并将不是坏数的非负整数称为 "好数". 熟知最大的坏数为 $pq - p - q$, 且若非负整数 t_1, t_2 满足 $t_1 + t_2 = pq - p - q$, 则 t_1, t_2 中恰有一个坏数，记 $M = (p-1)(q-1)$.

于是，集合 $S = \{0, 1, \cdots, M-1\}$ 中的 M 个元素恰有一半为坏数，它们构成集合 A; 另一半为好数，它们构成集合 B.

考虑集合 $T = \{xp - yq \mid x = 1, 2, \cdots, q-1; y = 1, 2, \cdots, p-1\}$.

易知，T 的所有 M 个元素模 pq 互不相同（因此两两不同）. 又对任意 $t = xp - yq \in T$, $|t| = \pm(xp - yq)$ 显然为坏数.

从而，$T = A \cup (-A)$.

先对所有非负偶数 m 进行证明.

对任意非负整数 k 及有限集合 X, 记 $S_k(X) = \sum_{x \in X} x^k$, 并将 $S_k(1, 2, \cdots, n)$ 简记为 $S_k(n)$. 则

$$S_m(T) = \sum_{x=1}^{q-1} \sum_{y=1}^{p-1} (xp - yq)^m$$
$$= \sum_{k=0}^{m} \left[(-1)^k C_m^k p^k q^{m-k} \Big(\sum_{x=1}^{q-1} x^k \Big) \Big(\sum_{y=1}^{p-1} y^{m-k} \Big) \right]$$
$$= \sum_{k=0}^{m} (-1)^k C_m^k p^k q^{m-k} S_k(q-1) S_{m-k}(p-1) \qquad ①$$

熟知,对任意非负整数 k,存在正整数 μ_k,满足对任意正整数 n,均有 $n \mid \mu_k S_k(n)$.

此时,$M \mid \mu_k \mu_{m-k} S_k(q-1) S_{m-k}(p-1)$ 对任意的 $k \in \{0, 1, \cdots, m\}$ 成立.

令 $\lambda_m = 2(\mu_0 \mu_1 \cdots \mu_m)^2$,结合式 ①,知 $2M \mid \lambda_m S_m(T)$.

由于 m 为偶数,于是
$$S_m(T) = S_m(A) + S_m(-A) = 2S_m(A) = 2S_m(p, q)$$
故 $M = (p-1)(q-1)$ 整除 $\lambda_m S_m(p, q)$.

再对所有正奇数 m 进行证明.

假设结论对小于 $2l-1$ 的奇数(若存在)均成立.下面考虑 $m = 2l-1$ 的情况.

由 A, B 的定义知
$$S_{2l}(A) + S_{2l}(B) = S_{2l}(M-1)$$
又
$$S_{2l}(B) = \sum_{t \in B} t^{2l} = \sum_{t \in A} (M-1-t)^{2l} \equiv \sum_{t \in A} (t+1)^{2l}$$
$$= \sum_{k=0}^{2l} \sum_{t \in A} C_{2l}^k t^k = \sum_{k=0}^{2l} C_{2l}^k S_k(A) \pmod{M}$$
则
$$2l S_{2l-1}(A) = S_{2l}(B) - S_{2l}(A) - \sum_{k=0}^{2l-2} C_{2l}^k S_k(A)$$
$$= S_{2l}(M-1) - 2S_{2l}(A) - \sum_{k=0}^{2l-2} C_{2l}^k S_k(A)$$
$$\equiv S_{2l}(M) - 2S_{2l}(A) - \sum_{k=0}^{2l-2} C_{2l}^k S_k(A) \pmod{M} \qquad ②$$

由归纳假设,并注意 m 为偶数时结论成立,知对 $m \in \{0, 1, \cdots, 2l-3, 2l-2, 2l\}$,均存在正整数 λ_m,使得 $M \mid \lambda_m S_m(A)$.

又常数 μ_{2l}(见前证明)满足 $M \mid \mu_{2l} S_{2l}(M)$,故取 $\lambda_{2l-1} = 2l \mu_{2l} \lambda_{2l} \lambda_{2l-2} \lambda_{2l-3} \cdots \lambda_0$,结合式 ②,知 $M \mid \lambda_{2l-1} S_{2l-1}(A)$.

由数学归纳法得结论对所有正奇数 m 成立.

综上,结论对任意正整数 m 成立.

特别地,取 $m = 2019$ 即得本题结论.

刘培杰数学工作室
已出版(即将出版)图书目录——初等数学

书　名	出版时间	定　价	编号
新编中学数学解题方法全书(高中版)上卷(第2版)	2018—08	58.00	951
新编中学数学解题方法全书(高中版)中卷(第2版)	2018—08	68.00	952
新编中学数学解题方法全书(高中版)下卷(一)(第2版)	2018—08	58.00	953
新编中学数学解题方法全书(高中版)下卷(二)(第2版)	2018—08	58.00	954
新编中学数学解题方法全书(高中版)下卷(三)(第2版)	2018—08	68.00	955
新编中学数学解题方法全书(初中版)上卷	2008—01	28.00	29
新编中学数学解题方法全书(初中版)中卷	2010—07	38.00	75
新编中学数学解题方法全书(高考复习卷)	2010—01	48.00	67
新编中学数学解题方法全书(高考真题卷)	2010—01	38.00	62
新编中学数学解题方法全书(高考精华卷)	2011—03	68.00	118
新编平面解析几何解题方法全书(专题讲座卷)	2010—01	18.00	61
新编中学数学解题方法全书(自主招生卷)	2013—08	88.00	261
数学奥林匹克与数学文化(第一辑)	2006—05	48.00	4
数学奥林匹克与数学文化(第二辑)(竞赛卷)	2008—01	48.00	19
数学奥林匹克与数学文化(第二辑)(文化卷)	2008—07	58.00	36′
数学奥林匹克与数学文化(第三辑)(竞赛卷)	2010—01	48.00	59
数学奥林匹克与数学文化(第四辑)(竞赛卷)	2011—08	58.00	87
数学奥林匹克与数学文化(第五辑)	2015—06	98.00	370
世界著名平面几何经典著作钩沉——几何作图专题卷(共3卷)	2022—01	198.00	1460
世界著名平面几何经典著作钩沉——民国平面几何老课本	2011—03	38.00	113
世界著名平面几何经典著作钩沉——建国初期平面三角老课本	2015—08	38.00	507
世界著名解析几何经典著作钩沉——平面解析几何卷	2014—01	38.00	264
世界著名数论经典著作钩沉——算术卷	2012—01	28.00	125
世界著名数学经典著作钩沉——立体几何卷	2011—02	28.00	88
世界著名三角学经典著作钩沉——平面三角卷Ⅰ	2010—06	28.00	69
世界著名三角学经典著作钩沉——平面三角卷Ⅱ	2011—01	38.00	78
世界著名初等数论经典著作钩沉——理论和实用算术卷	2011—07	38.00	126
世界著名几何经典著作钩沉——解析几何卷	2022—10	68.00	1564
发展你的空间想象力(第3版)	2021—01	98.00	1464
空间想象力进阶	2019—05	68.00	1062
走向国际数学奥林匹克的平面几何试题诠释.第1卷	2019—07	88.00	1043
走向国际数学奥林匹克的平面几何试题诠释.第2卷	2019—09	78.00	1044
走向国际数学奥林匹克的平面几何试题诠释.第3卷	2019—03	78.00	1045
走向国际数学奥林匹克的平面几何试题诠释.第4卷	2019—09	98.00	1046
平面几何证明方法全书	2007—08	48.00	1
平面几何证明方法全书习题解答(第2版)	2006—12	18.00	10
平面几何天天练上卷·基础篇(直线型)	2013—01	58.00	208
平面几何天天练中卷·基础篇(涉及圆)	2013—01	28.00	234
平面几何天天练下卷·提高篇	2013—01	58.00	237
平面几何专题研究	2013—07	98.00	258
平面几何解题之道.第1卷	2022—05	38.00	1494
几何学习题集	2020—10	48.00	1217
通过解题学习代数几何	2021—04	88.00	1301
最新世界各国数学奥林匹克中的平面几何试题	2007—09	38.00	14

刘培杰数学工作室
已出版(即将出版)图书目录——初等数学

书　名	出版时间	定　价	编号
数学竞赛平面几何典型题及新颖解	2010—07	48.00	74
初等数学复习及研究(平面几何)	2008—09	68.00	38
初等数学复习及研究(立体几何)	2010—06	38.00	71
初等数学复习及研究(平面几何)习题解答	2009—01	58.00	42
几何学教程(平面几何卷)	2011—03	68.00	90
几何学教程(立体几何卷)	2011—07	68.00	130
几何变换与几何证题	2010—06	88.00	70
计算方法与几何证题	2011—06	28.00	129
立体几何技巧与方法(第2版)	2022—10	168.00	1572
几何瑰宝——平面几何500名题暨1500条定理(上、下)	2021—07	168.00	1358
三角形的解法与应用	2012—07	18.00	183
近代的三角形几何学	2012—07	48.00	184
一般折线几何学	2015—08	48.00	503
三角形的五心	2009—06	28.00	51
三角形的六心及其应用	2015—10	68.00	542
三角形趣谈	2012—08	28.00	212
解三角形	2014—01	28.00	265
三角函数	2024—10	38.00	1744
探秘三角形:一次数学旅行	2021—05	68.00	1387
三角学专门教程	2014—09	28.00	387
图天下几何新题试卷.初中(第2版)	2017—11	58.00	855
圆锥曲线习题集(上册)	2013—06	68.00	255
圆锥曲线习题集(中册)	2015—01	78.00	434
圆锥曲线习题集(下册·第1卷)	2016—10	78.00	683
圆锥曲线习题集(下册·第2卷)	2018—01	98.00	853
圆锥曲线习题集(下册·第3卷)	2019—10	128.00	1113
圆锥曲线的思想方法	2021—08	48.00	1379
圆锥曲线的八个主要问题	2021—10	48.00	1415
圆锥曲线的奥秘	2022—06	88.00	1541
论九点圆	2015—05	88.00	645
论圆的几何学	2024—06	48.00	1736
近代欧氏几何学	2012—03	48.00	162
罗巴切夫斯基几何学及几何基础概要	2012—07	28.00	188
罗巴切夫斯基几何学初步	2015—06	28.00	474
用三角、解析几何、复数、向量计算解数学竞赛几何题	2015—03	48.00	455
用解析法研究圆锥曲线的几何理论	2022—05	48.00	1495
美国中学几何教程	2015—04	88.00	458
三线坐标与三角形特征点	2015—04	98.00	460
坐标几何学基础.第1卷,笛卡儿坐标	2021—08	48.00	1398
坐标几何学基础.第2卷,三线坐标	2021—09	28.00	1399
平面解析几何方法与研究(第1卷)	2015—05	28.00	471
平面解析几何方法与研究(第2卷)	2015—06	38.00	472
平面解析几何方法与研究(第3卷)	2015—07	28.00	473
解析几何研究	2015—01	38.00	425
解析几何学教程.上	2016—01	38.00	574
解析几何学教程.下	2016—01	38.00	575
几何学基础	2016—01	58.00	581
初等几何研究	2015—02	58.00	444
十九和二十世纪欧氏几何学中的片段	2017—01	58.00	696
平面几何中考.高考.奥数一本通	2017—07	28.00	820
几何学简史	2017—08	28.00	833
四面体	2018—01	48.00	880
平面几何证明方法思路	2018—12	68.00	913
折纸中的几何练习	2022—09	48.00	1559
中学新几何学(英文)	2022—10	98.00	1562
线性代数与几何	2023—04	68.00	1633
四面体几何学引论	2023—06	68.00	1648

刘培杰数学工作室
已出版(即将出版)图书目录——初等数学

书 名	出版时间	定 价	编号
平面几何图形特性新析.上篇	2019—01	68.00	911
平面几何图形特性新析.下篇	2018—06	88.00	912
平面几何范例多解探究.上篇	2018—04	48.00	910
平面几何范例多解探究.下篇	2018—12	68.00	914
从分析解题过程学解题:竞赛中的几何问题研究	2018—07	68.00	946
从分析解题过程学解题:竞赛中的向量几何与不等式研究(全2册)	2019—06	138.00	1090
从分析解题过程学解题:竞赛中的不等式问题	2021—01	48.00	1249
二维、三维欧氏几何的对偶原理	2018—12	38.00	990
星形大观及闭折线论	2019—03	68.00	1020
立体几何的问题和方法	2019—11	58.00	1127
三角代换论	2021—05	58.00	1313
俄罗斯平面几何问题集	2009—08	88.00	55
俄罗斯立体几何问题集	2014—03	58.00	283
俄罗斯几何大师——沙雷金论数学及其他	2014—01	48.00	271
来自俄罗斯的5000道几何习题及解答	2011—03	58.00	89
俄罗斯初等数学问题集	2012—05	38.00	177
俄罗斯函数问题集	2011—03	38.00	103
俄罗斯组合分析问题集	2011—01	48.00	79
俄罗斯初等数学万题选——三角卷	2012—11	38.00	222
俄罗斯初等数学万题选——代数卷	2013—08	68.00	225
俄罗斯初等数学万题选——几何卷	2014—01	68.00	226
俄罗斯《量子》杂志数学征解问题100题选	2018—08	48.00	969
俄罗斯《量子》杂志数学征解问题又100题选	2018—08	48.00	970
俄罗斯《量子》杂志数学征解问题	2020—05	48.00	1138
463个俄罗斯几何老问题	2012—01	28.00	152
《量子》数学短文精粹	2018—09	38.00	972
用三角、解析几何等计算解来自俄罗斯的几何题	2019—11	88.00	1119
基谢廖夫平面几何	2022—01	48.00	1461
基谢廖夫立体几何	2023—04	48.00	1599
数学:代数、数学分析和几何(10—11年级)	2021—01	48.00	1250
直观几何学:5—6年级	2022—04	58.00	1508
几何学:第2版.7—9年级	2023—08	68.00	1684
平面几何:9—11年级	2022—10	48.00	1571
立体几何.10—11年级	2022—01	58.00	1472
几何快递	2024—05	48.00	1697
谈谈素数	2011—03	18.00	91
平方和	2011—03	18.00	92
整数论	2011—05	38.00	120
从整数谈起	2015—10	28.00	538
数与多项式	2016—01	38.00	558
谈谈不定方程	2011—05	28.00	119
质数漫谈	2022—07	68.00	1529
解析不等式新论	2009—06	68.00	48
建立不等式的方法	2011—03	98.00	104
数学奥林匹克不等式研究(第2版)	2020—07	68.00	1181
不等式研究(第三辑)	2023—08	198.00	1673
不等式的秘密(第一卷)(第2版)	2014—02	38.00	286
不等式的秘密(第二卷)	2014—01	38.00	268
初等不等式的证明方法	2010—06	38.00	123
初等不等式的证明方法(第二版)	2014—11	38.00	407
不等式·理论·方法(基础卷)	2015—07	38.00	496
不等式·理论·方法(经典不等式卷)	2015—07	38.00	497
不等式·理论·方法(特殊类型不等式卷)	2015—07	48.00	498
不等式探究	2016—03	38.00	582
不等式探秘	2017—01	88.00	689

刘培杰数学工作室
已出版(即将出版)图书目录——初等数学

书　　名	出版时间	定　价	编号
四面体不等式	2017—01	68.00	715
数学奥林匹克中常见重要不等式	2017—09	38.00	845
三正弦不等式	2018—09	98.00	974
函数方程与不等式:解法与稳定性结果	2019—04	68.00	1058
数学不等式.第1卷,对称多项式不等式	2022—05	78.00	1455
数学不等式.第2卷,对称有理不等式与对称无理不等式	2022—05	88.00	1456
数学不等式.第3卷,循环不等式与非循环不等式	2022—05	88.00	1457
数学不等式.第4卷,Jensen不等式的扩展与加细	2022—05	88.00	1458
数学不等式.第5卷,创建不等式与解不等式的其他方法	2022—05	88.00	1459
不定方程及其应用.上	2018—12	58.00	992
不定方程及其应用.中	2019—01	78.00	993
不定方程及其应用.下	2019—02	98.00	994
Nesbitt不等式加强式的研究	2022—06	128.00	1527
最值定理与分析不等式	2023—02	78.00	1567
一类积分不等式	2023—02	88.00	1579
邦费罗尼不等式及概率应用	2023—05	58.00	1637
同余理论	2012—05	38.00	163
[x]与{x}	2015—04	48.00	476
极值与最值.上卷	2015—06	28.00	486
极值与最值.中卷	2015—06	38.00	487
极值与最值.下卷	2015—06	28.00	488
整数的性质	2012—11	38.00	192
完全平方数及其应用	2015—08	78.00	506
多项式理论	2015—10	88.00	541
奇数、偶数、奇偶分析法	2018—01	98.00	876
历届美国中学生数学竞赛试题及解答(第1卷)1950~1954	2014—07	18.00	277
历届美国中学生数学竞赛试题及解答(第2卷)1955~1959	2014—04	18.00	278
历届美国中学生数学竞赛试题及解答(第3卷)1960~1964	2014—06	18.00	279
历届美国中学生数学竞赛试题及解答(第4卷)1965~1969	2014—04	28.00	280
历届美国中学生数学竞赛试题及解答(第5卷)1970~1972	2014—06	18.00	281
历届美国中学生数学竞赛试题及解答(第6卷)1973~1980	2017—07	18.00	768
历届美国中学生数学竞赛试题及解答(第7卷)1981~1986	2015—01	18.00	424
历届美国中学生数学竞赛试题及解答(第8卷)1987~1990	2017—05	18.00	769
历届国际数学奥林匹克试题集	2023—09	158.00	1701
历届中国数学奥林匹克试题集(第3版)	2021—10	58.00	1440
历届加拿大数学奥林匹克试题集	2012—08	38.00	215
历届美国数学奥林匹克试题集	2023—08	98.00	1681
历届波兰数学竞赛试题集.第1卷,1949~1963	2015—03	18.00	453
历届波兰数学竞赛试题集.第2卷,1964~1976	2015—03	18.00	454
历届巴尔干数学奥林匹克试题集	2015—05	38.00	466
历届CGMO试题及解答	2024—03	48.00	1717
保加利亚数学奥林匹克	2014—10	38.00	393
圣彼得堡数学奥林匹克试题集	2015—01	38.00	429
匈牙利奥林匹克数学竞赛题解.第1卷	2016—05	28.00	593
匈牙利奥林匹克数学竞赛题解.第2卷	2016—05	28.00	594
历届美国数学邀请赛试题集(第2版)	2017—10	78.00	851
全美高中数学竞赛:纽约州数学竞赛(1989—1994)	2024—08	48.00	1740
普林斯顿大学数学竞赛	2016—06	38.00	669
亚太地区数学奥林匹克竞赛题	2015—07	18.00	492
日本历届(初级)广中杯数学竞赛试题及解答.第1卷(2000~2007)	2016—05	28.00	641
日本历届(初级)广中杯数学竞赛试题及解答.第2卷(2008~2015)	2016—05	38.00	642
越南数学奥林匹克题选:1962—2009	2021—07	48.00	1370
罗马尼亚大师杯数学竞赛试题及解答	2024—04	48.00	1746
欧洲女子数学奥林匹克	2024—04	48.00	1723
360个数学竞赛问题	2016—08	58.00	677

刘培杰数学工作室
已出版(即将出版)图书目录——初等数学

书 名	出版时间	定 价	编号
奥数最佳实战题.上卷	2017—06	38.00	760
奥数最佳实战题.下卷	2017—05	58.00	761
解决问题的策略	2024—08	48.00	1742
哈尔滨市早期中学数学竞赛试题汇编	2016—07	28.00	672
全国高中数学联赛试题及解答:1981—2019(第4版)	2020—07	138.00	1176
2024年全国高中数学联合竞赛模拟题集	2024—01	38.00	1702
20世纪50年代全国部分城市数学竞赛试题汇编	2017—07	28.00	797
国内外数学竞赛题及精解:2018—2019	2020—08	45.00	1192
国内外数学竞赛题及精解:2019—2020	2021—11	58.00	1439
许康华竞赛优学精选集.第一辑	2018—08	68.00	949
天问叶班数学问题征解100题.Ⅰ,2016—2018	2019—05	88.00	1075
天问叶班数学问题征解100题.Ⅱ,2017—2019	2020—07	98.00	1177
美国初中数学竞赛:AMC8准备(共6卷)	2019—07	138.00	1089
美国高中数学竞赛:AMC10准备(共6卷)	2019—08	158.00	1105
王连笑教你怎样学数学:高考选择题解题策略与客观题实用训练	2014—01	48.00	262
王连笑教你怎样学数学:高考数学高层次讲座	2015—02	48.00	432
高考数学的理论与实践	2009—08	38.00	53
高考数学核心题型解题方法与技巧	2010—01	28.00	86
高考思维新平台	2014—03	38.00	259
高考数学压轴题解题诀窍(上)(第2版)	2018—01	58.00	874
高考数学压轴题解题诀窍(下)(第2版)	2018—01	48.00	875
突破高考数学新定义创新压轴题	2024—08	88.00	1741
北京市五区文科数学三年高考模拟题详解:2013~2015	2015—08	48.00	500
北京市五区理科数学三年高考模拟题详解:2013~2015	2015—09	68.00	505
向量法巧解数学高考题	2009—08	28.00	54
高中数学课堂教学的实践与反思	2021—11	48.00	791
数学高考参考	2016—01	78.00	589
新课程标准高考数学解答题各种题型解法指导	2020—08	78.00	1196
全国及各省市高考数学试题审题要津与解法研究	2015—02	48.00	450
高中数学章节起始课的教学研究与案例设计	2019—05	28.00	1064
新课标高考数学——五年试题分章详解(2007～2011)(上、下)	2011—10	78.00	140,141
全国中考数学压轴题审题要津与解法研究	2013—04	78.00	248
新编全国及各省市中考数学压轴题审题要津与解法研究	2014—05	58.00	342
全国及各省市5年中考数学压轴题审题要津与解法研究(2015版)	2015—04	58.00	462
中考数学专题总复习	2007—04	28.00	6
中考数学较难题常考题型解题方法与技巧	2016—09	48.00	681
中考数学难题常考题型解题方法与技巧	2016—09	48.00	682
中考数学中档题常考题型解题方法与技巧	2017—08	68.00	835
中考数学选择填空压轴好题妙解365	2024—01	80.00	1698
中考数学:三类重点考题的解法例析与习题	2020—04	48.00	1140
中小学数学的历史文化	2019—11	48.00	1124
小升初衔接数学	2024—06	68.00	1734
赢在小升初——数学	2024—06	78.00	1739
初中平面几何百题多思创新解	2020—01	58.00	1125
初中数学中考备考	2020—01	58.00	1126
高考数学之九章演义	2019—08	68.00	1044
高考数学之难题谈笑间	2022—06	68.00	1519
化学可以这样学:高中化学知识方法智慧感悟疑难辨析	2019—07	58.00	1103
如何成为学习高手	2019—09	58.00	1107
高考数学:经典真题分类解析	2020—04	78.00	1134
高考数学解答题破解策略	2020—11	58.00	1221
从分析解题过程学解题:高考压轴题与竞赛题之关系探究	2020—08	88.00	1179
从分析解题过程学解题:数学高考与竞赛的互联互通探究	2024—06	88.00	1735
教学新思考:单元整体视角下的初中数学教学设计	2021—03	58.00	1278
思维再拓展:2020年经典几何题的多解探究与思考	即将出版		1279
中考数学小压轴汇编初讲	2017—07	48.00	788
中考数学大压轴专题微言	2017—09	48.00	846

刘培杰数学工作室
已出版(即将出版)图书目录——初等数学

书　名	出版时间	定　价	编号
怎么解中考平面几何探索题	2019-06	48.00	1093
北京中考数学压轴题解题方法突破(第9版)	2024-01	78.00	1645
助你高考成功的数学解题智慧:知识是智慧的基础	2016-01	58.00	596
助你高考成功的数学解题智慧:错误是智慧的试金石	2016-04	58.00	643
助你高考成功的数学解题智慧:方法是智慧的推手	2016-04	68.00	657
高考数学奇思妙解	2016-04	38.00	610
高考数学解题策略	2016-05	48.00	670
数学解题泄天机(第2版)	2017-10	48.00	850
高中物理教学讲义	2018-01	48.00	871
高中物理教学讲义:全模块	2022-03	98.00	1492
高中物理答疑解惑65篇	2021-11	48.00	1462
中学物理基础问题解析	2020-08	48.00	1183
初中数学、高中数学脱节知识补缺教材	2017-06	48.00	766
高考数学客观题解题方法和技巧	2017-10	38.00	847
十年高考数学精品试题审题要津与解法研究	2021-10	98.00	1427
中国历届高考数学试题及解答.1949—1979	2018-01	38.00	877
历届中国高考数学试题及解答.第二卷,1980—1989	2018-10	28.00	975
历届中国高考数学试题及解答.第三卷,1990—1999	2018-10	48.00	976
跟我学解高中数学题	2018-07	58.00	926
中学数学研究的方法及案例	2018-05	58.00	869
高考数学抢分技能	2018-07	68.00	934
高一新生常用数学方法和重要数学思想提升教材	2018-06	38.00	921
高考数学全国卷六道解答题常考题型解题诀窍:理科(全2册)	2019-07	78.00	1101
高考数学全国卷16道选择、填空题常考题型解题诀窍.理科	2018-09	88.00	971
高考数学全国卷16道选择、填空题常考题型解题诀窍.文科	2020-01	88.00	1123
高中数学一题多解	2019-06	58.00	1087
历届中国高考数学试题及解答:1917—1999	2021-08	118.00	1371
2000～2003年全国及各省市高考数学试题及解答	2022-05	88.00	1499
2004年全国及各省市高考数学试题及解答	2023-08	78.00	1500
2005年全国及各省市高考数学试题及解答	2023-08	78.00	1501
2006年全国及各省市高考数学试题及解答	2023-08	88.00	1502
2007年全国及各省市高考数学试题及解答	2023-08	98.00	1503
2008年全国及各省市高考数学试题及解答	2023-08	88.00	1504
2009年全国及各省市高考数学试题及解答	2023-08	88.00	1505
2010年全国及各省市高考数学试题及解答	2023-08	98.00	1506
2011～2017年全国及各省市高考数学试题及解答	2024-01	78.00	1507
2018～2023年全国及各省市高考数学试题及解答	2024-03	78.00	1709
突破高原:高中数学解题思维探究	2021-08	48.00	1375
高考数学中的"取值范围"	2021-10	48.00	1429
新课程标准高中数学各种题型解法大全.必修一分册	2021-06	58.00	1315
新课程标准高中数学各种题型解法大全.必修二分册	2022-01	68.00	1471
高中数学各种题型解法大全.选择性必修一分册	2022-06	68.00	1525
高中数学各种题型解法大全.选择性必修二分册	2023-01	58.00	1600
高中数学各种题型解法大全.选择性必修三分册	2023-04	48.00	1643
高中数学专题研究	2024-05	88.00	1722
历届全国初中数学竞赛经典试题详解	2023-04	88.00	1624
孟祥礼高考数学精刷精解	2023-06	98.00	1663
新编640个世界著名数学智力趣题	2014-01	88.00	242
500个最新世界著名数学智力趣题	2008-06	48.00	3
400个最新世界著名数学最值问题	2008-09	48.00	36
500个世界著名数学征解问题	2009-06	48.00	52
400个中国最佳初等数学征解老问题	2010-01	48.00	60
500个俄罗斯数学经典老题	2011-01	28.00	81
1000个国外中学物理好题	2012-04	48.00	174
300个日本高考数学题	2012-05	38.00	142
700个早期日本高考数学试题	2017-02	88.00	752

刘培杰数学工作室
已出版(即将出版)图书目录——初等数学

书　名	出版时间	定　价	编号
500个前苏联早期高考数学试题及解答	2012—05	28.00	185
546个早期俄罗斯大学生数学竞赛题	2014—03	38.00	285
548个来自美苏的数学好问题	2014—11	28.00	396
20所苏联著名大学早期入学试题	2015—02	18.00	452
161道德国工科大学生必做的微分方程习题	2015—05	28.00	469
500个德国工科大学生必做的高数习题	2015—06	28.00	478
360个数学竞赛问题	2016—08	58.00	677
200个趣味数学故事	2018—02	48.00	857
470个数学奥林匹克中的最值问题	2018—10	88.00	985
德国讲义日本考题.微积分卷	2015—04	48.00	456
德国讲义日本考题.微分方程卷	2015—04	38.00	457
二十世纪中叶中、英、美、日、法、俄高考数学试题精选	2017—06	38.00	783
中国初等数学研究　2009卷(第1辑)	2009—05	20.00	45
中国初等数学研究　2010卷(第2辑)	2010—05	30.00	68
中国初等数学研究　2011卷(第3辑)	2011—07	60.00	127
中国初等数学研究　2012卷(第4辑)	2012—07	48.00	190
中国初等数学研究　2014卷(第5辑)	2014—02	48.00	288
中国初等数学研究　2015卷(第6辑)	2015—06	68.00	493
中国初等数学研究　2016卷(第7辑)	2016—04	68.00	609
中国初等数学研究　2017卷(第8辑)	2017—01	98.00	712
初等数学研究在中国.第1辑	2019—03	158.00	1024
初等数学研究在中国.第2辑	2019—10	158.00	1116
初等数学研究在中国.第3辑	2021—05	158.00	1306
初等数学研究在中国.第4辑	2022—06	158.00	1520
初等数学研究在中国.第5辑	2023—07	158.00	1635
几何变换(Ⅰ)	2014—07	28.00	353
几何变换(Ⅱ)	2015—06	28.00	354
几何变换(Ⅲ)	2015—01	38.00	355
几何变换(Ⅳ)	2015—12	38.00	356
初等数论难题集(第一卷)	2009—05	68.00	44
初等数论难题集(第二卷)(上、下)	2011—02	128.00	82,83
数论概貌	2011—03	18.00	93
代数数论(第二版)	2013—08	58.00	94
代数多项式	2014—06	38.00	289
初等数论的知识与问题	2011—02	28.00	95
超越数论基础	2011—03	28.00	96
数论初等教程	2011—03	28.00	97
数论基础	2011—03	18.00	98
数论基础与维诺格拉多夫	2014—03	18.00	292
解析数论基础	2012—08	28.00	216
解析数论基础(第二版)	2014—01	48.00	287
解析数论问题集(第二版)(原版引进)	2014—05	88.00	343
解析数论问题集(第二版)(中译本)	2016—04	88.00	607
解析数论基础(潘承洞,潘承彪著)	2016—07	98.00	673
解析数论导引	2016—07	58.00	674
数论入门	2011—03	38.00	99
代数数论入门	2015—03	38.00	448

刘培杰数学工作室
已出版(即将出版)图书目录——初等数学

书　名	出版时间	定　价	编号
数论开篇	2012—07	28.00	194
解析数论引论	2011—03	48.00	100
Barban Davenport Halberstam 均值和	2009—01	40.00	33
基础数论	2011—03	28.00	101
初等数论 100 例	2011—05	18.00	122
初等数论经典例题	2012—07	18.00	204
最新世界各国数学奥林匹克中的初等数论试题(上、下)	2012—01	138.00	144,145
初等数论(Ⅰ)	2012—01	18.00	156
初等数论(Ⅱ)	2012—01	18.00	157
初等数论(Ⅲ)	2012—01	28.00	158
平面几何与数论中未解决的新老问题	2013—01	68.00	229
代数数论简史	2014—11	28.00	408
代数数论	2015—09	88.00	532
代数、数论及分析习题集	2016—11	98.00	695
数论导引提要及习题解答	2016—01	48.00	559
素数定理的初等证明.第2版	2016—09	48.00	686
数论中的模函数与狄利克雷级数(第二版)	2017—11	78.00	837
数论:数学导引	2018—01	68.00	849
范氏大代数	2019—02	98.00	1016
解析数学讲义.第一卷,导来式及微分、积分、级数	2019—04	88.00	1021
解析数学讲义.第二卷,关于几何的应用	2019—04	68.00	1022
解析数学讲义.第三卷,解析函数论	2019—04	78.00	1023
分析·组合·数论纵横谈	2019—04	58.00	1039
Hall 代数:民国时期的中学数学课本:英文	2019—08	88.00	1106
基谢廖夫初等代数	2022—07	38.00	1531
基谢廖夫算术	2024—05	48.00	1725
数学精神巡礼	2019—01	58.00	731
数学眼光透视(第2版)	2017—06	78.00	732
数学思想领悟(第2版)	2018—01	68.00	733
数学方法溯源(第2版)	2018—08	68.00	734
数学解题引论	2017—05	58.00	735
数学史话览胜(第2版)	2017—01	48.00	736
数学应用展观(第2版)	2017—08	68.00	737
数学建模尝试	2018—04	48.00	738
数学竞赛采风	2018—01	68.00	739
数学测评探营	2019—05	58.00	740
数学技能操握	2018—03	48.00	741
数学欣赏拾趣	2018—02	48.00	742
从毕达哥拉斯到怀尔斯	2007—10	48.00	9
从迪利克雷到维斯卡尔迪	2008—01	48.00	21
从哥德巴赫到陈景润	2008—05	98.00	35
从庞加莱到佩雷尔曼	2011—08	138.00	136
博弈论精粹	2008—03	58.00	30
博弈论精粹.第二版(精装)	2015—01	88.00	461
数学 我爱你	2008—01	28.00	20
精神的圣徒 别样的人生——60位中国数学家成长的历程	2008—09	48.00	39
数学史概论	2009—06	78.00	50

— 8 —

刘培杰数学工作室
已出版(即将出版)图书目录——初等数学

书　　名	出版时间	定价	编号
数学史概论(精装)	2013—03	158.00	272
数学史选讲	2016—01	48.00	544
斐波那契数列	2010—02	28.00	65
数学拼盘和斐波那契魔方	2010—07	38.00	72
斐波那契数列欣赏(第2版)	2018—08	58.00	948
Fibonacci数列中的明珠	2018—06	58.00	928
数学的创造	2011—02	48.00	85
数学美与创造力	2016—01	48.00	595
数海拾贝	2016—01	48.00	590
数学中的美(第2版)	2019—04	68.00	1057
数论中的美学	2014—12	38.00	351
数学王者　科学巨人——高斯	2015—01	28.00	428
振兴祖国数学的圆梦之旅:中国初等数学研究史话	2015—06	98.00	490
二十世纪中国数学史料研究	2015—10	48.00	536
《九章算法比类大全》校注	2024—06	198.00	1695
数字谜、数阵图与棋盘覆盖	2016—01	58.00	298
数学概念的进化:一个初步的研究	2023—07	68.00	1683
数学发现的艺术:数学探索中的合情推理	2016—07	58.00	671
活跃在数学中的参数	2016—07	48.00	675
数海趣史	2021—05	98.00	1314
玩转幻中之幻	2023—08	88.00	1682
数学艺术品	2023—09	98.00	1685
数学博弈与游戏	2023—10	68.00	1692
数学解题——靠数学思想给力(上)	2011—07	38.00	131
数学解题——靠数学思想给力(中)	2011—07	48.00	132
数学解题——靠数学思想给力(下)	2011—07	38.00	133
我怎样解题	2013—01	48.00	227
数学解题中的物理方法	2011—06	28.00	114
数学解题的特殊方法	2011—06	48.00	115
中学数学计算技巧(第2版)	2020—10	48.00	1220
中学数学证明方法	2012—01	58.00	117
数学趣题巧解	2012—03	28.00	128
高中数学教学通鉴	2015—05	58.00	479
和高中生漫谈:数学与哲学的故事	2014—08	28.00	369
算术问题集	2017—03	38.00	789
张教授讲数学	2018—07	38.00	933
陈永明实话实说数学教学	2020—04	68.00	1132
中学数学学科知识与教学能力	2020—06	58.00	1155
怎样把课讲好:大罕数学教学随笔	2022—03	58.00	1484
中国高考评价体系下高考数学探秘	2022—03	48.00	1487
数苑漫步	2024—01	58.00	1670
自主招生考试中的参数方程问题	2015—01	28.00	435
自主招生考试中的极坐标问题	2015—04	28.00	463
近年全国重点大学自主招生数学试题全解及研究.华约卷	2015—02	38.00	441
近年全国重点大学自主招生数学试题全解及研究.北约卷	2016—05	38.00	619
自主招生数学解证宝典	2015—09	48.00	535
中国科学技术大学创新班数学真题解析	2022—03	48.00	1488
中国科学技术大学创新班物理真题解析	2022—03	58.00	1489
格点和面积	2012—07	18.00	191
射影几何趣谈	2012—04	28.00	175
斯潘纳尔引理——从一道加拿大数学奥林匹克试题谈起	2014—01	28.00	228
李普希兹条件——从几道近年高考数学试题谈起	2012—10	18.00	221
拉格朗日中值定理——从一道北京高考试题的解法谈起	2015—10	18.00	197

刘培杰数学工作室
已出版(即将出版)图书目录——初等数学

书 名	出版时间	定 价	编号
闵科夫斯基定理——从一道清华大学自主招生试题谈起	2014—01	28.00	198
哈尔测度——从一道冬令营试题的背景谈起	2012—08	28.00	202
切比雪夫逼近问题——从一道中国台北数学奥林匹克试题谈起	2013—04	38.00	238
伯恩斯坦多项式与贝齐尔曲面——从一道全国高中数学联赛试题谈起	2013—03	38.00	236
卡塔兰猜想——从一道普特南竞赛试题谈起	2013—06	18.00	256
麦卡锡函数和阿克曼函数——从一道前南斯拉夫数学奥林匹克试题谈起	2012—08	18.00	201
贝蒂定理与拉姆贝克莫斯尔定理——从一个捡石子游戏谈起	2012—08	18.00	217
皮亚诺曲线和豪斯道夫分球定理——从无限集谈起	2012—08	18.00	211
平面凸图形与凸多面体	2012—10	28.00	218
斯坦因豪斯问题——从一道二十五省市自治区中学数学竞赛试题谈起	2012—07	18.00	196
纽结理论中的亚历山大多项式与琼斯多项式——从一道北京市高一数学竞赛试题谈起	2012—07	28.00	195
原则与策略——从波利亚"解题表"谈起	2013—04	38.00	244
转化与化归——从三大尺规作图不能问题谈起	2012—08	28.00	214
代数几何中的贝祖定理(第一版)——从一道IMO试题的解法谈起	2013—08	18.00	193
成功连贯理论与约当块理论——从一道比利时数学竞赛试题谈起	2012—04	18.00	180
素数判定与大数分解	2014—08	18.00	199
置换多项式及其应用	2012—10	18.00	220
椭圆函数与模函数——从一道美国加州大学洛杉矶分校(UCLA)博士资格考题谈起	2012—10	28.00	219
差分方程的拉格朗日方法——从一道2011年全国高考理科试题的解法谈起	2012—08	28.00	200
力学在几何中的一些应用	2013—01	38.00	240
从根式解到伽罗华理论	2020—01	48.00	1121
康托洛维奇不等式——从一道全国高中联赛试题谈起	2013—03	28.00	337
拉克斯定理和阿廷定理——从一道IMO试题的解法谈起	2014—01	58.00	246
毕卡大定理——从一道美国大学数学竞赛试题谈起	2014—07	18.00	350
拉格朗日乘子定理——从一道2005年全国高中联赛试题的高等数学解法谈起	2015—05	28.00	480
雅可比定理——从一道日本数学奥林匹克试题谈起	2013—04	48.00	249
李天岩—约克定理——从一道波兰数学竞赛试题谈起	2014—06	28.00	349
受控理论与初等不等式:从一道IMO试题的解法谈起	2023—03	48.00	1601
布劳维不动点定理——从一道前苏联数学奥林匹克试题谈起	2014—01	38.00	273
莫德尔—韦伊定理——从一道日本数学奥林匹克试题谈起	2024—10	48.00	1602
斯蒂尔杰斯积分——从一道国际大学生数学竞赛试题的解法谈起	2024—10	68.00	1605
切博塔廖夫猜想——从一道1978年全国高中数学竞赛试题谈起	2024—10	38.00	1606
卡西尼卵形线:从一道高中数学期中考试试题谈起	2024—10	48.00	1607
格罗斯问题:亚纯函数的唯一性问题	2024—10	48.00	1608
布格尔问题——从一道第6届全国中学生物理竞赛预赛试题谈起	2024—09	68.00	1609
多项式逼近问题——从一道美国大学生数学竞赛试题谈起	2024—10	48.00	1748
中国剩余定理:总数法构建中国历史年表	2015—01	28.00	430
牛顿程序与方程求根——从一道全国高考试题解法谈起	即将出版		
库默尔定理——从一道IMO预选试题谈起	即将出版		
卢丁定理——从一道冬令营试题的解法谈起	即将出版		
沃斯滕霍姆定理——从一道IMO预选试题谈起	即将出版		
卡尔松不等式——从一道莫斯科数学奥林匹克试题谈起	即将出版		
信息论中的香农熵——从一道近年高考压轴题谈起	即将出版		

刘培杰数学工作室
已出版(即将出版)图书目录——初等数学

书　名	出版时间	定　价	编号
约当不等式——从一道希望杯竞赛试题谈起	即将出版		
拉比诺维奇定理	即将出版		
刘维尔定理——从一道《美国数学月刊》征解问题的解法谈起	即将出版		
卡塔兰恒等式与级数求和——从一道 IMO 试题的解法谈起	即将出版		
勒让德猜想与素数分布——从一道爱尔兰竞赛试题谈起	即将出版		
天平称重与信息论——从一道基辅市数学奥林匹克试题谈起	即将出版		
哈密尔顿-凯莱定理:从一道高中数学联赛试题的解法谈起	2014—09	18.00	376
艾思特曼定理——从一道 CMO 试题的解法谈起	即将出版		
阿贝尔恒等式与经典不等式及应用	2018—06	98.00	923
迪利克雷除数问题	2018—07	48.00	930
幻方、幻立方与拉丁方	2019—08	48.00	1092
帕斯卡三角形	2014—03	18.00	294
蒲丰投针问题——从 2009 年清华大学的一道自主招生试题谈起	2014—01	38.00	295
斯图姆定理——从一道"华约"自主招生试题的解法谈起	2014—01	18.00	296
许瓦兹引理——从一道加利福尼亚大学伯克利分校数学系博士生试题谈起	2014—08	18.00	297
拉姆塞定理——从王诗宬院士的一个问题谈起	2016—04	48.00	299
坐标法	2013—12	28.00	332
数论三角形	2014—04	38.00	341
毕克定理	2014—07	18.00	352
数林掠影	2014—09	48.00	389
我们周围的概率	2014—10	38.00	390
凸函数最值定理:从一道华约自主招生题的解法谈起	2014—10	28.00	391
易学与数学奥林匹克	2014—10	38.00	392
生物数学趣谈	2015—01	18.00	409
反演	2015—01	28.00	420
因式分解与圆锥曲线	2015—01	18.00	426
轨迹	2015—01	28.00	427
面积原理:从常庚哲命的一道 CMO 试题的积分解法谈起	2015—01	48.00	431
形形色色的不动点定理:从一道 28 届 IMO 试题谈起	2015—01	38.00	439
柯西函数方程:从一道上海交大自主招生的试题谈起	2015—02	28.00	440
三角恒等式	2015—02	28.00	442
无理性判定:从一道 2014 年"北约"自主招生试题谈起	2015—01	38.00	443
数学归纳法	2015—03	18.00	451
极端原理与解题	2015—04	28.00	464
法雷级数	2014—08	18.00	367
摆线族	2015—01	38.00	438
函数方程及其解法	2015—05	38.00	470
含参数的方程和不等式	2012—09	28.00	213
希尔伯特第十问题	2016—01	38.00	543
无穷小量的求和	2016—01	28.00	545
切比雪夫多项式:从一道清华大学金秋营试题谈起	2016—01	38.00	583
泽肯多夫定理	2016—03	38.00	599
代数等式证题法	2016—01	28.00	600
三角等式证题法	2016—01	28.00	601
吴大任教授藏书中的一个因式分解公式:从一道美国数学邀请赛试题的解法谈起	2016—06	28.00	656
易卦——类万物的数学模型	2017—08	68.00	838
"不可思议"的数与数系可持续发展	2018—01	38.00	878
最短线	2018—01	38.00	879
数学在天文、地理、光学、机械力学中的一些应用	2023—03	88.00	1576
从阿基米德三角形谈起	2023—01	28.00	1578

刘培杰数学工作室
已出版(即将出版)图书目录——初等数学

书 名	出版时间	定 价	编号
幻方和魔方(第一卷)	2012—05	68.00	173
尘封的经典——初等数学经典文献选读(第一卷)	2012—07	48.00	205
尘封的经典——初等数学经典文献选读(第二卷)	2012—07	38.00	206
初级方程式论	2011—03	28.00	106
初等数学研究(Ⅰ)	2008—09	68.00	37
初等数学研究(Ⅱ)(上、下)	2009—05	118.00	46,47
初等数学专题研究	2022—10	68.00	1568
趣味初等方程妙题集锦	2014—09	48.00	388
趣味初等数论选美与欣赏	2015—02	48.00	445
耕读笔记(上卷):一位农民数学爱好者的初数探索	2015—04	28.00	459
耕读笔记(中卷):一位农民数学爱好者的初数探索	2015—05	28.00	483
耕读笔记(下卷):一位农民数学爱好者的初数探索	2015—05	28.00	484
几何不等式研究与欣赏.上卷	2016—01	88.00	547
几何不等式研究与欣赏.下卷	2016—01	48.00	552
初等数列研究与欣赏·上	2016—01	48.00	570
初等数列研究与欣赏·下	2016—01	48.00	571
趣味初等函数研究与欣赏.上	2016—09	48.00	684
趣味初等函数研究与欣赏.下	2018—09	48.00	685
三角不等式研究与欣赏	2020—10	68.00	1197
新编平面解析几何解题方法研究与欣赏	2021—10	78.00	1426
火柴游戏(第2版)	2022—05	38.00	1493
智力解谜.第1卷	2017—07	38.00	613
智力解谜.第2卷	2017—07	38.00	614
故事智力	2016—07	48.00	615
名人们喜欢的智力问题	2020—01	48.00	616
数学大师的发现、创造与失误	2018—01	48.00	617
异曲同工	2018—09	48.00	618
数学的味道(第2版)	2023—10	68.00	1686
数学千字文	2018—10	68.00	977
数贝偶拾——高考数学题研究	2014—04	28.00	274
数贝偶拾——初等数学研究	2014—04	38.00	275
数贝偶拾——奥数题研究	2014—04	48.00	276
钱昌本教你快乐学数学(上)	2011—12	48.00	155
钱昌本教你快乐学数学(下)	2012—03	58.00	171
集合、函数与方程	2014—01	28.00	300
数列与不等式	2014—01	38.00	301
三角与平面向量	2014—01	28.00	302
平面解析几何	2014—01	38.00	303
立体几何与组合	2014—01	28.00	304
极限与导数、数学归纳法	2014—01	38.00	305
趣味数学	2014—03	28.00	306
教材教法	2014—04	68.00	307
自主招生	2014—05	58.00	308
高考压轴题(上)	2015—01	48.00	309
高考压轴题(下)	2014—10	68.00	310

刘培杰数学工作室
已出版(即将出版)图书目录——初等数学

书　　名	出版时间	定　价	编号
从费马到怀尔斯——费马大定理的历史	2013—10	198.00	I
从庞加莱到佩雷尔曼——庞加莱猜想的历史	2013—10	298.00	II
从切比雪夫到爱尔特希(上)——素数定理的初等证明	2013—07	48.00	III
从切比雪夫到爱尔特希(下)——素数定理100年	2012—12	98.00	III
从高斯到盖尔方特——二次域的高斯猜想	2013—10	198.00	IV
从库默尔到朗兰兹——朗兰兹猜想的历史	2014—01	98.00	V
从比勒巴赫到德布朗斯——比勒巴赫猜想的历史	2014—02	298.00	VI
从麦比乌斯到陈省身——麦比乌斯变换与麦比乌斯带	2014—02	298.00	VII
从布尔到豪斯道夫——布尔方程与格论漫谈	2013—10	198.00	VIII
从开普勒到阿诺德——三体问题的历史	2014—05	298.00	IX
从华林到华罗庚——华林问题的历史	2013—10	298.00	X
美国高中数学竞赛五十讲.第1卷(英文)	2014—08	28.00	357
美国高中数学竞赛五十讲.第2卷(英文)	2014—08	28.00	358
美国高中数学竞赛五十讲.第3卷(英文)	2014—09	28.00	359
美国高中数学竞赛五十讲.第4卷(英文)	2014—09	28.00	360
美国高中数学竞赛五十讲.第5卷(英文)	2014—10	28.00	361
美国高中数学竞赛五十讲.第6卷(英文)	2014—11	28.00	362
美国高中数学竞赛五十讲.第7卷(英文)	2014—12	28.00	363
美国高中数学竞赛五十讲.第8卷(英文)	2015—01	28.00	364
美国高中数学竞赛五十讲.第9卷(英文)	2015—01	28.00	365
美国高中数学竞赛五十讲.第10卷(英文)	2015—02	38.00	366
三角函数(第2版)	2017—04	38.00	626
不等式	2014—01	38.00	312
数列	2014—01	38.00	313
方程(第2版)	2017—04	38.00	624
排列和组合	2014—01	28.00	315
极限与导数(第2版)	2016—04	38.00	635
向量(第2版)	2018—08	58.00	627
复数及其应用	2014—08	28.00	318
函数	2014—01	38.00	319
集合	2020—01	48.00	320
直线与平面	2014—01	28.00	321
立体几何(第2版)	2016—04	38.00	629
解三角形	即将出版		323
直线与圆(第2版)	2016—11	38.00	631
圆锥曲线(第2版)	2016—09	48.00	632
解题通法(一)	2014—07	38.00	326
解题通法(二)	2014—07	38.00	327
解题通法(三)	2014—05	38.00	328
概率与统计	2014—01	28.00	329
信息迁移与算法	即将出版		330

刘培杰数学工作室
已出版(即将出版)图书目录——初等数学

书　　名	出版时间	定　价	编号
IMO 50 年.第 1 卷(1959—1963)	2014—11	28.00	377
IMO 50 年.第 2 卷(1964—1968)	2014—11	28.00	378
IMO 50 年.第 3 卷(1969—1973)	2014—09	28.00	379
IMO 50 年.第 4 卷(1974—1978)	2016—04	38.00	380
IMO 50 年.第 5 卷(1979—1984)	2015—04	38.00	381
IMO 50 年.第 6 卷(1985—1989)	2015—04	58.00	382
IMO 50 年.第 7 卷(1990—1994)	2016—01	48.00	383
IMO 50 年.第 8 卷(1995—1999)	2016—06	38.00	384
IMO 50 年.第 9 卷(2000—2004)	2015—04	58.00	385
IMO 50 年.第 10 卷(2005—2009)	2016—01	48.00	386
IMO 50 年.第 11 卷(2010—2015)	2017—03	48.00	646
数学反思(2006—2007)	2020—09	88.00	915
数学反思(2008—2009)	2019—01	68.00	917
数学反思(2010—2011)	2018—05	58.00	916
数学反思(2012—2013)	2019—01	58.00	918
数学反思(2014—2015)	2019—03	78.00	919
数学反思(2016—2017)	2021—03	58.00	1286
数学反思(2018—2019)	2023—01	88.00	1593
历届美国大学生数学竞赛试题集.第一卷(1938—1949)	2015—01	28.00	397
历届美国大学生数学竞赛试题集.第二卷(1950—1959)	2015—01	28.00	398
历届美国大学生数学竞赛试题集.第三卷(1960—1969)	2015—01	28.00	399
历届美国大学生数学竞赛试题集.第四卷(1970—1979)	2015—01	18.00	400
历届美国大学生数学竞赛试题集.第五卷(1980—1989)	2015—01	28.00	401
历届美国大学生数学竞赛试题集.第六卷(1990—1999)	2015—01	28.00	402
历届美国大学生数学竞赛试题集.第七卷(2000—2009)	2015—08	18.00	403
历届美国大学生数学竞赛试题集.第八卷(2010—2012)	2015—01	18.00	404
新课标高考数学创新题解题诀窍:总论	2014—09	28.00	372
新课标高考数学创新题解题诀窍:必修 1~5 分册	2014—08	38.00	373
新课标高考数学创新题解题诀窍:选修 2-1,2-2,1-1,1-2 分册	2014—09	38.00	374
新课标高考数学创新题解题诀窍:选修 2-3,4-4,4-5 分册	2014—09	18.00	375
全国重点大学自主招生英文数学试题全攻略:词汇卷	2015—07	48.00	410
全国重点大学自主招生英文数学试题全攻略:概念卷	2015—01	28.00	411
全国重点大学自主招生英文数学试题全攻略:文章选读卷(上)	2016—09	38.00	412
全国重点大学自主招生英文数学试题全攻略:文章选读卷(下)	2017—01	58.00	413
全国重点大学自主招生英文数学试题全攻略:试题卷	2015—07	38.00	414
全国重点大学自主招生英文数学试题全攻略:名著欣赏卷	2017—03	48.00	415
劳埃德数学趣题大全.题目卷.1:英文	2016—01	18.00	516
劳埃德数学趣题大全.题目卷.2:英文	2016—01	18.00	517
劳埃德数学趣题大全.题目卷.3:英文	2016—01	18.00	518
劳埃德数学趣题大全.题目卷.4:英文	2016—01	18.00	519
劳埃德数学趣题大全.题目卷.5:英文	2016—01	18.00	520
劳埃德数学趣题大全.答案卷:英文	2016—01	18.00	521

刘培杰数学工作室
已出版(即将出版)图书目录——初等数学

书　　名	出版时间	定　价	编号
李成章教练奥数笔记.第1卷	2016—01	48.00	522
李成章教练奥数笔记.第2卷	2016—01	48.00	523
李成章教练奥数笔记.第3卷	2016—01	38.00	524
李成章教练奥数笔记.第4卷	2016—01	38.00	525
李成章教练奥数笔记.第5卷	2016—01	38.00	526
李成章教练奥数笔记.第6卷	2016—01	38.00	527
李成章教练奥数笔记.第7卷	2016—01	38.00	528
李成章教练奥数笔记.第8卷	2016—01	48.00	529
李成章教练奥数笔记.第9卷	2016—01	28.00	530
第19~23届"希望杯"全国数学邀请赛试题审题要津详细评注(初一版)	2014—03	28.00	333
第19~23届"希望杯"全国数学邀请赛试题审题要津详细评注(初二、初三版)	2014—03	38.00	334
第19~23届"希望杯"全国数学邀请赛试题审题要津详细评注(高一版)	2014—03	28.00	335
第19~23届"希望杯"全国数学邀请赛试题审题要津详细评注(高二版)	2014—03	38.00	336
第19~25届"希望杯"全国数学邀请赛试题审题要津详细评注(初一版)	2015—01	38.00	416
第19~25届"希望杯"全国数学邀请赛试题审题要津详细评注(初二、初三版)	2015—01	58.00	417
第19~25届"希望杯"全国数学邀请赛试题审题要津详细评注(高一版)	2015—01	48.00	418
第19~25届"希望杯"全国数学邀请赛试题审题要津详细评注(高二版)	2015—01	48.00	419
物理奥林匹克竞赛大题典——力学卷	2014—11	48.00	405
物理奥林匹克竞赛大题典——热学卷	2014—04	28.00	339
物理奥林匹克竞赛大题典——电磁学卷	2015—07	48.00	406
物理奥林匹克竞赛大题典——光学与近代物理卷	2014—06	28.00	345
历届中国东南地区数学奥林匹克试题及解答	2024—06	68.00	1724
历届中国西部地区数学奥林匹克试题集(2001~2012)	2014—07	18.00	347
历届中国女子数学奥林匹克试题集(2002~2012)	2014—08	18.00	348
数学奥林匹克在中国	2014—06	98.00	344
数学奥林匹克问题集	2014—01	38.00	267
数学奥林匹克不等式散论	2010—06	38.00	124
数学奥林匹克不等式欣赏	2011—09	38.00	138
数学奥林匹克超级题库(初中卷上)	2010—01	58.00	66
数学奥林匹克不等式证明方法和技巧(上、下)	2011—08	158.00	134,135
他们学什么:原民主德国中学数学课本	2016—09	38.00	658
他们学什么:英国中学数学课本	2016—09	38.00	659
他们学什么:法国中学数学课本.1	2016—09	38.00	660
他们学什么:法国中学数学课本.2	2016—09	28.00	661
他们学什么:法国中学数学课本.3	2016—09	38.00	662
他们学什么:苏联中学数学课本	2016—09	28.00	679

刘培杰数学工作室
已出版（即将出版）图书目录——初等数学

书　名	出版时间	定　价	编号
高中数学题典——集合与简易逻辑·函数	2016—07	48.00	647
高中数学题典——导数	2016—07	48.00	648
高中数学题典——三角函数·平面向量	2016—07	48.00	649
高中数学题典——数列	2016—07	58.00	650
高中数学题典——不等式·推理与证明	2016—07	38.00	651
高中数学题典——立体几何	2016—07	48.00	652
高中数学题典——平面解析几何	2016—07	78.00	653
高中数学题典——计数原理·统计·概率·复数	2016—07	48.00	654
高中数学题典——算法·平面几何·初等数论·组合数学·其他	2016—07	68.00	655
台湾地区奥林匹克数学竞赛试题.小学一年级	2017—03	38.00	722
台湾地区奥林匹克数学竞赛试题.小学二年级	2017—03	38.00	723
台湾地区奥林匹克数学竞赛试题.小学三年级	2017—03	38.00	724
台湾地区奥林匹克数学竞赛试题.小学四年级	2017—03	38.00	725
台湾地区奥林匹克数学竞赛试题.小学五年级	2017—03	38.00	726
台湾地区奥林匹克数学竞赛试题.小学六年级	2017—03	38.00	727
台湾地区奥林匹克数学竞赛试题.初中一年级	2017—03	38.00	728
台湾地区奥林匹克数学竞赛试题.初中二年级	2017—03	38.00	729
台湾地区奥林匹克数学竞赛试题.初中三年级	2017—03	28.00	730
不等式证题法	2017—04	28.00	747
平面几何培优教程	2019—08	88.00	748
奥数鼎级培优教程.高一分册	2018—09	88.00	749
奥数鼎级培优教程.高二分册.上	2018—04	68.00	750
奥数鼎级培优教程.高二分册.下	2018—04	68.00	751
高中数学竞赛冲刺宝典	2019—04	68.00	883
初中尖子生数学超级题典.实数	2017—07	58.00	792
初中尖子生数学超级题典.式、方程与不等式	2017—08	58.00	793
初中尖子生数学超级题典.圆、面积	2017—08	38.00	794
初中尖子生数学超级题典.函数、逻辑推理	2017—08	48.00	795
初中尖子生数学超级题典.角、线段、三角形与多边形	2017—07	58.00	796
数学王子——高斯	2018—01	48.00	858
坎坷奇星——阿贝尔	2018—01	48.00	859
闪烁奇星——伽罗瓦	2018—01	58.00	860
无穷统帅——康托尔	2018—01	48.00	861
科学公主——柯瓦列夫斯卡娅	2018—01	48.00	862
抽象代数之母——埃米·诺特	2018—01	48.00	863
电脑先驱——图灵	2018—01	58.00	864
昔日神童——维纳	2018—01	48.00	865
数坛怪侠——爱尔特希	2018—01	68.00	866
传奇数学家徐利治	2019—09	88.00	1110

刘培杰数学工作室
已出版(即将出版)图书目录——初等数学

书　　名	出版时间	定　价	编号
当代世界中的数学.数学思想与数学基础	2019—01	38.00	892
当代世界中的数学.数学问题	2019—01	38.00	893
当代世界中的数学.应用数学与数学应用	2019—01	38.00	894
当代世界中的数学.数学王国的新疆域(一)	2019—01	38.00	895
当代世界中的数学.数学王国的新疆域(二)	2019—01	38.00	896
当代世界中的数学.数林撷英(一)	2019—01	38.00	897
当代世界中的数学.数林撷英(二)	2019—01	48.00	898
当代世界中的数学.数学之路	2019—01	38.00	899
105个代数问题:来自 AwesomeMath 夏季课程	2019—02	58.00	956
106个几何问题:来自 AwesomeMath 夏季课程	2020—07	58.00	957
107个几何问题:来自 AwesomeMath 全年课程	2020—07	58.00	958
108个代数问题:来自 AwesomeMath 全年课程	2019—01	68.00	959
109个不等式:来自 AwesomeMath 夏季课程	2019—04	58.00	960
110个几何问题:选自各国数学奥林匹克竞赛	2024—04	58.00	961
111个代数和数论问题	2019—05	58.00	962
112个组合问题:来自 AwesomeMath 夏季课程	2019—05	58.00	963
113个几何不等式:来自 AwesomeMath 夏季课程	2020—08	58.00	964
114个指数和对数问题:来自 AwesomeMath 夏季课程	2019—09	48.00	965
115个三角问题:来自 AwesomeMath 夏季课程	2019—09	58.00	966
116个代数不等式:来自 AwesomeMath 全年课程	2019—04	58.00	967
117个多项式问题:来自 AwesomeMath 夏季课程	2021—09	58.00	1409
118个数学竞赛不等式	2022—08	78.00	1526
119个三角问题	2024—05	58.00	1726
119个三角问题	2024—05	58.00	1726
紫色彗星国际数学竞赛试题	2019—02	58.00	999
数学竞赛中的数学:为数学爱好者、父母、教师和教练准备的丰富资源.第一部	2020—04	58.00	1141
数学竞赛中的数学:为数学爱好者、父母、教师和教练准备的丰富资源.第二部	2020—07	48.00	1142
和与积	2020—10	38.00	1219
数论:概念和问题	2020—12	68.00	1257
初等数学问题研究	2021—03	48.00	1270
数学奥林匹克中的欧几里得几何	2021—10	68.00	1413
数学奥林匹克题解新编	2022—01	58.00	1430
图论入门	2022—09	58.00	1554
新的、更新的、最新的不等式	2023—07	58.00	1650
几何不等式相关问题	2024—04	58.00	1721
数学归纳法——一种高效而简捷的证明方法	2024—06	48.00	1738
数学竞赛中奇妙的多项式	2024—01	78.00	1646
120个奇妙的代数问题及20个奖励问题	2024—04	48.00	1647
几何不等式相关问题	2024—04	58.00	1721
数学竞赛中的十个代数主题	2024—10	58.00	1745

刘培杰数学工作室
已出版(即将出版)图书目录——初等数学

书　　　名	出版时间	定　价	编号
澳大利亚中学数学竞赛试题及解答(初级卷)1978～1984	2019—02	28.00	1002
澳大利亚中学数学竞赛试题及解答(初级卷)1985～1991	2019—02	28.00	1003
澳大利亚中学数学竞赛试题及解答(初级卷)1992～1998	2019—02	28.00	1004
澳大利亚中学数学竞赛试题及解答(初级卷)1999～2005	2019—02	28.00	1005
澳大利亚中学数学竞赛试题及解答(中级卷)1978～1984	2019—03	28.00	1006
澳大利亚中学数学竞赛试题及解答(中级卷)1985～1991	2019—03	28.00	1007
澳大利亚中学数学竞赛试题及解答(中级卷)1992～1998	2019—03	28.00	1008
澳大利亚中学数学竞赛试题及解答(中级卷)1999～2005	2019—03	28.00	1009
澳大利亚中学数学竞赛试题及解答(高级卷)1978～1984	2019—05	28.00	1010
澳大利亚中学数学竞赛试题及解答(高级卷)1985～1991	2019—05	28.00	1011
澳大利亚中学数学竞赛试题及解答(高级卷)1992～1998	2019—05	28.00	1012
澳大利亚中学数学竞赛试题及解答(高级卷)1999～2005	2019—05	28.00	1013
天才中小学生智力测验题.第一卷	2019—03	38.00	1026
天才中小学生智力测验题.第二卷	2019—03	38.00	1027
天才中小学生智力测验题.第三卷	2019—03	38.00	1028
天才中小学生智力测验题.第四卷	2019—03	38.00	1029
天才中小学生智力测验题.第五卷	2019—03	38.00	1030
天才中小学生智力测验题.第六卷	2019—03	38.00	1031
天才中小学生智力测验题.第七卷	2019—03	38.00	1032
天才中小学生智力测验题.第八卷	2019—03	38.00	1033
天才中小学生智力测验题.第九卷	2019—03	38.00	1034
天才中小学生智力测验题.第十卷	2019—03	38.00	1035
天才中小学生智力测验题.第十一卷	2019—03	38.00	1036
天才中小学生智力测验题.第十二卷	2019—03	38.00	1037
天才中小学生智力测验题.第十三卷	2019—03	38.00	1038
重点大学自主招生数学备考全书:函数	2020—05	48.00	1047
重点大学自主招生数学备考全书:导数	2020—08	48.00	1048
重点大学自主招生数学备考全书:数列与不等式	2019—10	78.00	1049
重点大学自主招生数学备考全书:三角函数与平面向量	2020—08	68.00	1050
重点大学自主招生数学备考全书:平面解析几何	2020—07	58.00	1051
重点大学自主招生数学备考全书:立体几何与平面几何	2019—08	48.00	1052
重点大学自主招生数学备考全书:排列组合·概率统计·复数	2019—09	48.00	1053
重点大学自主招生数学备考全书:初等数论与组合数学	2019—08	48.00	1054
重点大学自主招生数学备考全书:重点大学自主招生真题.上	2019—04	68.00	1055
重点大学自主招生数学备考全书:重点大学自主招生真题.下	2019—04	58.00	1056
高中数学竞赛培训教程:平面几何问题的求解方法与策略.上	2018—05	68.00	906
高中数学竞赛培训教程:平面几何问题的求解方法与策略.下	2018—06	78.00	907
高中数学竞赛培训教程:整除与同余以及不定方程	2018—01	88.00	908
高中数学竞赛培训教程:组合计数与组合极值	2018—04	48.00	909
高中数学竞赛培训教程:初等代数	2019—04	78.00	1042
高中数学讲座:数学竞赛基础教程(第一册)	2019—06	48.00	1094
高中数学讲座:数学竞赛基础教程(第二册)	即将出版		1095
高中数学讲座:数学竞赛基础教程(第三册)	即将出版		1096
高中数学讲座:数学竞赛基础教程(第四册)	即将出版		1097

刘培杰数学工作室
已出版(即将出版)图书目录——初等数学

书 名	出版时间	定 价	编号
新编中学数学解题方法1000招丛书.实数(初中版)	2022-05	58.00	1291
新编中学数学解题方法1000招丛书.式(初中版)	2022-05	48.00	1292
新编中学数学解题方法1000招丛书.方程与不等式(初中版)	2021-04	58.00	1293
新编中学数学解题方法1000招丛书.函数(初中版)	2022-05	38.00	1294
新编中学数学解题方法1000招丛书.角(初中版)	2022-05	48.00	1295
新编中学数学解题方法1000招丛书.线段(初中版)	2022-05	48.00	1296
新编中学数学解题方法1000招丛书.三角形与多边形(初中版)	2021-04	48.00	1297
新编中学数学解题方法1000招丛书.圆(初中版)	2022-05	48.00	1298
新编中学数学解题方法1000招丛书.面积(初中版)	2021-07	28.00	1299
新编中学数学解题方法1000招丛书.逻辑推理(初中版)	2022-06	48.00	1300
高中数学题典精编.第一辑.函数	2022-01	58.00	1444
高中数学题典精编.第一辑.导数	2022-01	68.00	1445
高中数学题典精编.第一辑.三角函数・平面向量	2022-01	68.00	1446
高中数学题典精编.第一辑.数列	2022-01	58.00	1447
高中数学题典精编.第一辑.不等式・推理与证明	2022-01	58.00	1448
高中数学题典精编.第一辑.立体几何	2022-01	58.00	1449
高中数学题典精编.第一辑.平面解析几何	2022-01	68.00	1450
高中数学题典精编.第一辑.统计・概率・平面几何	2022-01	58.00	1451
高中数学题典精编.第一辑.初等数论・组合数学・数学文化・解题方法	2022-01	58.00	1452
历届全国初中数学竞赛试题分类解析.初等代数	2022-09	98.00	1555
历届全国初中数学竞赛试题分类解析.初等数论	2022-09	48.00	1556
历届全国初中数学竞赛试题分类解析.平面几何	2022-09	38.00	1557
历届全国初中数学竞赛试题分类解析.组合	2022-09	38.00	1558
从三道高三数学模拟题的背景谈起:兼谈傅里叶三角级数	2023-03	48.00	1651
从一道日本东京大学的入学试题谈起:兼谈π的方方面面	即将出版		1652
从两道2021年福建高三数学测试题谈起:兼谈球面几何学与球面三角学	即将出版		1653
从一道湖南高考数学试题谈起:兼谈有界变差数列	2024-01	48.00	1654
从一道高校自主招生试题谈起:兼谈詹森函数方程	即将出版		1655
从一道上海高考数学试题谈起:兼谈有界变差函数	即将出版		1656
从一道北京大学金秋营数学试题的解法谈起:兼谈伽罗瓦理论	2024-10	38.00	1657
从一道北京高考数学试题的解法谈起:兼谈毕克定理	即将出版		1658
从一道北京大学金秋营数学试题的解法谈起:兼谈帕塞瓦尔恒等式	2024-10	68.00	1659
从一道高三数学模拟测试题的背景谈起:兼谈等周问题与等周不等式	即将出版		1660
从一道2020年全国高考数学试题的解法谈起:兼谈斐波那契数列和纳卡穆拉定理及奥斯图达定理	即将出版		1661
从一道高考数学附加题谈起:兼谈广义斐波那契数列	即将出版		1662

刘培杰数学工作室
已出版（即将出版）图书目录——初等数学

书　名	出版时间	定　价	编号
从一道普通高中学业水平考试中数学卷的压轴题谈起——兼谈最佳逼近理论	2024—10	58.00	1759
从一道高考数学试题谈起——兼谈李普希兹条件	即将出版		1760
从一道北京市朝阳区高三期末数学考试题的解法谈起——兼谈希尔宾斯基垫片和分形几何	即将出版		1761
从一道高考数学试题谈起——兼谈巴拿赫压缩不动点定理	即将出版		1762
从一道中国台湾地区高考数学试题谈起——兼谈费马数与计算数论	即将出版		1763
从2022年全国高考数学压轴题的解法谈起——兼谈数值计算中的帕德逼近	即将出版		1764
从一道清华大学2022年强基计划数学测试题的解法谈起——兼谈拉马努金恒等式	即将出版		1765
从一篇有关数学建模的讲义谈起——兼谈信息熵与信息论	即将出版		1766
从一道清华大学自主招生的数学试题谈起——兼谈格点与闵可夫斯基定理	即将出版		1767
从一道1979年高考数学试题谈起——兼谈勾股定理和毕达哥拉斯定理	即将出版		1768
从一道2020年北京大学"强基计划"数学试题谈起——兼谈微分几何中的包络问题	即将出版		1769
从一道高考数学试题谈起——兼谈香农的信息理论	即将出版		1770
代数学教程.第一卷,集合论	2023—08	58.00	1664
代数学教程.第二卷,抽象代数基础	2023—08	68.00	1665
代数学教程.第三卷,数论原理	2023—08	58.00	1666
代数学教程.第四卷,代数方程式论	2023—08	48.00	1667
代数学教程.第五卷,多项式理论	2023—08	58.00	1668
代数学教程.第六卷,线性代数原理	2024—06	98.00	1669
中考数学培优教程——二次函数卷	2024—05	78.00	1718
中考数学培优教程——平面几何最值卷	2024—05	58.00	1719
中考数学培优教程——专题讲座卷	2024—05	58.00	1720

联系地址：哈尔滨市南岗区复华四道街10号　哈尔滨工业大学出版社刘培杰数学工作室
邮　编：150006
联系电话：0451—86281378　　　13904613167
E-mail:lpj1378@163.com